先生箴言

做学问首先是做人

做人要透明，做学问要透明

科学就是奉献，要能坐冷板凳

对待科学事业，不仅要有爱心，还要有忠心

做学问不要指望刀下见菜、带来利益

在治学上，不仅要关注现在，还要关注未来

数学在于思维、思想、创造

数学研究者不是做题的机器，要学会独立思考

要不断思考、交流、反复摸索，才会有所收获

王戍堂文集

王戍堂 著
张瑞 李长宏 王卫 整理

西北大学名师大家学术文库

西北大学出版社
·西安·

图书在版编目(CIP)数据

王戍堂文集 / 王戍堂著；张瑞，李长宏，王卫整理. — 西安：西北大学出版社，2022.10

ISBN 978-7-5604-5022-3

Ⅰ.①王… Ⅱ.①王… ②张… ③李… ④王… Ⅲ.①数学—文集 Ⅳ.①O1-53

中国版本图书馆 CIP 数据核字(2022)第 181577 号

王戍堂文集

WANG SHUTANG WENJI

著　　者	王戍堂
整　　理	张 瑞　李长宏　王 卫
出版发行	西北大学出版社
地　　址	西安市太白北路 229 号
网　　址	http://nwupress.nwu.edu.cn
E - mail	xdpress@nwu.edu.cn
邮　　编	710069
电　　话	029-88303313
经　　销	全国新华书店
印　　装	陕西博文印务有限责任公司
开　　本	787 毫米×1092 毫米　1/16
印　　张	29.75
字　　数	443 千字
版　　次	2022 年 10 月第 1 版　2022 年 10 月第 1 次印刷
书　　号	ISBN 978-7-5604-5022-3
定　　价	168.00 元

本版图书如有印装质量问题，请拨打电话 029—88302966 予以调换。

序　言

西北大学是一所具有丰厚文化底蕴和卓越学术声望的综合性大学。在近120年的发展历程中，学校始终秉承“公诚勤朴”的校训，形成了“发扬民族精神，融合世界思想，肩负建设西北之重任”的办学理念，致力于传承中华灿烂文明，融汇中外优秀文化，追踪世界科学前沿。学校在人才培养、科学研究、文化传承创新等方面成绩卓著，特别是在中国大陆构造、早期生命起源、西部生物资源、理论物理、中国思想文化、周秦汉唐文明、考古与文化遗产保护、中东历史，以及西部大开发中的经济发展、资源环境与社会管理等专业领域，形成了雄厚的学术积累，产生了中国思想史学派、“地壳波浪状镶嵌构造学说”“侯氏变换”“王氏定理”等重大理论创新，涌现出了一批蜚声中外的学术巨匠，如民国最大水利模范灌溉区的创建者李仪祉，第一座钢筋混凝土连拱坝的设计者汪胡桢，第一部探讨古代方言音系著作的著者罗常培，中国函数论的主要开拓者熊庆来，五四著名诗人吴芳吉，中国病理学的创立者徐诵明，第一个将数理逻辑及西方数学基础研究引入中国的傅种孙，“曾定理”和“曾层次”的创立者并将我国抽象代数推向国际前沿的曾炯，我国“汉语拼音之父”黎锦熙，丝路考古和我国西北考古的开启者黄文弼，第一部清史著者萧一山，甲骨文概念的提出者陆懋德，我国最早系统和科学地研究“迷信”的民俗学家江绍原，《辩证唯物主义和历史唯物主义》的最早译者、第一部马克思主义哲学辞典编著者沈志远，首部《中国国民经济史》的著者罗章龙，我国现代地理学的奠基者黄国璋，接收南海诸岛和划定十一段海疆国界的郑资约、傅角今，我国古脊椎动物学的开拓者和奠基人杨钟健，我国秦汉史学的开拓者陈直，我国西北民族学的开拓者马长寿，《资本论》的首译者侯外庐，“地壳波浪状镶嵌构造学说”的创立者张伯声，“侯氏变换”的创立者侯伯宇等。这些活跃在西北大学百余年发展历程中的前辈先贤们，深刻彰显着西北大学“艰苦创业、自强不息”的精神光辉和“士以弘道、立德立言”的价值追求，筑铸了学术研究的高度和厚度，为推动人类文明进步、国家发展和民族复兴做出了不可磨灭的贡献。

在长期的发展历程中，西北大学秉持“严谨求实、团结创新”的校风，致力于培养有文化理想、善于融会贯通、敢于创新的综合型人才，构建了文理并重、学科交叉、特色鲜明的专业布局，培养了数十万优秀学子，涌现出大批的精英才俊，赢得了“中华石油英才之母”“经济学家的摇篮”“作家摇篮”等美誉。

2022年，西北大学甲子逢双，组织编纂出版《西北大学名师大家学术文库》，以汇聚百余年来做出重大贡献、产生重要影响的名师大家的学术力作，充分展示因之构筑的学术面貌与学人精神风骨。这不仅是对学校悠久历史传承的整理和再现，也是对学校深厚文化传统的发掘与弘扬。

文化的未来取决于思想的高度。渐渐远去的学者们留给我们的不只是一叠叠尘封已久的文字、符号或图表，更是弥足珍贵的学术遗产和精神瑰宝。温故才能知新，站在巨人的肩膀上才能领略更美的风景。认真体悟这些学术成果的魅力和价值，进而将其转化成直面现实、走向未来的“新能源”“新动力”和“新航向”，是我们后辈学人应当肩负的使命和追求。编辑出版《西北大学名师大家学术文库》正是西北大学新一代学人践行“不忘本来、面向未来”的文化价值观，坚定文化自信、铸就新辉煌的具体体现。

编辑出版《西北大学名师大家学术文库》，不仅有助于挖掘历史文化资源、把握学术延展脉动、推动文明交流互动，为西北大学综合改革和“双一流”建设提供强大的精神动力，也必将为推动整个高等教育事业发展提供有益借鉴。

是为序。

《西北大学名师大家学术文库》编辑出版委员会

半世深耕探真谛　毕生至善育桃李

——纪念王成堂先生

王成堂(1933年5月15日—2021年7月16日),河北河间人。1951年9月至1955年8月在西北大学数学系学习,1955年8月留校任教,1980年2月越级提升为教授,1983年加入九三学社,1985年7月加入中国共产党。"王氏定理"创立者、西北大学数学学院教授、国际著名数学家、享受国务院特殊津贴专家。曾任第七、八、九届全国人大代表(1988—2002),第八、九、十届九三学社中央委员(1988—2002)以及九三学社陕西省委第七、八、九届委员会副主席(1988—2002)。先后获得"国家级有突出贡献的科学技术专家(1984)""五一劳动奖章(1986)""全国九三楷模(2019)""陕西省有突出贡献专家(1989)""陕西科技精英(1992)""陕西省教学名师(首届,2003)"等荣誉称号。王成堂教授是1986年《新华日报》特别报道的以中国人姓氏命名科技成果的20位科学家之一,被新华社誉为"中国的骄傲"。截至2019年,他以86岁高龄,仍坚守在五尺方桌前钻研数学、物理科学,坚守在没有任何劳务报酬的"义务课堂",被西大师生誉为"新村里的大师"。

追梦数学　一代大师

王成堂教授的数学情缘始于少年时期,"宇宙之大,粒子之微,火箭之速,化工之巧，地球之变，生物之谜，日用之繁，无处不用数学”。年少时，王成堂受《科学家奋斗史话》一书的影响，以牛顿、伽利略、开普勒为榜样，立志数学科学事业。从此，王成堂心无旁骛，潜心治学，他的追梦之路从未停止。

忆及自己的学习过往，王成堂教授说道：“解放初期是我的黄金时代。”全国解放带来的和平稳定的社会环境，令他得以静下心来研习数学知识。当时，求知若渴的他每天钻在图书馆或是书店，常常一待就是一整天，直到街道路灯亮起才会离开。正是这段时间持之以恒地刻苦钻研，他对于数学的思索已不只是停留在对知识的单纯学习，而是探索出了一套自主的学习和思考方式。1950 年，年仅 17 岁的王成堂，仅用一年时间便自学完成了当时大学的专业课程。1951 年进入西北大学后，王成堂师从数学家杨永芳教授。自 1955 年毕业留校后，王成堂便一头扎进了点集拓扑学的研究领域。

王成堂教授常常说自己“并不聪明，只是特别喜欢思索”。这个自认为“并不聪明”的人，却用自己的数学天分一次次吸引着世界的目光。1958年，他在论文《一致性空间的一个定理》[①]中，用一个定理概括了美国数学家L. S. Gal刊于《美国数学公报》和《荷兰皇家学院报告》上的4篇论文中所含的全部主要定理。

1962年，一篇在波兰数学界权威刊物《数学基础》上发表的拓扑学论文，引起了王成堂的关注。他利用两个月的学校假期时间，潜心探究其中未解决的度量化问题。1964年，31岁的王成堂发表论文《ω_μ-可加的拓扑空间》[②]。这篇论文解决了波兰科学院院士西科尔斯基早在1950年就提出而未能解决的“ω_μ-距离化”问题，在国际上首次提出了“ω_μ-度量化定理”，在世界数学界引起强烈反响，得到了美国、匈牙利、奥地利、捷克、日本等国数学家的盛赞，被称为“王氏定理”，享誉国际。此后多年里，该定

---

① 发表于中国科学院《科学记录》1958年第10期。

② 发表于波兰科学院 *Fundamental Mathematics* 1964年第55卷第2期(中文稿刊载于《数学学报》1964年第14卷第5期)。

理被美国、匈牙利、日本、捷克、奥地利、加拿大等国家的著名拓扑学家评论、引用和发展，推动了一系列研究工作的进展。

Remarks on ω_μ-additive spaces

by

Wang Shu-tang (Sian, China)

§ 1. Preliminary notions. According to Sikorski [9], the set $\mathfrak{X}$ is called an *ω_μ-additive* (1) *space* if there is defined (for every subset X) a closure operation $X \to \overline{X}$ satisfying the following axioms:

I. $\overline{\sum_{0 \leqslant \xi < a} X_\xi} = \sum_{0 \leqslant \xi < a} \overline{X}_\xi$, for every a-sequence of sets $\{X_\xi\}$, $a < \omega_\mu$;

II. $\overline{X} = X$ for every finite subset X;

III. $\overline{\overline{X}} = \overline{X}$.

If $\mu = 0$, the axiomatic system I-III coincides with the closure axiomatic system of Kuratowski, but for $\mu > 0$ it is stronger than that system. Similar spaces were also considered by Parovicenko [8], Cohen, Goffman [1], [2], and others. A regular ω_μ-additive space, for $\mu > 0$, must be 0-dimensional.

Let A be an ordered group (2), and if there exists a decreasing positive ω_μ-sequence $\{\varepsilon_\xi\}$, $\xi < \omega_\mu$ and $\varepsilon_\xi \in A$, satisfying the condition that for every positive element $\varepsilon \in A$ there exists an ordinal $\xi_0 < \omega_\mu$ such that $\varepsilon_\xi < \varepsilon$ for every $\xi > \xi_0$ $(\xi < \omega_\mu)$, then we say that A is *of character* ω_μ.

Suppose $\mathfrak{X}$ is a set and with every given pair of points $p, q \in \mathfrak{X}$, there is associated an element $\varrho(p, q) \in A$, where A is an ordered group of character ω_μ, such that

a) $\varrho(p, p) = 0$;

b) $\varrho(p, q) = \varrho(q, p) > 0$ for $p \neq q$;

c) $\varrho(p, q) \leqslant \varrho(p, r) + \varrho(r, q)$.

Then ϱ is called an *ω_μ-metric* on $\mathfrak{X}$, and $\mathfrak{X}$ is called an *ω_μ-metric space*.

(1) ω_μ denotes a regular initial ordinal number.

(2) I.e. an ordered set in which with every $a, b \in A$ there is associated an element $c \in A$ called the *sum* of a and b: $c = a + b$ and such that: 1° $a + (b + c) = (a + b) + c$; 2° $a + c \leqslant b + c$, if and only if $a \leqslant b$; 3° for every $a, b \in A$ there exists an element $c \in A$ such that $a + c = b$. The symbol 0 denotes the element satisfying $a + 0 = a$. An element a is *positive* if $a > 0$ (see footnote (11) of [9], p. 128).

Fundamenta Mathematicae, T. LV　　8

第14卷 第5期　1964年9月　数学学报　ACTA MATHEMATICA SINICA　Vol. 14, No. 5　Sept., 1964

ω_μ-可加的拓扑空間(I)*

王戍堂
(西北大学)

按照 R.Sikorski[1]，所謂集 $\mathfrak{X}$ 是 ω_μ-可加拓扑空間1)，卽指对其每个子集 X 都定义了满足下列条件的閉包2) $\overline{X} \subseteq \mathfrak{X}$：

I. $\overline{X} \supseteq X$；

II. $\overline{\overline{X}} = \overline{X}$；

III. 对于任何 $\mathfrak{X}$ 的 α-子集列 $\{X_\xi\}$，$\xi < \alpha$，$\alpha < \omega_\mu$，

$$\overline{\sum_{0 \leqslant \xi < \omega_\mu} X_\xi} = \sum_{0 \leqslant \xi < \omega_\mu} \overline{X}_\xi;$$

IV. 对于任何 $\mathfrak{X}$ 的有限子集 X，$\overline{X} = X$.

当 $\mu = 0$，ω_μ-可加的拓扑空間卽普通 (T_1) 型的拓扑空間，但当 $\mu > 0$，則前者較后者更为特殊.

上述类型的拓扑空間，結合着在不同問題的需要，还曾为其他学者所考虑，例如 И. И. Паровиченко[2]，L. W. Cohen 与 C. Goffman[3] 等等. 正則的 ω_μ-可加拓扑空間，当 $\mu > 0$ 时，必是 0 維的[1].

設 A 为一序羣[1]，且若存在单調減小的 ω_μ-列 $\{\varepsilon_\xi\}$，其中 $\varepsilon_\xi > 0$，$\xi < \omega_\mu$，$\varepsilon_\xi \in A$ 而满足下列条件：

(*) 对于 A 的每个元素 $\varepsilon > 0$，存在着序数 $\xi_0 < \omega_\mu$，使 $\varepsilon_\xi < \varepsilon$ 对 $\xi > \xi_0$ 恆成立.

此时卽称 A 是特征 ω_μ 的序羣.

設 $\mathfrak{X}$ 是一集合，A 是某个特征 ω_μ 的序羣. 今若对于每一对点 $x, y \in \mathfrak{X}$ 均对应于 A 的一元 $\rho(x, y)$，且使下列条件得到满足：

a) $\rho(x, x) = 0$

b) $\rho(x, y) = \rho(y, x) > 0$，其中 $x \neq y$

c) $\rho(x, y) \leqslant \rho(x, z) + \rho(z, y)$

其中 x, y, z 均表示集合 $\mathfrak{X}$ 上的任意点，我們便說 ρ 是 $\mathfrak{X}$ 上的一个 ω_μ-距离，而 $\mathfrak{X}$ 則是 ω_μ-距离空間. 于此空間內，按下式定义极限：

$$x = \lim_{\xi < \omega_\mu} x_\xi, \text{ 当且仅当 } \rho(x, x_\xi) \longrightarrow 0,$$

并由此引入“閉包”、“閉集”及“开集”等，$\mathfrak{X}$ 便成为一个拓扑空間，根据条件(*)不难証明这个空間是 ω_μ-可加的.

对于 ω_μ-距离空間进行过研究的有 F. Hausdorff[4]，L. W. Cohen 与 C. Goffman[3]

* 1962年8月23日收到. 1964年2月18日收到修改稿.

1) 我們假以 ω_μ 表示规則初始序数.

2) 这里的叙述方式与[1]在形式上有些出入，但实质相同.

王成堂教授的科学追梦之路并未止步于“王氏定理”。此后，他的视野投射到广袤的宇宙，聚焦在数学、物理学科交叉领域。1979 年，46 岁的王成堂教授发表论文《广义数及其应用》，首次提出“广义数系统”，开创了

广义数域分析学，并于当年获陕西省重大科技成果一等奖。“广义数系统”理论，充分解释论证了爱因斯坦的狭义相对论中光子静质量问题以及量子力学中δ函数与传统数学的矛盾。这一年，是德国大物理学家爱因斯坦逝世第 24 年。1991 年，新加坡世界科学出版社出版的《高斯纪念文辑》将该文收录(《高斯纪念文辑》在全世界约稿 56 篇，其中中国 2 篇)①。

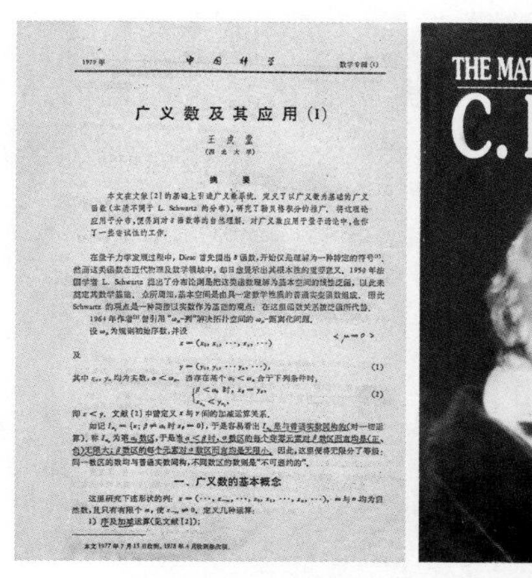

1979 年　　中国科学　　数学专辑(1)

广义数及其应用(1)

王戍堂

(西北大学)

摘要

一、广义数的基本概念

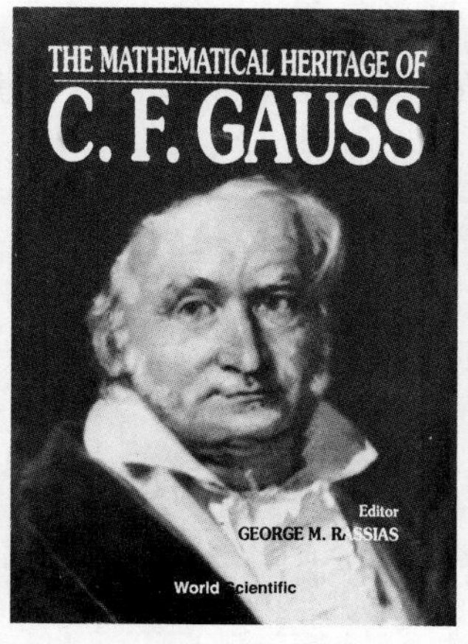

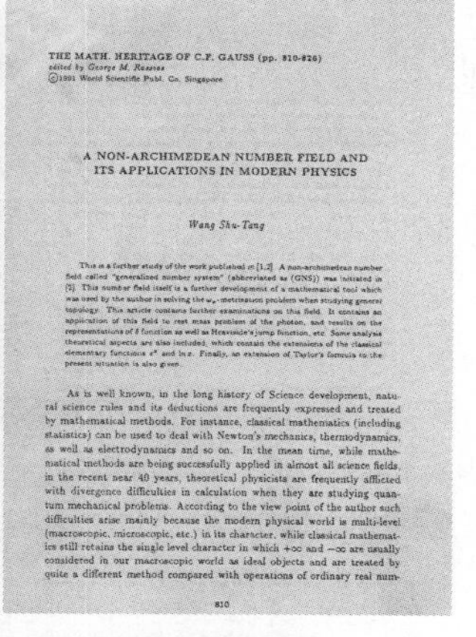

THE MATH. HERITAGE OF C.F. GAUSS (pp. 810-826)
edited by George M. Rassias
©1991 World Scientific Publ. Co. Singapore

A NON-ARCHIMEDEAN NUMBER FIELD AND ITS APPLICATIONS IN MODERN PHYSICS

Wang Shu-Tang

This is a further study of the work published in [1,2]. A non-archimedean number field called "generalized number system" (abbreviated as (GNS)) was initiated in [3]. This number field itself is a further development of a mathematical tool which was used by the author in solving the ω_μ-metrization problem when studying general topology. This article contains further examinations on this field. It contains an application of this field to rest mass problem of the photon, and results on the representations of δ function as well as Heaviside's jump function, etc. Some analysis theoretical aspects are also included, which contain the extensions of the classical elementary functions e^x and $\ln x$. Finally, an extension of Taylor's formula to the present situation is also given.

As is well known, in the long history of Science development, natural science rules and its deductions are frequently expressed and treated by mathematical methods. For instance, classical mathematics (including statistics) can be used to deal with Newton's mechanics, thermodynamics, as well as electrodynamics and so on. In the mean time, while mathematical methods are being successfully applied in almost all science fields, in the recent near 40 years, theoretical physicists are frequently afflicted with divergence difficulties in calculation when they are studying quantum mechanical problems. According to the view point of the author such difficulties arise mainly because the modern physical world is multi-level (macroscopic, microscopic, etc.) in its character, while classical mathematics still retains the single level character in which $+\infty$ and $-\infty$ are usually considered in our macroscopic world as ideal objects and are treated by quite a different method compared with operations of ordinary real num-

810

1980 年，王戍堂教授出访日本京都、大阪、奈良等地并作学术报告。1983 年，第十九届国际数学家大会(波兰华沙)邀请王戍堂教授出席并做大会报告，他提出了“Generalizations of Metric Spaces”学术观点，引发学

① 发表于 1979 年《中国科学》(数学专辑)。

界震动。1984 年，王成堂教授应邀出席全国拓扑学学术会议并作题为《非阿基米德拓扑与某种非阿基米德域的研究》的专题报告，彰显了在该领域的前沿性。1985 年，王成堂教授受邀参加美国佛罗里达国际拓扑学大会并作了题为 *Some results on non-Archimedean Topology* 的学术报告。报告结束后，来自美国巴夫洛大学的威廉士教授走到他的身边，激动地说："您就是王成堂教授，我在 20 年前就学习了您的'ω_μ-度量化定理'！"访美期间，他在奥斯本大学、伯明翰大学、佛罗里达大学等地的讲学受到了学术界极大关注。1988 年，王成堂教授的杰出成就被英国剑桥国际名人传记中心收入《国际知识名人录》。

师道传承　甘为人梯

王成堂教授有两大快乐：一是研究数学；二是培养数学人才。20 世纪 50 年代，他的老师、数学家杨永芳先生"做人要透明，做学问要透明"的为人治学教诲，引导他践行终生。也正是以这样的精神，王先生影响着他的一代又一代学生。传承科学精神的使命感和提携后人的责任感促使先生继续矗立教学前沿，甘为人梯。

王成堂先生自 1955 年毕业留校从教直至 2003 年。退休当年，他主动提出开办一个义务性质的"讨论班"：授课对象没有限制，只要是想来学习的，都可以参与这个班。在问及他义务授课的年数时，先生回忆道："只有十多年，只有十多年……"讨论班每周两次，十余年从未中断，直到王先生 2018 年摔伤后因身体行动不便，才将讨论班移至西北大学新村的家中，他被学生亲切地称为"新村里的大师"。

从耳顺之年至耄耋之际，先生坚持着那句"科学就是奉献"，风雨无阻，迈着已有些颤巍巍的脚步，穿越拥挤的西北大学天桥，在周三与周日的下午两点至四点，在太白校区思想所二层的一间办公室里，带领一批又一批年轻的面孔共同遨游在数学的海洋，继续孜孜以求追梦科学。前来听课的老师、学生换了一茬又一茬，但不变的却是依旧严谨治学的王成堂先生。

在常年的教学实践中，王先生深切理解到了“授人以渔”的重要性，因此他在课堂上除知识性内容的传授之外，更注重严谨治学态度的端正。“科学不是按图索骥，也不能急功近利。”他认真地说道，“这些愿意主动来上课的学生令我感到很欣慰，他们能利用别人玩耍的时间来学习、思考，在科学研究中找到乐趣，这很难得。”对于现在不少学生学业荒疏，先生露出惋惜的神色：“以前的学生，会在才开学不久把书上全部的习题都做完了……休闲娱乐是生活的一部分，但不能把吃喝玩乐作为享受的唯一出路，在科学探索的过程中获得的快乐，显然是更高级的享受。”当问及为何默默坚持义务讲学时，先生说：“人常说以文会友，我开讨论班就是和年轻人讨论，对我来说，和年轻人交流讨论是生活最大的乐趣。做这个讨论班就是为了搞研究，退休生活也依然不能放弃搞学术。”

参加讨论班的有校内外的中青年教师及数学、物理、计算机等专业的研究生和本科生。上课流程一般是在座学生轮流上黑板讲题，每个人都有表现和表达的机会，王先生会在一旁评论与补充。相较于传授理论知识，先生更注重对激发学生自主思维的培养。王先生认为“二十多岁的年轻人正处于黄金时代”，唯有在这个宝贵时期学会“自学”与“坚持”，才算是没有辜负“黄金时代”，让有限的“黄金时代”发挥出最大的价值。他在教学生涯中一贯的谆谆教导是：数学在于思维、在于思想、在于创造；做学问不仅要关注现在，还要关注未来；数学研究者不是做题的机器，一定要学会独立思考、学会提出观点；要不断思考、不断交流、不断地推翻再建立，才会有所收获。

2018年,85岁高龄的王先生因摔伤后无法行走,便坐着轮椅,插着导尿管,先后给西北大学师生做了两场学术报告。他忘我追求科学,耄耋暮年依然诲人不倦地献身于学术事业的精神,深深地激励感染着后学之人。

2018年10月14日下午,王成堂教授应邀参加西北大学“导师讲坛”第一百零八讲,并为师生作了题为“数学的发展·我的数学之路”的报告。赖绍聪副校长出席并主持报告会。报告共分两个部分,“我的数学之路”和“数学的发展”。在“我的数学之路”中,王先生讲到自己少年时受《科学家奋斗史话》一书的影响,以牛顿、伽利略、开普勒为榜样,自学数学。进入西北大学后,得到数学家杨永芳教授的指导。杨永芳“做人要透明,做学问要透明”的坚持对他影响至今。在“数学的发展”中,王成堂通过无理数的发现、微积分的发展、罗素悖论等有趣的数学故事,告诉在场师生“数学是生动的、数学是优美的,数学发展的动力源于人们认识客观物质世界运动的需要”。他讲道,现代物理已呈多层次发展,但数学还限于单层次,因此产生了一些不能解释的矛盾,数学应该根据实际需要向多层次发展。其本人提出的广义数,正是这方面的一个探索和尝试。

王成堂向在场师生强调:数学在于思维、思想、创造;科学研究一定要喜爱,只有喜爱,才会用各种方法挖掘自己全身的潜力;对待事业,不仅要忠心,还要有爱心;在治学上,不仅要关注现在,还要关注未来;要有奉献精神,不要指望利益;数学研究者不是做题的机器,要学会独立思考;要不断思考、交流、反复摸索,才会有所收获。

一个月之后的11月18日,王成堂教授再次应邀参加西北大学“杨钟健学术讲座”第一百三十四讲，并为师生们作了题为“什么是广义数？广义数与现代理论物理的关系”的学术报告。校长郭立宏亲自到场并主持报告会。现场座无虚席，掌声雷动，所有人都感受到了大师的平民风采。学术报告共分为三个部分。在第一部分中，王成堂教授从“虚数‘i’的引入”和“Cantor集合论引发第三次数学危机”两个例子出发，讲述了数学自身理论的创新也是数学发展的一个动力和源泉。在第二部分中，王成堂教授从广义数的由来、广义数的定义、广义函数的性质等方面介绍了广义数系统的基本理论，继而提出“数学面临变革，甚至‘革命’，而广义数是一种启蒙和尝试”。在最后一部分，王成堂教授通过两个定理分析了广义数与现代理论物理的关系，还分享了自己1979年在《中国科学》（数学专辑）上发表的《广义数及其应用（Ⅰ）》，在文中首次提出了“广义数系统理论”的曲折过程。他结合求学经历和研究感受，告诉同学们，学术研究既不能迷信权威也不能失去自信，要大胆追求科学、探求真理，真正做奉献才有真收获，并鼓励大家趁着年轻多学习钻研，在继承前人思想的基础上，不断提高科学素养和学术创新能力，感受科学家的精神和力量。

“弘扬爱国奋斗精神、建功立业新时代”系列活动

杨钟健学术讲座

第一百三十四讲

什么是广义数？

广义数与现代理论物理的关系

主讲嘉宾：王成堂　著名数学家、资深教授

学术主持：张　瑞　数学学院教授、博导

王成堂先生，1955年毕业于西北大学数学系，我国著名的数学家。在以中国人姓氏命名的20项现代科技成果中，“王氏定理”是其中之一。西北大学数学系教授，国家有突出贡献专家，全国“五一”劳动奖章获得者，享受国务院政府特殊津贴，省级教学名师。曾任陕西省数学会副理事长两届，美国数学会会员，美国MR（数学评论）评论员。王成堂教授的研究方向为基础数学（集论、点集拓朴学、泛函分析等），发表学术论文40余篇。其中“广义数系统”理论系独创，获陕西省重大科学奖一等奖。1983年应邀出席第十九届国际数学家大会（波兰华沙）。王成堂教授在超限数和点集拓扑方面有着举世瞩目的突出成就。

讲座时间：2018年11月18日（周日）15:00

讲座地点：长安校区物理学院1006伯宇报告厅

主办单位：科技处、党委组织部、科协

承办单位：数学学院、物理学院

欢迎各位老师和同学踊跃参加！

王成堂先生曾说:“我希望通过教学,把自己以往的学习经验和过去时代年轻人的治学精神传递给如今的学生。”这正是科学家最朴实无华却又无不凸显伟大的心声。这种毫不计名利、唯望后继有杰出人才的奉献精神恰是新时代所呼唤的,将引导和激励后人们在新时代科学之路上不畏艰难、勇攀高峰、不断建新功立伟业。

王成堂先生一生不为名利,默默奉献,展现了九三学社恪守“爱国、民主、科学”的初心与原则,也体现了九三社员的老前辈在新时代之下不忘初心的爱国情怀。他坚持立德树人,淡泊名利,执着于追求科学真理,坚持义务开设数学公益课堂十余年,这些先进事迹正是教书育人的模范典型。2019 年 11 月 25 日,王成堂教授被九三学社中央授予全国“九三楷模”荣誉称号。“九三楷模”是由九三学社中央设立的授予在国家建设各领域各行业或社务工作中作出突出贡献、享有较高社会声誉的九三学社社员的最高荣誉,旨在弘扬九三学社“爱国、民主、科学”的优良传统,褒奖在建设中国特色社会主义事业中作出突出贡献的九三学社社员。在 2019 年举行的九三学社中央第五批“九三楷模”表彰活动中,全国共表彰

10 人，王成堂教授为陕西九三学社和西北大学获此称号的第一人。

王成堂先生不平凡的事迹被中央电视台、央视新闻网、陕西广播电视台、陕西文明网、西部网、《西安日报》等媒体报道宣传。有感于王成堂先生的奉献精神，西北大学艺术学院邓益民教授特为先生创作写意水墨画——“著名数学家王成堂教授画像”，此画像被中国国家博物馆永久收藏。

以王成堂先生为代表的老一辈知识分子，秉持着“科学就是奉献”的

著名數學家王氏定理創立者王戍堂教授
戊戌孟冬
鄧孟民畫

理念，潜心科研、严谨治学、育人不辍，是青年教师学习的楷模，是新时代知识分子爱国奋斗、建功立业的典范。王戍堂先生正是这样率先垂范、身体力行，默默地在一方讲台上坚韧而持续地书写治学故事，展现他像标杆与风帆一样指引着万千学子感受、诠释、传承“文明”的高贵品格。

《王戍堂文集》选编了王戍堂先生的部分论文及著作。在他逝世一周年之际出版这本文集是很有意义的：一方面，这是他的学术成就和师道风格的记录；另一方面，本书的出版将给他的同时代人提供一个永远的纪念，后辈青年也将从中得到教益。

张　瑞

2022 年 7 月

1964 年发表于波兰科学院 *Fundamental Mathematics* 的"王氏定理"

Remarks on ω_μ-additive spaces

by

Wang Shu-tang (Sian, China)

§ 1. Preliminary notions. According to Sikorski [9], the set $\mathfrak{X}$ is called an *ω_μ-additive* (1) *space* if there is defined (for every subset X) a closure operation $X \to \bar{X}$ satisfying the following axioms:

I. $\overline{\sum_{0 \leqslant \zeta < \alpha} X_\zeta} = \sum_{0 \leqslant \zeta < \alpha} \bar{X}_\zeta$, for every α-sequence of sets $\{X_\zeta\}$, $\alpha < \omega_\mu$;

II. $\bar{X} = X$ for every finite subset X;

III. $\bar{\bar{X}} = \bar{X}$.

If $\mu = 0$, the axiomatic system I-III coincides with the closure axiomatic system of Kuratowski, but for $\mu > 0$ it is stronger than that system. Similar spaces were also considered by Parovicenko [8], Cohen, Goffman [1], [2], and others. A regular ω_μ-additive space, for $\mu > 0$, must be 0-dimensional.

Let A be an ordered group (2), and if there exists a decreasing positive ω_μ-sequence $\{\varepsilon_\xi\}$, $\xi < \omega_\mu$ and $\varepsilon_\xi \in A$, satisfying the condition that for every positive element $\varepsilon \in A$ there exists an ordinal $\xi_0 < \omega_\mu$ such that $\varepsilon_\xi < \varepsilon$ for every $\xi > \xi_0$ $(\xi < \omega_\mu)$, then we say that A is *of character* ω_μ.

Suppose $\mathfrak{X}$ is a set and with every given pair of points $p, q \in \mathfrak{X}$, there is associated an element $\varrho(p, q) \in A$, where A is an ordered group of character ω_μ, such that

a) $\varrho(p, p) = 0$;

b) $\varrho(p, q) = \varrho(q, p) > 0$ for $p \neq q$;

c) $\varrho(p, q) \leqslant \varrho(p, r) + \varrho(r, q)$.

Then ϱ is called an *ω_μ-metric* on $\mathfrak{X}$, and $\mathfrak{X}$ is called an *ω_μ-metric space*.

---

(1) ω_μ denotes a regular initial ordinal number.

(2) I.e. an ordered set in which with every $a, b \in A$ there is associated an element $c \in A$ called the *sum* of a and b: $c = a + b$ and such that: 1° $a + (b + c) = (a + b) + c$; 2° $a + c \leqslant b + c$, if and only if $a \leqslant b$; 3° for every $a, b \in A$ there exists an element $c \in A$ such that $a + c = b$. The symbol 0 denotes the element satisfying $a + 0 = a$. An element a is *positive* if $a > 0$ (see footnote (11) of [9], p. 128).

For an ω_μ-metric space $\mathfrak{X}$, we can introduce the natural topology by setting (³) $\bar{X} = E[p;\ \varrho(p, X) = 0]$, where X is an arbitrary subset of $\mathfrak{X}$ and $\varrho(p, X) = 0$ means that for every positive $\varepsilon \in A$ there exists a $p \in X$ such that $\varrho(p, p') < \varepsilon$. And, then, the sets $E[p;\ \varrho(p, p_0) < \varepsilon]$, where $p_0 \in \mathfrak{X}$ is arbitrarily given and ε is an arbitrary positive element of A, form a basis of the open sets of $\mathfrak{X}$. It can be proved that such spaces are ω_μ-additive. For this purpose it is only necessary to prove that the intersection of every α-sequence ($\alpha < \omega_\mu$) of open sets $\{G_\xi\}$ is open. Let p_0 be an arbitrary point of $\prod_\xi G_\xi$; then for each G_ξ there exists a positive element $\varepsilon_{\eta_\xi} \in A$ such that $\eta_\xi < \omega_\mu$, and if $\varrho(p, p_0) < \varepsilon_{\eta_\xi}$ then $p \in G_\xi$. Let ξ_0 be an ordinal which is greater than every η_ξ and $\xi_0 < \omega_\mu$; then for $\varrho(p, p_0) < \varepsilon_{\xi_0}$ we have $p \in \prod_\xi G_\xi$, whence p_0 is an interior point of $\prod_\xi G_\xi$; this proves that $\prod_\xi G_\xi$ is an open set.

The ω_μ-metric spaces were considered by Hausdorff [3], Cohen and Goffman [2], Sikorski [9], and others. As Sikorski had pointed out in [9], many topological theorems about separable metric spaces can be generalized to the present case, but some singularities concerning compactness and completeness may occur.

In the above, if A is the set of all real numbers and b) is replaced by

b') $\varrho(p, q) = p(q, p)$,

then ϱ is called a *pseudo-metric* on $\mathfrak{X}$. Let us call an *almost-metric space* each set $\mathfrak{X}$ with a family $P = \{\varrho_\xi\}$ of pseudo-metrics and satisfying

d) If for every $\varrho_\xi \in P$ $\varrho_\xi(p, q) = 0$, then $p = q$.

Moreover, we can assume that, for P, the following statement holds:

e) For every $\varrho_{\xi_1}, \varrho_{\xi_2} \in P$ there exist $\varrho_\xi \in P$ such that $\varrho_\xi(x, y) \geqslant \max\{\varrho_{\xi_1}(x, y);\ \varrho_{\xi_2}(x, y)\}$.

If the power of P is equal to m, $\mathfrak{X}$ is called an *m-almost metric space*. One can introduce the topology for $\mathfrak{X}$ by setting

$$\bar{X} = \prod_{\varrho_\xi \in P} E[p;\ \varrho_\xi(p, X) = 0],$$

where $X \subseteq \mathfrak{X}$, i.e. the family of sets $E[p;\ \varrho_\xi(p, p_0) < d]$, where $p_0 \in \mathfrak{X}$, $d > 0$, $\varrho_\xi \in P$, is a basis for this topology.

The m-almost-metric spaces were introduced and investigated by Mrówka [5-7]. In fact, such spaces are equivalent in the sense of uniform and topological structure to the Hausdorff uniform spaces (for the terminology of Hausdorff uniform spaces, see [4], p. 180) with the basis of

(³) The symbol $E[p; \varphi(p)]$ denotes the set of points $p \in \mathfrak{X}$ which satisfies the condition φ, i.e. the proposition $\varphi(p)$ is true.

1964 年发表于波兰科学院 *Fundamental Mathematics* 的"王氏定理"

power m, i.e. a uniformity has a basis of the power m if and only if it is generated by a family of pseudo-metrics of power m.

For brevity, in the following sections, the topological space $\mathfrak{X}$ is said to be a *$(U)_m$-space* if its topology can be derived from a uniformity with a basis of power m, where m is supposed to be the smallest possible; the topological space $\mathfrak{X}$ is said to be *ω_μ-metrisable*, if it is possible to define an ω_μ-metric ϱ such that the topology induced by ϱ agrees with the original topology of $\mathfrak{X}$. By the *basis* of $\mathfrak{X}$ we always mean the open basis.

In the following two theorems, given by Mrówka, the original "$\mathfrak{X}$ is an m-almost-metrisable space" is replaced by "$\mathfrak{X}$ is a $(U)_m$-space".

THEOREM M_1. *A normal space $\mathfrak{X}$ is a $(U)_m$-space if and only if it has an m-basis (i.e. this basis is formed by the union of at most m locally finite systems).*

THEOREM M_2. *A completely regular space $\mathfrak{X}$ is a $(U)_m$-space if and only if there exist a basis $\{U\}$ and a family $\{f_U\}$ of continuous functions such that $0 \leqslant f_U(p) \leqslant 1$; $f_U(p) = 1$ for $p \in U$ and the sets $E[p; f_U(p) > 0]$ can be divided into a family of locally finite (discrete) systems of power at most m.*

The present paper is divided into the following four parts. In § 2 necessary and sufficient conditions for a $(U)_m$-space to be ω_μ-additive are obtained.

In § 3, we study the relationship between $(U)_m$-spaces and ω_μ-metrisable spaces.

In § 4, some necessary and sufficient conditions for an ω_μ-additive space to be ω_μ-metrisable are obtained. The well-known Nagata-Smirnov metrisation theorem is contained in one of our theorems. Finally, some remarks on compactness and bicompactness are also made in § 5.

§ 2. The necessary and sufficient conditions for a $(U)_m$-space to be ω_μ-additive. We now prove

PROPOSITION 1. *If $\mathfrak{X}$ is an ω_μ-additive space, then, unless $\mathfrak{X}$ is discrete or $\mu = 0$ (while every topological space is ω_0-additive), its topology cannot be derived from a uniformity with the basis of power $< \aleph_\mu$.*

Proof. Let $\mathfrak{X}$ be given as above. For our purpose it is only necessary to prove that its topology cannot be derived by a family of pseudo-metrics (in the sense of § 1) of power $< \aleph_\mu$. Suppose it is not the case, i.e. its topology can be derived by a family of pseudo-metrics $P = \{\varrho_\xi\}$ of power $< \aleph_\mu$. Let p_0 be an arbitrarily given point of $\mathfrak{X}$. Then, if $\mu > 0$, by

$$E[p;\ \varrho_\xi(p, p_0) = 0] = \prod_{n=1}^{\infty} E\left[p;\ \varrho_\xi(p, p_0) < \frac{1}{n}\right],$$

8*

we know that the set $E[p;\ \varrho_\xi(p, p_0) = 0]$ is open, and by

$$\prod_{\varrho_\xi \in P} E[p;\ \varrho_\xi(p, p_0) = 0] = \{p_0\}$$

we know that the set $\{p_0\}$ is open, and hence, if $\mu > 0$, $\mathfrak{X}$ must be discrete, which contradicts the hypothesis of our proposition.

Thus, a $(U)_m$-space is ω_μ-additive (for $\mu > 0$) only when $m \geqslant \aleph_\mu$ [4]. It is natural to ask under what conditions the $(U)_m$-space $\mathfrak{X}$ would be ω_μ-additive, where $m \geqslant \aleph_\mu$.

Since every topological space (and hence every uniform space) is ω_0-additive, in the rest of this section $\mu > 0$ is assumed.

Let $\mathfrak{X}$ be a set and $P = \{\varrho_\xi\}$ a family of pseudo-metrics on $\mathfrak{X}$. Including in P the functions $d\varrho_\xi$, $\max\{\varrho_{\xi_1}, \ldots, \varrho_{\xi_n}\}$ (where d is an arbitrary positive rational number, n a natural number and $\varrho_{\xi_i}, \varrho_\xi \in P$) we get a new family P^*, which is called the *completion* of P; for P^* we have a), b′), c), d), e) and the following:

f) For every positive rational d and $\varrho_\xi \in P^*$, $d\varrho_\xi \in P^*$.

DEFINITION 1. Let $\mathfrak{X}$, P be given as above. If, for every subfamily $P' \subseteq P$, $\overline{\overline{P'}} < m$ and every point $p_0 \in \mathfrak{X}$, there exist $\varrho_\xi \in P$ and a neighbourhood $V(p_0)$ of p_0 such that $\varrho_\xi(p, q) \geqslant \varrho_\eta(p, q)$ holds for $\varrho_\eta \in P'$ and $p, q \in V(p_0)$, then we say that P is an *m-locally direct family*.

THEOREM 1. *For a $(U)_m$-space $\mathfrak{X}$ to be ω_μ-additive (where $\mu > 0$), it is necessary and sufficient that $m \geqslant \aleph_\mu$ and its topology can be derived from a uniformity which is generated by a family of pseudo-metrics $P = \{\varrho^\xi\}$ such that the completion P^* is an $\aleph_\mu$-locally direct family.*

Proof. Sufficiency. Let $\{G_\xi\}$, $\xi < \alpha$ $(\alpha < \omega_\mu)$ be an α-sequence of open sets, p_0 an arbitrary point of $\prod_\xi G_\xi$. Then there exist a positive number d (by e) one can assume $d = 1$) and a subfamily $\{\varrho_{\eta_\xi}\} \subseteq P^*$ such that

$$E[p;\ \varrho_{\eta_\xi}(p, p_0) < 1] \subseteq G_\xi \quad \text{for} \quad 0 \leqslant \xi < \alpha.$$

By the $\aleph_\mu$-locally directness of P^*, there exist $\varrho_\eta \in P^*$ and a neighbourhood $V(p_0)$ such that $\varrho_\eta \geqslant \varrho_{\eta_\xi}$ $(0 \leqslant \xi < \alpha)$ holds in $V(p_0)$. Then

$$V(p_0) \cdot E[p;\ \varrho_\eta(p, p_0) < 1] \subseteq V(p_0) \cdot \prod_{0 \leqslant \xi < \alpha} E[p;\ \varrho_{\eta_\xi}(p, p_0) < 1]$$
$$\subseteq V(p_0) \cdot \prod_{0 \leqslant \xi < \alpha} G_\xi \subseteq \prod_{0 \leqslant \xi < \alpha} G_\xi;$$

this proves that p_0 is an interior point of $\prod_\xi G_\xi$, whence $\prod_\xi G_\xi$ is an open set.

---

(4) Throughout the rest of the paper, topological spaces always mean non-discrete topological spaces.

1964 年发表于波兰科学院 *Fundamental Mathematics* 的"王氏定理"

Necessity. Let the uniformity of the $(U)_m$-space $\mathfrak{X}$ be generated by a family P of pseudo-metrics; P^* is the completion of P. For an arbitrarily given $P' \subseteq P^*$ and if $\overline{\overline{P'}} < \aleph_\mu$, let p_0 be an arbitrary point of $\mathfrak{X}$. Then the set

$$V(p_0) = \prod_{\varrho_{\eta_\xi} \in P'} E[p;\ \varrho_{\eta_\xi}(p, p_0) = 0] = \prod_{n=1}^{\infty} \prod_{\varrho_{\eta_\xi} \in P'} E\left[p;\ \varrho_{\eta_\xi}(p, p_0) < \frac{1}{n}\right]$$

is an open set containing p_0, i.e. $V(p_0)$ is a neighbourhood of p_0 satisfying the condition that for every pair $p, q \in V(p_0)$ and every $\varrho_\eta \in P^*$ we have $\varrho_\eta(p, q) \geqslant \varrho_{\eta_\xi}(p, q) = 0$. Therefore P^* is an $\aleph_\mu$-locally direct family.

Definition 2. Let $\mathfrak{X}$, P be given as in def. 1; if for every subfamily $P' \subseteq P$ with $\overline{\overline{P'}} < m$ and every point $p_0 \in \mathfrak{X}$, there exists a neighbourhood $V(p_0)$ of p_0 such that $\varrho_{\eta_\xi}(p, q) \equiv 0$ for $\varrho_{\eta_\xi} \in P'$ and $p, q \in V(p_0)$, then we say that P is an *m-locally zero family.*

A more convenient test to see if a $(U)_m$-space $\mathfrak{X}$ is ω_μ-additive is the following

Theorem 2. *For a $(U)_m$-space $\mathfrak{X}$ to be ω_μ-additive, it is necessary and sufficient that $m \geqslant \aleph_\mu$ and its topology can be derived from a uniformity which is generated by an $\aleph_\mu$-locally zero family of pseudo-metrics.*

Proof. Sufficiency. We observe that the completion P^* is also an $\aleph_\mu$-locally zero family; the sufficient part is a corollary of Theorem 1.

Necessity. The proof is completely the same as the proof of the necessary part of Theorem 1.

§ 3. The relationship between ω_μ-metrisable spaces and $(U)_m$-spaces. We now prove

Proposition 2. *If $\mathfrak{X}$ is an ω_μ-metrisable space and $\mathfrak{F}$ is an open covering of $\mathfrak{X}$, then there exists an $\aleph_\mu$-discrete refinement $\mathfrak{F}'$ of $\mathfrak{F}$ (i.e. $\mathfrak{F}'$ is the union of $\aleph_\mu$ families of discrete open sets, $\mathfrak{F}'$ is a covering of $\mathfrak{X}$ and for every $U \in \mathfrak{F}'$ there is a $V \in \mathfrak{F}$ such that $U \subseteq V$). Moreover, for $\mu > 0$ we can require that $\mathfrak{F}'$ be formed by sets both open and closed.*

Proof. The first part is essentially the same as in the case of $\mu = 0$. Order the elements of $\mathfrak{F}$ by the relation $<$. For each $U \in \mathfrak{F}$ let [5] $U_\xi = E[p;\ \varrho(p, \mathfrak{X} - U) > \varepsilon_\xi]$; then, $\varrho(U_\xi, \mathfrak{X} - U_{\xi+1}) > \varepsilon_\xi - \varepsilon_{\xi+1}$. We put $U'_\xi = U_\xi - \Sigma\{V_{\xi+1};\ V \in \mathfrak{F}$ and $V < U\}$; since one of the relations $U < V$ and $V < U$ must hold, therefore if U, V are distinct elements of $\mathfrak{F}$, we have $\varrho(U'_\xi, V'_\xi) > \varepsilon_\xi - \varepsilon_{\xi+1}$. Choose two elements $\varepsilon'' < \varepsilon'$ of A such that $2\varepsilon' = \varepsilon' + \varepsilon' < \varepsilon_\xi - \varepsilon_{\xi+1}$ (to verify this possibility is easy), and define

---

[5] The meaning of A and ε_ξ has been given in § 1.

$$U_\xi^* = E[p; \varrho(p, U'_\xi) < \varepsilon'], \quad V_\xi^* = E[p; \varrho(p, V'_\xi) < \varepsilon'],$$
$$U_\xi^{**} = E[p; \varrho(p, U'_\xi) \leqslant \varepsilon''], \quad V_\xi^{**} = E[p; \varrho(p, V'_\xi) \leqslant \varepsilon''].$$

Then U_ξ^* (and V_ξ^*) is open and U_ξ^{**} (V_ξ^{**}) is closed, $U_\xi^{**} \subseteq U_\xi^*$. If $\mu > 0$, then there exists an open-closed set [9] $\widetilde{U}_\xi$ such that $U_\xi^* \subseteq \widetilde{U}_\xi \subseteq U_\xi^{**}$. In the following we prove that the family $\{\widetilde{U}_\xi^*\}$ (or $\{U_\xi\}$, if $\mu > 0$), where $\xi < \omega_\mu$ and $U \in \mathfrak{F}$, is required.

Firstly, the sets U_ξ^* (or $\widetilde{U}_\xi$, if $\mu > 0$) for fixed ξ are discrete. To prove this, let $U \neq V$, $U, V \in \mathfrak{F}$ and $p \in U_\xi^*$, $q \in V_\xi^*$ be arbitrarily given; then we have $\varrho(p, U'_\xi) < \varepsilon'$ and $\varrho(q, V'_\xi) < \varepsilon'$. From $\varrho(U'_\xi, V'_\xi) < \varepsilon_\xi - \varepsilon_{\xi+1}$ it follows that $\varrho(p, q) > (\varepsilon_\xi - \varepsilon_{\xi+1}) - 2\varepsilon' > 0$, i.e. $p \neq q$. Therefore $U_\xi^* \cdot V_\xi^* = \emptyset$. Secondly, let $p \in \mathfrak{X}$ be an arbitrary point and let U be the first member of $\mathfrak{F}$ to which p belongs. Then surely $p \in U_\xi^{**}$ for some ξ, that is $p \in U'_\xi$ (for $\mu > 0$, $p \in \widetilde{U}_\xi$). Finally, it is evident that $U_\xi^* \subseteq U$ (and $\widetilde{U}_\xi \subseteq U$ for $\mu > 0$). Hence the family $\{U_\xi^*\}$, or $\{\widetilde{U}_\xi^*\}$ if $\mu > 0$, is the required family.

THEOREM 3. *Every ω_μ-metrisable space $\mathfrak{X}$ is a $(U)_{\aleph_\mu}$-space.*

Proof. By proposition 2, Theorem 3 follows from Theorem M_1 immediately. (By theorem (viii) of [9], $\mathfrak{X}$ is a normal space).

It will be observed that Theorem 3 can be proved in a direct way.

THEOREM 4. *Every ω_μ-additive $(U)_{\aleph_\mu}$-space is ω_μ-metrisable.*

Proof. Let $\mathfrak{X}$ be an ω_μ-additive $(U)_{\aleph_\mu}$-space. Then its topology can be derived from a family $P = \{\varrho_\xi\}$ of pseudo-metrics of power $\aleph_\mu$.

If $\mu = 0$, then $P = \{\varrho_n\}$. Put

$$\varrho(p, q) = \sum_{n=1}^{\infty} \frac{1}{2^n} \min\{1, \varrho_n(p, q)\};$$

then ϱ is a metric on $\mathfrak{X}$, whence $\mathfrak{X}$ is ω_0-metrisable. We now prove the case of $\mu > 0$ as follows. Let A be the set of all ω_μ-sequences of real numbers. For every pair of elements $a, b \in A$, where

$$a = \{a_0, a_1, \ldots, a_\xi, \ldots\},$$
$$b = \{b_0, b_1, \ldots, b_\xi, \ldots\},$$

$\xi < \omega_\mu$, if there exists $\xi_0 < \omega_\mu$ such that $a_\xi = b_\xi$ for $\xi < \xi_0$ but $a_{\xi_0} < b_{\xi_0}$, then we say that a is smaller than b, $a < b$. The sum and the difference are defined by $a \pm b = \{a_0 \pm b_0, \ldots, a_\xi \pm b_\xi, \ldots\}$.

It is not difficult to verify that A is an ordered group of character ω_μ: to see this we only take $\varepsilon_\xi = \{a_0^\xi, a_1^\xi, \ldots, a_\eta^\xi, \ldots\}$, where $a_\eta^\xi = 0$ for $\eta < \xi$ and $a_\eta^\xi = 1$ for $\eta \geqslant \xi$ ($\eta < \omega_\mu$).

If $P = \{\varrho_\xi\}$, $\xi < \omega_\mu$, we put

$$\varrho(p, q) = \{\varrho_0(p, q), \ldots, \varrho_\xi(p, q), \ldots\};$$

1964 年发表于波兰科学院 *Fundamental Mathematics* 的"王氏定理"

$\mathfrak{X}$ is now an ω_μ-metric space, and we have to prove that its topology T^2 agrees with the original topology T^1. For brevity, by T^1 (or T^2)—open, we always mean a set which is open with respect to the topology T^1 (or T^2); the same applies to "T^1 (or T^2)—closed".

(I) The set $E[p;\ \varrho(p,p_0)<\varepsilon]$ is T^1—open for $\varepsilon\in A$, where $p_0\in\mathfrak{X}$ is arbitrarily given.

In fact, if $\varepsilon=\{a_0,a_1,\ldots,a_\xi,\ldots\}$ then (I) follows from the equations

$$E[p;\ \varrho(p,p_0)<\varepsilon]=\sum_{0\leqslant\eta<\omega_\mu}\ \prod_{0\leqslant\xi<\eta}E[p;\ \varrho_\xi(p,p_0)=a_\xi]\cdot E[q;\ \varrho_\eta(q,p_0)<a_\eta],$$

and

$$E[p;\ \varrho_\xi(p,p_0)=a_\xi]$$
$$=\prod_{n=1}^{\infty}E\left[p;\ \varrho_\xi(p,p_0)>a_\xi-\frac{1}{n}\right]\cdot E\left[p;\ \varrho_\xi(p,p_0)<a+\frac{1}{n}\right].$$

(II) The sets $E[p;\ \varrho\ (p,p_0)<a_\eta]$ are T^2-open, where $p_0\in\mathfrak{X}$, a_η is a positive real number $\eta<\omega_\mu$ and $\varrho_\eta\in P$.

From

$$E[p;\ \varrho_\eta(p,p_0)<a_\eta]=\sum_{\{a_\xi\}_{\xi<\eta}}\ \prod_{0\leqslant\xi<\eta}E[p;\ \varrho_\xi(p,p_0)=a_\xi]\cdot E[p;\ \varrho_\eta(p,p_0)<a_\eta]$$

it is evident that (II) follows from

(II′) For every $\eta<\omega_\mu$ and an arbitrary η-sequence $\{a_\xi\}$, $\xi<\eta$, the sets

$$(\Delta)_\eta=\prod_{0\leqslant\xi<\eta}E[p;\ \varrho_\xi(p,p_0)=a_\xi]\cdot E[p;\ \varrho_\eta(p,p_0)<a_\eta]$$

and

$$(\Delta)'_\eta=\prod_{0\leqslant\xi<\eta}E[p;\ \varrho_\xi(p,p_0)=a_\xi]\cdot E[p;\ \varrho_\eta(p,p_0)>a_\eta]$$

are both T^2-open and T^2-closed sets.

We prove it by the following two steps:

(a) The sets $E[p;\ \varrho_0(p,p_0)<a_0]$ and $E[p;\ \varrho_0(p,p_0)>a_0]$ are both T^2-open-closed sets.

In fact, let $\varepsilon^{(n)}=\left\{a_0-\frac{1}{n},a_1,\ldots,a_\xi,\ldots\right\}$, where $\xi<\omega_\mu$, and $a_0,\ldots,a_\xi,\ldots$ are fixed as n varies; then

$$E[p;\ \varrho_0(p,p_0)<a_0]=\sum_{n=1}^{\infty}E[p;\ \varrho(p,p_0)<\varepsilon^{(n)}],$$

which implies the T^2-openness of the set $E[p;\ \varrho_0(p,p_0)<a_0]$. (Similarly, the T^2-openness of $E[p;\ \varrho_0(p,p_0)>a_0]$ can be proved.) To prove that they are T^2-closed it suffices to take the complements, for example

$$E[p;\ \varrho_0(p,p_0)<a_0]=\mathfrak{X}-\prod_{n=1}^{\infty}E\left[p;\ \varrho_0(p,p_0)>a_0-\frac{1}{n}\right].$$

(b) By the principle of transfinite induction, assume that (II') holds for all ordinals $\xi<\alpha$, to prove the case of α $(\alpha<\omega_\mu)$.

(i) If α is an isolated ordinal, let $\varepsilon^{(n)}=\{a_\xi^{(n)}\}$, where $\xi<\omega_\mu$ and $a_\xi^{(n)}=a_\xi$ for $\xi\neq\alpha$ and $a_\alpha^{(n)}=a_\alpha-\frac{1}{n}$; then

$$E[p;\ \varrho(p,p_0)<\varepsilon^{(n)}]$$
$$=\sum_{0\leqslant\eta<\omega_\mu}\prod_{0\leqslant\xi<\eta}E[p;\ \varrho_\xi(p,p_0)=a_\xi^{(n)}]\cdot E[p;\ \varrho_\eta(p,p_0)<a_\eta^{(n)}].$$

Subtracting from the above set the following T^2-closed set (hypothesis of (b))

$$\sum_{0\leqslant\eta<\alpha}\prod_{0\leqslant\xi<\eta}E[p;\ \varrho_\xi(p,p_0)=a_\xi^{(n)}]\cdot E[p;\ \varrho_\eta(p,p_0)<a_\eta^{(n)}]$$

one obtains the following T^2-open set:

$$\sum_{\alpha\leqslant\eta<\omega_\mu}\prod_{0\leqslant\xi<\eta}E[p;\ \varrho_\xi(p,p_0)=a_\xi^{(n)}]\cdot E[p;\ \varrho_\eta(p,p_0)<a_\eta^{(n)}];$$

its union with respect to n, $a_{\alpha+1},\ldots,a_\xi,\ldots$ $(\xi<\omega_\mu)$, is the T^2-open set $(\Delta)_\alpha$. In a similar way one can prove that $(\Delta)'_\alpha$ is T^2-open.

By taking the complements we can prove that the sets $(\Delta)_\alpha$ and $(\Delta)'_\alpha$ are T^2-closed, e.g. from

$$\prod_{0\leqslant\xi<\eta}E[p;\ \varrho_\xi(p,p_0)=a_\xi]\cdot E[p;\ \varrho_\eta(p,p_0)\geqslant a_\eta]$$
$$=\prod_{n=1}^{\infty}\prod_{0\leqslant\xi<\eta}E\left[p;\ \varrho_\xi(p,p_0)>a_\xi-\frac{1}{n}\right]\cdot E\left[p;\ \varrho_\xi(p,p_0)<a_\xi+\frac{1}{n}\right]\cdot$$
$$\cdot E\left[p;\ \varrho_\eta(p,p_0)>a_\eta-\frac{1}{n}\right];$$

and

$$\mathfrak{X}-(\Delta)_\alpha=\sum_{0\leqslant\xi<\alpha}E[p;\ \varrho_\xi(p,p_0)>a_\xi]+$$
$$+\sum_{0\leqslant\xi<\alpha}E[p;\ \varrho_\xi(p,p_0)<a_\xi]+\prod_{0\leqslant\xi<\alpha}E[p;\ \varrho_\xi(p,p_0)=a_\xi]\cdot E[p;\ \varrho_\alpha(p,p_0)\geqslant a_\alpha],$$

one can prove that $(\Delta)_\alpha$ is T^2-closed.

(ii) If a is a limit ordinal, then from the following equation

$$\prod_{0\leqslant\xi<\eta} E[p;\ \varrho_\xi(p,p_0)=a_\xi]\cdot E[p;\ \varrho_\eta(p,p_0)\leqslant a_\eta]$$

$$=\prod_{n=1}^{\infty}\prod_{0\leqslant\xi<\eta} E[p;\ \varrho_\xi(p,p_0)=a_\xi]\cdot E\left[p;\ \varrho_\eta(p,p_0)<a_\eta+\frac{1}{n}\right],$$

and by the hypothesis of (b), we know that, for each $\eta<a$, the set

$$\prod_{0\leqslant\xi<\eta} E[p;\ \varrho_\xi(p,p_0)=a_\xi]\cdot E[p;\ \varrho_\eta(p,p_0)\leqslant a_\eta]$$

is a T^2-open set. By intersecting the above sets with respect to $\eta<a$ we obtain the following T^2-open set:

$$\prod_{0\leqslant\xi<a} E[p;\ \varrho_\xi(p,p_0)=a_\xi].$$

The intersection of the above set with the T^2-open set $E[p;\ \varrho(p,p_0)<\varepsilon^{(n)}]$, where $\varepsilon^{(n)}$ assumes the same meaning as in (i), is the following T^2-open set:

$$\sum_{a\leqslant\eta<\omega_\mu}\prod_{0\leqslant\xi<\eta} E[p;\ \varrho_\xi(p,p_0)=a_\xi^{(n)}]\cdot E[p;\ \varrho_\eta(p,p_0)<a_\eta^{(n)}];$$

by making a union of the above sets with respect to n, $a_{a+1},\ldots$, the T^2-open set $(\Delta)_a$ is obtained. In a similar way one can prove that $(\Delta)'_a$ is T^2-open.

The proof that $(\Delta)_a$ and $(\Delta)'_a$ are T^2-closed sets is completely the same as in case (i), whence it is omitted here.

From Theorems 3 and 4 we have

THEOREM 5. *ω_μ-metrisable spaces and ω_μ-additive $(U)_{\aleph_\mu}$ spaces are identical, in particular ω_0-metrisable spaces and ordinary metrisable spaces are identical.*

§ 4. ω_μ-metrisation theorems (6). We prove

THEOREM 6. *For a regular ω_μ-additive space to be ω_μ-metrisable, it is necessary and sufficient that there exist an $\aleph_\mu$-basis.*

Let us recall that the family $\mathfrak{F}$ of open sets is called an *$\aleph_\mu$-basis* of the topological space if $\mathfrak{F}$ is a basis and $\mathfrak{F}$ can be written as $\mathfrak{F}=\sum_{0\leqslant a<\omega_\mu}\mathfrak{F}_a$, where $\mathfrak{F}_a$ are locally finite systems of open sets.

---

(6) Let us observe that in our metrisation theorems the notion of ordered algebraic field (see [9], p. 129) W_μ is not used.

1964 年发表于波兰科学院 *Fundamental Mathematics* 的“王氏定理”

Proof of Theorem 6. As the necessary part has been contained in the proof of proposition 2, we need to prove the sufficient part only.

From Theorems 5 and M_1, we need only to prove that $\mathfrak{X}$ is a normal space (this is an improvement of theorem (vii) of [9]).

In fact, let F_1 and F_2 be disjointed closed sets; since $\mathfrak{X}$ is regular, for every pair of points $p \in F_1$, $q \in F_2$ there exist neighbourhoods $U_p \in \mathfrak{F}_{\xi(p)}$ and $U_q \in \mathfrak{F}_{\xi(q)}$ such that $\overline{U}_p \cdot F_2 = 0$ and $\overline{U}_q \cdot F_1 = 0$. Let $U_\eta^{(1)} = \sum_{\xi(p)=\eta} U_p$ and $U_\eta^{(2)} = \sum_{\xi(q)=\eta} U_q$ ($p \in F_1$ and $q \in F_2$); then $\overline{U}_\eta^{(1)} = \sum_{\xi(p)=\eta} \overline{U}_p$ and $\overline{U}_\eta^{(2)} = \sum_{\xi(q)=\eta} \overline{U}_q$ since $\mathfrak{F}_\eta$ is a locally finite family.

Put

$$U_\xi^* = U_\xi^{(1)} - \sum_{\eta<\xi} \overline{U}_\eta^{(2)}, \qquad U_\xi^{**} = U_\xi^{(2)} - \sum_{\eta<\xi} \overline{U}_\eta^{(1)},$$

$$U^* = \sum_{0\leqslant\xi<\omega_\mu} U_\xi^*, \qquad U^{**} = \sum_{0\leqslant\xi<\omega_\mu} U_\xi^{**}.$$

The sets U^* and U^{**} are disjointed open sets containing F_1 and F_2 respectively. Thus $\mathfrak{X}$ is normal. Therefore, theorem 6 is proved.

COROLLARY 1 (R. Sikorski [9]). *If $\mathfrak{X}$ is an ω_μ-additive normal space with a basis of power $\aleph_\mu$, then $\mathfrak{X}$ is ω_μ-metrisable.*

COROLLARY 2 (Nagata-Smirnov). *For a regular space to be metrisable, it is necessary and sufficient that there exist an $\aleph_0$-basis.*

THEOREM 7. *For $\mu > 0$, for an ω_μ-additive space to be ω_μ-metrisable it is necessary and sufficient that there exist an $\aleph_\mu$-basis consisting of sets both open and closed.*

Proof. Necessity. It is contained in the proof of proposition 2.

Sufficiency (7). Let $\mathfrak{F}$ be an $\aleph_\mu$-basis of $\mathfrak{X}$ and let $\mathfrak{F} = \sum_{0\leqslant\xi<\omega_\mu} \mathfrak{F}_\xi$ where $\mathfrak{F}_\xi$ are locally finite (discrete) systems consisting of open-closed sets (Proposition 2). For $U \in \mathfrak{F}_\xi$ define

$$f_U(p) = \begin{cases} 1 & \text{for} \quad p \in U, \\ 0 & \text{for} \quad p \notin U. \end{cases}$$

The family $P = \{\max(\varrho_{\xi_1}, \ldots, \varrho_{\xi_n})\}$ of functions,

$$\varrho_{\xi_i}(p, q) = \sum_{U \in \mathfrak{F}_{\xi_i}} |f_U(p) - f_U(q)|,$$

makes $\mathfrak{X}$ as $\aleph_\mu$-almost metric space its topology is the same as the original. In fact, the ϱ_ξ are continuous functions by the local finiteness of $\mathfrak{F}_\xi$. Conversely, for an arbitrarily given open set G and $p_0 \in G$, one

(7) The proof given here is not based on Theorem M_1.

can find $U \in \mathfrak{F}_\xi$ (for some ξ) such that $p_0 \in U \subseteq G$, whence $\varrho_\xi(p_0, \mathfrak{X}-U) \geqslant 1$ and therefore $\underset{}{E}[p;\ \varrho_\xi(p, p_0) < 1] \subseteq U \subseteq G$. Thus, $\mathfrak{X}$ is an ω_μ-additive $(U)_{\aleph_\mu}$-space, and theorem 7 follows from Th. 4 (or Th. 5) immediately.

From theorem 7 we can derive some results which are closely related to Theorem M_2.

COROLLARY 1. *For $\mu > 0$, for an ω_μ-additive space $\mathfrak{X}$ to be ω_μ-metrisable it is necessary and sufficient that there exist a collection of families of continuous functions $P = \{P_\xi\}$ and $P_\xi = \{f_\eta^\xi\}$, where $\xi < \omega_\mu$, such that the families of sets $E[p;\ f_\eta^\xi(p) > 0]$ for fixed ξ are locally finite (discrete) systems, and the family of sets $E[p;\ f_\eta^\xi(p) > 1]$ (where $\xi < \omega_\mu$ and $f_\eta^\xi \in P_\xi$) is a basis of $\mathfrak{X}$.*

Proof. Necessity. It suffices to put in theorem 7

$$f_U(p) = \begin{cases} 2 & \text{for} \quad p \in U, \\ 0 & \text{for} \quad p \notin U, \end{cases} \qquad \text{for every } U \in \mathfrak{F}_\xi, \quad \xi < \omega_\mu .$$

Sufficiency. The families of sets $E[p;\ f_\eta^\xi(p) > 1]$, for fixed ξ, are locally finite systems, consisting of sets both open and closed:

$$E[p;\ f_\eta^\xi(p) > 1] = \sum_{n=1}^{\infty} E\left[[p;\ f_\eta^\xi(p) \geqslant 1 + \frac{1}{n}\right].$$

COROLLARY 2. *For an ω_μ-additive space to be ω_μ-metrisable, it is necessary and sufficient that there exist a family of functions $\{f_U\}$ which are continuous and $0 \leqslant f_U(p) \leqslant 1$ and that the family of sets $E[p;\ f_U(p) > 0]$ form an $\aleph_\mu$-basis of $\mathfrak{X}$.*

Proof. Sufficiency. Completely the same as the proof of the sufficient part of theorem 7.

Necessity. The case $\mu > 0$ is contained in theorem 7. Let $\mu = 0$, and let $\mathfrak{F}$ be an $\aleph_0$-basis of $\mathfrak{X}$, $\mathfrak{F} = \sum_{n=1}^{\infty} \mathfrak{F}_n$, where $\mathfrak{F}_n$ are locally finite (discrete) systems. For $U \in \mathfrak{F}$ we put

$$f_U(p) = \varrho(p;\ \mathfrak{X}-U),$$

where ϱ is the metric function of $\mathfrak{X}$. Then $\{f_U\}$ fulfils the requirement of Cor. 2.

§ 5. Compactness and bicompactness. The terminology of compactness and bicompactness has been given by Sikorski [9]. We say that the topological space $\mathfrak{X}$ has the *$\aleph_\mu$-Lindelöf property*, if from every covering of $\mathfrak{X}$ one can select a subcovering of power $\leqslant \aleph_\mu$.

PROPOSITION 3. *If $\mathfrak{X}$ is a regular ω_μ-additive space which has the $\aleph_\mu$-Lindelöf property, then $\mathfrak{X}$ is normal.*

Proof. It is completely the same as in the case of $\mu = 0$, which is classical and well known ([4], p. 113), whence omitted.

The above proposition had been given by Parovicenko in [8].

THEOREM 8. *If $\mathfrak{X}$ is an ω_μ-metric space and is compact (in the sense of [9]), then $\mathfrak{X}$ has a basis of power $\leqslant \aleph_\mu$, whence is bicompact (in the sense of [9]).*

Proof. By Th. 3, $\mathfrak{X}$ is a $(U)_{\aleph_\mu}$-space. Since $\mathfrak{X}$ is compact, every subset X of power $\geqslant \aleph_\mu$ has in $\mathfrak{X}$ a contact point of order $\geqslant 2$ (p_0 being a *contact point* of X of order $\geqslant 2$ means that for every neighbourhood $V(p_0)$ of p_0 the set $X \cdot V(p_0)$ contains at least two points of X, [10]), then from Theorem of [10], $\mathfrak{X}$ has a basis of power $\leqslant \aleph_\mu$. Then Th. 8 follows from Lemma 2 of [10] immediately.

Recalling Cor. 1 of Th. 6, we have the following

THEOREM 9. *For a Hausdorff ω_μ-additive compact (in the sense of [9]) space to be ω_μ-metrisable, it is necessary and sufficient that it have a basis of power $\leqslant \aleph_\mu$.*

Proof. Sufficiency. Follows from Th. 6 immediately.

Necessity. Follows from Th. 8 immediately.

The case $\mu = 0$ of this theorem is the well-know second metrisation theorem of P. Urysohn.

The author cordially thanks for the criticism and corrections made the reviewier.

References

[1] L. W. Cohen and C. Goffman, *A theory of transfinite convergence*, Trans. Amer. Math. Soc. 66 (1949), pp. 65-74.

[2] — *The theory of ordered Abelian groups*, ibidem 67 (1949), pp. 310-319.

[3] F. Hausdorff, *Grundzüge der Mengenlehre*, Leipzig 1914.

[4] J. L. Kelley, *General topology*, New York 1955.

[5] S. Mrówka, *On almost metric spaces*, Bull. Acad. Pol. Sci., Cl. III, 5.2 (1957). pp. 122-127.

[6] — *Remark on locally finite systems*, ibidem 5.2 (1957), pp. 129-132.

[7] — *A necessary and sufficient condition for m-almost metrisability*, ibidem 5.6 (1957), pp. 627-629.

[8] И. И. Паровиценко, Доклады Акад. Наук СССР 115 (1957), pp. 866-868.

[9] R. Sikorski, *Remarks on some topological spaces of high power*, Fund. Math. 37 (1950), pp. 125-136.

[10] Wang Shu-tang, *On a theorem for the uniform spaces*, Sci. Record, New Series, 2.10 (1958), pp. 338-342.

NORTHWESTERN UNIVERSITY
SIAN, CHINA

Reçu par la Rédaction le 20. 8. 1962

目　录

点集拓扑研究与广义数

点集拓扑学原理

点集拓扑研究与广义数

王戍堂　等

（中国科学院科学基金资助课题）

点集拓扑学是20世纪初新兴的一门数学学科.西北大学数学系已故杨永芳教授,早在20世纪40年代初就讲授集论、点集拓扑课程.中华人民共和国成立后,他不但开设了集论拓扑专门化课程,招收了研究生,还组织了教师的讨论班.杨永芳教授的严谨治学态度,循循善诱的教学方法,培养了一批专攻集论拓扑学科的学生.20世纪50年代初,西北大学数学系拓扑组的同志们在科研上开始出成果,陆续在国内外著名数学杂志上发表,其中有的当时是在国际上有重大影响的.从总体看,我们在这方面的工作水平与国际水平之间的差距在迅速缩短.

杨永芳教授的学生王戍堂教授在点集拓扑学研究上取得了一批有重大意义的成果.早在20世纪50年代,他就发表了题为《一致性空间的一个定理》的论文,使得美国数学家I. S. Gál在《美国数学公报(Bull AMS)》及《荷兰皇家学会记录(Proc Amsterdam)》上发表的一系列结果都成了这一定理的推论.I. S. Gál在MR上评论王的结果是"优美的(elegant)";苏联Cкpяленко评论这一结果是一致空间的一条"基本定理".

波兰著名数学家R. Sikorski为了得到完备Boole代数的M. H. Stone表现定理,曾在1950年的*Fundamental Mathematics*上提出ω_μ-可加拓扑空间以及ω_μ-度量空间概念,对照一般拓扑学中的度量化问题,又提出并研究ω_μ-度量化问题,但未能彻底解决.实际上,早在1914年F. Hausdorff在其奠定拓扑空间理论的经典著作

《集论纲要》中，就提出过类似的更广义的度量空间，后来 M. Fréchet 及 D. Kurepa 等也引入和研究过更广意义下的度量空间，足见这类空间的重要价值了. 王戍堂于 1962 年开始对这一问题进行研究，并于 1964 年在 *Fundamental Mathematics* 上发表了他关于 ω_μ-度量空间的重大成果，在国际上第一个提出了 ω_μ-度量化定理，解决了 R. Sikorski 的上述问题，完成了 R. Sikorski 的工作. 这一定理推广了一般拓扑学中非常著名的 Nagata-Smirnov 定理. Nagata-Smirnov 定理被公认为是自 20 年代至 50 年代近 30 年中一般拓扑学中几个最为重大的成就之一，因而王戍堂在国内外学术界受到好评. 20 年来，这一成果不断得到国际上的评论和引用. 例如，著名数学家 I. Juhasz 的论文，就是作为王的定理的扩充而提出的(见 MR33(1967)* 3257). 日本数学家 Y. Yasui 还以王的定理作为出发点，给出 ω_μ-度量空间的另外定义，并提出"ω_μ-度量空间类是王引入的"，虽然曾经"F. Hausdorff. L. W. Cohen，C. Goffman，R. Sikorski，F. W. Stevenson，W. J. Thron 等讨论过". 捷克著名数学家 M. Husëk 与奥地利数学家 H. C. Reichel 合作，于 1983 年 3 月在国际权威刊物 *Topology Applications* 上发表的文章中指出：对于 ω_μ-度量问题"One of the first solutions was given by Wang Shu-tang in 1964". 王戍堂在同一时期撰写的更多的科学论文，因为当时的种种原因未能公开发表，例如收入本论文集中的 1963 年的论文《ω_μ-可加拓扑空间的两个注记》，其中定理 2 于六年后被两位美国数学家 F. W. Stevenson 与 W. J. Thron 独立得到，并发表于波兰的 Fund. Math.，而定理 1 则于十三年后才为 Y. Yasui，H. C. Reichel 及 P. Nyikos 等独立得到，并分别发表于波兰及日本的有关刊物上.

广义数的提出及研究是王戍堂教授科研工作的另一个方面. 由于 ω_μ-空间的研究，早在 1963 年他就开始了推广实数系以解决 δ 函数表现问题的工作. 他于 1963 年曾写过一篇短文寄给《中国科学》，遗憾的是，因故未能发表. 十年动乱，这一工作被搁置下来，直到 1977 年他又重新加以整理，于 1979 年在《中国科学》的数学专辑上发表，其意义是开创了广义数域上分析学的研究工作. 这一工作，一方面得到了 δ 函数等的自然表现定理，另一方面也与近代物理学中多层次物理世界相呼应，从而探讨用较严格的数学方法以处理理代物理学中经常困扰人们的发散困难. 因为广义数是将"实无穷"包括于数系之中的，这是一个有潜在前途的工作. 目前，在国内已经引起不少数学和物理学工作者的注目，已故著名数学家关肇直对此项工作就十分重视，认为王戍堂的工作是开创性的. 为了引起国内学者的进一步探讨，本部分也选入了几篇在物理学上有关的应用文章.

论托尔斯托夫的有界变分函数[①]

王戍堂

摘　要

定义于矩形 $R=\{(x,y):a<x<b;c<y<d\}$ 上的二元函数 $F(x,y)$ 当满足下列条件时称作是在 Толстов 意义下有界变分的：设 $S_1,\cdots,S_n,\cdots$ 为互不相交的圆盘，记 ω_n 为 F 于 $S_n\cap R$ 上的振幅，而 $\delta(S_n)$ 为直径，则当 $\sum_{n=1}^{\infty}\delta(S_n)<\infty$ 时 $\sum_{n=1}^{\infty}\omega_n<\infty$. Г. П. Толстов 证明了下列结果：(A) 设 $F(P)$ 是有界变分函数，则对任意属于 R 的简单有长曲线 $x=x(s),y=y(s)$（s 表示弧长），$F(s)=F(x(s),y(s))$ 是寻常意义下的有界变分函数，(B) 设 F 是连续二元有界变分函数，则 F 满足李普希兹条件. 本文证明了 (1) $F(P)$ 有界变分的充要条件是：对于任意 $p>0$ 都存在着 $\overline{K(p)}>0$，使对于任何的 $A_1,\cdots,A_n,\cdots$ 及 $B_1,\cdots,B_n,\cdots$ 当这些点互不相同而且 $\sum_{n=1}^{\infty}p(A_n,B_n)\leqslant p$ 时都推出 $\sum_{n=1}^{\infty}|F(A_n)-F(B_n)|\leqslant\overline{K(p)}$. (2) 设 $F(P)$ 为二元有界变分函数，L 是长度不超过 p 的简单曲线族，则 $F(s)=F(x(s),y(s)$ 沿这些曲线的变分不超过 $\overline{K(p)}$. 这些结果改进了 Толстов 的结果 (A) 和 (B).

1. **Г. П.** 托尔斯托夫著[1]"关于勒贝格意义的线积分"一文中，引入二

① 本文发表于《西北大学学报》(自然科学版)1957 年第 1 期.

变数有界变分函数的定义如下：

定义 设有定义于矩形 $R(a<x<b;c<y<d)$ 的函数 $F(x,y)$，对于任意可数互相不重叠的圆系[①]，当其直径总和不为无限大时，$F(x,y)$ 在这些圆上的振幅之总和也是有限的话，$F(x,y)$ 就称为有界变分函数.

根据这一定义，托氏于前引论文中证明了.

(A) 设 $F(x,y)$ 为 R 上之有界变分函数，对于任意属于 R 的简单有长曲线 $x=x(s),y=y(s)$（这里 $0\leqslant s<\infty$ 是弧长）函数 $\Phi(s)=F(x(s),y(s))$ 则是在寻常意义下变量 s 的有界变分函数；

(B) 连续的有界变分函数 $F(x,y)$ 满足李普希兹条件，其逆也成立.

本文将建立有界变分函数的几个必充条件，和一些极其简单的推论，而(A) 与(B) 则明显地含于这些推论中.

2. 有界变分函数的必充条件. 首先证明几个简单事实，有助于以下的讨论.

今后如无特别声明，恒以 $\rho(A,B)$ 代表两点 A,B 之距离，$\delta(E)$ 表示点集 E 之直径，K_n 代表圆域，而 ω_n 则是函数 $F(p)$ 于 K_n 之振幅，与此同时，I_n 表示区间，ω_n' 为 $F(p)$ 在此区间的振幅.

引理 1 定义于 R 的有界变分函数 $F(p)$，$(p\in R)$，在 R 上为有界.

证明 假定其不然，即是 $|F(p)|$ 在 R 无有上界，此时不难看出，有点 $M_1,M_2,\cdots,M_1,\cdots,M_n\in R$ 存在，满足下列条件：

1) $\lim M_n=M,M\in\bar{R}$；而诸 M_n 位于由 M 发出的两条射线所夹的区域内，其顶角 $<\dfrac{\pi}{2}$；

2) $|F(M_{n-1})|>2|F(M_n)|>0(n=1,2,\cdots)$.

然而此时 $F(p)$ 不复为有界变分函数. 实际上，由于 1)，就能找 M_{i1}，M_{i2} 它满足 $\rho(M_{i1},M_{i2})<\dfrac{1}{2}$，且设 K_1 为以 $\overline{M_{i1}M_{i2}}$ 作直径之圆域[②]，由 1)

① 所有以后的讨论，圆系实指圆域之系统（即族）而言.

② 此处圆域可认为是闭的.

之后半得知 $M \overline{\in} K_1$，同样的理由，能找到 M_{i3}, M_{i4} 使得 $\rho(M_{i3}, M_{i4}) < \frac{1}{2^2}$，且设 K_2 为以 $\overline{M_{i3}M_{i4}}$ 作直径之圆域时，可以认为 $K_1 \cdot K_2 = 0$ 及 $M \overline{\in} K_2$；如是应用归纳的步骤，便得到了圆系 $K_1, K_2, \cdots, K_n, \cdots$ 使能满足

a) $\delta(K_n) < \frac{1}{2^n}$，这里的 K_n 是以 $\overline{M_{i2n-1}M_{i2n}}$ 作直径而且 $K_i \cdot K_j = 0(i \neq j)$；

b) $|F(M_{i2n-1}) - F(M_{i2n})| \geqslant \| F(M_{i2n-1})| - |F(M_{i2n})\| > |F(M_{i2n-1})| > |F(M_1)| > 0$.

由于 a)，$\sum_{n=1}^{\infty}\delta(K_n) < 1$；由于 b) 及 2)，$\sum_{n=1}^{\infty}\omega_n \geqslant \Sigma |F(M_1)| = +\infty$. 因此 $F(p)$ 不是 $\mathscr{R}$ 上的有界变分函数，引理于是证毕.

引理 2　设有定义于 $\mathscr{R}$ 的有界变分函数 $F(p)$，并有任意区间列 $I_1, I_2, \cdots, I_n, \cdots, I_i \cdot I_j = 0(i \neq j)$；如果 $\sum_{n=1}^{\infty}\delta(I_n) \leqslant p$，则有 $\sum_{n=1}^{\infty}\omega_n' \leqslant K(p)$，其中 $K(p)$ 是仅依赖于 p 的有限数[①].

证明　利用反证法即能证明：假如对某一 p_0，$K(p_0) = +\infty$，那么对于任何 $p > 0$，恒有 $K(p) = +\infty$.

以下证明，这时必有区间列 $I_1, I_2, \cdots, I_n, \cdots$ 它们彼此间没有共同内点，而且

$$\sum_{n=1}^{\infty}\delta(I_n) < +\infty, \sum_{n=1}^{\infty}\omega_n' = \infty. \qquad (*)$$

取数列　$a_1, a_2, \cdots, a_k, \cdots, a_k > 0, \sum_{k=1}^{\infty} < +\infty$　(1)

$\lambda_1, \lambda_2, \cdots, \lambda_k, \cdots, \lambda_k > 0, \lim\lambda_k = +\infty$　(2)

若 $K(p) = +\infty$，则能找到有限个区间[②] $I_1, I_2, \cdots, I_{m_1}$，它们彼此间既无共同内点，而且

① 如无特别声明，$K(p)$ 假定为能适合上述条件之最小者，不存在时规定 $K(p) = +\infty$.

② 在本文中，所有区间列，均指它们是无共同内点的.

$$\sum_{k=1}^{m_1}\delta(I_k)<\alpha_1,\quad \sum_{k=1}^{m_1}\omega'_k>2M+\lambda_1 \tag{3'}$$

其中 $M=\operatorname{Sup}_{p\in R}|F(P)|$. 现在考虑下列两种情况:

1) 至少有某 $k\leqslant m_1$ 使 I_k 具有与 R 相同的性质,即是将 I_k 看作 R 时引理不真,我们可以认为 $k=m_1$,那么对于 $I_1,\cdots,I_{m_1-1}$,即有

$$\sum_{k=1}^{m_1-1}\delta(I_k)<\alpha_1,\quad \sum_{k=1}^{m_1-1}\omega'_k>\lambda_1 \tag{3}$$

这时将上述 I_{m_1} 改用 I 表示,而 I_{m_1} 若于以后出现,将与前见的有不同意义.

将上述对于 R 的处理方法施行于 I,得到属于 I 的区间 $I_{m_1},I_{m_1+1},I_{m_2}$[2] 满足

$$\sum_{k=m_1}^{m_2}\delta(I_k)<\alpha_2,\quad \sum_{k=m_1}^{m_2}\omega'_k>\lambda_3+2M \tag{4'}$$

若至少有某 $m_1\leqslant k\leqslant m_2$ 使 1) 成立,可以认为 $k=m_2$ 而对 I_{m_2} 进行上面步骤,若是永远如此的话,对任意的 n,都能找到 $I_{m_n},\cdots,I_{m_{n+1}-1}$ 适合

$$\sum_{k=m_n}^{m_{n+1}-1}\delta(I_k)<\alpha_{n+1},\quad \sum_{k=m_n}^{m_{n+1}-1}\omega'_k>\lambda_{n+1} \tag{4}$$

由(1)(2) 及(4) 等知道 $I_1,\cdots,I_{m_1-1},\cdots,I_{m_n},\cdots,I_{m_{n+1}-1},\cdots$ 使(*)成立. 反之,如 1) 的步骤不能无限地继续下去.

换句话说,即对某个 n 及 $I_{m_n},\cdots,I_{m_{n+1}}$ 将有

2) $\sum_{l=m_n}^{m_{n+1}}K^{(l)}(p_0)=T,T<+\infty$;式中 $K^{(l)}(p_0)$ 相当于将 I_l 视为 R 时的 $K(p_0)$.

由于 $K(p)=+\infty,p>0$,有区间 $I_1^*,\cdots,I_{st}^*$ 存在,如用 ω'_k 表示 $F(p)$ 于 I_k^* 的振幅,则有

$$\sum_{k=1}^{S'}\omega_k^*>T+\lambda_{n+1} \tag{5}$$

$$\sum_{k=1}^{S'}\delta(I_k^*)<\min\left(\frac{\alpha_{n+1}}{6},\frac{p_0}{6},\delta_0\right) \tag{6}$$

(6) 中 δ_0 表示诸区间 $I_{m_n},\cdots,I_{m_{n+1}}$ 最小边之和长度；由 $\delta(I_k)<\delta_0$，知与 I_h^*（h 为定数）相交的 I_k（$m_n\leqslant k\leqslant m_{n+1}$）不多于4，且如图1所示，设 I_p，I_q，I_r，I_s 为所有与 I_h^* 相交的区间，而且 $I_h^*\cdot I_p=I_{hp}^*,\cdots,I_h^*\cdot I_s=I_{hs}^*$，则 $I_h^*-I_{hp}^*-,\cdots,-I_{hs}^*$ 为5个小区间 $I_{h_1}^*,\cdots,I_{h_5}^*$ 之和，可以认为它们全部是

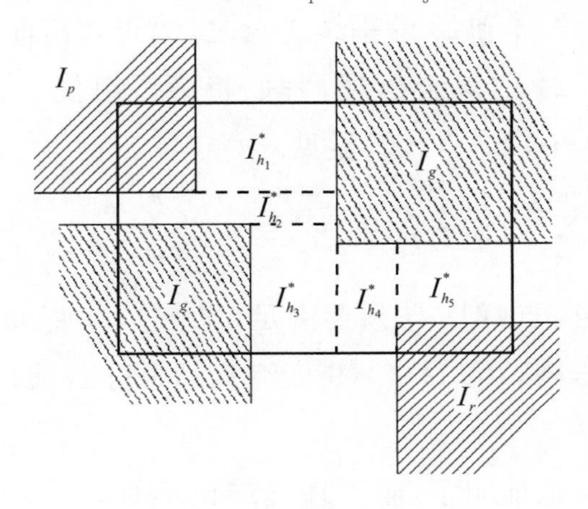

图1

闭的，用 $\omega_{h_i}^*,\omega_{h_i}^*$ 分别表示 $F(p)$ 于 $I_{h_i}^*,I_{h_i}^*$ 之振幅(其中 $i=1,2,\cdots$，而规定：当 $i\neq p,q,r,s$ 时 $I_{h_i}^*=0$；当 $i\neq1,2,\cdots,5$ 时 $I_{h_i}^*=0$[①])．此时由(5)(6)可得

$$\begin{aligned}\sum_{i,h}\omega_{h_i}^* &= \sum_{h=1}^{S'}\sum_{i=1}^{\infty}\omega_{h_i}^*\geqslant\sum_{k=1}^{S'}\omega_k^*-\sum_{h=1}^{S'}\sum_{i=1}^{\infty}\omega_{h_i}^*= \\ &=\sum_{k=1}^{S'}\omega_k^*-\sum_{i=1}^{\infty}\sum_{h=1}^{S'}\omega_{h_i}^*\geqslant T+\lambda_{n+1}-T \\ &=\lambda_{n+1}\end{aligned}\tag{7}$$

$$\sum_{i,k}\delta(I_{h_i}^*)=\sum_{h=1}^{S'}\sum_{i=1}^{\infty}\delta(I_{h_i}^*)\leqslant6\sum_{h=1}^{S'}\delta(I_h^*)<\alpha_{r+}\tag{8}$$

今从区间 $I_1,\cdots,I_{m_{n-1}},I_{m_n}\cdots,I_{i_1}^*,\cdots,I_{i_5}^*,\cdots,I_{S_1'}^*,\cdots,I_{S_5'}^*$，将 $I_1,\cdots,I_{m_{n-1}}$ 取消，尔后把其余者，按其原有顺序重新编号如下；$I_1,\cdots,I_{m_{n+1}-m_n}$，$I_{m_{n+1}-m_{n+1}}^*,\cdots,I_{m_{n+1}-m_n+5S'}^*$．因此就有

① 当然对应地分别有 $\omega_{h_i}^*=0$ 及 $\omega_{h_i}^*=0$.

$$\sum_{k=1}^{m_{n+1}-m_n} \delta(I_k) < a_{n+1}, \quad \sum_{k=1}^{m_{n+1}-m_n} \omega'_k > \lambda_{n+1} \tag{9}$$

至此 2) 进行完毕[①].

关于区间 $I^*_{m_{n-1}-m_{n+1}}, \cdots, I^*_{m_{n+1}-m_n+5S'}$,也和前面同样,它只有 1) 或 2) 两种情况发生,分别按 1) 和 2) 的手续进行之,但正如前面所见,可以认为经过有限回后,便有 2) 的场合出现,我们将第一组使 2) 出现的区间记为 $I_{m_{n+1}-m_{n+1}}, \cdots, I_{m_{n+1}}, \cdots, I_{m_{n+p}}$,此时显见.

$$\sum_{k=m_{n+1}-m_{n+1}}^{m_{n+1}-m_{n+p}} \delta(I_k) < a_{n+2}, \quad \sum_{k=m_{n+1}-m_{n+1}}^{m_{n+1}-m_{n+p}} \omega'_k > \lambda_{n+2} \tag{10}$$

其中 I_i, I_j 无共同内点,但 i, j 须要满足 $1 \leqslant i \neq j \leqslant m_{n+1} - m_{n+p}$.

应用归纳的步骤,由(1)(2)(9) 及(10) 等得出满足(*) 的区间 I_1, $I_2, \cdots, I_n, \cdots$

所有以上的讨论证明了:若引理之结论不真,(*) 必然成立. 以下证明,若(*) 成立则 $F(P)$ 不得成为有界变分函数. 这样,由反证法便完成了引理之证明. 为了这个目的,首先将(*) 变为另外一种形式,即是此时必有 $A_k, B_k \in I_k (k = 1, 2, \cdots)$ 存在,而满足

$$\sum_{k=1}^{\infty} | F(A_k) - F(B_k) | = +\infty \tag{$\substack{*\\*}$}$$

($\substack{*\\*}$) 是不难由(*) 直接证明的. 此外,我们还能假定 $A_k \neq A'_k, B_k \neq B'_k (k \neq k')$ 及 $A_k \neq B'_k (k, k'$ 任意).

取 $I_1, I_2, \cdots, I_{n_1}$,它满足

$$\sum_{k=1}^{n_1} | F(A_k) - F(B_k) | > \lambda_1 \tag{11}$$

到此为止,先引入程序(S),今以 I_1 及$\{I_k\}(k > n_1)$ 为例,叙述如下(注意这里假定了 $A_k, B_k \overline{\in} I_{k'}, k' > n_1$,这个假定,可以由取$\{I_{k'}\}$ 的子族而达到[②]):

① 不难看出,上列区间彼此间无有共同内点.

② 当然它仍然要满足($\substack{*\\*}$),而这是不难办到了.

a)A_1 是 I_1 顶点的情况，如图 2 所示. 将$\{I_k\}(k>n_1)$

分作如下的两类：

1)$\{I_{n_h}^{(1)}\}$，$I_{n_h}^{(1)}$ 不含 Ⅱ 的点；

2)$\{I_{m_k}^{(2)}\}$，$I_{m_n}^{(2)}$ 不合 Ⅳ 的点，而且 $I_{n_k}^{(1)}\neq I_{m_k}^{(2)}$，其中 Ⅱ，Ⅳ 都理解作闭的，由 $A_1 \overline{\in} I_k(k>n_1)$ 显见

$$\{I_k\}(k>n_1)=\{I_{n_k}^{(1)}\}+\{I_{m_k}^{(20}\}$$

因而至少有一组，例如$\{I_{n_k}^{(I)}\}$ 使($\substack{*\\*}$) 成立；

b)A_1 不是 I_1 顶点的情况，规定$\{I_{n_k}^{(1)}\}=\{I_{m_k}^{(2)}\}=\{I_k{}'\}(k'>m_1)$，从此以后，把由$\{I_k\}(k>n_1)$ 出发，而得到$\{I_{n_k}^{(1)}\}$ 的程序，就称作(S) 程序，尔后的讨论，我们不用全部的$\{I_k\}(k>n_1)$，而仅由$\{I_{n_k}^{(1)}\}$ 出发.

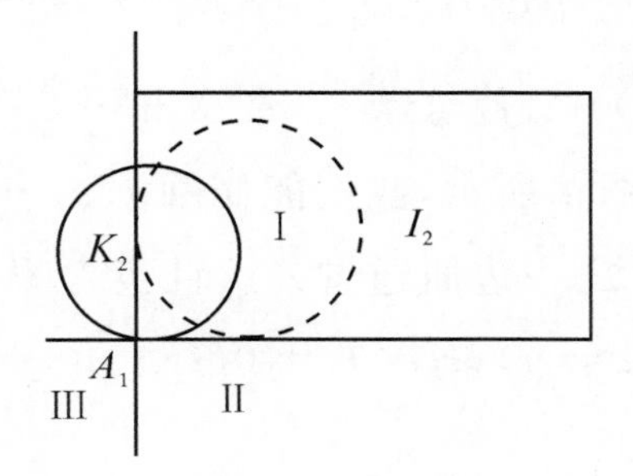

图 2

将区间 I_1 及$\{I_k\}(k>n_1)$ 施行程序(S) 后，再对于 I_2 及$\{I_{n_k}^{(1)}\}$ 施行同一程序，其次 $I_3\cdots$ 继续 n_1 次为止，代替原来区间$\{I_k\}(k>n_1)$ 而得到$\{I'_k\}$(特别当 $n_1=1$ 时，$\{I'_k\}=\{I_{n_k}^{(1)}\}$)，它是原来区间的一个子族，而仍满足($\substack{*\\*}$).

一般来说，设对于 m 已经求出了 $I_1^{(m-1)},\cdots,I_{n_1^{(m-1)}}^{(m-1)}$ 及$\{I_k^{(m)}\}(k=1,2,\cdots)$，而适合下列条件

ⅰ)$\sum\limits_{k=1}^{n_1^{(m)}}|F(A_k^{(m-1)})-F(B_k^{(m-1)}|>\lambda_m$

ⅱ)$\sum\limits_{k=1}^{\infty}|F(A_k^{(m)}-F(B_k^{(m)})|=+\infty$

ⅲ)$A_{k'}^{(m-1)},B_{k'}^{(m-1)}\overline{\in} I_k^{(m)}$(其中 $k'=1,2,\cdots,n_1^{(m-1)}$)；而且对于任意

$I_k^{(m-1)}$ 来说,$\{I_k^{(m)}\}$ 或者全位于 Ⅱ 内,或者 Ⅳ 内[①].

从$\{I_k^{(m)}\}$ 中取 $I_1^{(m)},\cdots,I_{n^{(m)}}^{(m)}$,使其满足

$$\sum_{k=1}^{n^{(m)}}|F(A_k^{(m)})-F(B_k^{(m)})|>\lambda_{m+1},\tag{13}$$

将$\{I_k^{(m)}\}(k>n^{(m)})$ 就 $I_1^{(m)},\cdots,I_{n^{(m)}}^{(m)}$,连续施行程序(S) 共 $n^{(m)}$ 次,而得到 $\{I_k^{(m+1)}\}$,$\{I_k^{(m+1)}\}\subset\{I_k^{(m)}\}$,它与$\{I_k^{(m)}\}(k\leqslant n^{(m)})$ 一起,使 ⅰ)ⅱ)ⅲ)成立. 从而由归纳法原理,从$\{I_k^{(m)}\}$ 向$\{I_k^{(m+1)}\}(m=1,2,\cdots)$ 的转变恒为可能,同时由 2)3) 等,区间$\{I'_k\}k\leqslant n_1$,$\{I_k^{(2)}\}(k\leqslant u^{(2)}),\cdots,\{I_k^{(m)}\}(k\leqslant n^{(m)})\cdots$ 满足下列等式:

$$\sum_{m=1}^{\infty}\sum_{k=1}^{n^{(m)}}|F(A_k^{(m)})-F(B_k^{(m)})|=+\infty.\tag{14}$$

从$\{I_k^{(2)}\}(k\leqslant k^{(2)})+\{I_k^{(3)}\}(k\leqslant n^{(3)})+\cdots\subset\{I_k^{(2)}\}$ 及$\{I'_k\}(k\leqslant n_1)$ 与$\{I_k^{(2)}\}$ 的关系,正如图 2 所示,我们能作圆 $K'_1,\cdots,K'_{n_1}$ 但需适合

(ⅰ)K'_k 切区间 I_k 之一边而通过 A'_k,且包含 I'_k 的内点;

(ⅱ)$K'_i\cdot K'_i=0(i\neq j)$;$K'_i\cdot I''_i=0(i\leqslant n_1,j=1,2,\cdots)$;

(ⅲ)$\sum\limits_{k=1}^{n_1}\delta(K'_k)<\dfrac{1}{2}$.

一般设已作出圆系$\{K_k^{(h)}\}(h\leqslant m,k\leqslant n_1^{(h)})$,满足

(ⅰ)$K_k^{(h)}$ 切区间 $I_k^{(h)}$ 之一边而通过 $A_k^{(h)}$,且包含它的内点;

(ⅱ)$K_i^{(h)}\cdot K_i^{(h)}=0(h\leqslant m,i\neq j)$;$K_i^{(p)}\cdot K_i^{(q)}=0(p\neq q)$;$K_i^{(h)}\cdot I_i^{(m+1)}=0(i\leqslant n^{(h)},h\leqslant m,j=1,2,\cdots)$;

(ⅲ)$\sum\limits_{k=1}^{n^{(h)}}\delta(K_k^{(h)})<\dfrac{1}{2^k}(k\leqslant m)$.

由于$\{I_k^{(m+1)}\}(k\leqslant n^{(m+1)})$ 与$\{I_k^{(m+2)}\}(k=1,2,\cdots)$ 的关系,不难看出,能作圆系 $K_1^{(m+1)},\cdots,K_{n^{(m+1)}}^{(m+1)}$,使当 $k\leqslant m+1$ 时(ⅰ)(ⅱ)(ⅲ)照旧成立. 由归纳法得知,对于 $h=1,2,\cdots$ 均能作圆系使(ⅰ)(ⅱ)(ⅲ)成立.

① $A_k^{(m-1)}$ 不是 $I_k^{(m-1)}$ 的顶点时,Ⅱ,Ⅳ 规定为全平面.

为了今后讨论方便起见，把区间 $I'_1,\cdots,I'_{n_1},\cdots,I_1^{(m)},\cdots,I_{n}^{(m)},\cdots$ 按原有顺序，用以下符号表示：$I'_1,\cdots,I'_k\cdots$ 因为 A_k,B_k 对 I_k 而言有着对称的关系. 我们还能假定[①]将(ⅰ)(ⅱ)(ⅲ)中之 $A_k^{(k)}$ 易为 $B_k^{(k)}$ 也照旧成立.

现在专就 I'_{k_0} 来讨论. 由(ⅰ)线段$A'_{k_0}B'_{k_0}$ 能用两组圆系$\{K_k^{(1)}\}$，$\{K_k^{(2)}\}$所遮盖，其中 $k\leqslant s,k'\leqslant s'$，且适合

(1)$K_k^{(i)}\cdot K_{k'}^{(i)}=0(k\neq k',i=1,2)$；$K'_k$交$A'_{k_0}B'_{k_0}$ 于 A_k^i 及 B_k^i；$K_k^{(i)}\subset I'_{k_0}$. 但 $k>1$，$K_1^{(1)}$，$K_1^{(2)}$ 则分别是以前所述切 I'_{k_0} 之一边且通过 A'_{k_0} 及 B'_{k_0} 之圆.

$$(2)\sum_{k=1}^{S}\delta(K_k^{(1)})+\sum_{k=1}^{S'}\delta(K_k^{(2)})<2\delta(I'_{k_0}).$$

由(1)还能证明下列的：

$$(3)\sum_{k=1}^{S}\mid F(A_k^{(1)})-F(B_k^{(1)})\mid+\sum_{k=1}^{S'}\mid F(A_k^{(2)})-F(B_k^{(2)})\mid$$
$$\geqslant\mid F(A'_{k_0})-F(B'_{k_0})\mid.$$

今使 $k_0=1,2,\cdots$，便得到两组圆系，用符号$\{K_k^{(1)}\}$，$\{K_k^{(2)}\}(k=1,2,\cdots)$表示的话，从(1)(2)(3)及(*)我们分别得到

(1′)$K_k^{(i)}\cdot K_{k'}^{(i)}=0(k\neq k',i=1,2)$；

(2′)$\sum_k\delta(K_k^{(i)})<+\infty(i=1,2)$；

(3′)至少有 $i=1,2$ 中之一，而满足

$$\sum_{k=1}^{\infty}\mid F(A_k^{(i)})-F(B_k^{(i)})\mid=+\infty.$$

再由(2′)(3′)及 $A_k^{(i)},B_k^{(i)}\in K_k^{(i)}$，得知 $F(P)$ 便不是 R 的有界变分函数. 于是引理证毕.

定理1 定义于R的函数$F(P)$成为有界变分函数的必充条件是：设有点 $A_1,A_2,\cdots,A_k,\cdots;B_1,B_2,\cdots,B_k,\cdots\in R,A_i\neq A_j,B_i\neq B_j,A_i\neq$

---

① 这只要把由$\{I_k\}$得到$\{I'_k\}$的步骤，施行于$\{I'_k\}$就行了. 但为了简单起见，我们将所得区间仍用$\{I'_k\}$表示.

$B_i(i \neq j)$. 此时如果 $\sum_{k=1}^{\infty} \rho(A_k, B_k) < +\infty$,那么便有 $\sum_{k=1}^{\infty} | F(A_k) - F(B_k) | < +\infty$.

证明　充分性. 很明显.

必要性. 能从下列更精密的定理得出.

定理 2　定义于 R 的函数 $F(P)$ 成为有界变分函数的必充条件是:设有点 $A_1, A_2, \cdots, A_k, \cdots; B_1, B_2, \cdots, B_k \cdots \in R, A_i \neq A_j, B_i \neq B_j, A_i \neq B_i, A_i \neq B_j(i \neq j)$.

此时如果 $\sum_{k=1}^{\infty} \rho(A_k, B_k) \leqslant p$,那么便有

$$\sum_{k=1}^{\infty} | F(A_k) - F(B_k) | \leqslant \overline{K}(p).$$

其中 $\overline{K}(p)$ 是仅依赖于 p 的有限数.

证明　充分性. 很明显.

必要性. 我们曾于引理 2 中,引出了一个仅依赖于 $p(< +\infty)$ 的有限数 $K(p)$,$K(p)$ 当然是 p 的单调增加非负函数,以下在于证明 $\overline{K}(p) = 2K(2p) + 2K(\delta)$,其中 δ 是任意小的正数,即是所求.

设 $A_1, A_2, \cdots, A_N, B_1, B_2, \cdots, B_N$ 是 R 内任意 $2N$ 个互异的点,只若证明 $\sum_{k=1}^{N} | F(B_k) | \leqslant \overline{K}(p)$,其中 $\overline{K}(p) = 2K(2p) + 2K(\delta)$ 而 $p = \sum_{k=1}^{N} \rho(A_k, B_k)$ 就够了.

应用归纳步骤,不难证明,此时必有折线 $L_1, L_2, \cdots, L_N$ 存在,具备下述的性质:

1) L_k 以 A_k, B_k 为其端点,其各环节都与坐标平行或垂直,而且它的长度 $m(L_k) < 2\rho(A_k, B_k)$;

2) L_k 不通过 $A_{k'}, B_{k'}(k' \neq k)$;

3) $L_k \cdot L_{k'} = \{A_1^{(k)}, \cdots, A_{Sk}^{(k)}\}$ 为有限个点.

从 3) 我们知道,所有不同二折线交点之和 $\{A_1^{(k)}, \cdots, A_{Sk}^{(k)}\}(k \leqslant N)$ 是有限的点集,而且根据 1)2),经过每个 $A_i^{(k)}$ 的折线不多于两条,将 $A_i^{(k)}$ 用

充分小互不相交的区间范围之，我们设这些区间之直径总和 $<\delta$，因此 $F(p)$ 于其上振幅的总和 $<K(\delta)$. 其次，区间外的折线则被分解为互不相交的线段，用两组区间来遮盖它们，尔后通过简单计算，便有下式成立：

$$\sum_{k=1}^{N}|F(A_k)-F(B_k)|\leqslant\overline{K}(p)$$

其中 $\overline{K}(p)$ 的意义正如前述，至此定理证毕.

因为 $\overline{K}(p)$ 仅依赖于 p，下面命题成立.

定理3 设 $F(P)$ 是 R 的有界变分函数，S 为所有长度不超过 ρ 的曲线族，这对 $F(p)$ 沿着 S 的每一曲线都是有界变分函数[①]，而且其全变分关于 S 还是有界的.

很明显，定理3乃是定理2的简单推论，而(A)则仅是这定理的一半. 定理3对(A)而言，已经精密了一步.

引理4 设 $F(P)$ 是定义于 R 的有界变分函数，则必有定数 $K_0>0$ 存在，而且具备如下的性质：所有满足 $|F(A)-F(B)|>K_0\rho(A,B)$，$\rho(A,B)>a>0$ 的点对 (A,B)，只有有限个适合于 $A_k\neq B_k\quad A_k\neq A_{k'}\quad B_k\neq B_{k'}(k\neq k')$ 者.

证明 若其不然，便有 $A_1,A_2,\cdots,A_{k_0},B_1,B_2,\cdots,B_{k_0}$ 存在，其中 $A_k\neq A_{k'},B_k\neq B_{k'},A_k\neq B_k,(k\neq k')$，同时使得 $\sum\limits_{k=1}^{k_0}P(A_k,B_k)<p$ 及 $\sum\limits_{k=1}^{k_0}|F(A_k)-F(B_k)|>\overline{K}(p)$ 成立[②]，但 $F(P)$ 是有界变分函数，因而这是不可能的，于是定理证毕.

推论1 有界变分函数 $F(P)$ 在 R 上除去可列个点外，在其余部分满足李普希兹条件.

证明 取 $\alpha_1,\alpha_2,\cdots,\alpha_k,\cdots,\alpha_k>0$，$\lim\alpha_k=0$，根据定理4，对每一 α_k 有 $E_k=\{A_1^{(k)},\cdots,A_{Sk}^{(k)}\}$ 存在，若 $A,B\in R-E_k$，而且 $\rho(A,B)>\alpha_k$ 时便

① 是寻常意义下的.

② 此处略去它的证明.

有 $|F(A)-F(B)|<K_0\rho(A,B)$，K_0 是绝对常数，从而在 $R-\sum_{k=1}^{\infty}E_k$ 上，$F(P)$ 满足李普希兹条件.

由推论 1 还能证明：

推论 2 连续的有界变分函数满足李普希兹条件.

附记 1) 定理 1,2 中限制 $A_i\neq A_j\cdots(i\neq j)$ 是必要的，实际我们能够证明如下的.

定理 $F(P)$ 满足李普希兹条件的必充条件是：对于任意的 $A_1,\cdots,A_k,\cdots,B_1,\cdots,B_k,\cdots\in R$，如果 $\sum_{k=1}^{\infty}\rho(A_k,B_k)<+\infty$，那么便 $\sum_{k=1}^{\infty}F(A_k)-F(B_k)|<+\infty$.

这一定理，可以看作是费禾钦高利茨一个定理的推广，请参看文献[2] 或[3].

2) 推论 1 也可由托氏定理 1,2,4 直接推出，请查参考文献[1].

3) 将定理 3,4 与[1] 中第 55 页附注相比较，颇饶兴趣，托氏给两个变数有界变分函数下定义的时候，首先将寻常一个变数有界变分函数的定义作了变形. 同时他所给的定义与后者在形式上也不完全一样，本文的结果证明，这些差异是完全不必要的.

所有这些结果，都能向任意维的空间作形式上的推广.

§3. 托氏有界变分函数的一个性质. 由定理 2 我们知道：若 $F(P)$ 是定义于 R 的有界变分函数，$K_1,K_2,\cdots,K_n,\cdots$ 是 R 内互不相重的圆系. 如果 $\sum_{n=1}^{\infty}\delta(K_n)<p$，那么便 $\sum_{n=1}^{\infty}\omega_n<K(p)$，其中 $K(p)$ 是仅依赖于 p 的有限数，与前所见的不同，设 $V_F(p)$ 是所有上述 $K(p)$ 的下限，而称作是 $F(P)$ 于 R 上的 p 变分时，下面定理成立.

定理 5 设 $f_1,f_2,\cdots,f_n,\cdots$ 是定义在 R 上的(有界变分) 函数列，适合以下条件：

a) 至少有一点 $p_0\in R$，使得 $|f_n(p_0)|\leqslant M_1$；

b) $Vf_n(2p_0)\leqslant M_2$，其中 $\rho_0=\delta(R)$，而 $V_R^{(n)}(2p_0)$ 则是对应于 $f_n(p)$

的 $2p_0$ 变分.

此时,于 $f_1, f_2, \cdots, f_n, \cdots$ 中定能选一子列 $f_{n_1}, \cdots, f_{n_k}, \cdots$ 向某有界变分函数 f 收敛.

证明 由定理 4 之推论 1,能取一可列点集 E,在 $R-E$ 上对所有的 n 都有

$$| f_n(A) - f_n(B) | < K_0 \rho(A,B).$$

其中 $A, B \in R—E$,而 K_0 是绝对常数,这样,函数 $f_1, f_2, \cdots, f_n, \cdots$ 在 $R—E$ 上是同等连续的.

从 a)b) 知道

$$| f_n(p) | \leqslant | f_n(p) - f_n(p_0) | + | f_n(p_0) | \leqslant M_1 + M_2.$$

因而$\{f_n\}$在R上(当然也在$R—E$)还是一致有界的,由阿尔左拉(Arzela)定理知道,有子列 $f'_{n_1}, \cdots, \{f'_{n_k}\}, \cdots$ 在$R—E$上一致收敛. 注意E是可列点集. 我们不难得到在 R 全面收敛的$\{f'_{n_k}\}$之子列,以下用$\{f_{n_k}\}$表示这一子列,f 是它的极限函数 $f = \lim f_{n_k}$,我们证明 f 也是在R 上定义的有界变分函数.

实际上,对于任意 $2N$ 个互不相同的点 $A_1, A_2, \cdots, A_N, B_1, B_2, \cdots, B_N \in R$,下述不等式是正确的:

$$\sum_{n=1}^{\infty} | f(A_n) - f(B_n) | = \lim_{k\to\infty} \sum_{n=1}^{N} | f_{n_k}(A_n) - f_{n_k}(B_n) | \leqslant \lim_{k\to\infty} m V_R^{n_k}(2\rho_0) \leqslant m M_2 = \overline{K}(p)$$

其中 $p = \sum_{n=1}^{N} \rho(A_n, B_n)$,$m = m(p) = \left[\dfrac{p}{p_0}\right] + 1$,($[x]$ 表示 x 的整数部分),

$\overline{K}(p) = mM_2 = M_2\left(\left[\dfrac{p}{\rho_0}\right] + 1\right)$.

上面的不等式,对于任意的 N 正确,因而定理得证.

这篇论文是作者 1955 年的毕业论文,在杨永芳教授指导下完成,作者对杨教授谨致谢意.

参考文献

[1] Г. П. Толстов, О Криволинеинои Интеграле В Смысле Лебега, Мат. сб. т. 23

(65):1(1948),53—76.

[2] Г. М. Фихтенгольц, Об абсолютно нелрерывных функдиях, Мат. сб. 31 (1922),286—194.

[3] И. П. Натансон, Теория функдя функдий вещестевнной переменной М—л. 1950:Гл. 9. упраж. 6.(汉译本　徐瑞云译:《实变函数论》下第九章习题 6).

ON FUNCTIONS OF BOUNDED VARIATION IN THE SENSE OF TOLSTOV

Wang Shu-tang

Abstract

In a paper entitled[1] "On cuvilinear integrals in the sense of Lebesgue" Mr. Tolstov introduced the following.

Definition. Let $F(x,y)$ be a function defined on the region $R(a<x<b;c<y<d)$ and for every sequence of nonoverlapping circular disks Dn such that, wheneve $\sum_{n=1}^{\infty}(diam.\ Dn)<\infty$, $\sum_{n=1}^{\infty}(osc.\ F\ on\ R)<\infty$, then we call $F(x,y)$ a function of bounded variation on R.

The following theorems were proved by Tolstov:

(A) If $F(x,y)$ be a function of bounded variation defined on R. Let C: $x=x(s)$, $y=y(s)$ be a simple and rectifiable curve with arc length as parameter, then the function $\Phi(s)=F(x(s),y(s))$ be of bounded variation as variable s in the usual sense.

(B) A function $F(x,y)$ which is continuous and of bounded variation must satisfies Leipshitz's condition.

In the present paper the following theorems are proved:

Theorem 1. Let $F(x,y)$ be a function of bounded variation on R. Then for every sequence of distinct points of R: A_1, A_2, $\cdots$, A_n, $\cdots$, B_1, B_2, $\cdots$, B_n, $\cdots$ whenever $\sum_{n=1}^{\infty}\rho(A_n,B_n)\leqslant p$, then, $\sum_{n=1}^{\infty}|F(A_n)-F(B_n)|<K(p)$, where $\rho(A,B)$ is

the distance between A, B, and $K(p)$ a Finite function of $p<\infty$.

As direct corollaries the following theorems may be easily varified

Theorem 2. Let $F(x,y)$ be a function of bounded variation on R, S a class of curves their lengthes bounded, then $F(x,y)$ be of bounded variation along the curves of S. Furthere, its total variations be also bounded on S.

Theorem 3. If $F(x,y)$ is a function of bounded variation on R, then there exists a deunmerable point set E, on $R-E$ then $F(x,y)$ satisfies Leipshitz's condition.

Theorem 2 has improved the proposition (B), and theorem 3 is equivalent to the propostion (A).

From Theorem 1: if Dn is any nonoverlapping circular disks $\sum_{n=1}^{\infty}(diam\ D_n)<p$ then $\sum_{n=1}^{\infty}(ocs.\ For\ R)<K(p)$. Putting $V_F(p)=\inf K(p)$ and call it the variation of F on R. Then the following theorem can be proved.

Theorem 4. Let f_1, f_2, $\cdots$, f_n, $\cdots$ be a sequence of functions of bounded variation satisfying:

1) $f_n(A)<M_1$ for some point of $A\in R$;

2) $V_{f_n}(2\rho)<M_2$ Where $\rho=$diam. R.

Then it can be selected a subsequence f_{n_1}, f_{n_2}, $\cdots$, f_{n_k}, $\cdots$ converging to some function f, and f be also of bounded varition on R.

关于序数方程[①]

王戍堂　王克显

摘　要

本文进一步讨论超限序数方程，推广了 Sierpinski 的有关结果.

§1. 根据序数正常表示的唯一性[②]，M. Sierpinski 证明了方程 $\xi^2 = \eta^3 + 1$ 没有超限的序数解. 本文目的在于拓广这一结果，而从事更广一类序数方程求解问题的研究.

同一时期，M. Sierpinski 又证明：对于序数 α 与 β 而言，等式 $\alpha\beta = \beta\alpha$ 与 $\alpha^m\beta^n = \beta^n\alpha^m$ (2) 等价(2). 本文对于序数的加法，考虑了类似的情况.

§2. 首先证明下列的

定理 1　设 n 为一自然数 $n > 1$，则方程

$$\xi^n = \eta^{n+1} + 1 \tag{1}$$

没有超限的序数解 ξ 与 η.

证明　用反证法.

设 ξ, η 为方程(1)的一组解，ξ 一定是第一种序数. 兹分两种情况进行讨论如下.

---

① 本文发表于《数学进展》第 3 卷第 4 期(1957).

② 如无特别声明 m, n 恒代表自然数.

1) 设 η 是第一种数. 根据[1],能够假设

$$\xi = \omega^{\alpha_1} a_1 + \omega^{\alpha_2} a_2 + \cdots + \omega^{\alpha_{k-1}} a_{k-1} + a_k \tag{2}$$
$$\eta = \omega^{\beta_1} b_1 + \omega^{\beta_2} b_2 + \cdots + \omega^{\beta_l -1} b_{l-1} + b_l$$

其中 $\alpha_1 > \alpha_2 > \cdots > \alpha_{k-1} > 0, \beta_1 > \beta_2 > \cdots > \beta_{l-1} > 0$;而 $a_1, a_2, \cdots, a_k$ 及 $b_1, b_2, \cdots, b_l$ 各为自然数.

从(2) 根据序数的运算规则,经过适当计算后得

$$\begin{aligned}\xi^n = \omega^{\alpha_1 n} a_1 &+ \omega^{\alpha_1 (n-1)+\alpha_2} a_2 + \cdots + \omega^{\alpha_1 (n-1)+\alpha_{k-1}} a_{k-1} + \omega^{\alpha_1 (n-1)} a_1 a_k \\ &+ \omega^{\alpha_1 (n-2)+\alpha_2} a_2 + \cdots + \omega^{\alpha_1 (n-2)+\alpha_{k-1}} a_{k-1} + \omega^{\alpha_1 (n-2)} a_1 a_k + \cdots \\ &+ \omega^{\alpha_1 + \alpha_2} a_2 + \cdots + \omega^{\alpha_1 + \alpha_{k-1}} a_{k-1} + \omega^{\alpha_1} a_1 a_k + \omega^{\alpha_2} a_2 + \cdots \\ &+ \omega^{\alpha_{k-1}} a_{k-1} + a_k,\end{aligned}$$

$$\begin{aligned}\eta_{n+1} = \omega^{\beta_1 (n+1)} b_1 &+ \omega^{\beta_1 n+\beta_2} b_2 + \cdots + \omega^{\beta_1 n+\beta_{l-1}} b_{l-1} + \omega^{\beta_1 n} b_1 b_l \\ &+ \omega^{\beta_1 (n-1)+\beta_2} b_2 + \cdots + \omega^{\beta_1 (n-1)+\beta_{l-1}} b_{l-1} + \omega^{\beta_1 (n-1)} b_1 b_l \\ &+ \cdots + \omega^{\beta_1 + \beta_2} b_2 + \cdots + \omega^{\beta_1 + \beta_{i-l}} b_{l-1} + \omega^{\beta_l} b_1 b_l + \omega^{\beta_2} b_2 \\ &+ \cdots + \omega^{\beta_{l-1}} b_{l-1} + b_l.\end{aligned}$$

因此 ξ^n 及 η^{n+1} 各有 $n(k-1)+1$ 用$(n+1)(l-1)+1$ 项. 于是 $n(k-1) = (n+1)(l-1)$ 而存在一自然数 r 使 $k = (n+1)r+1$ 及 $l = nr+1$,而 $k > l$;即是 $n(k-l)+1 = l$. 将上述展开式代入(1),并比较对应项的系数不难得到 $a_1 = b_1, a_k = b_l + 1$;而 $a_1 a_k = b_{(k-l)+1}$. 从最后项算起,比较对应项系数有 $b_{(k-l)+1} = a_{2(k-l)+1}$. 从首项起比较系数则 $a_{2(k-1)+1} = b_{2(k-l)+1}$(我们不妨设想 $n > 2$,否则以下比较过程全部取消). 反复进行之,我们最后得出:

$$a_1 a_k = b_{(k-l)+1} = a_{2(k-l)+1} = b_{2(k-l)+1} = \cdots = a_{n(k-l)+1} = a_l = b_1 b_l = a_1 b_l$$

于是 $a_k = b_l$ 这与 $a_k = b_l + 1$ 相矛盾.

2) 设 η 为第二种数. 证明与[2] 大致相同.

设
$$\xi = \omega^{\alpha_1} a_1 + \cdots + \omega^{a_{k-1}} a_{k-1} + a_k \tag{3}$$
$$\eta = \omega^{\beta_1} b_1 + \cdots + \omega^{\beta_l} b_l$$

其中诸数之意义同上. ξ^n 的展开同 1). 仅需求出 η^{n+1}.

$$\eta^{n+1} = \omega^{\beta_1 (n+1)} b_1 + \omega^{\beta_1 n+\beta_2} b_2 + \cdots + \omega^{\beta_1 n+\beta_l} b_l$$

因此 ξ^n 及 $\eta^{n+1}+1$ 各有 $n(k-1)+1$ 及 $l+1$ 项. $n(k-1)=l(l\geqslant k)$. 将此等展式代入(1) 并比较对应的指数.

$$\beta_1(n+1)=a_1n=(\beta_1n+\beta_{(l-k)+1})n\geqslant\beta_1n^2$$

于是 $n+1\geqslant n^2$,但 n 为自然数而且 $n>1$,因此这时不可能的.

总结 1)2) 得到定理之证明.

§3. 将方程 $\xi^2=\eta^3+1$ 左端右乘以 2 可以变成有解方程. 例如序数

$$\xi=\omega^3a+\omega^2 2a+\omega 2a+2$$

$$\eta=\omega^2 2a+\omega 2a+1$$

便使方程 $\xi^2\cdot 2=\eta^3+1$ 得到满足. 但是可以证明下述之.

定理 2 方程 $\xi^n\cdot m=\eta^{n+1}+1$ 当 $m\neq 2$ 时无有超限序数解.

证明 由反证法. 设 ξ,η 为其一组解. ξ 必是第一种序数. 当 η 是第二种序数时,完全与定理 1 之 2) 相同的推出矛盾. 当 η 为第一种数,且具有(2) 的形状时,按上述定理的方法可以证明.

$$ma_1=b_1, a_k=b_l+1; a_1a_k=b_{(k-l)+1}=a_{2(k-l)+1}=b_{2(k-l)+1}$$
$$=\cdots=a_l=b_1b_l=ma_1b_l$$

于是 $a_k=mb_l=b_l+1, b_l=\dfrac{1}{m-1}$,而 b_l 为自然数,故必 $m=2$. 然则已经看到 $m=2$ 时,方程 $\xi^n m=\eta^{n+1}+1$ 确系可解. 于是定理证毕.

方程 $\xi^n\cdot m=\eta^{n+1}+1$ 的序数解,当 $m=2$ 时一般形状为

$$\xi=\omega^{\alpha_1}a_1+\omega^{\alpha_2}a_2+\cdots+2$$

$$\eta=\omega^{\beta_1}2a_1+\omega^{\beta_2}b_2+\cdots+1$$

然则所有解的具体求出,是一尚待解决的问题.

§4. M. Sierpinski 在[3] 中证明 $\alpha\beta=\beta\alpha$ 与 $\alpha^m\beta^n=\beta^n\alpha^m$ 等价. 利用同样思想方法,能够证明下记之:

定理 3 对于序数 α,β 而言,$\alpha+\beta=\beta+\alpha$ 与 $\alpha m+\beta n=\beta n+\alpha m$ 等价. 其证明步骤,本文从略.

参考文献

[1] W. Sierpinski. Lecons sur les nombres transfinis, Pris, ris, 1950.

[2] W. Sierpinski. Sur l'equation $\xi^2=\eta^3+$ pour les nombres ordinaux transfinis, *Fund. Math*, V. 43,1(1956),1—2.

[3] W. Sierpinski. Sur une propriete des nombres ordinaux, *Fund. Math.*, V. 43,1(1956),139—140.

ON SOME EQUATIONS OF ORDINAL NUMBERS

Wang Shu-tang Wang ke-xian

Abstract

In the paper[2] Mr. Sierpinski proved the following equation

$$\xi^2=\eta^3+1$$

has no solution of transfinite ordinal numbers ξ,η.

The main purpose of the present paper is to prove.

Theorem 1 The equation

$$\xi^n=\eta^{n+1}+1$$

has no solution of transfinite ordinal numbers ξ,η, where n denote an arbitrary natural number, $n>1$.

Furthermore, we can generalize theorem 1as:

Theorem 2 The equation

$$\xi^n m=\eta^{n+1}+1$$

has no solution of transfinite ordinal numbers ξ,η, where $n>1$, $m\neq 2$ are arbitrary natural numbers.

Neverthless $\xi^2 2=\eta^3+1$ has as solution:

$$\begin{cases}\xi=\omega^3 a+\omega^2 2a+\omega 2a+2\\ \eta=\omega^2 2a+\omega 2a+1,\end{cases}$$

hence, the remaining open problem is to find all such transfinite ordinal numbers ξ, η which satisfying $\xi^n 2 = \eta^{n+1} + 1$.

On the other hand, Mr. Sierpinski in another paper[3] proved the following equations

$$\alpha\beta = \beta\alpha$$

$$\alpha^m \beta^n = \beta^n \alpha^m$$

are equivalent for ordinals α and β, by the same methods we can prove the following equations

$$\alpha + \beta = \beta + \alpha$$

$$\alpha m + \beta n = \beta n + \alpha m$$

are equivalent for ordinal numbers α and β.

一致性空间的一个定理①

王戍堂

摘　要

本文证明了定理：具有势 u 一致基的一致空间，若其每个势 $>u$ 的子集 S 于 R 中有级 $\geqslant 2$ 的触点，那么空间的拓扑具有势 $\leqslant u$ 的基底. I. S. Gál 用很复杂办法方能证明的一系列结果即全部是这一定理的简单推论.

最近 I. S. Gál 在论文[1]中引进一般致密性概念，并在一致空间中得到了一系列的结果.

通过一个反例可以说明 Gál 的某些结果中有错.

本文主要目的在于：对一致空间建立一个比较深刻而且简单的定理②. 这定理是度量空间中一个经典性结果([3], p. 116, p. 107)的推广，其证明方法也无须经过多大的改变. 我们修正了[1]中的错误，并且这些修正连同论文②的所有其余结果(除定理 4 以外)都能由本文定理推出. 我们这些定理不但比[1]深入一步，而且还指出 Gál 论文[1]中有一个尚未完成之点. 本文对其某些结果做了相应的改善和补充，从而使这个部分也

① 本文发表于《科学记录》2 卷 10 期(1958)

② 它基本上是作者另一定理的特殊场合(参看：《论有基底的拓扑空》，西北大学 1958 年科学讨论会论文).

得到补足.

§1. 设 R 为一致空间，而且具有势 u 的一致基. 我们知道，由这个基能得到由势 u 的伪度量族 $P=\{\rho_\alpha\}$ 所生成的另一基[4]. 所谓伪度量，就是满足下列条件的从 $R\times R$ 到 $[0,\infty)$ 的实函数：

1. $\rho_\alpha(x,x)=0$；

2. $\rho_\alpha(y,x)=\rho_\alpha(x,y)$；

3. $\rho_\alpha(x,y)+\rho_\alpha(y,z)\geqslant\rho_\alpha(x,z)$.

P 中任意有限个函数的极大函数所成的族 P' 仍是伪度量族，为了简单记为 $P'=\{\rho'_{\alpha'}\}^{(1)}$. 于是 P' 还满足：

4. 对于任意二 $\rho'_{\alpha'_1},\rho'_{\alpha'_2}\in P'$，存在 $\rho'_{\alpha'}\in P'$，使得 $\rho'_{\alpha'}(x,y)=\max\{\rho'_{\alpha'_1}(x,y);\rho'_{\alpha'_2}(x,y)\}$ 就有理数 $d>0$ 和 $\rho'_{\alpha'}\in P'$ 的指标 α'，置

$$V(\alpha',d)=\mathop{\mathbf{E}}_{(x,y)}\rho'_{\alpha'}(x,y)<d,$$

也就说这个 $V(\alpha',d)$ 是满足 $\rho'_{\alpha'}(x,y)<d$ 之所有点对 (x,y) 的集. 此时 $\{V(\alpha'd)\}$ 仍是 R 的一致基. 今后该基恒以符 U 记之.

由 U 可于 R 定义拓扑，其基本邻域族为 $\{V(\alpha',d)[x]\}$，其中 $x\in R$，关于此点及符号 $\{V[x]\}$ 的意义见于参考文献[5].

注意：当 u 无限时，势 $\overline{\overline{U}}=u$. 当 u 有限时，R 本身即是伪度量空间[5]（此时 $\overline{\overline{U}}=u$ 不一定成立），直接进入本文定理.

定理 设 R 为一致空间，具有势 u 的一致基. 这时下列二命题等价：

(A_u) R 的重量①$\leqslant u$；

(B_u) $S\subseteq R$ 而且 $\overline{\overline{S}}>u$ 时，S 于 R 有级 $\geqslant 2$ 的触点②，为了证明，引入下列命题.

(C_u) 存在 $R_0\subseteq R$，其势 $\overline{\overline{R}}\leqslant u$ 而且闭包 $[R_0]=R$. 定理的证明按下列步骤进行：

---

① R 的重量 $\leqslant u$，如果其拓扑结构，存在一组势 $\leqslant u$ 的拓扑基的话.

② $x\in R$ 是集 S 的级 $\geqslant m$ 的触点，如果对于 x 的每一邻域 V_x 势 $\overline{\overline{V_xS}}\geqslant m$ 的话.

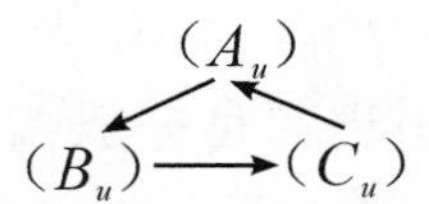

ⅰ) $(A_u) \longrightarrow (B_u)$. 证明同于古典定理:可数基空间的非可数集具有 γ 点(即级 $> \omega_0$ 的触点). 故从略.

ⅱ) $(B_u) \longrightarrow (C_u)$.

a. 当 u 无限时. 设 (C_u) 不真,于是至少有一 α' 使下述 $P_{\alpha'}$ 亦不真(α' 是 $\rho'_{\alpha'} \in P'$ 的下标).

$P_{\alpha'}$. 存在集 $M_{\alpha'}$:$\overline{\overline{M}}_{\alpha'} \leqslant u$,且设 $x \in R$ 为任意点时 $\rho'_{\alpha'}(x, M_\alpha) = 0$(其中 $\rho'_{\alpha'} \in P'$).

如设 $P_{\alpha'_0}$ 不真,此时存在有理数 d 使下述 $P^d_{\alpha'_0}$ 亦不真.

$P^d_{\alpha'_0}$. 存在集 $M^d_{\alpha'_0}$:势 $\overline{\overline{M}}{}^d_{\alpha'_0} \leqslant u$,且设 x 为 R 的任意一点时有 $\rho'_{\alpha'_0}(x, M^d_{\alpha_0}) \leqslant d(\rho'_{\alpha'_0} \in P)$.

如设 $P^{d_0}_{\alpha}$ 不真,根据超限归纳原理便可找到一集 $N = \{x_0, x_1, \cdots, x_\beta, \cdots\}$:$\overline{\overline{N}} > u$. 而且对于 $\beta \neq \beta'$ 恒有 $\rho'_{\alpha'_0}(x_\beta, x'_\beta) > d_0$. 于是很显然 (B_u) 亦不真.

b. 当 u 有限时,R 是伪度量空间. 设 (C_u) 不真便存在彼此距离 > 0 的 $u+1$ 个点,故 (B_u) 亦不真.

ⅲ) $(C_u) \longrightarrow (A_u)$.

a. 当 u 无限时,集族 $\{V(\alpha', d)[p]\}$ 便是 R 的势 $\leqslant u$ 的拓扑基,但其中 $p \in R_0 (V(\alpha', d) \in u)$.

b. 当 u 有限时,集族 $\{\mathop{\mathbf{E}}\limits_{x \in R} \rho(x, p) = 0\}$ 便是 R 的一组势 $\leqslant u$ 的拓扑基,基中 $p \in R_0$.

此中 $\mathop{\mathbf{E}}\limits_{x \in R} \rho(x, y) = 0$ 表示所有满足 $\rho(x, y) = 0$ 之点 x 的集,但其中 y 是固定点而 ρ 是 R 的伪度量.

§ 2. 为了简单,把具有势 u 一致基的一致空间记作 $(U)_u$.

引理 1 设 R 为 (m, n) 致密,其 $n > m$. 这时 R 内势 $> m$ 的任意子集于 R 内有级 $\geqslant 2$ 的触点.

引理 2 设 R 的重量 $\leqslant u$，于是 R 为 (u,∞) 致密.

当 $u=\omega_0$ 时，上述两个引理都是一般拓扑空间的古典定理，但其方法无须经过多大变动就适用于一般的 u. 参看[1] 的引 5，引 6.

今将文[1] 的主要结果罗列于下：

1. 设 R 同时为 $(U)_u$ 及 (m,u) 致密 $(m<u)$，于是 R 为 (m,∞) 致密([1]，定理 1).

2. 设 R 为 $(U)_u$，$m\geqslant u$，并设势 $>m$ 的子集于 R 有聚点，于是 R 为 (m,∞) 致密([1]，定理 2).

3. 设 R 同时为 $(U)_u$ 及 (m,n) 致密，但 $m<n$，$u\leqslant n$，于是 R 为 (m,∞) 致密([1]，定理 3).

4. 设 R 同时为 $(U)_u$ 及 (m,∞) 致密. 其任意子空间亦为 (m,∞) 致密([1]，定理 5).

5. $(U)_u$ 成为完全 (m,∞) 致密 $(m\geqslant u)$ 的必充条件是：势 $>m$ 的集于 R 有聚点.

上述聚点的定义见于[1]，p. 421.

1，3，4 能由引 1，2 及本文 §1 定理立即推出，今以 1 为例：由 1 的题设及引 1 推知 (B_u) 成立，于是 (A_u) 也成立，再由引 2 知 R 是 (u,∞) 致密的. 但 R 原来是 (m,u) 致密的，因此 R 便是 (m,∞) 致密的. 下面我们举例说明 2，5 是不正确的.

例 设 E 是以 ρ 为度量的不可分度量空间. 于是存在着势不可约的非可数覆盖 $\{G_\alpha\}$([3]，p. 116).

考虑迪加尔乘积 $E^*=E\times\{1,2\}$，并于 E^* 引入度量 ρ^*，即

$$\rho^*[(p,i),(q,j)]=\rho(p,q),$$

其中 $p,q\in E$，$i,j=1,2$. 容易验证 E^* 是满足 2，5 题设条件的伪度量空间 $(u=\omega_0)$. 但 $\{G_\alpha\times\{1,2\}\}$ 是 E^* 的势不可约的非可数覆盖. 故 2，5 不真. 但利用本文定理很容易将它们修改成：

2′. 设 R 为 $(U)_u$，$m\geqslant u$，并设势 $>m$ 的集于 R 有级 $\geqslant 2$ 的触点. 于是 R 为 (m,∞) 致密.

5′. $(U)_u$ 成为(m,∞)完全致密的必充条件是:势 $>m$ 的集于R有级 $\geqslant 2$ 的触点(或于其自身有聚点),但其中 $m \geqslant u$.

从上述之例看来,2′,5′ 中对于触点之级 $\geqslant 2$ 这一要求是不能减弱的了. 但对 2′ 尚能作如下的补充:

6. 设R为$(U)_u$,而且势u的任意集于R有级u的触点. 于是,R的任意覆盖中存有势 $<u$ 的子覆盖(其中 $u>1$).

当u可数时,这是有名的 Heine-Borel-Lebesgue 定理([1] 中定理 2 之注所列的定理是不正确的). 所以 6 正是这一著名定理的推广. 2′ 仅是"R的重量 $\leqslant m$"的后果,而不能看作是上述定理的推广. 实际上后者并不可能从 2′ 推出来,正像 Borel 定理不能从 Lindelof 定理推出来一样.

最后还要指出,[2] 中用了很长篇幅才能证明的有关拓扑乘积的一个结果,也可由本文 §1 之定理立即推出.

7. ([2],定理 7). 设R_α是$(U)u_\alpha$,其$\alpha\in\Gamma$,并取(无限)基数$m \geqslant \overline{\overline{\Gamma}}$,$u_\alpha \leqslant m$. 此时,如果每个 R_α 都是完全(m,∞)致密的话,则拓扑乘积 $R=\prod\limits_{\alpha} R_\alpha$ 也是完全(m,∞)致密

实际是,据引 1 及$(B_m)\longrightarrow(A_m)$,$R_\alpha$的重量$\leqslant m$,故$R$及其任意子空间亦然. 由引 2 立得 7.

作者感谢杨永芳教授的帮助与指正.

参考文献

[1] Gál. I. S. 1957 Proc. *Akad. Wet. Amsterdam*. 60, 421—430.

[2] Gál. I. S. 1957 ibid. 431—435.

[3] Sierpinski. W. 1952 *General Topology*. *Toronto*.

[4] Bourbaki. N. 1948 *Topologie generale*. *ch*. IX, 7.

[5] Kelley. J. L. 1955 *General Topology*. *Nostrand Co*.

A theorem on the uniform spaces

Wang Shu-tang

ABSTRACT

In the present note we prove the following theorem: Let R be a uniform Space with a uniform base of power u, and if every set S with power$>u$ has a contact point of order$\geqslant 2$. Then the topological weight $W(R)\leqslant u$. A number of results concerning (m, n) compactness of I. S. Gái can be derived from this theorem as simple consequences.

ω_μ-可加的拓扑空间(Ⅰ)[①]

王戍堂

摘 要

本文首先研究了 ω_μ- 距离空间与 m- 几乎距离空间的关系，并以此为基础解决了 R. Sikorski 的问题，推广了著名的 Nagata-Smirnov 距离化定理. 文中还特别针对 $\mu > 0$ 的情况得到了可 ω_μ- 距离化的条件. 最后，研究了紧性，并推广了著名的 Ursohn 第二距离化定理.

按照 R. Sikorski[1]，所谓集 X 是 ω_μ 可加拓扑空间[②]，即指对其每个子集 K 都定义了满足下列条件的闭包[③] $\overline{K} \subseteq \boldsymbol{X}$：

Ⅰ. $\overline{K} \supseteq K$；

Ⅱ. $\overline{\overline{K}} = \overline{K}$；

Ⅲ. 对于任何 $\boldsymbol{X}$ 的 a- 子集列 $\{K_\xi\}$，$\xi < a$，$a < \omega_\mu$，

$$\overline{\sum_{0 \leqslant \xi \leqslant \omega_\mu} K_\xi} = \sum_{0 \leqslant \xi \leqslant \omega_\mu} \overline{K}_\xi$$

Ⅳ. 对于任何 $\boldsymbol{X}$ 的有限子集 K，$\overline{K} = K$.

当 $\mu = 0$，ω_μ- 可加的拓扑空间即普通(T_1)型的拓扑空间，但当 $\mu > 0$，

① 本文发表于《数学学报》1964 年第 14 卷第 5 期，此为“王氏定理”的中文版.

② 我们恒以 ω_μ 表示规则初始序数.

③ 这里的叙述方式与[1] 在形式上有些出入，但实质相同.

则前者较后者更为特殊.

上述类型的拓扑空间,结合着在不同问题的需要,还曾为其他学者所考虑,例如 И. И. Паровиченко[2],L. W. Cohen 与 C. Goffman[3] 等等. 正则的 ω_μ- 可加拓扑空间,当 $\mu>0$ 时,必是 0 维的[1].

设 A 为一序群[1],且若存在单调减小的 ω_μ- 列 $\{\varepsilon_\xi\}$,其中 $\varepsilon_\xi>0,\xi<\omega_\mu,\varepsilon_\xi\in A$ 而满足下列条件:

(*) 对于 A 的每个元素 $\varepsilon>0$,存在着序数 $\xi_0<\omega_\mu$,使 $\varepsilon_\xi>\varepsilon$ 对 $\xi>\xi_0$ 恒成立. 此时即称 A 是特征 ω_μ 的序群.

设 $\boldsymbol{X}$ 是一集合,A 是某个特征 ω_μ 的序群. 今若对于每一对点 $x,y\in\boldsymbol{X}$ 均对应于 A 的一元 $\rho(x,y)$,且使下列条件得到满足:

a) $\rho(x,y)=0$;

b) $\rho(x,y)=\rho(y,x)>0$,其中 $x\neq y$;

c) $\rho(x,y)\leqslant\rho(x,z)+\rho(z,y)$.

其中 x,y,z 均表示集合 $\boldsymbol{X}$ 上的任意点,我们便说 ρ 是 X 上的一个 ω_μ- 距离,而 $\boldsymbol{X}$ 则是 ω_μ- 距离空间. 于此空间内,按下式定义极限:

$$x=\lim_{\xi<\omega_\mu}x_\xi,\text{当且仅当 }\rho(x,x_\xi)\longrightarrow 0,$$

并由此引入"闭包""闭集"及"开集"等,X 便成为一个拓扑空间,根据条件(*)不难证明这个空间是 ω_μ- 可加的.

对于 ω_μ- 距离空间进行过研究的有 F. Hausdorff[4],L. W. Cohen 与 C. Goffman[3] 以及 R. Sikorski[1] 等. 后者指出,不少有关可分距离空间的性质均可由一般 ω_μ- 距离空间作推广,且往往只须在一些文字上作适当修改就能完全套用原来的证明方法. 但也有例外情况,[1] 研究了一些所谓"牵扯到紧性及完备性的奇异现象"问题.

另一方面,由于泛函分析以及其他方面的需要,近来对于 m- 几乎距离空间已进行了不少的研究工作[5-9](这实质乃是具有势 m 一致基的一致空间).

本文分以下几节:

首先,我们于 §1 研究了 m- 几乎距离空间具有 ω_μ- 可加性问题,得到

了这种空间具有 ω_μ- 可加性的充要条件. 然后,我们于 §2 研究了 ω_μ- 距离空间与 ω_μ- 几乎距离空间的关系. 得到的结果是:从拓扑观点来看,ω_μ- 距离空间就是具有 ω_μ- 可加性的 ω_μ- 几乎距离空间. 于是就使得两种空间拓扑方面的研究具有了一定的联系. 以此为基础,我们于 §3 解决了 R. Sikorski[1] 遗留下来的 ω_μ- 距离化问题,并将文献[1] 这方面的结果作为本文定理 4 的一个推论包含起来. 另一方面,本文定理 4 是 Nagata-Смирнов 一般距离化定理的推广. 除此以外,本节还得到了其他的一些 ω_μ- 距离化条件. 最后我们于本文 §4 研究了 ω_μ- 紧性,ω_μ- 双紧性空间(定义见[1],[1] 中简称它们为紧性,双紧性) 的 ω_μ- 距离化问题. 我们指出,对于这种特殊的空间,Sikorski 的 ω_μ- 距离化条件,不仅是充分的而且是必要的,从而得到 П. С. Урысон 第二距离化定理的推广.

§1 m- 几乎距离空间

设 $\boldsymbol{X}$ 是一集合,而 $P=\{\rho_\xi\}$ 是一族定义于集 $\boldsymbol{X}\times\boldsymbol{X}$ 上的非负实值函数,其中 ξ 为序数 $\xi<\omega(m)$①,且满足下列条件:

ⅰ) 对 $x\in\boldsymbol{X}$ 及 $\xi<\omega(m)$ 恒有 $\rho_\xi(x,x)=0$;

ⅱ) 对 $x,y\in\boldsymbol{X}$ 及 $\xi<\omega(m)$ 恒有 $\rho_\xi(x,y)=\rho_\xi(y,x)$;

ⅲ) 对 $x,y,z\in\boldsymbol{X}$ 及 $\xi<\omega(m)$ 恒有 $\rho_\xi(x,y)\leqslant\rho_\xi(x,z)+\rho_\xi(z,y)$;

ⅳ) 设 $x,y\in\boldsymbol{X}$ 对 $\xi<\omega(m)$ 恒有 $\rho_\xi(x,y)=0$ 则 $x=y$;

ⅴ) 设 $\rho_{\xi1},\rho_{\xi2}\in P$ 则 $\max\{\rho_{\xi1},\rho_{\xi2}\}\in P$.

我们便说(X,P) 是 m- 几乎距离空间,有时也简单地说 $\boldsymbol{X}$ 是 m- 几乎距离空间. 对这种空间的任意子集 K 按下列方式定义闭包 $\overline{K}$

$$\overline{K}=\prod_{\xi<\omega(m)}E[x;\rho_\xi(x,K)=0]$$

$\boldsymbol{X}$ 便成为一个拓扑空间,于此空间形为 $E[x;\rho(x,x_0)<d]$ 的一切子集是

① 这里 $\omega(m)$ 表示势为 m 的初始数,也就是势为 m 且序型最小的良序集的序型.

一拓扑基底,其中 $x_0 \in \boldsymbol{X}$ 而 d 是任意正有理数. 今后,m- 几乎距离空间总是赋以这样的拓扑.

首先,不难证明下列定理:

命题 1 设 $\boldsymbol{X}$ 是 ω_μ- 可加拓扑空间,则除非 $\mu = 0$ 或 $\boldsymbol{X}$ 是全散(discrete)的,其拓扑结构不能作为一个 m- 几乎距离空间(在上述意义下)所引出的拓扑结构,其中 $m < \omega_\mu$.

证明 用反证法. 即设 $\boldsymbol{X}$ 是非全散的 ω_μ- 可加拓扑空间,$\mu > 0$,且其拓扑能由伪距离族 $P = \{\rho_\xi\}$,$\xi < \omega(m)$ 引出而 $m < \omega_\mu$. 并设 x_0 是 $\boldsymbol{X}$ 的任一点,于是由

$$\{x_0\} = \prod_{0 \leqslant \xi \leqslant \omega(m)} E[x; \rho_\xi(x, x_0) = 0]$$

$$= \prod_{0 \leqslant \xi \leqslant \omega(m)} \prod_{n=1}^{\infty} E\left[x; \rho_\xi(x, x_0) < \frac{1}{n}\right]$$

得知 $\{x_0\}$ 是开集,从而 $\boldsymbol{X}$ 是全散的,这是矛盾. 从而命题 1 得证.

由于全散拓扑空间,对于任意的 $\mu \geqslant 0$,都是 ω_μ- 可加的,本节所考虑的拓扑空间将永远认为是非全散的,而不再作任何声明!

由以上命题可见,普通距离概念对于一般的 ω_μ- 可的加空间已失去意义,这就是必须引入 ω_μ- 距离空间概念的一个原因.

又由命题 1 可见,为得 m- 几乎距离空间(的拓扑)是 ω_μ- 可加的,必须 $m \geqslant \omega_\mu$(参看命题 1 后的声明). 一个自然提出的问题是:使得 m- 几乎距离空间是 ω_μ- 可加的充要条件是什么呢,此处假定 $m \geqslant \omega_\mu$?

下边就来解决这一问题.

设 $\boldsymbol{X}$ 是一集合,P 是 $\boldsymbol{X}$ 上的一族满足前述条件 ⅰ)—ⅴ)的伪距离函数,若于 P 添入所有 $d\rho_\xi$ 的元素,此处 $\rho_\xi \in P$ 而 d 代表正有理数,便得一个新族 P^*,P^* 是 P 的扩大且称作 P 的补充.

定义 1 $\boldsymbol{X}$ 及 P 的意义同上. 若对每个势 $< n$(n 是 $\leqslant m$ 的某个基数,m 是 P 的势)的子族 $P' \subseteq P$ 及任意一点 $x_0 \in \boldsymbol{X}$,都存在元素 $\rho_\eta \in P$ 及 x_0 的邻域 $U(x_0)$ 使得 $\rho_\eta(x, x_0) \geqslant \rho_\xi(x, x_0)$ 对于 $\rho_\xi \in P'$ 及 $x \in U(x_0)$ 恒成立,我们便说 P 是 n- 局部定向的.

于是便有下列定理：

定理 1 m-几乎距离空间 $\boldsymbol{X}$ 是 ω_μ-可加的充要条件,是 $m \geqslant \omega_\mu$ 且 P^* 是 ω_μ-局部定向族.其中 $\mu > 0$.

证明 充分性.设 $\{G_\xi\}$ 是 $\boldsymbol{X}$ 的任意开集 α-列,其中 $\xi < \alpha$ 而 $\alpha < \omega_\mu$.只须证明每个点 $x_0 \in \prod_\xi G_\xi$ 都是这集的内点.由于对每个开集 G_ξ,$\xi < \alpha$,都有正有理数 d_ξ 以及 $\rho_{\eta(\xi)} \in P$ 使得

$$E[x;\rho_{\eta(\xi)}(x,x_0)] < d_\xi] \subseteq G_\xi,$$

设 $\rho^*_{\eta(\xi)} = \frac{1}{d_\xi}\rho_{\eta(\xi)}$,则 $\rho^*_{\eta(\xi)} \in \rho_{\eta(\xi)}$.又知 ρ^* 是 ω_μ-局部定向族,故存在 $\rho^*_\eta \in P^*$ 及 x_0 的领域 $U(x_0)$,使对 $x \in U(x_0)$ 及 $\rho^*_{\eta(\xi)}$ 恒有 $\rho^*_\eta(x,x_0) \leqslant \rho^*_{\eta(\xi)}(x,x_0)$.于是:

$$U(x_0) \cdot E[x;\rho^*_\eta(x,x_0) < 1] \subseteq U(x_0) \cdot \prod_{\xi<\alpha} E[x;\rho_{\eta(\xi)}(x,x_0) < d_\xi] \subseteq \prod_{\xi<\alpha} G_\xi.$$

因此,x_0 是集 $\prod_\xi G_\xi$ 的内点.

必要性.设 $P' \subseteq P^*$ 且 P' 的势 $< \omega_\mu$,并设 x_0 是 $\boldsymbol{X}$ 的任意点,由于 $\boldsymbol{X}$ 是 ω_μ-可加的,$\mu > 0$,所以下列集 $U(x_0)$ 是 x_0 的开邻域:

$$U(x_0) = \prod_{\rho^*_\xi \in P'} E[x;\rho^*_\xi(x,x_0) = 0] = \prod_{\rho^*_\xi \in P'} \prod_{n=1}^{\infty} E\left[x;\rho^*(x,x_0) < \frac{1}{n}\right].$$

而对于每个 $\rho^*_\eta \in P^*$,$x \in U(x_0)$ 及 $\rho^*_\xi \in P'$ 将有 $\rho^*_\eta(x,x_0) \geqslant 0 = \rho^*_\xi(x,x_0)$ 成立,从而 P^* 是 ω_μ-局部定向族.

定理 2 $\boldsymbol{X}$,P 的意义同前,则 $\boldsymbol{X}$ 是 ω_μ-可加的空间的充要条件是,$m \geqslant \omega_\mu$ 而且对于 P 的每个势 $< \omega_\mu$ 的子族 P' 及任意点 $x_0 \in \boldsymbol{X}$ 存在一个邻域 $U(x_0)$,使得当 $x \in U(x_0)$ 及 $\rho_\xi \in P'$ 时 $\rho_\xi(x,x_0) = 0$.

证明 充分性.不难看出 P 的补充 P^* 也具有题设中 P 的性质,因而是 $|\omega_\mu|$-局部定向族.由定理 1 即得充分性证明.

必要性. 完全同于定理 1 相应部分的证明,故从略.

§2 $|\omega_\mu|$- 几乎距离空间与 ω_μ- 距离空间的关系

首先有下列命题:

命题 2 对于 ω_μ- 距离空间 $\boldsymbol{X}$ 的每一开覆盖 G 必存在着一个 ω_μ- 离散的从属开覆盖 G(所谓集族 G' 是 ω_μ- 离散的,是指可将 G' 表为 $G=\sum_{0\leqslant\xi\leqslant\omega_\mu} G'_\xi$,其中每个 G'_ξ 均是离散的). 且若 $\mu>0$,则 G' 还可要求其为由开闭集所组成.

这里及以后的讨论,所用名词大都采用自关先生的"拓扑空间概论"[10].

证明 第一部分基本同于 $\mu=0$ 时的情况. 首先将族 G 中的元素按"$<$"编成良序,并对 $U\in G$ 命 $U_\xi=E[x;\rho(x;\boldsymbol{X}-U)>\varepsilon_\xi]$,其中 ρ 是 $\boldsymbol{X}$ 的 ω_μ- 距离,ε_ξ 见前述条件($*$),于是 $\rho(U_\xi,\boldsymbol{X}-U_{\xi+1})>\varepsilon_\xi-\varepsilon_{\xi+1}$. 若置 $U'_\xi=U_\xi-\Sigma\{V_{\xi+1};其V\in G且V<U\}$,于是对于不同的 $U,V\in G$ 恒有 $\rho(U'_\xi,V'_\xi)>\varepsilon_\xi-\varepsilon_{\xi+1}$. 今取 A 的二元 ε' 及 ε'':$\varepsilon''<\varepsilon',\varepsilon'>0,\varepsilon''>0$ 而且 $2\varepsilon'<\varepsilon_\xi-\varepsilon_{\xi+1}$(这里 $\varepsilon',\varepsilon''$ 的存在性是不难验证的),再取下列集合:

$$U_\xi^*=E[x;\rho(x,U_\xi)\leqslant\varepsilon''],$$

$$U_\xi^{**}=E[x;\rho(x,\rho_\xi(x,U_\xi)<\varepsilon'].$$

于是 U_ξ^* 是闭集,U_ξ^{**} 是开集,$U_\xi^*\subseteq U_\xi^{**}$. 如 $\mu>0$,则由于 $\boldsymbol{X}$ 是正规空间[1] 及文[1] 定理(v)存在开闭集 $\widetilde{U}_\xi$ 合于条件 $U_\xi^*\subseteq\widetilde{U}_\xi\subseteq U_\xi^{**}$.

按照已知的方法[10] 就能证明集族$\{U^{**}\}$,或当 $\mu>0$ 时的集族$\{\widetilde{U}_\xi\}$,就是所求的 ω_μ- 离散的从属覆盖 G',此处 $\xi<\omega_\mu,U\in G$.

命题 3 ω_μ- 距离空间是可以 $|\omega_\mu|$- 几乎距离化的,即对 ω_μ- 距离空间 $\boldsymbol{X}$ 可以入势 $|\omega_\mu|$ 的满足 §1 条件 i)—v)的 $P=\{\rho_\mu\}$,使由后者决定的拓扑与原来的拓扑一致.

证明 由命题 2 知,$\boldsymbol{X}$ 存在一组 ω_μ- 拓扑基(m- 基的定义见[7]),又

$\boldsymbol{X}$ 是正规空间[1],于是由[7]定理1即得命题3.

下边是命题3的逆,是本文后面一系列结果的关键.

命题4 ω_μ-可加的$|\omega_\mu|$-几乎距离空间 $\boldsymbol{X}$ 必是可以 ω_μ-距离化的.即于 $\boldsymbol{X}$ 可以引入一 ω_μ-距离,且由此决定的拓扑结构与原有者相同.

证明 以 A 表示所有由实数组成的 $|\omega_\mu|$-列之集,若 $a,b\in A$

$$a=(a_0,a_1,\cdots,a_\xi,\cdots),$$

$$b=(b_0,b_1,\cdots,b_\xi\cdots).$$

其中 $\xi<\omega_\mu$,则定义

$$a\pm b=(a_0\pm b_0,\cdots,a_\xi\pm b_\xi,\cdots).$$

又若对于上述 a,b 有序数 $\xi_0<\omega_\mu$,使当 $\xi<\xi_0$ 时 $a_\xi=b_\xi$ 及 $a_{\xi_0}<b_{\xi_0}$,则定义 $a<b$.不难验证 A 便是一个特征 ω_μ 的序群,为了看出这一点只须取 $\varepsilon_\xi=(a_0^\xi,a_1^\xi,\cdots,a_\eta^\xi,\cdots)$ 合于条件

$$a_\eta^\xi=\begin{cases}0, & \eta\neq\xi\text{时},\\ 1, & \eta=\xi\text{时}\end{cases}$$

者.

现在设 $\boldsymbol{X}$ 是 ω_μ-可加的$|\omega_\mu|$-几乎距离空间,$P=\{\rho_\xi\}$ 是§1中之伪距离函数族.若 $\mu=0$,则 $P=\{\rho_n\}$,于是 $\boldsymbol{X}$ 可按

$$\rho(x,y)=\sum_{n=1}^{\infty}\frac{1}{2^n}\min\{1,\rho_n(x,y)\}$$

而距离化(方法是熟知的),故以下讨论系在 $\mu>0$ 的假定下进行.现在定义

$$\rho(x,y)=(\rho_0(x,y),\rho_1(x,y),\cdots,\rho_\xi(x,y),\cdots),$$

于是 $\rho(x,y)\in A$.而 $(\boldsymbol{X},\rho)$ 便是 ω_μ-距离空间.以下证明这个 ω_μ-距离空间的拓扑 T^2 与原有的拓扑 T^1 一致.这只须运用一些简单的集合运算就行了.

(Ⅰ)对于 $\varepsilon\in A,\varepsilon>0$ 及点 $x_0\in\boldsymbol{X}$,集

$$E[x;\rho(x,x_0)<\varepsilon]$$

恒为 T^1 开集.这可由下式立即看出

$$E[x;\rho(x,x_0)<\varepsilon]=\sum_{0\leqslant\eta<\omega_\mu}\prod_{0\leqslant\xi<\eta}E[x;\rho_\xi(x,x_0)=a_\xi]\cdot E[x;\rho_\eta(x,x_0)<a_\eta]$$
$$=\sum_{0\leqslant\eta<\omega_\mu}\prod_{0\leqslant\xi<\eta}\prod_{n=1}^{\infty}E\left[x;\rho_\xi(x,x_0)<a_\xi+\frac{1}{n}\right]$$
$$\cdot E\left[x;\rho_\xi(x,x_0>a_\xi-\frac{1}{n}\right]\cdot E[x;\rho_\eta(x,x_0)<a_\eta],$$

其中 $\varepsilon=(a_0,a_1,\cdots,a_\xi,\cdots)$.

（Ⅱ）对于实数 $a>0$,任意点 $x_0\in\mathbf{X}$,下集恒是 T^2 开集
$$E[x;\rho_\alpha(x,x_0)<a],$$
其中 $\alpha(<\omega_\mu)$ 任意给出,但于下述讨论中固定不变.

为证明(Ⅱ),首先取非负实数的 α- 列:$\alpha_0,\cdots,\alpha_\xi,\cdots,\xi<\alpha$ 并作集
$$\Delta(a_0,\cdots,a_\xi,\cdots)=\prod_{0\leqslant\xi<\alpha}E[x;\rho_\xi(x,x_0)=\alpha_\xi]\cdot E[x;\rho_\alpha(x,x_0)<a]$$
然后取 $b^{(n)}=(b_0^{(n)},b_1^{(n)},\cdots,b_\alpha^{(n)},0,0,\cdots)$ 及 $C^{(n)}=(C_0^{(n)},C_1^{(n)},\cdots,C_\alpha^{(n)},0,0,\cdots)$ 其中当 $\xi<\alpha$ 时 $b_\xi^{(n)}=C_\xi^{(n)}=a_\xi$ 而 $b_\alpha^{(n)}=a-\dfrac{1}{n}$,$C_\alpha^{(n)}=-1$,于是不难验证
$$\Delta(a_0,\cdots,a_\xi,\cdots)=\sum_{n=1}^{\infty}E[x;\rho(x,x_0)<b^{(n)}]\cdot E[x;\rho(x,x_0)>C^{(n)}],$$
从而 $\Delta(a_0,\cdots,a_\xi,\cdots)$ 是开集,将其就一切非负实数 $a_\xi(\xi<\alpha)$ 求和即证得(Ⅱ).

由命题 3 及命题 4 可见,下列定理成立:

定理 3 从拓扑观点看来,ω_μ- 距离空间与 ω_μ- 可加的 $|\omega_\mu|$ - 几乎距离空间完全是一致的,换言之,拓扑空间是 ω_μ- 可距离化的充要条件是:它是 $|\omega_\mu|$ - 可几乎距离化的 ω_μ- 可加拓扑空间.

特别,拓扑空间 ω_0 可距离化的充要条件是:它在普通意义下是可距离化的.

§3 ω_μ- 距离化定理

现在转入本文的中心内容,即解决一般的 ω_μ- 距离化问题.

定理 4 为了正则的 ω_μ- 可加拓扑空间 $\boldsymbol{X}$ 是 ω_μ- 可距离化的，其充要条件是 $\boldsymbol{X}$ 具有 ω_μ- 拓扑基底.

定理"必要性"部分的证明已见命题 3. 以下给出定理"充分性"部分的证明. 为此，据定理 3 以及 S. Mrowka 文[7] 定理 1，只须证明在题设条件下 $\boldsymbol{X}$ 是正规空间就行了(后者本身即是文献[1] 定一(ⅶ) 的改进).

今设 F_1 及 F_2 是两个非空且不相交之闭集. 由于 $\boldsymbol{X}$ 是(T_1) 正则空间，故对任意 $x \in F_1$ 及 $y \in F_2$，将存在开集 $G^1(x) \in G_{\xi(x)}$ 及 $G^2(y) \in G_{\xi(y)}$，使 $x \in G^1(x)$ 及 $y \in G^2(y)$，且 $\overline{G^1(x)} \cdot F_2 = \overline{G^2(y)} \cdot F_1 = 0$(其中 G 是题设中的 $|\omega_\mu|$ - 基底，因而 $G = \sum\limits_{0 \leqslant \xi < \omega_\mu} G_\xi$ 而 G_ξ 是局部有限的).

今置

$$G_\eta^1 = \sum_{\xi(x)=\eta} G^1(x) \text{ 及 } G_\eta^2 = \sum_{\xi(y)=\eta} G^2(y),$$

其中 $x \in F_1, y \in F_2$. 并置

$$G_\eta^* = G_\eta^1 - \sum_{0 \leqslant \xi \leqslant \eta} \overline{G}_\xi^2, G_\eta^{**} = G_\eta^2 - \sum_{0 \leqslant \xi \leqslant \eta} \overline{G}_\xi^1$$

及

$$G^* = \sum_{0 \leqslant \eta < \omega_y} G_\eta^*, G^{**} = \sum_{0 \leqslant \eta < \omega_\mu} G_\eta^{**},$$

于是便有

1)$G^* \supseteq F_1$(同理 $G^{**} \supseteq F_2$). 实际上，显然是 $\sum\limits_{0 \leqslant \eta < \omega_\mu} G_\eta^1 \supseteq F_1$，因此只须证 $F_1 \cdot \sum\limits_{0 \leqslant \xi < \eta} \overline{G}_\eta^2 = 0$，这由下式立即推出：

$$\overline{G}_\eta^2 = \overline{\sum_{\xi(y)=\eta} G^2(y)} = \sum_{\xi(y)=\eta} \overline{G^2(y)}.$$

最后一式成立，由于 G_η 的局部有限性.

2)G^*(同理 G^{**}) 是开集. 由公理 Ⅱ，Ⅲ 显然.

3)$G^* \cdot G^{**} = 0$. 这只要证，对 $\eta_1, \eta_2 < \omega_\mu$ 恒有 $G_{\eta_1}^* \cdot G_{\eta_2}^{**} = 0$. 实际是，例如设 $\eta_1 \leqslant \eta_2$，则由 $G_{\eta_1}^* \subseteq G_{\eta_1}^1$ 得

$$G_{\eta_1}^* \cdot G_{\eta_2}^{**} \subseteq G_{\eta_1}^1 \cdot \left(G_{\eta_1}^2 - \sum_{\xi \leqslant \eta_2} G_\xi^1\right) \subseteq G_{\eta_1}^1 \cdot (G_{\eta_2}^2 - G_{\eta_1}^1) = 0.$$

由 1)2) 及 3) 知 $\boldsymbol{X}$ 是正规的.

推论(R. Sikorski). 设 $\boldsymbol{X}$ 是正则的 ω_μ- 可加拓扑空间. 且具有势 $\leqslant |\omega_\mu|$ 的拓扑基,则 $\boldsymbol{X}$ 必是 ω_μ- 可距离化的.

此外,著名的 Nagata-Смирнов 一般距离化定理实质上是定理 4 当 $\mu = 0$ 时的特殊情况.

下面的定理 5 是专就 $\mu > 0$ 的情况而设:

定理 5 设 $\mu > 0$,则 ω_μ- 可加拓扑空间 $\boldsymbol{X}$,ω_μ- 可距离化的充要条件,是存在由开闭集组成的 $|\omega_\mu|$ - 拓扑基底.

必要性部分的证明已见命题 2(实际是,由此命题出发再作些已知的推理).至于充分性部分,只须注意到 $\boldsymbol{X}$,此时实际是正则空间,便可由定理 4 推出,

值得注意,定理 5 还可给出一不借助于 Урысон 引理的证明(定理 4 的证明借助于[7] 的定理 1,而因此引用了 Урысон 引理).

另一应该指出的是,若于定理 4 定理 5 中将"$|\omega_\mu|$ - 基底"改换成"$|\omega_\mu|$ - 离散基底",则定理照旧成立(注意到命题 2!).于是我们也将 Bing 的距离化定理推广到 $\mu > 0$ 的情况.

由定理 5 可作几点推论,它于[11] 紧密相关.

推论 1 设 $\mu > 0$,为了一个 ω_μ- 可加拓扑空间 $\boldsymbol{X}$ 是 ω_μ- 可距离化的充要条件,是存在一系非负实值连续函数族 $P = \{P_\xi\}$ 而 $P_\xi = \{f_\eta^\xi\}$,其中 f_η^ξ 是 $\boldsymbol{X}$ 上的非负实值连续函数,$\xi < \omega_\mu$,$\eta > \eta(\xi)$($\eta(\xi)$ 是仅依赖于 ξ 而定的序数),且满足下列条件:

1) 对于每一 $\xi < \omega_\mu$,$\{E[x; f_\eta^\xi(x) > 0]\}$,$\eta < \eta(\xi)$,是一于 $\boldsymbol{X}$ 局部有限集族;

2) 集族 $\{E[x; f_\eta^\xi(x) > 1]\}$,$\xi < \omega_\mu$,$\eta < \eta(\xi)$,是 $\boldsymbol{X}$ 的一组拓扑基.

证 必要性. 设定理 5 中由开闭集组成的 $|\omega_\mu|$ - 基底为 G,于是 $G = \sum\limits_{0 \leqslant \xi < \omega_\mu} G_\xi$,对于每个 $\xi < \omega_\mu$ 设想将 G_ξ 中元素良序化:$U_0^\xi, U_1^\xi, \cdots, U_\eta^\xi, \cdots, \eta < \eta(\xi)$ 于是定义 f_η^ξ 为

$$f_\eta^\xi(x)=\begin{cases}2, & \text{当 } x\in U_\eta^\xi \text{ 时},\\ 0, & \text{当 } x\overline{\in} U_\eta^\xi \text{ 时}\end{cases}$$

即可.

充分性.很显然$\{E[x;f_\eta^\xi(x)>1]\}$,$\xi<\omega_\mu$,$\eta<\eta(\xi)$,是$\boldsymbol{X}$的$|\omega_\mu|$-基底.且由

$$E[x;f_\eta^\xi(x)>1]=\sum_{n=1}^{\infty}E\Big[x;f_\eta^\xi(x)\geqslant 1+\frac{1}{n}\Big].$$

可见该基底由开闭集组成,由定理5即得证.

推论2 为了ω_μ-可加拓扑空间$\boldsymbol{X}$是ω_μ-可距离化的,其充要条件是:存在一族非负实值连续函数$\{f_U\}$使$\{E[x;f_U(x)>0]\}$形成$\boldsymbol{X}$的$|\omega_\mu|$-拓扑基.

证明 当$\mu>0$时,必要性部分及充分性部分的证明方法均同于推论1;$\mu=0$时,充分性的证明则完全同于Nagat-Cмирнсв的定理,故也从略,今证必要性.此时$\boldsymbol{X}$是普通距离空间(严格说来在拓扑不变的意义下,可以将$\boldsymbol{X}$看作距离空间),设其距离函数为ρ,并设G是$\boldsymbol{X}$的$|\omega_0|$-拓扑基.对于$U\in G$令$f_U(x)=\rho(x;\boldsymbol{X}-U)$,则$\{f_U\}$即所求.

推论1、2中将"$|\omega_\mu|$-基"改换为"$|\omega_\mu|$-离散基"照旧成立.

§4 ω_μ-紧性及ω_μ-双紧性

下列定义是已知的,但为了读者方便,列于下:

定义2 设$\boldsymbol{X}$为拓扑空间,如于$\boldsymbol{X}$的任意势$|\omega_\mu|$的开集覆盖中均存在势$<|\omega_\mu|$的子覆盖,即称$\boldsymbol{X}$的ω_μ-紧的;若于$\boldsymbol{X}$的任意开集覆盖中均存在势$<|\omega_\mu|$的子覆盖,即称$\boldsymbol{X}$是ω_μ-紧的;若于$\boldsymbol{X}$的任意开集覆盖中均存在势$<|\omega_\mu|$的子覆盖,则称$\boldsymbol{X}$是ω_μ-双紧的.

若$\boldsymbol{X}$是ω_μ-距离空间,则此处的ω_μ-紧性与[1]的等价;ω_μ-双紧性的定义已见[1]([1]将它们简称为compact与bicompact).

我们说$\boldsymbol{X}$是$|\omega_\mu|$-Lindelof空间,是指$\boldsymbol{X}$的任意开集覆盖中存在势

不超过 $|\omega_\mu|$ 的子覆盖.

命题 5 设 $\boldsymbol{X}$ 是 ω_μ- 可加的 $|\omega_\mu|$ Lindelof 空间,如果 $\boldsymbol{X}$ 是正则的,则必也是正规的.

这一命题也为 И. И. Паровиченк[2] 得到. 证明方法完全是已知的,故从略.

定理 6 设 $\boldsymbol{X}$ 是 ω_μ- 紧的 ω_μ- 距离空间,则 $\boldsymbol{X}$ 必具有势 $\leqslant \omega_\mu$ 基底,从而是 ω_μ- 双紧空间.

证明 此时 $\boldsymbol{X}$ 是 $|\omega_\mu|$ - 紧的 ω_μ- 几乎距离空间,每一势 $\geqslant |\omega_\mu|$ 的子集 $\boldsymbol{X}$ 必有级 $\geqslant 2$ 的触点[9],从作者文[9]即知 $\boldsymbol{X}$ 具有势 $\leqslant |\omega_\mu|$ 的拓扑基,且是 ω_μ- 双紧的.

定理 7 为了一个 Hausdorff,ω_μ- 可加的且 ω_μ- 紧的拓扑空间 $\boldsymbol{X}$ 是 ω_μ- 可距离化的,其充要条件是 $\boldsymbol{X}$ 具有势 $\leqslant |\omega_\mu|$ 的拓扑基.

证明 必要性. 由定理 6 即得.

充分性. 由定理 4 之推论即得(完全套用既知的方法即可证明 $\boldsymbol{X}$ 的正则性,今从略).

定理 7 是 Урысон 第二距离化定理的推广.

参考文献

[1] Sikorski, R, Remarks on some topological spaces of high power, *Fund. Math*, 37(1950),125—136.

[2] Паробиченко, И. И. О некоторых спедиальных клссах топологических пространств и бs-операдии, ДАН СССР,115(1957),866—868.

[3] Cohen, L. W. ,Goffman, C. ,a) A theory of transfinite covergence, *Trans. Amer. Math. Soc.* ,66(1949),65—74;b) The theory of ordered abelian groups, *Trans. Amer. Math. Soc.* , 67(1949),310—319.

[4] Hausdorff, F. , Grundzuge der mengenlehre, *Leipizig*, 1914.

[5] Slowikowski, W. , Elementary sequences in almost metric spaces, *Bull. Acad. Polon. Sci.* , Classe lll, 5:2(1957),109—112.

[6] Mrowka, S. , On almost metric spaces, *Bull. Acad. qolon. Sci.* , Classe lll,

5:2(1957),122—127.

[7] Mrowka, S., Remark on locally finite systems, *Bull. Acad. polon. Sci.*, 5:2(1957),129—132.

[8] Gál, l. S., On a generalized notion of Compactness, *Kon. Ned. Akad. Wet. Proceedings*, 60(1957),412—435.

[9] 王成堂:《一致性空间的一个定理》,《科学记录》,2:10(1958),329—395.

[10] 关肇直:《拓扑空间概论》,科学出版社,北京,1958 年.

[11] Mrowka, S., A necessary and sufficient condition for *m*-almost metrisability, *Bull. Acad. Polon. Sci.*, Classe Ⅲ, 5:6(1957),627—629.

Remarks on ω_μ-additive spaces(Ⅰ)

Wang Shu-tang

Abstract

We first investigate, in the present paper, the relationship of ω_μ-metric spaces and m-almost metric spaces. Based on this investigation the ω_μ-metrisation problem of R. Sikorski is solved. For the case $\mu>0$, an ω_μ-metrization theorem is also obtained. Hence, the well-known Nagata-Smirnov theorem and Urysohn second theorem on metrizability are generalized to higher cardinals.

Remarks on ω_μ-additive spaces[①]

Wang Shu-tang

§ 1. Preliminary notions. According to Sikorski[9], the set $\boldsymbol{X}$ is called an ω_μ-additive[②] space it there is defined (for erery subset $\boldsymbol{X}$) a closure operation $X \to \overline{X}$ satisfying the following axioms:

Ⅰ. $\overline{\sum_{0 \leqslant \xi < \alpha} X_\xi} = \sum_{0 \leqslant \xi < \alpha} \overline{X}_\xi$, for every α-sequence of sets $\{X_\xi\}, \alpha < \omega_\mu$;

Ⅱ. $\overline{X} = X$ for every finite subset X;

Ⅲ. $\overline{\overline{X}} = \overline{X}$.

If $\mu = 0$, the axiomatic system Ⅰ-Ⅲ coincides with the closure axiomatic system of Kuratowski, but for $\mu > 0$ it is stronger than that system. Similar spaces were also considered by Parovicenko[8], Cohen, Goffman [1],[2], and others. A regular ω_μ-additive space, for $\mu > 0$, must be 0-dimensional.

Let A be an ordered group[③], and if there exists a decreasing positive

---

① First published in *Fundamental Mathematics*, 55:2(1964),(1)ω_μ denotes a regular initial ordinal number.

② ω_μ denotes a regular initial ordinal number.

③ I. e. an ordered set in which with every $a, b \in A$ there is associated an element $c \in A$ called the *sum* of a and b: $c = a + b$ and such that: 1° $a + (b + c) = (a + b) + c$; 2° $a + c \leqslant b + c$, if and only if $a \leqslant b$; 3° for every $a, b \in A$ there exists an element $c \in A$ such that $a + c = b$. The symbol 0 denotes the element satisfying $a + 0 = a$. An element a *is positive* if $a > 0$ (see footnote(11) of [9], p. 128).

ω_μ-sequence $\{\varepsilon_\xi\}$, $\xi<\omega_\mu$ and $\varepsilon_\xi\in A$, satisfying the condition that for every positive element $\varepsilon\in A$ there exists an ordinal $\xi_0<\omega_\mu$ such that $\varepsilon_\xi<\varepsilon$ for every $\xi>\xi_0(\xi<\omega_\mu)$, then we say that A is of character ω_μ.

Suppose $\boldsymbol{X}$ is a set and with every given pair of points p, $q\in\boldsymbol{X}$, there is associated an element $\rho(p,q)\in A$, where A is an ordered group of character ω_μ, such that ·

a) $\rho(p,p)=0$;

b) $\rho(p,q)=\rho(q,p)>0$ for $p\neq q$;

c) $\rho(p,q)\leqslant\rho(p,r)+\rho(r,q)$.

Then ρ is called an ω_μ-metric on $\boldsymbol{X}$ and $\boldsymbol{X}$ is called an ω_μ-metric space.

For an ω_μ-metric space $\boldsymbol{X}$, we can introduce the natural topology by setting[①] $\overline{X}=\mathbf{E}[p;\rho(p,X)=0]$, where X is an arbitrary subset of $\boldsymbol{X}$ and $\rho(p,X)=0$ means that for every positive $\varepsilon\in A$ there exists a $p\in X$ such that $\rho(p,p')<\varepsilon$. And, then, the sets $\mathbf{E}[p;\rho(p,p_0)<\varepsilon]$, where $p_0\in\boldsymbol{X}$ is arbitrarily given and ε is an arbitrary positive element of A, form a basis of the open sets of $\boldsymbol{X}$. It can be proved that such spaces are ω_μ-additive. For this purpose it is only necessary to prove that the intersection of every α-sequence$(\alpha<\omega_\mu)$ of open sets $\{G_\xi\}$ is open. Let p_0 be an arbitrary point of $\prod_\xi G_\xi$; then for each G_ξ there exists a positive element $\varepsilon_{\eta(\xi)}\in A$ such that $\eta_\xi<\omega_\eta$, and if $\rho(p,p_0)<\varepsilon_{\eta(\xi)}$ then $p\in G_\xi$. Let ξ_0 be an ordinal which is greater than every η_ξ and $\xi_0<\omega_\mu$; then for $\rho(p,p_0)<\varepsilon_{\xi(0)}$ we have $p\in\prod_\xi G_\xi$, whence p_0 is an intemor point of $\prod_\xi G_\xi$; this proves that $\prod_\xi G_\xi$ is an open set.

① The symbol $E[p;\varphi(p)]$ denotes the set of points p which satisfies the condition φ, i. e. the proposition $\varphi(p)$ is true.

The ω_μ-metric spaces were considered by Hausdorff[3], Cohen and Goffman[2], Sikorski[9], and others. As Sikorski had pointed out in [9], many topological theorems about separable metric spaces can be generalized to the present case, but some singularities concerning compactness and completeness may occur.

In the above, if A is the set of all real numbers and b) is replaced by

b′) $\rho(p,q)=\rho(q,p)$,

then ρ is called a pseudo-metric on $\boldsymbol{X}$. Let us call an *almost-metric space* each set $\boldsymbol{X}$ with a family $P=\{\rho_\xi\}$ of pseudo-metrics and satisfying

d) If for every $\rho_\xi\in P$ $\rho_\xi(p,q)=0$, then $p=q$.

Moreover, we can assume that, for P, the following statement holds:

e) For every $\rho_{\xi 1}$, $\rho_{\xi 2}\in P$ there exist $\rho_\xi\in P$ such that $\rho_\xi(x,y)\geqslant\max\{\rho_{\xi 1}(x,y);\rho_{\xi 2}(x,y)\}$.

If the power of P is equal to m, $\boldsymbol{X}$ is called an *m-almost metric space*. One can introduce the topology for $\boldsymbol{X}$ by setting

$$\overline{X}=\prod_{\rho_\xi\in P}\mathbf{E}[p;\rho_\xi(p,X)=0],$$

where $X\subseteq\boldsymbol{X}$, i. e. the family of sets $\mathbf{E}[p;\rho_\xi(p,p_0)<d]$, where $p_0\in\boldsymbol{X}$, $d>0$, $\rho_\xi\in P$, is a basis for this topology.

The m-almost-metric spaces were introduced and investigated by Mrowka[5-7]. In fact, such spaces are equivalent in the sense of uniform and topological structure to the Hausdorff uniform spaces (for the terminology of Hausdorff uniform spaces, see[4], p. 180) with the basis of power m i. e. a uniformity has a basis of the power m if and only if it is generated by a family of pseudo-metrics of power m.

For brevity, in the following sections, the topological space $\boldsymbol{X}$ is said to be a $(U)_m$-space if its topology can be derived from a uniformity with a basis of power m, where m is supposed to be the smallest possible; the topological space $\mathbf{X}$ is said to be ω_μ-metrisable, if it is possible to define an ω_μ-metric ρ such that the topology induced by ρ agrees with the original topology of $\mathbf{X}$. By the basis of $\mathbf{X}$ we always mean the open basis.

In the following two theorems, given by Mrowka, the original "$\mathbf{X}$ is an m-almost-metrisable space" is replaced by "$\mathbf{X}$ is a $(U)_m$-space".

THEOREM $\mathbf{M_1}$ *A normal space $\mathbf{X}$ is a $(U)_m$-space if and only if it has an m-basis (i. e. this basis is formed by the union of at most m locally finite systems).*

THEOREM $\mathbf{M_2}$ *A completely regular space $\mathbf{X}$ is a $(U)_m$-space if and only if there exist a basis $\{U\}$ and a family $\{f_u\}$ of continuous functions such that $0 \leqslant f_u(p) \leqslant 1$; $f_u(p) \equiv 1$ for $p \in U$ and the sets $\mathbf{E}[p;\ f_u(p) > 0]$ can be divided into a family of locally finite (discrete) systems of power at most m.*

The present paper is divided into the following four parts. In § 2 necessary and sufficient conditions for a $(U)_m$-space to be ω_μ-additive are obtained.

In § 3, we study the relationship between $(U)_m$- spaces and ω_μ-metrisable spaces.

In § 4, some necessary and sufficient conditions for an ω_μ-additive space to be ω_μ-metrisable are obtained. The well-known Nagata-Smirnov metrisation theorem is contained in one of our theorems. Finally, some remarks on compactness and bicompactness are also made in § 5.

§ 2. The necessary and sufficient conditions for a $(U)_m$-space to be ω_μ-additive. We now prove

PROPOSITION 1 *If $\mathbf{X}$ is an ω_μ-additive space, then, unless $\mathbf{X}$ is discrete or $\mu = 0$ (while every topological space is ω_μ-additive), its topology cannot be derived from a uniformity with the basis of power $< |\omega_\mu|$.*

Proof. Let $\boldsymbol{X}$ be given as above. For our purpose it is only necessary to prove that its topology cannot be derived by a family of pseudometrics (in the sense of §1) of power$<|\omega_\mu|$. Suppose it is not the case, i. e. its topology can be derived by a family of pseudo-metrics $P=\{\rho_\xi\}$ of power $<|\omega_\mu|$. Let p_0 be an arbitrarily given point of $\boldsymbol{X}$. Then, if $\mu>0$, by

$$\mathbf{E}[p;\rho_\xi(p,p_0)=0]=\prod_{n=1}^{\infty}\mathbf{E}\left[P;\rho_\xi(p,p_0)<\frac{1}{n}\right],$$

we know that the set $\mathbf{E}[p;\rho_\xi(p,p_0)=0]$ is open, and by

$$\prod_{\rho_\xi\in P}\mathbf{E}[p;\rho_\xi(p,p_0)=0]=\{p_0\}$$

we know that the set $\{p_0\}$ is open, and hence, if $\mu>0$ $\boldsymbol{X}$ must be discrete, which contradicts the hypothesis of our proposition.

Thus, a $(U)_m$-space is ω_μ-additive (for $\mu>0$) only when $m\geqslant|\omega_\mu|$ ①. It is natural to ask under what conditions the $(U)_m$-space $\boldsymbol{X}$ would be ω_0-additive, where $m\geqslant|\omega_\mu|$.

Since every topological spcae (and hence every uniform space) is ω_0-additive, in the rest of this section $\mu>0$ is assumed.

Let $\boldsymbol{X}$ be a set and $P=\{\rho_\xi\}$ a family of pseudo-metrics on $\boldsymbol{X}$. Including in P the functions $d\rho_\xi$, max $\{\rho_{\xi 1},\cdots,\rho_{\xi_n}\}$ (where d is an arbitrary positive rational number, n a natural number and ρ_ξ, $\rho_\xi\in P$) we get a new family P^*, which is called the completion of P; for P^* we have a) b′) c) d) e), and the following:

f) For every positive rational d and $\rho_\xi\in P^*$, $d\rho_\xi\in P^*$.

DEFINITION 1 Let $\boldsymbol{X}$, P be given as above. If, for every subfamily $P'\subseteq P,\overline{\overline{P'}}<m$ and every point $p_0\in\boldsymbol{X}$, there exist $\rho_\xi\in P$ and a neighbourhood $V(p_0)$ of p_0 such that $\rho_\xi(p,q)\geqslant\rho_\eta(p,q)$ holds for $\rho_\eta\in P'$ and

① Throughout the rest of the paper, topological spaces always mean nondiscrete topological spaces.

$p, q \in V(p_0)$, then we say that P is an m-locally direct family.

THEOREM 1 *For a $(U)_m$-space $\mathbf{X}$ to be ω_μ-additive (where $\mu > 0$), it is necessary and sufficient that $m \geqslant \omega_\mu$ and its topology can be derived from a uniformity which is generated by a family of pseudo-metrics $P = \{\rho_\xi\}$ such that the completion P^* is an $|\omega_\mu|$-locally direct family.*

Proof. Sufficiency. Let $\{G_\xi\}$, $\xi < a (a < \omega_\mu)$ be and α-sequence of open sets, P_0 an arbitrary point of $\prod_\xi G_\xi$. Then there exist a positive number d (by e) one can assume $d=1$) and a subfamily $\{\rho_{\eta_\xi}\} \subseteq P^*$ such that

$$\mathbf{E}[p;\ \rho_{\eta_\xi}(p, p_0) < 1] \subseteq G_\xi \text{ for } 0 \leqslant \xi < \alpha.$$

By the $|\omega_\mu|$-locally directness of P^*, there exist $\rho_\eta \in P^*$ and a neighbourhood $V(p_0)$ such that $\rho_\eta \geqslant \rho_{\eta_\xi} (0 \leqslant \xi \leqslant \alpha)$ holds in $V(p_0)$. Then

$$V(p_0) \cdot \mathbf{E}[p; P_\eta(p, p_0) < 1] \subseteq V(p_0) \cdot \prod_{0 \leqslant \xi < \alpha} \mathbf{E}[p; \rho_{\eta_\xi}(p, p_0) < 1]$$

$$\subseteq V(p_0) \cdot \prod_{0 \leqslant \xi < \alpha} G_\xi \subseteq \prod_{0 \leqslant \xi < \alpha} G_\xi;$$

this proves that p_0 is an interior point of $\prod_\xi G_\xi$, whence $\prod_\xi G_\xi$ is an open set.

Necessity. Let the uniformity of the $(U)_m$-space $\mathbf{X}$ be generated by a family P of pseudo-metrics; P^* is the completion of P. For an arbitrarily given $P' \subseteq P^*$ and if $\overline{\overline{P'}} < |\omega_\mu|$, let p_0 be an arbitrary point of $\mathbf{X}$. Then the set

$$V(p_0) = \prod_{\rho_{\eta_\xi} \in P'} \mathbf{E}[p; \rho_{\eta_\xi}(p, p_0) = 0]$$

$$= \prod_{n=1}^{\infty} \prod_{\rho_{\eta_\xi} \in P'} \mathbf{E}\left[p; \rho_{\eta_\xi}(p, p_0) < \frac{1}{n}\right]$$

is an open set containing p_0, i. e. $V(p_0)$ is a neighbourhood of p_0 satisfying the condition that for every pair $p, q \in V(p_0)$ and every $\rho_\eta \in P^*$ we have $\rho_\eta(p,q) \geqslant \rho_{\eta_\xi}(p,q)=0$. Therefore P^* is an $|\omega_\mu|$-locally direct family.

DEFINITION 2 Let $\boldsymbol{X}, P$ be given as in def 1; if for every subfamily $P' \subseteq P$ with $\overline{\overline{P}}' < m$ and every point $p_0 \in \boldsymbol{X}$, there exists a neighbourhood $V(p_0)$ of p_0 such that $\rho_{\eta_\xi}(p,q) \equiv 0$ for $\rho_{\eta_\xi} \in P'$ and $p, q \in V(p_0)$, then we say that P is an m-locally zero family.

A more convenient test to see if a $(U)_m$-space $\boldsymbol{X}$ is ω_μ-additive is the following.

THEOREM 2 *For a $(U)_m$-space $\boldsymbol{X}$ to be ω_μ-addive, it is necessary and sufficient that $m \geqslant |\omega_\mu|$ and its topology can be derived from a uniformity which is generated by an $|\omega_\mu|$-locally zero family of pseudo-metrics.*

Proof. Sufficiency. We observe that the completion P^* is also an $|\omega_\mu|$-locally zero family; the sufficient part is a corollary of Theorem 1.

Necessity. The proof is completely the same as the proof of the necessary part of Theorem 1.

§ 3. The relationship between $\boldsymbol{\omega_\mu}$-metrisable spaces and $(\boldsymbol{U})_m$-spaces. We now prove

PROPOSITION2 *If $\boldsymbol{X}$ is an ω_μ-metrisable space and $\boldsymbol{B}$ is an open covering of $\boldsymbol{X}$ then there exists an $|\omega_\mu|$ discrete refinement $\boldsymbol{B}'$ of $\boldsymbol{B}$ (i. e. $\boldsymbol{B}'$ is the union of $|\omega_\mu|$ families of discrete open sets, $\boldsymbol{B}'$ is a covering of $\boldsymbol{X}$ and for every $U \in \boldsymbol{B}'$ there is a $V \in \boldsymbol{B}$ such that $U \subseteq V$). Moreover, for $\mu > 0$ we can require tat $\boldsymbol{B}'$ be formed by sets both open and closed.*

Proof. The first part is essentially the same as in the *case of* $\mu = 0$. Order the elements of $\boldsymbol{B}$ *by the relation* $<$. *For each* $U \in \boldsymbol{B}$ let[①] $U_\xi = \mathbf{E}[p; \rho(p, \boldsymbol{X}-U) > \varepsilon_\xi]$; then, $\rho(U_\xi, \boldsymbol{X}-U_{\xi+1}) > \varepsilon_\xi - \varepsilon_{\xi+1}$. We put $U'_\xi =$

① The meaning of A and ε_ξ has been given is § 1.

$U_\xi - \Sigma\{V_{\xi+1}; V \in \boldsymbol{B}$ and $V < U\}$; since one of the relations $U < V$ and $V < U$ must hold, therefore if U, V are distinct elements of $\boldsymbol{B}$, we have $\rho(U'_\xi, V'_\xi) > \varepsilon_\xi - \varepsilon_{\xi+1}$. Choose two elements $\varepsilon'' < \varepsilon'$ of A such that $2\varepsilon' = \varepsilon' + \varepsilon' < \varepsilon_\xi - \varepsilon_{\xi+1}$ (to verify this possibility is easy), and define

$$U^*_\xi = \mathbf{E}[p; \rho(p, U'_\xi) < \varepsilon'],$$
$$V^*_\xi = \mathbf{E}[p; \rho(p, V'_\xi) < \varepsilon'],$$
$$U^{**}_\xi = \mathbf{E}[p; \rho(p, U'_\xi) \leqslant \varepsilon''],$$
$$V^{**}_\xi = \mathbf{E}[p; \rho(p, V'_\xi) \leqslant \varepsilon''].$$

Then U^*_ξ (and V^*_ξ) *is* open and U^{**}_ξ (V^{**}_ξ) is closed, $U^{**}_\xi \subseteq U^*_\xi$. If $\mu > 0$, then there exists an open-closed set [9] $\widetilde{U}_\xi$ such that $U^*_\xi \subseteq \widetilde{U}_\xi \subseteq U^{**}_\xi$, In the following we prove that the family $\{\widetilde{U}^*_\xi\}$ (or $\{U_\xi\}$, if $\mu > 0$), where $\xi < \omega_\mu$ and $U \in \boldsymbol{B}$, is required.

Firsly, the sets U^*_ξ (or $\widetilde{U}_\xi$, if $\mu > 0$) for fixed ξ are discrete. To prove this let $U \neq V$, $U, V \in \boldsymbol{B}$ and $P \in U^*_\xi$ $q \in V^*_\xi$ be arbitrarily given; then we have $\rho(p, U'_\xi) < \varepsilon'$ and $\rho(q, V'_\xi) < \varepsilon'$. From $\rho(U'_\xi, V'_\xi) > \varepsilon_\xi - \varepsilon_{\xi+1}$ it follows that $\rho(p, q) > (\varepsilon_\xi - \varepsilon_{\xi+1}) - 2\varepsilon' > 0$, i. e. $p \neq q$. Therefore $U^*_\xi \cdot V^*_\xi = \varnothing$. *Secondly*, *let* $\rho \in \boldsymbol{X}$ be an arbitrary point and let U be the first member of $\boldsymbol{B}$ to which p belongs. Then surely $p \in U^{**}_\xi$ for some ξ, that is $p \in U'_\xi$ (for $\mu > 0$, $p \in \widetilde{U}_\xi$). Finally, it is evident that $U^*_\xi \subseteq U$ (and $\widetilde{U}_\xi \subseteq U$ for $\mu > 0$). Hence the family $\{U^*_\xi\}$ or $\{\widetilde{U}^*_\xi\}$ if $\mu > 0$, is the required family.

THEOREM 3 *Every ω_μ-metrisable space **X** is a $(U)\omega_\mu$-space.*

Proof. By proposition 2, Theorem 3 follows from Theorem M_1 immediately. (By theorem (viii) of [9], X is a normal space).

It will be observed that Theorem 3 can be proved in a direct way.

THEOREM 4 *Every ω_μ-additive $(U)\omega_\mu$-space is ω_μ-metrisable.*

Proof. Let $\boldsymbol{X}$ be an ω_μ-additive $(U)\omega_\mu$-space. Then its topology can be derived form a family $P = \{\rho_\xi\}$ of pseudo-metrics of power ω_μ.

If $\mu=0$, then $P=\{\rho_n\}$. Put

$$\rho(p,q)=\sum_{n=1}^{\infty}\frac{1}{2^n}\min\{1,\rho_n(p,q)\};$$

then ρ is a metric on $\boldsymbol{X}$, whence $\boldsymbol{X}$ is ω_o-metrisable. We now prove the case of $\mu>0$ as follows. Let A be the set of all ω_μ-sequences of real numbers. For every pair of elements $a,b\in A$, where

$$a=\{a_0,a_1,\cdots,a_\xi,\cdots\},$$

$$b=\{b_0,b_1,\cdots,b_\xi,\cdots\},$$

$\xi<\omega_\mu$, if there exists $\xi_0<\omega_\mu$ such that $a_\xi=b_\xi$ for $\xi<\xi_0$ but $a_{\xi_0}<b_{\xi_0}$, then we say that a is smaller than $b, a<b$. The sum and the difference are defined by $a\pm b=\{a_0\pm b_0,\cdots, a_\xi\pm b_\xi,\cdots\}$.

It is not difficut to verify that A is an ordered group of character ω_μ: to see this we only take $\varepsilon_\xi=\{a_0^\xi,a_1^\xi,\cdots,a_\eta^\xi,\cdots\}$, where $a_\eta^\xi=0$ for $\eta<\xi$ and $a_\eta^\xi=1$ for $\eta\geqslant\xi(\eta<\omega_\mu)$.

If $P=\{\rho_\xi\},\xi<\omega_\mu$, we put

$$\rho(p,q)=\{\rho_0(p,q),\cdots,\rho_\xi(p,q),\cdots\};$$

$\boldsymbol{X}$ is now an ω_μ-metric space, and we have to prove that its topology T^2 agrees with the original topology T^1. For brevity, by T^1 (or T^2)—open, we always mean a set which is open with respect to the topology T^1 (or T^2): the same applies to "T^1 (or T^2)—closed".

(Ⅰ) The set $\mathbf{E}[p;\rho(p,p_0)<\varepsilon]$ is T^1—open for $\varepsilon\in A$, where $p_0\in\boldsymbol{X}$ is arbitrarily given.

In fact, if $\varepsilon=\{a_0,a_1,\cdots,a_\xi,\cdots\}$ then (Ⅰ) follows from the equations $\mathbf{E}[p;\rho(p,p_0)<\varepsilon]=\sum_{0\leqslant\eta<\omega_\mu}\prod_{0\leqslant\xi<\eta}\mathbf{E}[p;\rho_\xi(p,p_0)=a_\xi]\cdot\mathbf{E}[q;\rho_\eta(q,p_0)<a_\eta]$, and

$$\mathbf{E}[p;\rho_\xi(p,p_0)=a_\xi]=\prod_{n=1}^{\infty}\mathbf{E}\left[p;\rho_\xi(p,p_0)>a_\xi-\frac{1}{n}\right]$$

$$\cdot \mathbf{E}\left[p;\rho_\xi(p,p_0) < a+\frac{1}{n}\right].$$

(Ⅱ) The sets $\mathbf{E}[p;\rho(p,p_0)<a_\eta]$ are T^2-open, where $p_0\in\mathbf{X}$, a_η is a positive real number $\eta<\omega_\mu$ and $\rho_\eta\in P$. From

$$\mathbf{E}[p;\rho_\eta(p,p_0) < a_\eta] = \sum_{(a_\xi)\xi<\eta}\prod_{0\leqslant\xi<\eta}\mathbf{E}[p;\rho_\xi(p,p_0) = a_\xi]$$
$$\cdot \mathbf{E}[p;j\rho_\eta(p,p_0) < a_\eta].$$

it is evident that (Ⅱ) follows from

(Ⅱ') For every $\eta<\omega_\mu$ and an arbitrary η-sequence $\{a_\xi\}$, $\xi<\eta$, the sets

$$(\Delta)_\eta = \prod_{0\leqslant\xi<\eta}\mathbf{E}[p;\rho_\xi(p,p_0) = a_\xi]\cdot\mathbf{E}[p;\rho_\eta(p,p_0) < a_\eta]$$

and

$$(\Delta)'_\eta = \prod_{0\leqslant\xi<\eta}\mathbf{E}[p;\rho_\xi(p,p_0) = a_\xi]\cdot\mathbf{E}[p;\rho_\eta(p,p_0) < a_\eta]$$

are both T^2-open and T^2-closed sets.

We prove it by the following two steps:

(2) The sets $\mathbf{E}[p;\rho_0(p,p_0)<a_0]$ and $\mathbf{E}[p;\rho_0(p,p_0)>a_0]$ are both T^2-open-closed sets.

In fact, let $\varepsilon^{(n)} = \left\{a_0-\frac{1}{n},a_1,\cdots,a_\xi,\cdots\right\}$, where $\xi<\omega_\mu$, and $a_0,\cdots$, $a_\xi,\cdots$ are fixed as n varies; then

$$\mathbf{E}[p;\rho_0(p,p_0) < a_0] = \sum_{n=1}^{\infty}\mathbf{E}[p;\rho(p,p_0) < \varepsilon^{(n)}].$$

which implies the T^2-openness of the set $\mathbf{E}[p;\rho_0(p,p_0)<a_0]$. (Similarly, the T^2-openness of $\mathbf{E}[p;\rho_0(p,p_0)>a_0]$ can be proved.) To prove that they are T^2-closed it suffices to take the complements, for example

$$\mathbf{E}[p;\rho_0(p,p_0) < a_0] = \mathbf{X}-\prod_{n=1}^{\infty}\mathbf{E}\left[p;\rho_0(p,p_0) > a_0-\frac{1}{n}\right]$$

(b) By the principle of transfinite induction, assume that (Ⅱ') holds for all ordinals $\xi<\alpha$, to prove the case of $\alpha(\alpha<\omega_\mu)$.

(ⅰ) If α is an isolated ordinal, let $\varepsilon^{(n)}=\{a_\xi^{(n)}\}$, where $\xi<\omega_\mu$ and $a_\xi^{(n)}=a_\xi$ for $\xi\neq\alpha$ and $a_\alpha^{(n)}=a_\alpha-\frac{1}{n}$; then

$$\mathbf{E}[p;\rho(p,p_0)<\varepsilon^{(n)}]=\sum_{0\leqslant\eta<\omega_\mu}\prod_{0\leqslant\xi<\eta}\mathbf{E}[p;\rho_\xi(p,p_0)=a_\xi^{(n)}]\cdot\mathbf{E}[p;\rho_\eta(p,p_0)=a_\eta^{(n)}].$$

Subtracting from the above set the following T^2-closed set (hypothesis of (b))

$$\sum_{0\leqslant\eta<\alpha}\prod_{0\leqslant\xi<\eta}\mathbf{E}[p;\rho_\xi(p,p_0)=a_\xi^{(n)}]\cdot\mathbf{E}[p;\rho_\eta(p,p_0)<a_\eta^{(n)}].$$

one obtains the following T^2-open set:

$$\sum_{\alpha\leqslant\eta<\omega_\mu}\prod_{0\leqslant\xi<\eta}\mathbf{E}[p;\rho_\xi(p,p_0)=a_\xi^{(n)}]\cdot\mathbf{E}[p;\rho_\eta(p,p_0)<a_\eta^{(n)}].$$

Its union with respect to n, $a_{\alpha+1},\cdots,a_\xi,\cdots(\xi<\omega_\mu)$, is the T^2-open set $(\Delta)_\alpha$. In a similar way one can prove that $(\Delta)_\alpha'$ is T^2-open.

By taking the complements we can prove that the sets $(\Delta)_\alpha$ and $(\Delta)_\alpha'$ are T^2-closed, e. g. from

$$\prod_{0\leqslant\xi<\eta}\mathbf{E}[p;\rho_\xi(p,p_0)=a_\xi]\cdot\mathbf{E}[p;\rho_\eta(p,p_0)\geqslant a_\eta]$$

$$=\prod_{n=1}^{\infty}\prod_{0\leqslant\xi<\eta}\mathbf{E}\left[p;\rho_\xi(p,p_0)>a_\xi-\frac{1}{n}\right]\cdot\mathbf{E}\left[p;\rho_\xi(p,p_0)<a_\xi+\frac{1}{n}\right]\cdot\mathbf{E}\left[p;\rho_\eta(p,p_0)>a_\eta-\frac{1}{n}\right];$$

and

$$\mathbf{X}-(\Delta)_\alpha=\sum_{0\leqslant\xi<\alpha}\mathbf{E}[p;\rho_\xi(p,p_0)>a_\xi]+\sum_{0\leqslant\xi<\alpha}\mathbf{E}[p;\rho_\xi(p,p_0)<a_\xi]+\prod_{0\leqslant\xi<\alpha}\mathbf{E}[p;\rho_\xi(p,p_0)=a_\xi]\cdot\mathbf{E}[p;\rho_\alpha(p,p_0)\geqslant a_\alpha],$$

one can prove that $(\Delta)_\alpha$ is T^2-closed.

(ⅱ) If α is a limit ordinal, then form the following equation

$$\prod_{0\leqslant\xi<\eta}\mathbf{E}[p;\rho_\xi(p,p_0)=a_\xi]\cdot\mathbf{E}[p;\rho_\eta(p,p_0)\leqslant a_\eta]$$

$$= \prod_{n=1}^{\infty} \prod_{0 \leqslant \xi < \eta} \mathbf{E}[p; \rho_\xi(p, p_0) = a_\xi] \cdot \mathbf{E}\left[p; \rho_\eta(p, p_0) < a_\eta + \frac{1}{n}\right],$$

and by the hypothesis of (b), we know that, for each $\eta < \alpha$, the set

$$\prod_{0 \leqslant \xi < \eta} \mathbf{E}[p; \rho_\xi(p, p_0) = a_\xi] \cdot \mathbf{E}[p; \rho_\eta(p, p_0) \leqslant a_\eta]$$

is a T^2-open set. By intersecting the above sets with respect to $\eta < \alpha$ we obtain the following T^2-open set:

$$\prod_{0 \leqslant \xi < \alpha} \mathbf{E}[p; \rho_\xi(p, p_0) = a_\xi].$$

The intersection of the above set with the T^2-open set $\mathbf{E}[p; \rho(p, p_0) < \varepsilon^{(n)}]$ where $\varepsilon^{(n)}$ assumes the same meaning as in (ⅰ), is the following T^2-open set:

$$\sum_{\alpha \leqslant \eta < \omega_\mu} \prod_{0 \leqslant \xi < \eta} \mathbf{E}[p; \rho_\xi(p, p_0) = a_\xi^{(n)}] \cdot \mathbf{E}[p; \rho_\eta(p, p_0) = a_\eta^{(n)}];$$

by making a union of the above sets with respect to n, $a_{\alpha+1}, \cdots$, the T^2-open set $(\Delta)_\alpha$ is obtained. In a similar way one can prove that $(\Delta)'_\alpha$ is T^2-open.

The proof that $(\Delta)_\alpha$ and $(\Delta)'_\alpha$ are T^2-closed sets is completely the same as in case (ⅰ), whence it is omitted here.

From Theorems 3 and 4 we have

THEOREM 5 *ω_μ-metrisable spaces and ω_μ-additive $(U)_{|\omega_\mu|}$ spaces are identical, in particular w_0-metrisable spaces and ordinary metrisable spaces are identical.*

§ 4. ω_μ-metrisation theorems①. We prove

THEOREM 6 *For a regular ω_μ-additive space to be ω_μ-metrisable, it is necessary and sufficient that there exist an $|\omega_\mu|$-basis.*

Let us recall that the family $\boldsymbol{B}$ of open sets is called an *$|\omega_\mu|$-basis* of

① Let us observe that in our metrisation theorems the notion of ordered algebraic field (see [9], p. 129) ω_μ is not used.

the topological space if $\boldsymbol{B}$ is a basis and $\boldsymbol{X}$ can be written as $\boldsymbol{B}=\sum_{0\leqslant\alpha<\omega_\mu}$, where $\boldsymbol{B}_\alpha$ are locally finite systems of open sets.

Proof of Theorem 6. As the necessary part has been cotained in the proof of proposition 2, we need to prove the sufficient part only.

From theorems 5 and M_1, we need only to prove that $\boldsymbol{X}$ is a normal space (this is an improvement of theorem (ⅶ) of [9]).

In fact, let F_1 and F_2 be disjointed closed sets; since $\boldsymbol{X}$ is regular, for every pair of points $p\in F_1$, $q\in F_2$ there exist neighbourhoods $U_P\in\boldsymbol{B}_{\xi(p)}$ and $U_q\in\boldsymbol{B}_{\xi(q)}$ such that $\overline{U}_p\cdot F_2=0$ and $\overline{U}_q\cdot F_1=0$. Let $U_\eta^{(1)}=\sum_{\xi(p)=\eta}U_p$ and $U_\eta^{(2)}=\sum_{\xi(q)=\eta}U_q(p\in F_1$ and $q\in F_2)$; then $\overline{U_\eta^{(1)}}=\sum_{\xi(p)=\eta}\overline{U}_p$ and $\overline{U_\eta^{(2)}}=\sum_{\xi(q)=\eta}\overline{U}_q$ since $\boldsymbol{B}_\eta$ is a locally finite family.

Put

$$U_\xi^*=U_\xi^{(1)}-\sum_{\eta<\xi}\overline{U}_\eta^{(2)},\quad U_\xi^{**}=U_\xi^{(2)}-\sum_{\eta<\xi}\overline{U}_\eta^{(1)}.$$

$$U^*=\sum_{0\leqslant\xi<\omega_\mu}U_\xi^*,\quad U^{**}=\sum_{0\leqslant\xi<\omega_\mu}U_\xi^{**}.$$

The sets U^* and U^{**} are disjointed open sets containing F_1 and F_2 respectively. Thus $\boldsymbol{X}$ is normal. Therefore, theorem 6 is proved.

COROLLARY 1 (R. Sikorski[9]). *If $\boldsymbol{X}$ is an ω_μ-additive normal space with a basis of power $|\omega_\mu|$, then $\boldsymbol{X}$ is ω_μ-metrisable.*

COROLLARY 2 (Nagata-Smirnov). *For a regular space to be metrisable, it is necessary and sufficient that there exist an $|\omega_0|$-basis.*

THEOREM 7 *For $\mu>0$, for an ω_μ-additive space to be ω_μ-metrisable it is necessary and sufficient that there exist an $|\omega_\mu|$-basis consisting of sets both open and closed.*

Proof. Necessity. It is contained in the proof of proposition 2.

Sufficiency[①]. Let $\boldsymbol{B}$ be an $|\omega_\mu|$-basis of $\boldsymbol{X}$ and let $\boldsymbol{B}=\sum_{0\leqslant\xi<\omega_\mu}\boldsymbol{B}_\xi$ where $\boldsymbol{B}_\xi$ are locally finite (discrete) systems consisting of open-closed sets (Proposition 2). For $U\in\boldsymbol{B}_\xi$ define

$$f_U(p)=\begin{cases}1 & for \quad p\in U,\\ 0 & for \quad p\in U.\end{cases}$$

The family $P=\{\max(\rho_{\xi_1},\cdots,\rho_{\xi_n}\}$ of functions,

$$\rho_{\xi_i}(p,q)=\sum_{U\in B_{\xi_i}}|f_U(p)-f_U(q)|,$$

makes $\boldsymbol{X}$ as $|\omega_\mu|$-almost metric space its topology is the same as the original. In fact, the ρ_ξ are continuous functions by the local finiteness of $\boldsymbol{B}_\xi$. Conversely, for an arbitrarily given open set G and $p_0\in G$, one can find $U\in\boldsymbol{B}_\xi$(for some ξ) such that $p_0\in U\subseteq G$, whence $\rho_\xi(p_0,\boldsymbol{X}-U)\geqslant 1$ and therefore $\mathbf{E}[0;\rho_\xi(p,p_0)<1]\subseteq U\subseteq G$. Thus, $\boldsymbol{X}$ is an ω_μ-additive $(U)_{|\omega_\mu|}$-space, and theorem 7 follows from Th. 4 (or Th. 5) immediately.

From theorem 7 we can derive some results which are closely related to Theorem M_2.

COROLLARY 1 *For $\mu>0$, for an ω_μ-additive space $\boldsymbol{X}$ to be ω_μ-metrisable it is necessary and sufficient that there exist a collection of families of continuous functions $P=\{P_\xi\}$ and $P_\xi=\{f_\eta^\xi\}$, where $\xi<\omega_\mu$, such that the families of sets $\mathbf{E}[p;f_\eta^\xi(p)>0]$ for fixed ξ are locally finite (discrete) systems, and the family of sets $\mathbf{E}[p;f_\eta^\xi(p)>1]$ (where $\xi<\omega_\mu$ and $f_\eta^\xi\in P_\xi$) is a basis of $\boldsymbol{X}$.*

Proof. Necessity. It suffices to put in theorem 7

$$f_U(p)=\begin{cases}2 & \text{for} \quad p\in U,\\ 0 & \text{for} \quad p\in U,\end{cases} \quad \text{for every } U\in\boldsymbol{B}_\xi,\ \xi<\omega_\mu.$$

① The proof given here is not based on Theorem M_1.

Sufficiency. The families of sets $\mathbf{E}[p; f_\eta^\xi(p)>1]$, for fixed ξ, are locally finite systems, consisting of sets both open and closed:

$$\mathbf{E}[\rho; f_\eta^\xi(p) > 1] = \sum_{n=1}^{\infty} \mathbf{E}\left[(p; f_\eta^\xi(p) \geqslant 1 + \frac{1}{n}\right].$$

COROLLARY 2 *For an ω_μ-additive space to be ω_μ-metisable, it is necessary and sufficient that there is a family of functions $\{f_U\}$ which are continuous and $0 \leqslant f_U(p) \leqslant 1$ and that the family of sets $\mathbf{E}[p; f_U(p)>0]$ form an $|\omega_\mu|$-basis of $\boldsymbol{X}$.*

Proof. Sufficiency. Completely the same as the proof of the sufficient part of theorem 7.

Necessity. The case $\mu>0$ is contained in theorem 7. Let $\mu=0$, and let $\boldsymbol{B}$ be an $|\omega_0|$-basis of $\boldsymbol{X}$, $\boldsymbol{B} = \sum_{n=1}^{\infty} \boldsymbol{B}_n$, where $\boldsymbol{B}_n$ are locally finite (discrete) systems. For $U \in \boldsymbol{B}$ we put

$$f_U(p) = \rho(p; \boldsymbol{X} - U),$$

where ρ is the metric function of $\boldsymbol{X}$. Then $\{f_U\}$ fulfills the requirement of Cor. 2.

§ 5. Compactness and bicompactness. The terminology of compactness and bicompactness has been given by Sikorski[9]. We say that the topological space $\boldsymbol{X}$ has the *$|\omega_\mu|$-Lindelof property*, if from every covering of $\boldsymbol{X}$ one can select a subcovering of power $\leqslant |\omega_\mu|$.

PROPOSITION 3. If *$\boldsymbol{X}$ is a regular ω_μ-additive space which has the $|\omega_\mu|$-Lindelof property, then $\boldsymbol{X}$ is normal.*

Proof. It is completely the same as in the case of $\mu=0$, which is classical and well known [4], p. 113), and whence omitted.

The above proposition was given by Parovicenko in [8].

THEOREM 8 *If $\boldsymbol{X}$ is an ω_μ-metric space and is compact (in the sense of [9]), then $\boldsymbol{X}$ has a basis of power $\leqslant |\omega_\mu|$, whence is bicompact* (*in the sense of* [9]).

Proof. By Th. 3, $\boldsymbol{X}$ is a $(U)_{|\omega_\mu|}$-space. Since $\boldsymbol{X}$ is compact, every subset X of power$\geqslant|\omega_\mu|$ has in $\boldsymbol{X}$ a contact point of order$\geqslant 2$ (p_0 being a cantact point of X of order$\geqslant 2$) means that for every neighbourhood $V(p_0)$ of p_0 the set $X \cdot V(p_0)$ contains at least two points of X, [10]), then from Theorem of [10], $\boldsymbol{X}$ has a basis of power$\leqslant|\omega_\mu|$. Then Th. 8 follows from Lemma 2 of [10] immediately.

Recalling Cor. 1 of Th. 6, we have the following

THEOREM 9 *For a Hausdorff ω_μ-additive compact (in the sense of* [9]) *space to be ω_μ-metrisable, it is necessary and sufficient that it have a basis of power$\leqslant|\omega_\mu|$.*

Proof. Sufficiency. Follows from Th. 6 immediately.

Necessity. Follows from Th. 8 immediately.

The case $\mu=0$ of this theorem is the well-known second metrisation theorem of P. Urysohn.

The author cordially thanks for the criticism and corections made the reviewier.

References

[1] L. W. Cohen and C. Goffman, *A theory of transfinite convergence*, Trans. Amer. Math. Soc. 66(1949), 65—74.

[2] —*The theory of ordered Abelian groups*, ibidem 67(1949), 310—319.

[3] F. Hausdorff, *Grundzuge der Mengenlehre*, Leipzig 1914.

[4] J. L. Kelley, *General topology*, New York 1955.

[5] S. Mrowka, *On almost metric spaces*, Bull. Acad. Pol. Sci., Cl. Ⅲ, 5. 2 (1957). 122—127.

[6] —*Remark on locally finite systems*, ibidem 5. 2(1957), 129—132.

[7] —*A necessary and sufficient condition for m-almost metrisability*, ibidem 5. 6(1957), 627—629.

[8] И. И. Паровиченко, Доклады Акад Наук СССР 115(1957), 866—868.

[9] R. Sikorski, *Remarks on some topological spaces of high power*, Fund. Math. 37(1950), 125—136.

[10] Wang Shu-tang, *On a theorem for the uniform spaces*, Sci. Record, New Series, 2. 10(1958), 338—342.

ω_μ-可加的拓扑空间(Ⅱ)——连续映像初论①

王戌堂

摘　要

本文接续文[6].文中主要定义了超限函数列的极限概念,研究推广了 Arzela-Ascli 定理等.

波兰学者 R. Sikorski 于 1950 年引入一种特殊的拓扑空间[1],称作 ω_μ-可加的空间②,并在布尔代数理论中得到了应用;苏联的 И. Паровцченко 于 1957 年重新提出同样的空间概念[2];美国的 L. Gillman 与 M. Henriksen 在研究连续函数环的理论时也已感到这空间的需要[3].实际从历史上,这种空间的考虑可源朔到 F. Hausdorff(1914)[4]与 L. cohen,C. Goffman(1949)[5]等人.与上述概念相联系,[1][4][5]考虑了距离空间的推广并提出了 ω_μ-距离空间的概念.拙文[6]较详细地研究过这种空间,并且解决了 Sikorski 遗贸下来的 ω_μ-距离化问题,从而推广了著名的 Nagata-Смирнов 定理.

本文是[1][6]的继续,目的在于研究关于这种空间的连续映象问题.至于用到的名词定义等,除了上述二文以外还要参考关肇直先生的“拓扑

---

① 本文作于 1963 年,未发表.

② ω_μ 恒表示规则的初始序数.

空间概论”一书[7].

本文内容分为两部分. Ⅰ. 研究由 ω_μ-可加空间 X 向拓扑空间 Y 的连续映象. 于此得到 W. Sierpinski 定理和樊畿定理[7]的有趣补充和加强. 其次,利用拙文[8]的结果将 Sikorski 关于致密 ω_μ-距离空间的定义加以变形,因而得到古典“一致连续性定理”的推广. Ⅱ. 研究(由 ω_μ-可加空间 X 向正则空间 Y 的)连续映象的 α-列. 首先定义这种序列的极限,然后讨论极限的连续性,定义方式是自然的. 这研究补充了 Gillman 与 Henriksen 的工作[3],取得较为满意的结果. 本文最后一部分,则是 Arzela-Ascli 经典定理的推广.

作者感谢杨永芳教授的鼓励与帮助.

Ⅰ

设 R 是任一拓扑空间,$x \in R$ 而 $\{V_x\}$ 是 x 的一族邻域,如果它们的交 $\Pi V_x = \{x\}$ 时,即称 $\{V_x\}$ 是 R 在 x 处的一个伪基. 对于每个伪基都对应着一个势 $\overline{\overline{\{V_k\}}} = u$,所有这种 u 的最小者 $\psi_R(x)$ 称为 R 在 x 处的伪特征数. (以上定义可于[7]中查到).

定理 1 设 X 是 ω_μ-可加空间而 Y 是一般拓扑空间,但对 $y \in Y$ 恒有 $\psi_Y(y) < \omega_\mu$;又设 f 是由 X 向 Y 的连续映象. 此时对每点 $x_0 \in X$ 都存在一个领域 $V^*_{x_0}$,使得当 $x, x' \in V^*_{x_0}$ 时 $f(x) = f(x')$. 其中 $\mu > 0$.

证明 设 $y_0 = f(x_0)$,由于 $\psi_Y(y_0) < \omega_\mu$,于是存在一个伪基 $\{W_{y_0}\}$,其势 $< \omega_\mu$,不失一般性,可以认为所有 W_{y_0} 都是开集,于是 $f^{-1}(W_{y_0})$ 也是开集设为 V_{x_0},于是 $V^*_{x_0} = \Pi V_{x_0}$ 便是点 x_0 的领域,且当 $x, x' \in V^*_{x_0}$ 时 $f(x) = f(x')$. 于是定理得证.

在特殊场合,定理 1 及其逆曾为 Gillman 与 Henriksen 得到. ([3],定理 4.2)

定理 2 设 X, Y 的假定同前. 如果 X 是连通的,则每个由 X 向 Y 内的连续映象 f 都是平凡映象,即对 $a, b \in X$ 恒有 $f(a) = f(b)$ 成立. 其中

$\mu > 0$.

证明 接续定理1,对每个点$x \in X$曾求得一邻域V_x使得f限制在V_x时成为平凡映象.今设$a,b \in X$是任意二点,由于X的连通性,故樊畿的一条定理([7],p.54,定理2)得知存在一有限点列$x_1 = a, x_2, \cdots, x_n = b$使得$x_i \in X$且有$V_{x_i} \cdot V_{x_{i+1}} \neq \varnothing (1 \leqslant i \leqslant n-1)$.令于$V_{x_i} \cdot V_{x_{i+1}}$内任取点$x_i^*$.于是:由$x_1^*, x_2^* \in V_{x_2}$及$V_{x_2}$的定义得$f(x_1^*) = f(x_2^*)$;又由$x_2^*, x_3^* \in V_{x_3}$以及$V_{x_3}$的意义$f(x_2^*) = f(x_3^*)$;….因此$f(x_1^*) = f(x_2^*) = \cdots = f(x_{(n-1)}^*)$,更由$x_1^* \in V_{x_1}$及$x_{n-1}^* \in V_{x_n}$便知$f(x_1) = f(x_n)$此即$f(a) = f(b)$.于是定理2得证.

定理3 X及Y的假定同于定理1,欲使由X向Y的非平凡连续映象存在,其充要条件是X为非连通的.

证明 必要性部分见于定理2.

充分性.设$X = X_1 + X_2$,其中X_1, X_2是非空闭集而且$X_1 \cdot X_2 = \varnothing$.任取二点$y_1, y_2 \in Y$[①],则下述映象

$$f(x) = \begin{cases} y_1, 当\ x \in X_1; \\ y_2, 当\ x \in X_2 \end{cases}$$

就是所求者.

注 判断拓扑空间连通性Sierpinski定理是:拓扑空间X为连通的充要条件是其具有达尔布性质,即是每个定义于X的连续函数f及任意二点$a,b \in X$,$f(x)$于X上必能取到$f(a)$,$f(b)$间的一切值.樊畿定理则是为了拓扑空间X是连通的,必须且只须下边条件成立:对于定义于X上的连续函数及任意正数ε,取X中任意二点a与b,则一定存在X中的有限个点$x_1 = a, x_2, \cdots, x_n = b$使$| f(x_{i+1}) - f(x_i) | < \varepsilon (1 \leqslant i \leqslant n-1)$.

但由定理3,当$\mu > 0$时上述二定理将有下列的加强.

定理3′ 设$\mu > 0$,X是ω_μ-可加的空间.则X成为连通空间的充要条件是,每个定义于X的连续函数$f(x)$都必恒等于一常数:$f(x) = C$.

---

① 本文中X,Y为单点集的场合是除外的.

现在我们来研究由ω_μ-距离空间X的ω_μ-距离空间Y的连续映象.

Sikorski 曾提出致密ω_μ-距离空间的概念,为了便于读者的阅读兹将其录记于下:

定义 1 ω_μ-距离空间X称作致密的,是指:X内任何ω_μ-点列$\{p_\xi\}$中必包含收敛于X中某点p的子列$\{p_{\eta_\xi}\}$,其中$\xi,\eta<\omega_\mu$.

定义 2[8] 设X是拓扑空间而$E\subseteq X$及$x\in X$,如果x的每个邻域V_x与E的交集的势$\overline{\overline{V_x\cdot E}}\geqslant m$时,即称$x$是$E$的级$\geqslant m$的触点.

命题 ω_μ-距离空间是致密的充要条件是:势$\geqslant\omega_\mu$的集$E\subseteq X$于X恒有级$\geqslant 2$的触点.

证明 条件的必要性是显然的.以下证明充分性.证明之前注意,若x是E的级$\geqslant 2$的触点,则x也是E的级$\geqslant\omega_\mu$的触点.

今设$\{p_\xi\}$是X的ω_μ-点列,现在证明它必含一收敛子列$\{p_{\eta_\xi}\}$,其中ξ,$\eta_\xi<\omega_\mu$.为此分作以下两种情况:

1) 若$\{p_\xi\}$中不同元素的势(或说个数)$\geqslant\omega_\mu$,则据题设及上边注意即知X必含其一级$\geqslant\omega_\mu$的触点$p\in X$,因此于$\{p_\xi\}$中能选出收敛于点p的子列来(方式是习知的).

2) 若$\{p_\xi\}$中不同元素的势$<\omega_\mu$,我们证明必有子列$\{p_{\eta_\xi}\}$使$p_{\eta_0}=\cdots=p_{\eta_\xi}=\cdots=p$,于是$\{p_{\eta_\xi}\}$便是所求的.

实际上,若其不然,即对于每个p_ξ都存在序数$\alpha_\xi(\alpha_\xi<\omega_\mu)$,当$\eta\geqslant\alpha_\xi$时恒有$p_\eta\neq p_\xi$.我们假定$\alpha_\xi$是满足这些条件之最小者,并设$\alpha=\sup\{\alpha_\xi\}$(由于$\alpha_\xi<\omega_\mu$且这些$\alpha_\xi$的个数$<\omega_\mu$)则$\alpha<\omega_\mu$,这么一来,则当$\xi<\omega_\mu$时恒有$p_\xi\neq p_\alpha$,于是得到不合理的结果$p_\alpha\neq p_\alpha$.由此得知命题的成立.

以下将定义 1 作一些变形,得到:

定理 4 对于ω_μ-距离空间X,下列命题(i)—(iv)等价(其中$\mu\geqslant 0$):

(i) X是致密的;

(ii) 设$E\subseteq X$而且$\overline{\overline{E}}\geqslant\omega_\mu$,则$E$于$X$有级$\geqslant\omega_\mu$的触点;

(iii) 设$E\subseteq X$且$\overline{\overline{E}}\geqslant\omega_\mu$,则$E$于$X$有级$\geqslant 2$的触点;

(iv)X的任意开覆盖中含有势$\leqslant \omega_\mu$子覆盖.

证明 前三条性质的等价性已见于以前命题,因此只须证明(ii)→(iv)→(iii)就行了.

(ii)→(iv) 注意到X是具势$\leqslant \omega_\mu$一致基的一致空间,此即[8]之定理6.

(iv)→(iii) 方法是习知的,见文[8]引理1.

对于由ω_μ-距离空间X向ω_μ-距离空间Y的映象我们要引进一致连续性的概念.

定理3 设X及Y各是ω_μ-及ω_ν-距离空间,定义距离的序群[1]分别是A及B;f是由X向Y的映象且满足条件:对于$\varepsilon \in B$当$\varepsilon > 0$时恒存在$\delta \in A$,$\delta > 0$:只要$\rho_X(x, x') < \delta$的话便有$\rho_Y(f(x), f(x')) < \varepsilon$(其中$x, x' \in X$;$\rho_X$,$\rho_Y$分别表示$X$,$Y$的距离函数).我们便说$f$是由$X$向$Y$的一致连续映象.

于是利用定理4便可将古典的"一致连续性定理"作如下的推广:

定理5 每个由致密ω_μ-距离空间X向ω_μ-距离空间Y的连续映象f都是一致连续的.

有了定理4以后,证明的步骤便完全是已知的(例如见[9],p.92之定理5),故从略.

Ⅱ

现在我们来考虑由拓扑空间X向拓扑空间Y的连续映象α-列$\{f_\xi\}$,其中$a < \omega_\mu$而$\xi < \alpha$.

定义4 我们说$\{f_\xi(x)\}$向$f(x)$收敛是指:对$f(x)$的任意邻域V都存在序数$\eta < \alpha$,使当$\xi \geqslant \eta$时$f_\xi(x) \in V$.

当取$\alpha = \omega_0$时,这就是普通函数列的收敛.又设α是孤立序数时,则$f_{\alpha-1}$就是$\{f_\xi\}$的极限映象.

首先证明

定理6 设X是ω_μ-可加空间而Y是豪斯道夫正则空间，其中$\mu>0$；设$\{f_\xi\}$是由X向Y的连续映象α-列，并且极限f存在.于是$\alpha<\omega_\mu$时f必是连续映象.

证明 只须证明对任意$x\in X$及开集$V\in f(x)$恒存在x的邻域U使得$f(U)\subseteq V$就行了.由于Y是正则空间故存在开集$V^*\subseteq Y$使得对于充分大的ξ，$f_\xi(x)\in V^*\subseteq \bar{V}^*\subseteq V$.其次，对于每个$f_\xi$，由于它是连续映象，故存在着开集$U_\xi\subseteq X$使$x\in U_\xi$且$f(U_\xi)\subseteq V^*$.于是$U=\prod\limits_{\xi<\alpha}U_\xi$便是$x$的开邻域而$f(U)\subseteq\prod\limits_{\xi<\alpha}f(U_\xi)\subseteq\bar{V}^*\subseteq V$.于是定理得证.

有趣的是，在一定条件下定理6的逆成立.

定理7 设X是0维拓扑空间，Y是Hausdorff空间.如果凡是由X向Y的连续映象α-列的极限(当其存在时)f都连续，其中$\alpha<\omega_\mu$的任意序数，则X必是ω_μ-可加的.

证明 由于X是0维的，所以X中所有既开且闭的集生成一个拓扑基底.设$\{G_\xi\}$是任意的开集α-列，其中$\alpha<\omega_\mu$而$\xi<\alpha$.于是$G_\xi=\sum\limits_{\eta\in A_\xi}U_\eta^\xi$，其中$U_\eta^\xi$是开闭集，$A_\xi$则表示有赖于$\xi$的某个序数集合(指标集)；再设$A$表示笛卡尔乘积$A=\times_\xi A_\xi$，于是下式成立：

$$\prod_{\xi<\alpha}G_\xi=\prod_{\xi<\alpha}\sum_{\eta\in A_\xi}U_\eta^\xi=\sum_{\bar{\eta}\in A}\prod_{\xi<\alpha}U_{\eta\xi}^\xi$$

其中$\bar{\eta}=\{\eta_\xi\}$是η_ξ的α-列($\eta_\xi\in A_\xi$).由此即知，为了证明定理只须证明X中开闭集α-列的交集恒是开集就行了.用反证法，设其不然，即是存在序数$\alpha<\omega_\mu$及开集列$\{G_\xi\}$，$\xi<\alpha$使得$\{U_\xi\}$的任意截段列$\{G_\xi\}$，$\xi<\beta$而$\beta<\alpha$的交$\prod\limits_{\xi<\beta}G_\xi$是开集，但$\prod\limits_{\xi<\alpha}G_\xi$不是开集.显然可以认为它是单调下降序列：$\xi<\eta$时$U_\xi\supseteq U_\eta$.今于$Y$任取二点$y_1\neq y_2$，并置

$$f_\xi(x)=\begin{cases}y_1,\text{当 } x\in G_\xi \text{ 时；}\\ y_2,\text{当 } x\,\overline{\in}\, G_\xi \text{ 时.}\end{cases}$$

其中$\xi<\alpha$.于是$\{f_\xi\}$便是一连续映象α-列，极限映象f由下式给出：

$$f(x)=\begin{cases} y_1,\text{当 } x\in \prod\limits_{\xi<\alpha} G_\xi \text{ 时}; \\ y_2,\text{当 } x\overline{\in} \prod\limits_{\xi<\alpha} G_\xi \text{ 时}. \end{cases}$$

由于 $\prod\limits_{\xi<\alpha} G_\xi$ 不是开集,而 Y 又是 Hausdorff 空间,故 f 不是连续映象,这与题设条件矛盾. 由此即知定理的成立. 证明完毕.

为了说明定理 6、7 的意义,特作如下注释:

注 1)Sikorski 曾证明([1],定理(iv)):凡正则的 ω_μ- 可加空间 X,当 $\mu>0$ 时,必是 0 维的. 那么自然要问:怎样的 0 维正则空间才是 ω_μ- 可加的呢?对此,下列定理也许是值得提出的:

定理 8 设 X 是正则 Harsdorff 空间,则下列二个命题等价:

(ⅰ)X 是 ω_μ- 可加的;

(ⅱ)X 是 0 维的,而且于 X 上定义的任何连续函数 α- 列的极限函数,当其存在时,都连续. 其中 α 可取 $<\omega_\mu$ 的一切序数值.

2)关于用连续函数作工具来研究空间拓扑性质时,有苏联、美国及日本等数学家们的大量工作,最近这方面具有总结意义的专著也已出版[10]. 美国 Gillman 与 Henriksen 就曾用定义在完全正则空间上连续函数的代数性质,来刻划其 ω_1- 可加性. 定理 8 则是从另一角度来研究空间的 ω_μ- 可加性,为此须注意,X 是 0 维的充要条件是:存在一族连续函数 $\{f_\xi\}$ 使得 $\{U_\xi: U_\xi=\underset{x}{E}[f_\xi(x)=0]\}$ 形成 X 的拓扑基底.

定理 8 显然比文[3] 这方面的工作广泛.

初等分析中的亚一致收敛及 Arzela 定理也可以推广,由于方法没有多大变动的地方,故从略.

最后,让我们来考察空间 Y^X 的 ω_μ- 致密性,其中 X 及 Y 都是致密的 ω_μ- 距离空间(以下结论只须稍加修改便适用于 Y 是一般 ω_ν- 致密距离空间的场合,而不必有 $\mu=\nu$),Y^X 表示所有由 X 向 Y 连续映象的集合,而对于 $f,g\in Y^X$ 则定义 $\rho(f,g)=\sup\limits_{x\in X}\rho_Y[f(x),g(x)]$. 可以证明,此时 Y^X 成为完备的 ω_μ- 距离空间:其中每一个 ω_μ- 基本列[1] 都是收敛列,它显然是

古典空间 $C_{[a,b]}$ 的推广. 我们说 Y^X 中某集 F 是 ω_μ- 列紧的,是指 F 的任何 ω_μ- 列都包含着敛子列,也就是 F 的任何一个势 $\geqslant \omega_\mu$ 的子集于 Y^X 都有级 $\geqslant \omega_\mu$ 的触点. 于是下列定理成立:

定理 9 Y^X 内子集 F 为 ω_μ- 列紧的充要条件是下述二命题同时成立:

1) 对于任意 $X' \subseteq X, \overline{\overline{X'}} \leqslant | \omega_\mu |$,及任意 $F' \subseteq F$,当 $\overline{\overline{F'}} \geqslant | \omega_\mu |$ 时,能于 F' 找到一个 ω_μ- 列 $\{f_\xi\}$,使它限制在 X' 时成为基本列,其中 $\xi \neq \eta$ 时 $f_\xi \neq f_\eta$.

ⅱ) F 于 X 是同等连续的,即对任意给定的 $\varepsilon \in B$(见定义 3),$\varepsilon > 0$ 时存在着 $\delta \in A, \delta > 0$ 使当 $f \in F, x, x' \in X$ 及 $\rho_X(x, x') < \delta$ 时有 $\rho_Y[f(x), f(x')] < \varepsilon$.

注 条件 ⅰ) 中"任意的 X'"可换成"某个稠密于 X 的 X'". X' 的存在性是由于 X 的 ω_μ- 致密性得到保证的(见定理 4 及文[8] 定理之命题(C_u)).

证明 只须将古典 Arzela-Ascoli 定理的证明加以适当修改使其适用于目前的场合.

先证条件的充分性. F, F' 及 f_ξ 等符合的含义已见定理的题设条件. 证明分作几步进行.

第一步先证明:对于任意 $\delta \in A, \delta > 0$ 时恒存在 $X' \subseteq X$,其中 $\overline{\overline{X'}} < \omega_\mu$ 且对 $x \in X$ 恒有使 $\rho_X(x, x') < \delta$ 成立的点 $x' \in X'$.

实际上,考虑一切满足下列条件(*)的集 $A \subseteq X$ 所成之族 F_A:

(*) 对于 $x, x' \in A$ 恒有 $\rho_X(x, x') \geqslant \delta$.

上述集族 F_A 是一"具有有限特征的族"([11], p. 32),故据 Tukey 引理知 F_A 必有极大元([11], P. 33),设 X' 为极大元中之任一个,我们来证明 X' 就是所需求者,为此只需证 $\overline{\overline{X'}} < \omega_\mu$ 就行了. 用反证法. 设其不然,于是 X' 满足条件(*)而且 $\overline{\overline{X'}} \geqslant \omega_\mu$,但这是与 X 的 ω_μ- 致密性相矛盾的(定理 4 命题 ⅲ). 因此 X' 确实是所需求者,这就完成了第一步的证明.

第二步,要证明 $\{f_\xi(x)\}$ 对 $x \in X$ 恒是收敛列.

实际上,由于 Y 的 ω_μ- 致密性,$\{f_\xi(x)\}$ 中恒包含收敛子列 $\{f_{\eta_\xi}(x)\}$.

因此为了证明第二步只须证明$\{f_\xi(x)\}$对$x\in X$恒是基本列就行了.这个证明须将古典方法略加修改,大意如下:首先取ε,δ如题设条件ⅱ)所述,根据证明第一步,存有$X'\subseteq X,\overline{\overline{X'}}<\omega_\mu$且对$x\in X$恒有使$\rho_X(x,x')<\delta$成立的$x'\in X'$.其次,对于$x'\in X'$又有序数$\eta_{x'}<\omega_\mu$使当$\xi,\xi'\geqslant\eta_{x'}$时$\rho_Y[f_\xi(x'),f_{\xi'}(x')]<\varepsilon$.最后若命$\eta=\sup\limits_{x'}\{\eta_{x'}\}$,则$\eta<\omega_\mu$且当$\xi,\xi'\geqslant\eta$时,$\rho_Y[f_\xi(x),f_{\xi'}(x)]\leqslant\rho_Y[f_\xi(x),f_\xi(x')]+\rho_Y[f_\xi(x'),f_{\xi'}(x')]+\rho_Y[f_{\xi'}(x'),f_{\xi'}(x)]<3\varepsilon$.其中$x\in X,x'\in X'$,且$\rho_X(x,x')<\delta$.由于$\varepsilon$的任意性,即完成了第二步的证明.

用完全同样的方法即知,$f_\xi\rightarrow f$:$\{f_\xi(x)\}$向$f(x)$一致收敛且$f\in Y^X$.

条件必要性的证明大意:

ⅰ)是显然的.

ⅱ)用反证法.设ⅱ)不成立,便存在$\varepsilon\in B(\varepsilon>0)\omega_\mu$-列$\{f_\xi\},\{x_\xi\}$及$\{x'_\xi\}$使$\rho_X(x_\xi,x'_\xi)<\delta_\xi$,但却$\rho_Y[f_\xi(x_\xi),f_\xi(x'_\xi)]\geqslant\varepsilon$及$\delta_\xi\rightarrow 0$成立.由此即可推出矛盾.

参考文献

[1] Sikorski, Remarks on some topological spaces of high power, Fund. Math. T. 37 (1950) P. P. 125—136.

[2] ларовиченко, И. дАН. СССР, T. 115 No5, (1957), p. p. 866—868.

[3] Gillman, L. and Henriksen, M. Concerning rings of continuous functions. Trans. Amer. Math. Soc. Vol. 77 (1954), p. p. 340—362. 或 MR. Vol. 16, No2(1955), p156.

[4] Cohen. L. W. and Goffman, C. A theory of transfinite convergence, ibid, Vol. 66 (1949) p. p. 65—74. The theory of ordered abelian groups, ibid, Vol. 67(1949), p. p310—319.

[5] Hausdorff, F. Grundzuge der mengenlehre, (1914), Leipizing.

[6] 王成堂:《ω_μ-可加的拓扑空间》(见本文集).

[7] 关肇直:《拓扑空间概论》(1958),科学出版社.

[8] 王成堂:《一致性空间的一个定理》,科学记录,新辑 2 卷 10 期(1958),392—395.
[9] 辛钦,A. Я.(北京大学译).《数学分析简明教程》,(1954),高教出版社.
[10] Gillman, L. Jerison, M. Rings of continuous functions, (1960) Nostrand Co. N. Y.
[11] Kelly, J. L. General topology, (1955)New York.

REMARKS ON ω_μ- ADDITIVE SPACES(Ⅱ)

——ELEMENTARY THEORY OF CONTINUOUS MAPPINGS

Wang Shu-tang

Abstract

This is a continuation of the work of[6]. In which we define the limit of a transfinite sequence of continuous functions, the Arzela-Ascoli theorem and the like are generalized to the present case.

关于 ω_μ-可加拓扑空间的两个注记①

王戍堂

摘　要

本文接续作者[1][2]而作.

(1)简化了 L. W. Cohen 与 C. Goffman 1950 年在此方面的工作,并指出它乃是文[1]一定理的直接推论.

(2)研究一致空间一致结构的 ω_μ-距离化问题,得到了必要充分条件,这种条件与 Cohen Goffman 的条件 ii)类似.

(3)求得完全正则空间具有 ω_μ-可加性的充要条件,它包含 O. Nelson 1957 年的结果(Portugialae Math.)为特例,并作了推广.

本文是接续作者文[1][2] 而作,今后将不加声明地沿用[1][2] 的名词及术语.

我们曾于文[1] 证得下述定理:

定理 1　拓扑空间 R 可以 ω_μ- 距离化的充要条件是[1],它是 ω_μ- 可加的 $(U)_{|\omega\mu|}$ 空间.

拓扑空间是 $(U)_{|\omega\mu|}$ 型的意思是:于 R 可以引入一个具有势 $|\omega_\mu|$ - 一致基的一致性结构使其一致拓扑与 R 原有的拓扑一致. 这其实就是 S. Mrowka 的 $|\omega_\mu|$ - 几乎距离空间[3,4].

---

① 本文完成于 1963 年,未发表.

定理 1 是 Александров-Урысон 定理([5],p. 186) 的推广. 基于定理Ⅰ及 Mrowka 的结果[4],我们曾得到[1] 几个 ω_μ- 距离化定理,其中包括 Sikorski[6] 的结果以及 Nagata Смирнов[5] 定理的推广.

此外,L. W. Cohen 与 C. Goffman 于文[7] 求得一致空间可以由一个 Abel 序群距离化的另外一组条件. 但它们的结果过于复杂. 本文第一个目的在于简化这个结果,并指出它乃是定理 1 的直接推论. 其次我们也可以考虑一致空间一致结构的 ω_μ- 距离化问题.

文[2] 研究正则空间 R 具有 ω_μ- 可加性问题,所用的工具就是由 R 向另一正则空间 Y 的一切连续映象. 本文的第二个目的就是将[2] 中一个定理加以变形,从而包括了 O. Nelson 最近的结果[8] 为特殊情况. 最后,我们引入完全(R,Y) 正则的概念,将所得定理作了进一步推广.

§ 1. L. W. Cohen 与 C. Goffman 的定理[7] 是:

定理 2 一致空间 R 可以由一 Abel 序群距离化(在拓扑意义下) 的充要条件是存在邻域组$\{V_\xi(x)\}$,其中 $x \in R,\xi < \xi^*$,具备下列性质:

ⅰ) $\prod\limits_{\xi<\xi^*} V_\xi(x) = \{x\}$;

ⅱ) 如果 $\xi_1 < \xi_2 < \xi^*$,则有 $V_{\xi_1}(x) \supseteq V_{\xi_2}(x)$;

ⅲ) 如果 $\eta < \xi^*$,则存在一个 $\eta \leqslant \xi(\eta) < \xi^*$ 使得当 $V_{\xi(\eta)}(x) \cdot V_{\xi(\eta)}(y) \neq 0$ 时有 $V_{\xi(\eta)}(y) \subseteq V_\eta(x)$;

ⅳ) 设 $\eta^* < \xi^*$,则 $\prod\limits_{\eta<\eta^*} V_{\xi(\eta)}(x)$ 是开集.

上述性质 ⅰ)—ⅳ) 中的 ξ^* 是具有如下性质(*) 的极限序数,而 ξ,η,η^* 等则都表示序数.

性质(*):若 $\eta^* < \xi^*$ 而 $\xi_\eta < \xi^*$ 则有①

$$\sup\{\xi_\eta : \eta < \eta^*\} < \xi^*.$$

不难看出,满足性质(*) 的极限数就是某规则初始数.

分析[7] 的证明便知,所谓邻域组$\{V_\xi(x)\}$,指的是对每个 $x \in R$ 它形

① ξ_η 表示由 $\eta < \eta^*$ 向 $\xi < \xi^*$ 的一单值函数.

成基本邻域组.

首先注意到,条件 ⅱ)一般要求过高,我们要用下列的 ⅴ)来代替它:

ⅴ)对于 $x\in R$,$\{V_\xi(x)\}$($\eta<\xi^*$ 而 $\xi(\eta)$ 是 ⅲ)中所指定的)形成 x 处的基本邻域组.

(1) 若于 R 存在邻域组 $\{V_\xi(x)\}$,$x\in R$,$\xi<\xi^*$ 满足条件 ⅰ)ⅳ)及 ⅴ)则 R 必是 ξ^*-可加的.为此,只需要证明:每个开集 η^*-列 $\{G_\eta\}$,$\eta<\eta^*$ 而 $\eta^*<\xi^*$ 的交集 $\prod\limits_{\eta<\eta^*}G_\eta$ 仍是开集就行了.

设 $x\in\prod\limits_{\eta<\eta^*}G_\eta$,于是由 ⅴ),对于每个 $\eta<\eta^*$ 将有 $\eta'<\xi^*$ 使 $x\in V_{\xi(\eta')}\subseteq G_\eta$.由性质($*$)设 $\eta^{**}=\sup\{\eta'\}$ 则 $\eta^{**}<\xi^*$.

于是 $x\in\prod\limits_{\eta<\eta^*}V_{\xi(\eta)}(x)\subseteq\prod\limits_{\eta<\eta^*}G_\eta$.由性质 ⅳ)知,$x$ 是集 $\prod\limits_{\eta<\eta^*}G_\eta$ 的内点.因此证明了 $\prod\limits_{\eta<\eta^*}G_\eta$ 是开集.

(2) 若于 R 能引入基本邻域组 $\{V_\xi(x)\}$,$x\in R$ 而 $\xi<\xi^*$,使其满足条件 ⅱ),则 R 必是 $(U)_{\bar{\xi}^*}$ 型空间.其中 $\bar{\xi}^*$ 表示对应于序数 ξ^* 的基数.即型为 ξ^* 的良序集的势.

证明 今定义 $u_\eta=\{(x,y)\}$;其中 $x\in R$ 而 $y\in V_\eta(x)\}$

只需证明 $\{u_\eta\}$ 形成某一致结构 u 的子基,则其余一切都显然了.

为此,根据[5],只需证明下列各条:

一、$\Delta\subseteq u_\eta$.显然.

二、$u_{\xi(\eta)}^{-1}\subseteq u_\eta$.

设 $(x,y)\in u_{\xi(\eta)}^{-1}$,于是 $(y,x)\in u_{\xi(\eta)}$,$x\in V_{\xi(\eta)}(y)$,从而 $V_{\xi(\eta)}(x).V_{\xi(\eta)}(y)\neq 0$.根据 ⅲ)$y\in V_{\xi(\eta)}\subseteq V_\eta(x)$,此即 $(x,y)\in u_\eta$.

三、$u_{\xi(\eta)}\circ u_{\xi(\eta)}\subseteq u_\eta$.

设 $(x,y)\in u_{\xi(\eta)}$,$(y,z)\in u_{\xi(\eta)}$.于是 $y\in V_{\xi(\eta)}(x)$,$z\in V_{\xi(\eta)}(y)$,从而 $V_{\xi(\eta)}(x)\cdot V_{\xi(\eta)}(y)\neq 0$.根据 ⅲ),$z\in V_{\xi(\eta)}$ 而 $y\subseteq V_\eta(x)$.此即 $(x,z)\in u_\eta$.

总结前边讨化,便得到下列定理:

定理 3 ω_μ- 可加拓扑空间 R，可以 ω_μ- 距离化的充要条件是：对于 $x \in R$ 存在基本开邻域族 $\{V_\xi(x)\}$，$\xi < \omega_\mu$，具有下列性质：对于每个 $\eta < \omega_\mu$ 都存在 $\xi(\eta)$ 使 $\eta \leqslant \xi(\eta) < \omega_\mu$，且若 $V_{\xi(\eta)}(x) \cdot V_{\xi(\eta)}(y) \neq 0$ 则 $V_{\xi(\eta)}(y) \subseteq V_\eta(x)$.

其中 ω_μ 表示规则初始数.

设 R 是 ω_μ- 距离空间，并命 $\rho(x,y)$ 表示二点 x,y 的 ω_μ 距离，于是

$$u_{\varepsilon_\eta} = \{(x,y):\rho(x,y)\} < \varepsilon_\eta\}$$

便是 R 的某一致性结构的势为 ω_μ 的基，其中距离函数 $\rho(x,y)$ 取值于特征 ω_μ 的序群[1] A；ε_η 是 A 中单调下降的非负元素，$\eta < \omega_\mu$；且对 $\varepsilon \in A$ 恒存在 $\eta < \omega_\mu$ 使 $\varepsilon_\eta < \varepsilon$ 对 $\eta \geqslant \eta_0$ 成立.

我们说一致空间 R，在一致结构意义下可以 ω_μ- 距离化，其意思是：能于 R 引入一个上述距离函数 $\rho(x,y)$ 使其引导出的一致结构与 R 原有者一致. 于是有

定理 4 一致空间 R 在一致结构意义下可以 ω_μ- 距离化的充要条件是：其一致结构 u 具有单调下降的势为 $|\omega_\mu|$ 的基. 且其中 $|\omega_\mu|$ 不能再缩小(除去 R 具有离散一致拓扑的情况).

证明 必要性很显然. 又当 $\mu = 0$，定理 2 便是 Chittenden，A. Weil 等人的结果[5]. 在此结果的基础上，我们要对一般的 μ 证明定理 2.

今设 $\{u_\xi\}$ 是定理假设中的一致基. 首先由 u_1 出发可作 $u_2^{(1)} = u_{\eta 0}$ 使得 $u_2^{(1)}$ 对 $u_1^{(1)} = u_1$ 来讲具备前述(2) 中性质二、三. 如此继续下去，便可得到

$$u_1^{(1)}, u_2^{(1)}, \cdots, u_n^{(1)}, \cdots$$

于是 $\{u_n^{(1)}\}$ 形成 R 的某一致结构的子基，由此子基且生成一个弱于 u 的一致结构，记作 $u^{(1)}$. 由于假定了 ω_μ 已不可缩小，于是又可找到 $u_\eta \in u^{(1)}$，记为 $u_1^{(2)}$. 由 $u_1^{(2)}$ 出发又可得一序列：

$$u_1^{(2)}, u_2^{(2)}, \cdots, u_n^{(2)}, \cdots$$

由它生成 R 的一致结构 $u^{(2)}$，它显然比 $u^{(1)}$ 要强.

今设由上述方法，对 $\eta < \alpha < \omega_u$ 都已作出了一致结构 $u^{(\eta)}$，它们一个比一个强，都具有可数基底且都弱于 u，由于 $|\omega_\mu|$ 不能缩小，于是必存在

$u_\xi \mathrel{\overline{\in}} u^{(\eta)}$，其中 $\eta < \alpha$. 取其一为 $u_1^{(\alpha)}$，再仿上方法，又可得一序列 $u_1^{(\alpha)}, u_2^{(\alpha)}, \cdots, u_n^{(\alpha)}, \cdots$，它生成的一致结构 $u^{(\alpha)}$ 强于一切的 $u^{(\eta)}$，但要弱于 u.

于是，$u^{(\eta)}(\eta < \omega_\mu)$ 都是具有可数的一致结构其和为 u. 对于 $u^{(\eta)}$ 存在实值距离函数 ρ_η 并 $u^{(\eta)}$ 以函数 ρ_η 距离化.

今定义：$\rho(x,y) = \{\rho_1(x,y), \cdots, \rho_\eta(x,y), \cdots\}, \eta < \omega_\mu$. 以下证明：由 ρ 产生的一致结构与 u 一致. 为此只需证明以下两点：

（一）对每个 $u_\eta \in u$，存在 $\varepsilon = \{a_1, a_2, \cdots, a_\xi, \cdots\}$ 使得 $\{(x,y): \rho(x,y) < \varepsilon\} \subseteq u_\eta$.

实际上，此时必存在 η' 使 $u_\eta \in u^{(\eta')}$，因此有实数 $a_{\eta'}$，使得 $\{(x,y): \rho_{\eta'}(x,y) < a_{\eta'}\} \subseteq u_\eta$. 取

$$a_\xi = \begin{cases} a_{\eta'}, & \xi = \eta' \text{ 时}, \\ 0, & \xi \neq \eta' \text{ 时}. \end{cases}$$

于是 $\varepsilon = \{a_1, \cdots, a_\xi, \cdots\}$ 便满足（一）的要求.

（二）对任意 $\varepsilon = \{a_1, \cdots, a_\xi, \cdots\} \neq 0$，存在 u_η 使得

$$u_\eta \subseteq \{(x,y): \rho(x,y) < \varepsilon\}$$

实际上，设 $a_{\xi_0} \neq 0$ 并取 $u_\eta \mathrel{\overline{\in}} u^{(\xi_0)}$，则 $\rho_\xi(x,y) \neq 0$，其中 $(x,y) \in u_\eta$，$\xi \leqslant \xi_0$. 因此 u_η 满足上述要求.

§2. 设 R, Y 都是正则拓扑空间，于是文[2] 证明了下列定理：

定理 5　下列二命题等价：

1)R 是 ω_μ- 可加的拓扑空间；

2)R 是 0 维的，而且由 R 向 Y 连续映象 η^* - 列（$\eta^* < \omega_\mu$，为任意的序数）$\{f_\eta\}, \eta < \eta^*$ 的极限（按点，若其存在的话）f 也是由 R 向 Y 的连续映象. 特别可取 Y 为全体实数. 现在要证明下列

定理 6′　若 R 是完全正则空间，而且每个定义于 R 上的连续函数列 $\{f_n\}(n = 1, 2, \cdots)$ 的极限（按点，若其存在的话）f 也是 R 上的连续函数，则 R 必是 0 维的.

证明　设 $x_0 \in R$，$V_1(x_0)$ 是 x_0 的任意开邻域，我们要证明必存在满足条件 $x_0 \in V(x_0) \subseteq V(x_1)$ 的开闭集 $V(x_0)$.

由于 R 是完全正则空间，于是有连续函数 $\overline{f}_1$：$\overline{f}_1(x_0)=1, 0\leqslant \overline{f}_1(x)\leqslant 1$；当 $x \overline{\in} V_1(x_0)$ 时 $\overline{f}_1(x)=0$. 设 $V_1'(x_0)=E\left[x;\overline{f}_1(x)>\dfrac{2}{3}\right]$，并取 $V_2(x_0)$ 使 $x_0\in V_2(x_0)\subseteq \overline{V_2(x_0)}\subseteq V_1'(x_0)$. 于是又可作连续函数 $\overline{f}_2$：$\overline{f}_2(x_0)=1; 0\leqslant \overline{f}_2(x)\leqslant 1$，当 $x \overline{\in} V_2(x_0)$ 时 $\overline{f}_2(x)=0$. 如此进行，便可得一连续函数列 $\overline{f}_1, \overline{f}_2, \cdots, \overline{f}_n\cdots$ 使得 $\overline{f}_n(x_0)=1, 0\leqslant \overline{f}_n(x)\leqslant 1$；而且 $\overline{\underset{k}{E}[x;\overline{f}_{n+1}(x)>0]}\subseteq \underset{z}{E}[x;\overline{f}_n(x)>\dfrac{2}{3}]$. 今取 $f_n=\inf\{\overline{f}_1, \overline{f}_2, \cdots, \overline{f}_{n-1}\}$，于是 f_n 仍是连续函数，而且 $f_n\geqslant f_{n+1}$. 从而 $\{f_n\}$ 的极限存在，设其为 f. 根据假定 f 仍是连续函数，而且显然 $x_0\in E\left[x;f(x)>\dfrac{1}{2}\right]\leqslant V_1(x_0)$. 我们证明 $E\left[x;f(x)\ \dfrac{1}{2}\right]$便是所要求的开闭集. 它是开集已属显然，它是闭集是由于$\overline{E\left[x;f(x)>\dfrac{1}{2}\right]}\subseteq \overline{E[x;f_{n+1}(x)>0]}\subseteq E\left[x;f_n(x)>\dfrac{2}{3}\right]$. 故 $f(x)\geqslant \dfrac{2}{3}>\dfrac{1}{2}$ 在 $x\in \overline{E\left[x;f(x)>\dfrac{1}{2}\right]}$ 上成立. 于是

$$\overline{E\left[x;f(x)>\frac{1}{2}\right]}=E\left[x;f(x)>\frac{1}{2}\right].$$

由定理 5 及定理 6′ 显然有

定理 6　设 R 是完全正则空间，则下列二命题等价：

1)R 是 ω_μ- 可加的；

2) 定义于 R 上的连续函数 η^* - 列 $\{f_\eta\}$，$\eta<\eta^*<\omega_\mu$ 的极限函数 f 也连续.

当 $\mu=1$，我们得到([9]，定理 5. 2)：R 成为 P 空间的充要条件是：R 是完全正则的，而且连续函数列 $\{f_n\}$ 的极限函数(按点，若存在)f 仍连续. 这就是 Nelson 的定理[8].

注　作者并未看到[8] 的原文，只是看到 G. Nobeling 在德国数学评论杂志上关于[8] 文结果的介绍[10].

现在设 R 是任意拓扑空间，Y 是正则空间. 如果存在二点 $y_1, y_2\in Y$，

$y_1 \neq y_2$ 而且对于 $x_0 \in R$ 及闭集 $F \subseteq R$ 当 $x_0 \overline{\in} F$ 时恒能定义由 R 向 Y 内的连续映象 f 使得 $f(x_0) = y_1, f(x) = y_2$,其中 $x \in F$,我们便说 R 是完全(R,Y) 正则空间.不难证明:完全(R,Y) 正则空间 R 必是正则空间.

利用同样方法可得到下列

定理 7 设 R 是完全(R,Y) 正则空间,Y 是 ω_μ- 备的全序集[①] 且赋于序拓扑,则下列二命题等价:

1)R 是 ω_μ- 可加的;

2) 由 R 向 Y 内任意连续映象 η^* - 列 $\{f_\eta\}, \eta < \eta^* < \omega_\mu$ 的极限(若其存在) 映象也连续.

定理 7 是否对一般正则空间都成立的问题尚未解决.

参考文献

[1] 王戌堂:《ω_μ-可加的拓扑空间(Ⅰ)》,见本文集.

[2] 王戌堂:《ω_μ-可加的拓扑空间(Ⅱ)—连续映象初论》,见本文集.

[3] S. Mrowka, On almost-metric spaces, Bull. Acad. Polon. Sci. Cl. Ⅲ Vol. V., No 2(1957), p. p. 123—127.

[4] S. Mrowka, Remark on locally finite systems. Bull. Acad. Polon. Sci. Cl. Ⅲ Vol. V. No2(1957)p. p. 129—132.

[5] J. L. Kelly, General topology, New York, 1955.

[6] R. Sikorski, On some topological spaces of high power, Fund. Math., T. 37 (1950), p. p. 125—136.

[7] L. W. Cohen and C. Goffman, On the metrization of uniform spaces, Proc. A-mer. Math. Soc., Vol. 1, No 6(1950), p. p. 750—753.

[8] O. Nelson, On two properties of P spaces, Portugialae Math. Vol. 16(1957), p. p. 37—39.

[9] L. Gillman and M. Henriksen, Concerning rings of continuous functions, Tran. Amer. Math. Soc. Vol 77(1954), p. p. 340—362.

① 即 $\sup\limits_{\xi<\omega_\mu}\{y_\xi\}\inf\{y_\xi\}$ 均存在.

[10] G. Nobeling, Zentrablatt fur Math. und ihre Grenzgebeite, Bd. 83. (1960), p. 175.

SOME REMARKS ON ω_μ- ADDITIVE SPACES*

Wang Shu-tang

Abstract

This paper contains the following results:

(1) The work of L. W. Cohen and C. Goffman in the year of 1950 is simplified and derived as a consequence of [1].

(2) A necessary and sufficient condition for a uniform space to be ω_μ-metrizable (i. e. its uniformity can be derived from an ω_μ-metric) is obtained (added in 1983: a similar condition was obtained independently by Stevenson and Thron six years later, cf. Fund. Math. 65(1969)317—324.).

(3) Get the necessary and sufficient condition for a completely regular space is of ω_μ-additive, which contains the result as a special case of O. Nelson's gotten n 1957, and some more generalization.

* written in 1963, unpublished

ω_μ-可加拓年空间理论的进展

王戍堂

一、基本定义

§1.本文中恒以 ω_μ 表示规则初始序数,而又以 ω_μ 表示它的基数.根据波兰学者 R. Sikorski[1] 所谓一个拓扑空间(X,u)是 ω_μ- 可加的,是指其拓扑结构满足比通常"有限个开集之交是开集"这一条件更强条件的拓扑空间.在 ω_μ- 可加拓扑空间中,上述条件应加强为"势 $<\omega_\mu$ 的任意开集族,族中一切开集之交仍是开集".

如所周知,对于一般的拓扑空间,距离化问题是其中心问题之一.然而,当 $\mu>0$ 时,我们有下列结果[2]:

命题 1 对于 $\mu>0$ 时,ω_μ- 可加拓扑空间除非是全散的,它的拓扑结构不能由某一距离引出,即它是不能距离化的.

[1] 中证明:

命题 2 正则 ω_μ- 可加拓扑空间一定是 0 维的.

为了推广普通的距离化方法,R. Sikorski[1] 第一个引进了 ω_μ- 距离的概念.

定义 1 设 A 是一有序集合,且对任意 A 的二元 a 与 b,定义了加法运算,使 A 成为一个 Abel 群,下列条件满足:

$a+b \leqslant b+c$ 的充要条件是 $a \leqslant c$.

此时称 A 是一个 Abel 序群，简称之为序群. 若 $a>0$，即称 a 正元；而 $|a|$ 则表示 a 与 $-a$ 中之较大者.

定义 2 设 A 为一序群，说 A 具有特征 ω_μ 是指存在一个递减正元 ω_μ-列 $\{\varepsilon_\xi\}$，$\xi<\omega_\mu$，满足下列条件：

(*) 对于 A 的每个正元 ε，存在序数 $\xi_0<\omega_\mu$，使当 $\xi>\xi_0$ 时，$\varepsilon_\xi<\varepsilon(\xi<\omega_\mu)$ 成立.

ω_μ- 距离空间的概念详细写出为：

定义 3 设 X 是任一集合，A 是具特征为 ω_μ 的序群. 设对 X 的任意二元 p,q，均对应于 A 中一元 $\rho(p,q)\in A$，具备下列条件：

$a)\rho(p,p)=0$；$\rho(p,q)>0, p\neq q$；

$b)\rho(p,q)\leqslant\rho(p,r)+\rho(q,r)$.

此时称 $\rho(p,q)$ 这一函数为 X 的 ω_μ- 距离，X 即称作是 ω_μ- 距离空间.

由上述定义看到：ω_μ- 距离和普通距离的根本区别即在于以 A 代替了实数，普通距离空间即是 ω_0 - 距离空间.

由于 ω_μ- 距离空间满足第一可数公理的充要条件是 $\mu=0$，因此，ω_μ-距离空间对于高基数情况的研究是非常有用的.

推广距离空间的类似想法与一些研究，早在拓扑空间理论初创时期，就已为 F. Hausdorff 开始了. ω_μ- 距离空间的正式命名是 Sikorski[1] 作出的.

本文将综合上述类型拓扑空间的一些进展情况，所牵扯到一系列其他方面的概念及定义将于下文有关部分陆续引入.

二、有关一些研究方面，ω_μ- 空间的背景

§2. 本世纪五十年前后，Sikorski 关于 Boole 代数作出了广泛深入的研究工作，主要是将 Boole 代数运算中的和交运算拓展至无限场合，他在 1960 年应 Halmos 建议的要求在德国“Ergebnisse”丛书总结出版了专著

"Boole代数".其中第一章主要介绍一般Boole代数理论,本书中心是第二章,标题就是"无限和与交".运用ω_μ-可加拓扑空间的概念,Sikorski将Boole代数中著名的M. H. Stone表现定理[3]推广至无限运算的情况.

Boole代数K称作是ω_μ-完备的是指对K的任意子集$C \in K$,$\overline{\overline{C}} < |\omega_\mu|$,$C$中一切元素的和存在.Sikorski证明了下列(参见[1]):

定理1 设K是ω_μ-完备的Boole代数,则下列二命题等价:

(a)K同构于ω_μ-紧、ω_μ-可加拓扑空间中由所有开集组成之集的域;

(b)K的任意ω_μ-可加真理想均含于K的一个ω_μ-可加素理想之中.

上述定理中,ω_μ-紧的意思是:X中任意ω_μ-列$\{p_\xi\}$均含有收敛于X某点p的ω_μ-子列$\{p_{\eta_\xi}\}$.又理想I是ω_μ-可加的即指:对任意d序列$\{A_\xi\}$,$\xi < d$,有$\sum\limits_{\xi<d} A_\xi \in I (d < \omega_\mu)$.

上述定理1即是著名Stone定理的推广.

§3.古典收敛理论的推广

建立在普通实数基础上的古典收敛理论,直接与可数性相紧密联系,例如所谓的数列即如此,这一事实的早期抽象化乃是Hausdorff的两个可数性公理的提出.解除这一基数的限制,推广分析的方法,拓扑学方面即提出一致空间的概念及研究[4,5];而在代数方面则是非阿几米得域的研究[6,7,8].

为了推进上面的研究,L. W. Cohen与C. Goffman于1949年([9])对集合S引入邻域族$\{U_\xi(x)\}$,$\xi < \omega_\mu$,它满足下列的C. G条件:

1. $\bigcap\limits_{\xi<\omega_\eta} U_\xi(x) = \{x\}$,单点集合$\{x\}$;

2. 若$\xi_1 < \xi_2$,则$U_{\xi_1}(x) \supseteq U_{\xi_2}(x)$;

3. 对$\eta < \omega_\mu$,存在$\xi(\eta)$,使$\eta \leqslant \xi(\eta) < \omega_\mu$,且当$U_{\xi(\eta)}(y) \cap U_{\xi(\eta)}(x) \neq \varnothing$时,必有$U_{\xi(\eta)}(y) \subseteq U_\eta(x)$.

4. 设$d < \omega_\mu$,并设$\{x_\eta\}_{\eta<\omega_\mu}$为一列点,$U_{\xi_\eta}(x_\eta)$满足下列条件:$\eta_1 < \eta_2 < d$时,$U_{\xi_{\eta_1}}(x_{\eta_1} \supseteq U_{\xi_2}(x_{\eta_2})$,则$\bigcap\limits_{\eta<\alpha} U_{\xi_\eta}(x_\eta)$是非空集合.

定义了这种邻域的空间与ω_μ-距离空间的关系见后文有关章节.从这

些邻域系出发,文[9]研究了收敛、完备等问题,推广了古典分析的一些基本定理.这些概念(收敛、基本列,等等)及定理(收敛列一定是基本列,等等)此处不一一列举.文[9]特别证明了定理:若 S 是 ω_μ- 完备的,则必是 ω_μ- 第二纲的.其中,ω_μ- 完备的意义是:凡基本 ω_μ- 列均是收敛列.又称 S 作 ω_μ- 等二纲的,其意义为:设 $\{N_\xi\}$,$\xi < \omega_\mu$,是 S 中无处稠密的任意集 ω_μ- 列,则 $T = \bigcup_{\xi<\omega_\mu} N_\xi$ 必是 S 的真子集.

§4.拓扑空间 X 上定义的一切连续实值函数之族记为 $C(X)$,一切连续、实值、有界函数则记为 $C^*(X)$.这里主要讨论 $C(X)$.

众所周知,$C(X)$ 具备序结构及代数结构[10].作为代数结构,基本法则定义如下:设 $f,g \in C(X)$,则 $f+g$ 和 $f\cdot g$ 的意义是:

$$(f+g)(x) = f(x)+g(x) \text{ 和} (f\cdot g)(x) = f(x)\cdot g(x)$$

又定义 $(-f)$ 为

$$(-f)(x) = -f(x).$$

于是,在上述意义之下,$C(X)$ 成为可换环,又若 $\frac{1}{f(x)}$ 存在的话,就记作 $(f^{-1})(x) = \frac{1}{f(x)}$.

除了上述代数结构外,还可以下法于 $C(X)$ 定义半序结构:

$f \geqslant g$,当且仅当 $x \in X$ 时,$f(x) \geqslant g(x)$.

对序结构显然成立:$f \geqslant g$ 当且仅当对 $h \in C(X)$ 恒有 $f+h \geqslant g+h$,即序具"平移不变性".于空间恒取 0 值的函数仍记作 0.于是当 $f \geqslant 0$ 及 $g \geqslant 0$ 时必有 $f\cdot g \geqslant 0$.因此 $C(X)$ 便形成一个半序环.(在上述条件下,显见地有 $f+g \geqslant 0$).

容易看出,$C(X)$ 此时在序结构的上述意义下,还是一个格.

真理想、素理想、极大理想等等习知的一般代数概念,这里不再列出.

L. Gillman 与 M. Henriksen 在连续函数环的研究工作中提出:对怎样的拓扑空间 X,$C(X)$ 中的素理想必是极大理想?([11,12]).研究结果均总结于[10]的有关章末习题之中.

为了得到 $C(X)$ 的一些更有意义的结果，必须对 X 的拓扑结构本身加以较强要求，此时便假设 X 是完全正则空间.

如所周知([10,13])，任意完全正则空间 X 均可作为一稠密子集而嵌入于一紧空间 βX(Stone-Cech 紧化)，使得任意 $f \in C^*(X)$ 均可扩充为 βX 上的(有界)连续函数 $f^\beta \cdot f$ 的零点集合记作 $Z(f)$：$Z(f) = \{x \in X: f(x) = 0\}$. 下述盖尔芳得 - 柯尔莫哥洛夫定理确定了 $C(X)$ 中的一切极大理想.

定理 2 (Gelfand-Kolmogoroff) 设 p 是 βX 的任意点. 则

$$M^p = \{f \in C(X): p \in Z(f)\}$$

是 $C(X)$ 中的一个极大理想. 反之，设 M 是 $C(X)$ 中之任一极大理想，则必存在 $p \in \beta X$，使 $M = M^p$.

于定理 2 中，若 $p \in X$ 则极大理想 M^p 便是定点(fixed)的，此时 M^p 记作 M_p；当 $p \in \beta X - X$ 时，M^p 便是自由(free)的.

定义 4 对任意 $p \in \beta X$ 以 N^p 表示 $C(X)$ 中由满足条件：$Z(f)$ 包含 X 的一个邻域之所有函数 f 组成的理想. 当 $p \in X$ 时，N^p 特记之 N_p.

可以证明下列[11]：

定理 3 (1)$C(X)$ 中每个素理想均包含于唯一的一个极大理想之中.

(2) 设 p 是含于 M^p 中的素理想，则必有 $p \supseteq N^p$.

(3)M^p 是包含 N^p 是唯一素理想的充要条件是 $M^p = N^p$.

在上述定理的基础上，Gillman 与 Henriksen[11] 引入下列 P 点概念.

定义 5 点 $p \in X$ 称为 P 点是指 $M^p = N^p$，即 p 处的唯一素理想即极大理想 M^p. 又若 X 的每点均是 P 点时，即称 X 为 P 空间.

容易证明 P 空间即是 ω_1 - 可加拓扑空间.

三、关于 ω_μ- 可加拓扑空间的一些结果

§ 5. Sikorski[1] 证明了下列一些结果.

定理 3 设 F_1, F_2 是正规 ω_μ- 可加拓扑空间的二不相交闭集，则必有不相交开闭集 G_1, G_2：$G_1 \supseteq F_1, G_2 \supseteq F_2$. 又具有基底（即势 $\leqslant \omega_\mu$ 的基底）的正规 ω_μ- 可加拓扑空间一定是完正规的（其中 $\mu > 0$）.

设 p_μ 表示所有序数 $\xi < \omega_\mu$ 之集，W_μ 是包含 p_μ 的最小代数域（[14，1]）. 又设 D_μ 表示一切由 0 与 1 组成的 ω_μ- 列，对于 $p, q \in D_\mu$，定义 ω_μ- 距离如下：

设 $p = q$，则定义 $\rho(p, q) = 0$，设 $p \neq q$，则定义 $\rho(p, q) = \dfrac{1}{\eta_0} \in \omega_\mu$，其中 $p = \{a_\eta\}, q = \{b_\eta\}, \eta_0$ 是满足 $a_{\eta_0} \neq b_{\eta_0}$ 之最小序数.

于是 D_μ 为 ω_μ- 距离空间. [1] 证明了这种空间对正则具有基底的（具有势 $\leqslant \omega_\mu$ 的基底）ω_μ- 可加拓扑空间是万有的：

定理 4 每一具有基底的正则 ω_μ- 可加拓扑空间必同胚于 D_μ 的一子集.

关于 D_μ[1] 证明了下列：

定理 5 D_μ 是（ω_μ-）完备的，且是具有 Baire 性质：设 $\{X_\xi\}$ 是 D_μ 的无处稠密 ω_μ- 集列，则对于任意 $d < \omega_\mu$，集 $\sum\limits_{\alpha > \xi} X_\xi$ 是无处稠密的. 集 $D_\mu - \sum\limits_{\xi < \omega_\mu} X_\xi$ 是稠密的.

I. Juhasz（[15]）第一个证明：ω_μ- 距离空间必是仿紧的. 这一结果后来也为其他学者所独立得到（例如[16]，等等）.

说 ω_μ- 距离空间是全有界的，是指对于 A 的任意正元 ε，空间 X 存在分解：$X = \bigcup\limits_{\xi < \alpha} X_\xi, \alpha < \omega_\mu$，而且 X_ξ 的直径 $< \varepsilon$. 于是有

定理 6 [1]. 任意 ω_μ- 紧的 ω_μ- 距离空间必是（ω_μ-）完备及全有界的.

今以 D_μ^0 表示 D_μ 中所有满足下列条件的 0，1 的 ω_μ- 列：设 $p = \{a_\eta\}$，$p \in D_\mu^0$ 则除去有限个 η 之外，所有 $\alpha_\eta = 0$. [1] 中证明了

定理 7 D_μ^0 是（ω_μ-）紧的自密的 ω_μ- 距离空间. D_μ^0 是可列个无处稠密子集之和.

今设 $\mu = \nu + 1, \omega_\nu$ 是正则的，而且 $\alpha < \nu$ 时，$2^{\omega_\alpha} = \omega_{\alpha+1}$. Sikorski 构造

了完备的全有界的但非 ω_μ- 紧的 ω_μ- 距离空间的例子. 因此虽当 $\mu=0$ 时定理6的逆成立,然 $\mu>0$ 时,对可达(accessible)正则数,定理5之逆一般并不成立.

1964年,Monk与Scott[17]证明的结果是:设 ω_μ- 是第一个不可数且不可达的数,则 2^{ω_μ} 在 ω_μ- 乘积拓扑 C_μ 中是非 ω_μ- 紧的,此时 2^{ω_μ} 即是本质上同于上文的 D_μ.

1969年,美国学者F. W. Stevenson与W. J. Thron[18]则针对定理6又补充证明了.

定理 8 对非可达数(inaccessible)定理6的逆也未必成立.

§6. 以下讨论带有序结构的 ω_μ- 可加拓扑空间

1949年,美国著名学者L. W. Cohen与C. Goffman研究了带有序结构的Abel群. 即Abel序群([19]).

[19]详细讨论了Abel序群的完备性及完备化问题. 文中研究的序群满足条件:群的零元 θ 不是孤立点. 若 $x>\theta$ 则必存在 y, $\theta<y<x$.

设序群 G 具有 ω_μ 特征[1],此处 ω_μ 可假定是最小序数,文[19]研究了三种完备性:

t- 完备:即拓扑完备,指任意基本 ω_μ- 列是收敛列.

α- 完备:即阿几米德完备,是指不存在阿几米德真扩张.

σ- 完备:即序完备,是指任意有上界的集合必有上确界.

设 $\{a_\xi\}$, $\xi<\omega_\mu$, 是正元 ω_μ- 列,且对 $\varepsilon>0$,存在 $\eta<\omega_\mu$,使当 $\xi>\eta$ 时, $a_\xi<\xi$,引入下列邻域系:

$U=\{U_\xi(x)\}$,其中 $U_\xi(x)=\{y\in G: |x-y|<a_\xi\}$, $U_\xi=U_\xi(\theta)=\{y\in G: |y|<a_\xi\}$.

于是 $U_\xi(x)=x+U_\xi$. 不难验证邻域系满足§3中C. G条件. [19]证明了下列:

定理 9 G 是邻域系 U 的拓扑群.

为了说明 t- 完备化的存在[19]引用下列

定义 6 G 的真子集 X 称作是下线段,是指 $x\in X$ 及 $y<x$ 时,则 y

$\in X$. 下线段称作是Dedekind的，是指任意 $y > \theta$ 存在 $x \in X, x+y \in X$.

这一定义是由 Baer[20] 引入的. Dedekind 型下线段总体即作成一群 G_D. 于是有

定理 10 [19]. G 的 Dedekind 下线段族 G_D 是 G 的 t- 完备扩张. 而且 G_D 仍是特征 ω_μ 的.

关于阿几米得完备性，即 a- 完备性，[19] 证得的结果是

定理 11 若 G 是 a- 完备的，则 G 必也是 t- 完备的. 反之，若 G 是 t- 完备的而且 G 稠密于其每一阿几米得扩张，则必是 a- 完备的.

关于序完备，即 o- 完备的结果是

定理 12 若 $\mu > 0$，则 G 是非阿几米得的. 此时由 G 的所有下线段组成的 o- 完备扩张不形成群.

定理 12 后一结论的原因在于非 Dedekind 的下线段没有逆存在.

今设 A 是一序集，H 是定义于 A 上满足下条件的一切实函数 x：$L(x) = \{a \in A : x(a) = 0\}$ 是 A 的良序子集，H 中的序定义如下：$x > 0$ 是指 $L(x)$ 的首元素 a_0 有 $x(a_0) > 0$. 于是 H 形成 Abel 序群，称作 Hahn 群. 这种群首先是 H. Hahn 于文[6] 引入.

对 Hahn 群[19] 证得：

定理 13 Hahn 群是 t- 完备的.

定理 14 Hahn 群的下线段有上确界的充要条件是该下线段是 Dedekind 型的.

定理 15 设 G 是特征 ω_μ 的 Hahn 群，则 G 必是 ω_μ- 第二纲的.

这些定理的证明，须要于 H 引进满足 C. G 条件的邻域系. 此不详述.

结合连续函数环的工作，Gillman 与 Henriksen 研究了线性 P 空间([11,12])，其中也引用了 Dedekind 分割. 此处也不详述了.

上述定理 5 中关于 D_μ 的完备性最早见于 W. Sierpinski 的论文[22].

§7. ω_μ- 距离空间中超限列及有关拓扑性质

关于 ω_μ- 距离空间中超限列的研究，除去 Cohen 与 Goffman 于 1949 年的工作[9] 以外，尚有 1971 年美国 D. Harris 的工作[23].

首先引进下列一些概念. 它们是 ω_μ- 序列开，ω_μ- 序列闭，ω_μ-Frechet 与 ω_μ- 链基. 这些概念分别是普通概念：序列开、闭，Frechet，链基等的推广.

ω_μ- 序列开集：X 的子集 A 称作为 ω_μ- 序列开集，乃指任意收敛于 A 中某点的 ω_μ- 点集必是最终(eventually) 属于 A. 又空间 X 本身称作是"ω_μ-序列的"是指 X 的任意 ω_μ- 序列开子集均是开集.

ω_μ- 序列闭集：X 中子集 A 称作是 ω_μ- 序列闭集，是说没有一个经常(frequently) 属于 A 的 ω_μ- 点列而收敛于非 A 的点.

集合 A 的 ω_μ- 闭包是：$\omega_\mu\text{-}clA = \{x$：存在某个经常属于 A 而收敛于 x 的 ω_μ- 点列$\}$.

若 A 是 ω_μ- 序列闭，则显然 $\omega_\mu\text{-}clA = A$. 然而当 A 非 ω_μ- 序列闭时，$\omega_\mu\text{-}clA$ 也未必是 ω_μ- 序列闭的. 实际上，算子 $\omega_\mu\text{-}cl$ 满足拓扑空间闭包公理中之三个，但不满足 $\omega_\mu\text{-}cl(\omega_\mu\text{-}clA) = \omega_\mu\text{-}clA$. 当最后式子成立时，$\omega_\mu\text{-}cl$ 即可作为拓扑空间的闭包算子. 我们说 X 是 ω_μ-Frechet 的. 显然，若 X 是 ω_μ-Frechet 的，则 X 必也是 ω_μ- 序列的.

ω_μ- 链基：点 $x \in X$ 的 ω_μ- 链基是指 x 处的递减 ω_μ- 开集且这个列又形成 x 处的局部基底.

在上述这些定义作出后，文[23] 建立了下列一些结果.

定理 16　对于空间 X，下列诸条件等价：

(1)X 是 ω_μ- 序列的；

(2)X 是某 ω_μ- 序列空间的商；

(3)X 是某一 ω_μ-Frechet 空间的商；

(4)X 是某一 ω_μ- 距离空间的商；

(5)X 是某一 0 维、局部 ω_μ- 紧、完备的 ω_μ- 距离空间的商.

还有另外的一些等价条件，从略. 这是 Franklin 文[24] 定理的推广.

为了叙述 Harris 关于 ω_μ-Frechet 空间的结果，则还须引入"遗传商"概念. 映象 $f:Y \to X$ 称作是遗传商映象，是：f 是连续的，且对任意 $A \subset X$ 诱导映象 $f_A : f^{-1}(A) \to A$ 是商. 已知这一条件与下列条件等价：对任意 x

$\in X$ 及 $f^{-1}(x)$ 的任意邻域 U 有 $x \in \text{int}\, f[U]$. 另外一个等价条件是：是任意 $A \subseteq X$ 与任意 $x \in A$，存在 $y \in Y$，$y \in f^{-1}(A)$ 且 $f(y) = x$.

Harris 推广了 Архангельскcй 的结果[25] 指出：

定理 17 对于空间 X 下列诸条件等价：

(1)X 是 ω_μ-Frechet 的；

(2)X 是某一 ω_μ-Frechet 空间的遗传商的象；

(3)X 是某一 ω_μ- 距离空间的遗传商的象；

(4)X 是某一 0 维、局部 ω_μ- 紧、完备的 ω_μ- 距离空间的遗传商的象.

另有其他一些等价条件，此处从略.

Harris 关于 ω_μ- 可链空间证得

定理 18 空间 X 是 ω_μ- 可链的其充要条件是，X 是某一 ω_μ- 伪距离空间的开象；又若 X 是 T_0 型时它是某一 ω_μ- 距离空间的开象.

上述定理是 Пономарев 定理[26] 的推广.

§8. 乘积空间的正规性问题

一个距离空间 X 与另一正规空间 Y 的乘积空间 $X \times Y$ 未必仍然是正规的. 熟知这方面的第一个例子是由 E. Michael[27] 作出的. 以后这方面的研究工作不少. 结合 ω_μ- 距离空间的研究，P. Nyikos 于[28] 及[29] 中询问道：距离空间与 ω_μ- 距离空间的乘积是否为正规空间. $\mu = 0$ 时答案显然. 关心的是 $\mu > 0$ 时如何?1975 年，J. E. Vaughan[30] 得到了一些结果，从反面回答了这一问题.

今以 ω，ω_1 表示第一个无限与第一个非可数的序数，它们同时分别表示 $< \omega$ 与 $< \omega_1$ 的一切序数的集合. 记 $D_1 = \omega_1$ 且赋以全散拓扑. 从而乘积拓扑空间 D_1^ω 是可距离化的. 设 D_1^* 表示一切序数 $\leqslant \omega_1$ 之集：$D_1^* = D_1 + \{\omega_1\}$. 赋以满足条件 $\alpha < \omega_1$ 时，α 是弧立点的最小拓扑. 设 B_1 表示积集 $(D_1^*)^\omega$ 上赋以箱拓扑(box topology) 的拓扑空间，J. E. Vaughan[30] 证明了下列一些定理.

定理 19 $D_1^\omega \times B_1$ 是非正规的.

易知 D_1^* 是可以 ω_1 - 距离化的，而 Nyikos 证明过([29])：可数个 ω_μ-

可距离化空间赋以箱拓扑的乘积仍是 ω_μ- 可距离化的. 于是定理 19 从反面回答了 Nyikos 的问题. 定理 19 也说明了一个 ω_1-stratifiable 空间与另一 stratifiable 空间的乘积可以不是正规. 这就否定了 Vaughan 的一个猜想([30]conjecture 1).

关于任意自然数 n 的幂空间 B_1^n 及 B_1^ω 空间[30] 的结果是:

定理 20 B_1^n 与 B_1 同胚. B_1^ω 非正规.

将上述 B_1 推广为 $B_\mu = (D_\mu)^\omega$. 其中 D_μ 是将 D_1 中的 ω_1 换为 ω_μ 得到. 同样定义 D_μ^*.

[30] 关于 B_μ 证得

定理 21 $B_\mu \times B_\mu$ 非正规.

定理 21 回答了 K. Morita 的一个问题(见[30] 定理 4 后的说明).

四、拓扑空间的 ω_μ- 距离化问题

§ 9. 熟知拓扑空间的距离化问题是拓扑空间理论的中心问题之一, 而本文命题 1 指出, $\mu > 0$ 时 ω_μ- 可加拓扑空间一般是不能用实数作为两点距离以距离化的, 然而可以考虑这空间的 ω_μ- 距离化.

ω_μ- 可加拓扑空间的 ω_μ- 距离化问题, 近十余年来已被进行了很广泛的研究, 总结于下.

1950 年时波兰学者 R. Sikorski 曾于[1] 推广古典性的 Урысон 定理如下:

定理 22 设 X 是正则的 ω_μ- 可加拓扑空间, 且具有势 $\leqslant \omega_\mu$ 的拓扑基, 则 X 必是 ω_μ- 可距离化的.

上述定理仅给出了一个充分性条件, 另一方面 S. Mrowka 曾引入并研究过 m- 几乎距离空间([31,32]). 它的定义如下:

设 X 是一集合, $P = \{\rho_\xi\}$ 为一族定义于积 $X \times X$ 上的非负实值函数, ξ 为序数 $\xi < \omega(m)$, 且满足下列条件:

(1) 对 $x \in X, \rho_\xi \in P$, 恒有 $\rho_\xi(x, x) = 0$;

(2) $\rho_\xi(x,y)=\rho_\xi(y,x)$;

(3) $\rho_\xi(x,z)\leqslant\rho_\xi(x,y)+\rho_\xi(y,z)$;

(4) 对 $\rho_\xi\in P$,若恒有 $\rho_\xi(x,y)=0$,则 $x=y$;

(5) 设 $\rho_{\xi1},\rho_{\xi2}\in P$,则 $\max\{\rho_{\xi1},\rho_{\xi2}\}\in P$.

集 $A\subset X$ 的闭包定义为 $\overline{A}=\bigcap_{\xi<\omega(m)}\{x:\rho_\xi(x,A)=0\}$ 时,X 成为拓扑空间,称为 m- 几乎距离空间. m- 几乎距离空间与具有势 m 一致基的一致空间相等同. 文[2] 研究了 m- 几乎距离空间具 ω_μ- 可加性的充要条件,得到了结果(从略). [2] 中还证明了下述定理:

定理 23 拓扑空间 X 可 ω_μ- 距离化的充要条件是它是可 ω_μ- 几乎距离化的 ω_μ- 可加空间.

和[1] 不同,这里的 ω_μ- 距离乃是一切 ω_μ- 实数序列. 我们于这种列定义加法和序关系,使之成为特征 ω_μ 的序群. 这种序列 E. Hausdorff 也考虑过([33]),并对它们定义过乘法(见文末).

1964 年,我们给出了拓扑空间可 ω_μ- 距离化的第一个充分必要条件,它是([2]):

定理 24 为了正则拓扑空间 ω_μ- 可距离化的,充要条件是 X 具有 ω_μ- 基底.

ω_μ- 基底是指 X 的一个拓扑基,该基能表为势 ω_μ 的局部有限开集族之并.

定理 24 推广了著名的 Nagata-Смирнов 定理,且将 Sikorski 的结果(定理 22) 作为特例包含起来. 若将条件中"有限" 二字改作"离散",即得著名 Bing 的定理.

[2] 中还证明了

定理 25 如果 X 是 Hausdorff ω_μ- 紧的,则定理 22 的逆也成立.

此即 Урысон 第二距离化定理的推广.

I. Juhasz 扩充了作者文[2] 的工作,给出了另一些距离化定理的推广([15]). 其中有的(例如关于 Архангельский 定理的推广等) 也在早些时间而为西北大学学生朱升武得到了. 作者至今未能找到[15] 的原文.

1975年，日本的Y. Yasui([34])以我们定理24的结果作为出发点，重新给出ω_μ-距离空间的定义，并指出在这个意义下ω_μ-距离空间类是作者于文[2]引入的.

定义7 拓扑空间X称作是可ω_μ-距离化的是指存在一组ω_μ-基底且X是ω_μ-可加的.

[34]指出将定义7中的"ω_μ-可加"这一条件除去即是Nedev与Coban文[35]中引入的$|\omega_\mu|$-距离空间.关于$|\omega_\mu|$-距离空间，文[35]作了较详细的讨论.作者至今未能找到原文.

为了叙述Y. Yasui的一系列有趣研究结果，须引入一些非常基本的概念.

定义8 (Ю. Смирнов)[36] 拓扑空间X称作$[\omega_\mu,\infty]$紧，是指X的任意开集覆盖中存在势$<\omega_\mu$的子覆盖.

关于(m,n)紧的研究工作尚有I. S. Gal[37]，作者文[38]及Паровиченке的工作[39].

定义9 (J. Nagata)[40] 拓扑空间X具有性质(ω_μ)乃指任意$x\in X$及$\alpha<\omega_\mu$，存在x的邻域$U_\alpha(x)$及$S_\alpha(x)$满足下列条件：

(1) $\{U_\alpha(x):\alpha<\omega_\mu\}$是$x$处的局部基；

(2) $U_{\alpha_1}(x)\subseteq U_{\alpha_2}(x)$及$S_{\alpha_1}(x)\subseteq S_{\alpha_2}(x)$，当$\alpha_2<\alpha_1<\omega_\mu$时；

(3) 若$y\overline{\in} U_\alpha(x)$，则$S_\alpha(x)\cap S_\alpha(y)=\varnothing$.

(4) 若$y\in U_\alpha(x)$，则$S_\alpha(y)\subseteq S_\alpha(x)$.

此时说序对集$\{(U_\alpha(x),S_\alpha(x):\alpha<\omega_\mu\}$具有强$\omega_\mu$-Nagata结构.

上述这些性质与GG条件非常类似，且作者[41]也考虑过类似条件，得到过部分结果，但时间要优先十二年之久.

关于ω_μ-可距离化问题，Y. Yasui于1975年证明.

定理26 对于拓扑空间X，下列诸条件彼此等价：

(1) X是ω_μ-可距离化的(有拓扑意义下).

(2) X具有性质(ω_μ).

(3) 存在X的一族开覆盖$\{\widetilde{U}_\alpha:\alpha<\omega_\mu\}$且满足下列：

(3.1)$\widetilde{U}_\alpha > \widetilde{U}_\beta$,当$\alpha < \beta < \omega_\mu$时,“$>$”是“加细”;

(3.2) 对任意$x \in X$,$\{st(x,\widetilde{U}_\alpha):\alpha < \omega_\mu\}$均是$x$处的局部基.

(4)X是ω_μ-可加空间,并存在X的一族开覆盖$\{\widetilde{U}_\alpha:\alpha < \omega_\mu\}$,使$\{st^2(x,\widetilde{U}_\alpha\}:\alpha < \omega_\mu\}$形成$x$处局部基.

(5) 对任意$x \in X$及$\alpha < \omega_\mu$,存在x的邻域$V_\alpha(x)$,使得满足:

(5.1)$\{V_\alpha(x):\alpha < \omega_\mu\}$形成$x$处局部基,且$\alpha_1 < \alpha_2 < \omega_\mu$时,$V_{\alpha_1}(x) \supseteq V_{\alpha_2}(x)$;

(5.2) 对任意$x \in X$及$\alpha < \omega_\mu$,存在$\beta = \beta(x,\alpha) < \omega_\mu$,使当$V_\beta(x) \cap V_\beta(y) \neq \varnothing$时,有$V_\beta(y) \subseteq V_\alpha(x)$.

(6)X是ω_μ-可加的,且存在一族局部有限的闭覆盖$\{\widetilde{F}_\alpha:\alpha < \omega_\mu\}$,满足下列条件:对任意点$x \in X$及$x$的任意邻域$U$,存在$\alpha < \omega_\mu$使$st(x,\widetilde{F}_\alpha) \subseteq U$.

(7)X是ω_μ-可加空间,且存在一族“保持闭包”(closure preserving)的闭覆盖$\{F_\alpha:\alpha < \omega_\mu\}$满足下列条件:

对任意点$x \in X$及x的任意邻域U存在$\alpha < \omega_\mu$使$st(x,\widetilde{F}_\alpha) \subseteq U$.

定理中的符号说明:$\widetilde{U}_\alpha$表示集族,$st(x,\widetilde{U}_\alpha) = \bigcup\{U:U \in \widetilde{U}_\alpha$而$x \in U\}$,$st^2(x,\widetilde{U}_\alpha) = \bigcup\{U:U \in \widetilde{U}_\alpha\}$且$U \cap st(x,\widetilde{U}_\alpha) \neq \varnothing\}$.

$\mu = 0$时,上述诸条件分别是 Nagata-Smirnov 定理,Nagata 定理,Александров-Урысон 定理,Frink 定理,Morita 定理及 Nagami 定理,见文献[42]—[47].

上述定理中所谓ω_μ-距离化乃指拓扑意义下的.应该指出定理中部分结果由1963年作者[41]及I. Juhasz[15]早已得到过.一些于1976年Nyikos与Reichel独立得到[48].

§10.乘积空间.关于ω_μ-可距离化空间的乘积$X \times Y$,Yasui于前引论文,证得

定理27 两个ω_μ-可距离化空间的乘积仍是ω_μ-可距离化的.

然而有趣的是下列:

定理28 设X,Y分别是可ω_μ-及ω_γ-距离化空间,又$\mu \neq \gamma$,那么X

$\times Y$ 若对某个序数 λ 是可 λ- 距离化的则必 X 或 Y 中至少有一个是全散拓扑.

Yasui 举例说明定理 27 不能拓广至可数个空间的乘积,然而可拓广成箱拓扑情况.

定理 29 设 $\{X_\xi\}$ 为 ω_μ- 可距离化空间 α- 列,其中 $|\alpha|<\omega_\mu$,则箱拓扑乘积 $\underset{\xi<\alpha}{B}X_\xi$ 仍是 ω_μ- 可距离化的.

定理中 $|\alpha|$ 表示序数 α 的势. Yasui 又举例说明,若将 $|\alpha|<\omega_\mu$ 条件去掉,则定理不真.

§11. 和,映象

Yasui 关于 ω_μ- 距离空间的映象证得下述

定理 30 设 X 是 ω_μ- 可距离化的拓扑空间,Y 是拓扑空间. 又设存在 X 向 Y 上的连续闭映象 f 使对任意 $y\in Y$,$f^{-1}(y)$ 均是$[\omega_\mu,\infty]$紧,则 Y 必是 ω_μ- 可距离化的.

定理 31 设 X 是 ω_μ- 可距离化拓扑空间,f 是由 X 向拓扑空间 Y 之上的连续闭映象,下述条件等价:

(1) 对任意 $y\in Y$ 均存在邻域的 ω_μ- 列,形成局部基;

(2) $b(f^{-1}(y))$ 是 ω_μ- 紧的,ω_μ- 紧的意思是离散闭集族的势 $<\omega_\mu$;

(3) Y 是 ω_μ- 可距离化的.

这是 A. H. Stone[49] 定理及 K. Morita-S. Hanai[50] 定理的推广.

定理 32 设 X,Y 是拓扑空间,M 是 ω_μ- 可距离化空间. 设 f 是由 M 向 $X\times Y$ 上的闭连续映象. 则 X 是全散的或 Y 是 ω_μ- 可距离化的.

由定理 32 可见,若 X 与 Y 均非全散时,则 X,Y 均是 ω_μ- 可距离化的. 于是 $X\times Y$ 亦是 ω_μ- 可距离化的. 这正是 D. M. Hayman[51] 定理的扩充.

五、一致空间及接近空间(proximity)的 ω_μ- 距离化问题

§12. 下面考虑一致空间(X,u)的一致结构 u 何时能由 ω_μ- 距离引出

的问题.

与作者上述定理 24 对照,F. W. Stevenson 与 W. J. Thron1969 年对一致空间证明下述([18] 定理 3):

定理 33 可分离(separable)的一致空间(X,u)可以ω_μ-距离化的充要条件是其一致结构具有线性序基,这种基中最小者其势为ω_μ.

上述定理优先五年时间即于 1963 年时已为作者得到过([41]).在解决了拓扑空间及一致空间的ω_μ-距离化问题([2],[18])后 Stevenson 接着考虑到接近空间的同样问题.

1971 年,F. W. Stevenson([52])推广了 S. Leader 的距离化定理([53]).为了达到这个目的,必须采取与 Leader 不同的一些证明方法,为着引述 Stevenson 的结果,又须引入下述一些术语.

定义 10 设(X,δ)是接近空间,ω_μ是一正则基数.

(1) 集$p\subseteq X\times X$是ω_μ-压缩的,当且仅当p的势$\geqslant\omega_\mu$,且设$A,B\subseteq X$,$A\times B\cap p$的势$\geqslant\omega_\mu$时$A\delta B$.

(2)X的覆盖u称作是ω_μ-可容许的,当且仅当对任意ω_μ-压缩集p存在$(x,y)\in p$及$U\in u$使得$x\in U$及$y\in U$.

(3)"对角线"集(diagonal set)k是包含$X\times X$对角线(diagonal)Δ的集.

(4)"对角线"的集k是ω_μ-可容许的"对角线"的集,当且仅当对任意ω_μ-压缩的集p,$k\cap p\neq\varnothing$.

Stevenson 的结果是证明了下列

定理 34 对任意接近空间,下列三项条件彼此等价:

(1)(X,δ)可ω_μ-距离化,即其接近关系可以由某个ω_μ-距离引出;

(2) 存在ω_μ-可容许的ω_μ-覆盖序列$\{u_\alpha\}$,$\alpha<\omega_\mu$,$\beta<\alpha<\omega_\mu$时,$u_\beta>u_\alpha$(即u_α是u_β的加细)且使得$A\delta B$的充要条件为对任意$\alpha<\omega_\mu$,存在U_α,有$U\cap A\neq\varnothing$及$U\cap B\neq\varnothing$;

(3) 存在由ω_μ-可容许的、对称的、对角线的集组成的ω_μ-序列$\{K_\alpha:\alpha<\omega_\mu\}$,$\alpha<\beta$时,$K_\beta\subset K_\alpha$,且$A\delta B$的充要条件是对所有$\alpha<\omega_\mu$,$A\times B\cap$

$K_\alpha \neq \varnothing$.

§13. Sikorski[1] 及作者文[2] 讨论了 ω_μ- 可加拓扑空间的性质. Stevenson 则讨论了 ω_μ- 接近空间的性质[52].

定义 11 a) X 上的一致结构 (U) 称作是 ω_μ- 一致结构乃指 $\bigcap \{U_i : U_i \in (U), i \in I\} \in (U)$,其中 I 的势 $< \omega_\mu$.

b) X 上的接近(proximity) 关系 δ 称作是 ω_μ- 接近,当且仅当 $A\delta \bigcup \{B_i : i \in I\}$ 时,至少有一个 $i \in I$ 使 $A\delta B_i$,其中 I 的势 $< \omega_\mu$.

定义 12 一致空间 $(X, (\overset{\triangledown}{U}))$ 称作是 ω_μ- 有界的,当且仅当对任意 $U \in (\overset{\triangledown}{U})$ 存在势 $< \omega_\mu$ 的集合 A 使得 $U[A] = X$. $(X, (\overset{\triangledown}{U}))$ 称作严格 ω_μ- 有界的是指 ω_μ 是满足上列条件之最小序数.

定理 35 设 δ 是 X 上的一个 ω_μ- 接近关系,那么唯一地存在一个严格 ω_γ- 有界且与 δ 合谐的(Compatible) ω_γ- 一致结构, $0 \leqslant \nu \leqslant \mu$. 这个一致结构的基由一切形为 $\{A_i \times A_i : i \in I\}$ 的集形成,其中 $|I| < \omega_\gamma$, $A_i \gg B_i$ 且 $\{B_i, i \in I\} = X$.

这个定理的证明仅须将例如 Thron[58], $\mu = 0$ 时的方法作一些推广即可.

一个自然的问题是若上述定理中限于 $\nu = \mu$,且将"ω_μ- 一致结构"改为"一致结构",则上述存在性是否仍唯一呢?Reed 与 Thron 指出[54],([53] 与[54] 作者均未找到原文):如对 $\nu = \mu$,上述定理中存在性不唯一,则对任意 $\nu \leqslant \mu$ 的存在性都是无限个.

[52] 对 ω_μ- 接近关系证明着下列

定理 36 设 δ 是 X 上的 ω_μ- 接近关系, $0 \leqslant \nu \leqslant \mu$,则于 $(\overset{\triangledown}{U}_\nu)$ 与 $(\overset{\triangledown}{U}_\mu)$ 之间存在着严格递降的,严格 ω_γ- 有界的一致结构序列,其中每个一致结构均是与 δ 相和谐.

六、有关的其他方面及问题

1975 年,P. Nyikos 与 H. C. Reichel[55] 研究了零维拓扑空间,非阿几

米得距离等，这一工作与本文讨论的问题有关.（从略）.

F. Hausdorff[33] 中考虑过实数的超限序列，设

$$x = (x_0, x_1, \cdots, x_\alpha, \cdots)$$

$$y = (y_0, y_1, \cdots, y_\alpha, \cdots), (\alpha < \omega_\mu)$$

[3] 也定义了序及加法运算（参考[2]），同时还定义乘法：$x \cdot y = (x_0 y_0, \cdots, x_\alpha y_\alpha, \cdots)$. 我们认为这种乘法不易理解为实数推广（实际上，实数 x_0 可与 $(x_0, 0, \cdots, 0, \cdots)$ 相等同）.

文[56][57] 推广上述至负脚标，且仅限于 $\alpha < \omega$.

我们定义了新的乘法，并称这样的列为广义数，以广义数为定义域及值域的函数称为广义函数. 以自然方式将实函数的 L 积分推广至广义函数的 (G) 积分. 使得非常自然得到 δ 函数及一般分布的理解. 将广义数运用至量子场论中的 Jordan-Wigner 反对易关系以解释近代理论物理中的一些发散问题.

最后指出，这篇论文并未将 ω_μ- 空间方面的工作无遗地包括进去. 据所知，有 C. J. Knight 的关于箱拓扑的工作[59] 及与 §7 有关的作者的一些结果（[41]，[60]）等，这里就从略了.

参考文献

[1] Sikorski, R., 1950, Fund. Math. Tom 37, 125—136.

[2] a) 王成堂，1964，《数学学报》，14 卷 5 期，619—626.

b) Wang Shu-tang, 1964, Fund, Math., Tom 55, 101—112.

[3] Sikorski, R., Boolean Algebras. Springer-Verlag, 1960.

[4] Weil, A., Sur les espaces à structure uniform, Paris, 1938.

[5] Cohen, L. W., 1937, Duke Math. Journ. Vol. 3., 610—615.

[6] Hahn, H., 1907, Sitzungsberichte der kaiserlichen Akad. der Wissenschafen, Sec. Ⅱ. Vol. 116, 601—653.

[7] Gleyzal, A, 1937, Proc. Nat. Acad, USA, Vol. 23, 281—287.

[8] McLane, S., 1939, Bull, Amer. Math. Soc., Vol. 45, 888—890.

[9] Cohen, L. W. and Goffman, 1949, Trans. Amer. Math. Soc., Vol. 66,

65—74.

[10] Gilllman, L. and Jerison, M. , Rings of Continuous functions, Van Nostrand Co. , 1960.

[11] Gillman, L. and Henriksen, M. , 1954, Trans. Amer. Math. Soc, Vol. 77, 340—362.

[12] Gillman, L. and Henriksen, M. , 1956, ibid. Vol. 82, 366－391.

[13] Kelley, J. L. , General Topology, New York, 1955.

[14] Sikorski, R. , 1948, Comptes Rendus de la Societe des Sciences et des Letters de Varsovie, Classe Ⅲ, 69—96.

[15] Juhász. I. , 1965, Ann. Univ. Sci. Budapest. Eötvös Sect. Math. 8, 129—145.

Ceder. , J. E. , MR 33 No 3 ＃3257.

[16] Hayes, A. , 1973, Proc. Cambridge Phil. Soc. , Vol. 74, 67—68.

[17] Monk, D. and Scott, D, 1967, Fund. Math. , Tom 53, 335—343.

[18] Stevenson, F. W. and Thron, W. J. , 1969, Fund. Math. , Tom 65, 317—324.

[19] Cohen, L. W. and Goffman, C. , 1949, Trans. Amer. Math. Soc. , Vol. 67, 310—319.

[20] Baer, R. , 1929, J. Reire Angew. Math, Vol. 160, 208—226.

[21] EVerett, C. J. and Ulam, S. , 1945, Trans, Amer. Math. Soc. , Vol. 57, 208—216.

[22] Sierpinski, W. , 1949, Fund. Math. , Tom 36, 56—57.

[23] Harris, D. , 1971, Fund. Math. , 73, 128—142.

[24] Franklin, S. P. , 1965, Fund. Math. , 57,107—115.

[25] Архангелъскии, A. 1963 ДАН СССР, MAT. , 4, 1726—1729.

[26] п онмарев, в. , 1960, Bull. Acad. Polon, Sci. , Sér. Math. Astr. Phys. , 8, 127—134.

[27] Michael, E. A. , 1963, Bull. Amer. Math. Soc. , 69,375—376.

[28] Nyikos, P. J. , 1975, Stud. in Top. , N. M. Stavarkas and K. R. Allen, Editors, Academic Press, New York, 427—450.

[29] ——, On the product of suborderable spaces.

[30] Vaughan, J. E., 1972, Pacific J, Math., 43, 253—266.

[31] Mrowka, S. 1957, Bull, Acad. Pol. Sci., Classe Ⅲ, 5:2,122—127.

[32] ——, 1957, ibid. 5:2, 129—132.

[33] Hausdorff, F., Grundzüge der Mengenlehre, Leipzig, 1914.

[34] Yasui, Y., 1975, Math. Japan., Vol. 20 No 2, 159—180.

[35] Nedev, S. and Coban, M., 1970/1971, Annuaire de I'univ. des Sofia Faculte des Math., 65, 111—165.

[36] Смирнов, Ю. M., 1950, N3вAH CCCP MAT., 14,155—178.

[37] Gál, I. S., 1957, Kon. Ned. Akad. Wet. proceedings, 60,421—435.

[38] 王成堂:1958,《科学记录》(新辑),2:10, 392—395.

[39] Паровиченко, N. N., 1957, ДАН CCCP, 115,866—868.

[40] Nagata, J., 1957, Jour. of Inst. of Polytech.
Osaka City Univ., 8:2,185—192.

[41] 王成堂:《关于 ω_μ-可加拓扑空间的两个注记》,见本文集.

[42] Nagata, J., 1950, Jour. of Inst. of Polytech, Osaka City Univ., 1,93—100.

[43] Смирнов, Ю. M, 1951, ДАН CCCP, Новия Cep., 77,197—200.

[44] Morita, K., 1951, Proc. Japan Acad., 27,632—637.

[45] Frink, A. H., 1937, Bull. Amer. Math. Soc., 13,133—142.

[46] Morita, K., 1955, Sci. Rep. Tokyo Kyoiku Daigaku, Sec. A., 5,33—36.

[47] Nagami, K., 1969, Math Annalen, 181,109—118.

[48] Nyikos, P. and Reichel, H. C., 1676, Fund. Math., 93,1—10.

[49] Stone, A. H., 1956, Proc. Amer. Math. Soc., 7:4,690—700.

[50] Hanai, S., 1954, Proc. Japan Acad., 30,285—288.

[51] Hyman, D. M., 1969, Proc. Amer. Math. Soc., 21,109—112.

[52] Stevenson, F. W., 1971, Fund. Math., 73,171—178.

[53] Leader, S., 1967, Proc. Amer. Math. Soc., 18,1084—1088.

[54] Reed, E. E. and Thron, 1969, Trans. Amer. Math. Soc., 141,71—77.

[55] Nyikos, P. and. Reichel, H. C., 1975, Indag. Math., 37,120—136.

[56] 王成堂,1979,《中国科学》(数学专辑),1—11.

[57] 王成堂,《西北大学学报》(自然科学版)1979 年第 1 期.

[58] Thron, W. J. , Topological Structures, New York, 1960.

[59] Knight, C. J. , 1964, Box topology, Quart. Jour. of Math.

[60] 王成堂:《ω_μ-可加的拓扑空间(Ⅱ)》,见本文集.

C. J. Knight 关于箱拓扑的一个问题*

王戍堂

摘　要

本文宣布 C. J. Knight 关于箱拓扑一个公开问题(Quart. J. of Math. Oxford(2),15(1964)41—54)的肯定回答.

§1　一些记号说明

设 A 是一标号集,$\{E_\alpha:a\in A\}$ 是一集族,$\underset{a\in A}{X}E_\alpha$ 将表示它的笛卡尔乘积.

设 $E_\alpha,a\in A$ 是拓扑空间. 取 $U_\alpha,a\in A$,为 E_α 的任何开集. 若规定 $\underset{a\in A}{X}U_\alpha$ 恒是 $\underset{a\in A}{X}E_\alpha$ 中开集时,(其中 U_α 可遍取 E_α 中一切开集),如此定义的拓扑即是箱拓扑(Box Topology).

若在上述定义中加上如下之要求:

$$\#\{a:a\in A,U_\alpha\neq E_\alpha\}<m \tag{1.1}$$

所得的箱拓扑空间即记作 $\underset{a\in A}{\Pi}{}_m E_\alpha$ 或 Π_m. 其中 $\# E$ 表示集合 E 的势(沿用[2]的记法). m,n 等均表示超限基数.

* 本文发表于 1979 年《陕西省数学会议论文选辑》.

设 x,y 是 $\underset{a\in A}{X} E_\alpha$ 的任二元，$pr_\alpha x$ 表示 x 的“第 a 坐标射影 —— 分量”：$x_\alpha = pr_\alpha x$. 并引入如下记号：$\delta(x,y) = \{a:a \in A, x_\alpha \neq y_\alpha\}$，于是显然就有下列性质

$$\begin{cases}\delta(x,y) = \varnothing \Leftrightarrow x = y \\ \delta(x,y) \cup \delta(y,z) \supseteq \delta(x,y) \\ \delta(x,y) = \delta(y,x)\end{cases} \tag{1.2}$$

引入等价关系 R：

$$xRy \equiv \# \delta(x,y) < r \tag{1.3}$$

其中 r 是一无限基数.

在等价关系(1.3)之下 Π_m 的商空间即记作 Π_m^r. 其 identification map 记作 p^r.

§2 Knight 的问题及解答

Knight 曾于文[2] 证得定理([2] 定理[6.3])

定理 设所有 $E_a = E, a \in A$. 且设 E 是 T_1 正则拓扑空间又 $r = \omega_0$，则 $p^r D$ 是 Π_m^r 中的闭集. 其中 D 是 $\underset{a\in A}{X} E$ 的对角线集.

Knight[2] 发问：设 E 是 T_1 正则空间，且势 $< r$ 的开集族其交仍是开集，那么上述定理对这种 r 是否成立？

我们从正面回答了这一问题，结果是：

定理 假设 E 是 T_1 正则拓扑空间，且 E 中势 $< r$ 开集族之交仍是开集，则 $p^r D$ 是 Π_m^r 中的闭集.

参考文献

[1] Gould, G. G. J. London Math. Soc., 36(1961), 273—281.

[2] Knight, C. J. Quart. J. of. Math. Oxford(2), 15(1964)41—54.

ON A PROBLEM OF C. J. KNIGHT

Wang Shu-tang

Abstract

We announced in this paper an affirmative answer to a problem raised by C. J. Knight (Quart. J of Math. Oxford(2), 15(1964)41—54) concerning box toplolgy.

某些能够用有理数直线分划的拓扑空间①

王戍堂

摘 要

推广[8]的主要定理，本文考虑某些能够由有理数直线分划的拓扑空间(不必是可度量的). 基于 W. Sierpinski 的定理(引理 1)得到下面的结果. 定理：正则、第一可数、自密并且遗传仿紧空间能够由有理数直线分划. 定理：遗传仿紧的序拓扑空间可由有理数直线分划当且仅当它是自密的第一可数空间. 作为例子，文中举出了一些重要的满足上述定理条件的非度量空间. 我们取序 ω_μ-度量空间($\mu>0$)为例，说明事实：存在有遗传仿紧可线性序空间，不能被有理数直线所分划.

§1 引 论

根据 P. Bankston 和 R. J. McGovern[1]，有

定义 1 设 X 和 Y 是两个拓扑空间. 称 Y(拓扑) 分划 X 如果存在由 Y 到 X 的嵌入族，使得其象构成 X 的一个互不相交的覆盖.

关于拓扑分划的系统研究已在[1] 中给出. 在解决[1] 中所提出的问题时，[8] 中证明了，对可度量拓扑空间，能够由有理数直线分划的必充

① 本文英文稿即将发表于德意志联邦共和国刊物"Manuscriqta Math"(付印中).

条件为此空间是自密的.

在本文中,我们将推广上述结果.为了这个目的,先做一些准备.

定义 2 拓扑空间 X 称为是点仿 Lindelof 的,如果对 X 的每个开覆盖,存在点可数的开加细.

我们的论证以下面众所周知的 W. Sierpinski 定理[6] 为基础:

引理 1 如果 X 是正则、第一可数的自密可数空间,则 X 同胚于有理数直线,$X \simeq Q$.

下面,我们将集中讨论遗传的点仿 Lindelof,第一可数的正则空间(此处 $= T_3$).将指出,甚至当"仿 Lindelof"由仿紧代替时,上述空间也未必是可度量的.作为反例,取 X 是 Sorgenfrey 直线 L.熟知 L 是正则、第一可数并且遗传 Lindelof 的,因此是遗传仿紧的.但 L 不是可度量空间,因为乘积空间 $L \times L$ 不是正规的.

符号约定 在下面的讨论中,Q 表示有理数直线.当 A 是拓扑空间的子集时,A 表示 A 的闭包.最后,$Y \ll X$ 表示 X 能够由 Y 分划.

§2 主要结果

我们首先证明下述引理.

引理 2 设 X 是第一可数正则空间,$A \subseteq X$ 且 $x_0 \in \overline{A}$.如果 $Q \ll A$,则 $Q \ll A \cup \{x_0\}$.

证明 设 $A = \bigcup \{A_\lambda : \lambda \in \Lambda\}$,其中 Λ 是一指标集,$A_\lambda \simeq Q(\lambda \in \Lambda)$,并且如果 $\lambda \neq \lambda'$ 则 $A_\lambda \cap A_{\lambda'} = \varnothing$.由于 $x_0 \in \overline{A}$,存在序列$\{x_n\}$使得 $x_n \in A$,$x_n \to x_0$,设 $x_n \in A_{\lambda n}$,记 $B = \bigcup A_{\lambda n} \cup \{x_0\}$,则 B 是一正则、第一可数、自密的可数子空间.由引理 1,$B \simeq Q$. $A \cup \{x_0\} = \bigcup \{A_\lambda : \lambda \neq \lambda_n, n \in N\} \cup B$,因此 $Q \ll A \cup \{x_0\}$.

引理 3 设 X 是一拓扑空间,$A \subseteq X$,如果 $Q \ll A$,则对每个开集 G 有 $Q \ll A \cap G$.

证明 设 $A = \bigcup \{A_\lambda : \lambda \in \Lambda\}$ 为如上的分解.由于 G 是开集,如果对

每个 $\lambda \in \Lambda$ 记 $B_\lambda = A_\lambda \cap G$，则或者 $B_\lambda = \varnothing$ 或 B_λ 是正则、第一可数、自密的可数子空间. 引理 3 立即由引理 1 得到.

引理 4 设 X 是正则、第一可数的遗传点仿 Lindelof 空间. 如果对每个 $x \in X$ 存在一个开邻域 $U(x)$，$Q \ll U(x)$. 则 $Q \ll X$.

证明 设 $U(x)$ 如上所给定，记 $U = \{U(x): x \in X\}$. 由假设，存在点可数的开加细 $V = \{v_\alpha: \alpha < \omega_\mu\}$. 由引理 3，对每个 $\alpha < \omega_\mu$，集 V_α 可以分解为不相交子集族 $V_\alpha = \bigcup \{V_\alpha, \lambda^\alpha: \lambda^\alpha \in \Lambda_\alpha\}$，使得 $V_{\alpha,\lambda^\alpha} \simeq Q$. 从 $V_{\alpha,\lambda^\alpha}$ 出发，能够定义可数集 $V'_{\alpha,\lambda^\alpha} = \bigcup \{V_{\beta,\lambda^\beta}: \beta < \omega_\mu, \lambda^\beta \in \wedge_\beta$ 和 $V_{\beta,\lambda^\beta} \cap V_{\alpha,\lambda_\alpha} \neq \varnothing$. 一般地，由归纳法，如果 $V^n_{\alpha,\lambda^\alpha}$ 已定义并且可数，则定义 $V^{n+1}_{\alpha,\lambda_\alpha} = \bigcup \{V_{\beta,\lambda^\beta}: \beta < \omega_\mu, \lambda^\beta \in \Lambda_\beta$ 并且 $V_{\beta,\lambda^\beta} \cap V_{\alpha,\lambda_\alpha} \neq \varnothing.\}$ 最后，记 $V^*_{\alpha,\lambda^\alpha} = \bigcup_{n=1}^{\infty} V^u_{\alpha,\lambda_\alpha}$，则由引理 1，$V^*_{\alpha,\lambda^\alpha} \simeq Q$. 不难证明如果 $V^*_{\alpha,\lambda_1^\alpha} \neq V_\beta, \lambda_2^\beta$ 则 $V^*_{\alpha,\lambda_1^\alpha} \cap V^*_{\beta,\lambda_2^\beta} = \varnothing$，因此 $Q \ll X$.

利用类似的方法可以证明下列引理：

引理 5 设 $X = X_1 \cup X_2$ 是正则的第一可数拓扑空间(不一定要求 $X_1 \cap X_2 = \varnothing$ 也不要求 X_i 是开集). 如果 $Q \ll X_i (i = 1,2)$，则 $Q \ll X$.

现在我们可以证明下列

定理 1 设 X 是一正则、第一可数、自密的遗传点仿 Lindelof 空间. 则 $Q \ll X$.

证明 在定理 1 的假定下，我们首先有下述断言.

断言 1 如果 $A \subseteq X$ 自密，则存在 $B \subseteq A$ 使得 $B \simeq Q$.

事实上，对每个点 $x \in X$ 存在局部基 $\{V_n(x)\}$，其中 $n \in N$ 并且如果 $m < n$ 则 $V_n(x) \subseteq V_m(x)$. 由归纳法不难证明，存在可数子集的序列 $\{A_n\}: A_n \subseteq A, A_1 \subseteq A_2 \subseteq \cdots \subseteq A_n \subseteq \cdots$，并且如果 $x \in A_n$，则 $V_n(x) \cap (A_{n+1} - \{x\}) \neq \varnothing$. 设 $B = \bigcup_n A_n$，则 B 是满足引理 1 条件的子空间，所以上述断言得证.

断言 2 X 可以分解为两部分 $X = X_1 \cup X_2$，其中 $Q \ll X_1$，且 X_2 是疏的.

事实上，设 $\mathscr{A}$ 是具有下述性质的子集的极大族：对每个 $A \in \mathscr{A}, A \simeq$

Q;并且如果 $A \neq A'$ 是 $\mathscr{A}$ 的两个元素,则 $A \cap A' = \varnothing$. 设 $X_1 = \bigcup \mathscr{A}$ 和 $X_2 = X - X_1$,则显然 $Q \ll X_1$,且 X_2 是疏的:因为由断言1,如果 $C \subseteq X_2$ 自密,则 C 将包含一个同胚于 Q 的子集. 这与 $\mathscr{A}$ 的极大性矛盾. 因此断言2得证.

对每个疏集 C,定义一个序数 $\alpha(C)$ 如下,它称为 C 的长度. 记 C' 表示 C 的导集,则有下列

$$C^0 \supseteq C^1 \supseteq \cdots \supseteq C^{\xi} \supseteq \cdots, \xi < \mu$$

其中 μ 是序数,$C^0 = C$ 并且

$$C^{\xi} = \begin{cases} (C^{\beta})' \cap C, & \text{如果 } \xi = \beta + 1 \text{ 是孤立数;} \\ \bigcap_{\eta \in \xi} C^{\eta}, & \text{如果 } \xi \text{ 是极限数.} \end{cases}$$

$\alpha(C)$ 表示第一个满足 $C^{\alpha(C)} = C^{\alpha(C)+1}$ 的序数,则 $\beta > \alpha(\alpha)$,$C^{\beta} = C^{\alpha(C)}$. 由于 C 是疏的,$C^{\alpha(C)} = \varnothing$.

对每个上述断言中的分解 $X = X_1 \cup X_2$,对应一个序数 $\alpha(X_2)$. 设 $\alpha(X)$ 表示这些序数的最小者. 则定理的证明便立即由下述的断言3得到.

断言3 给定满足定理假设的空间 X,且设 $\alpha(X) = \alpha_0$. 如果对每个 Y 定理为真,其中 $\alpha(Y) < \alpha_0$. 则 $Q \ll X$.

此断言的证明分作下面几种情况.

情形1 如果 $\alpha_0 = 0$ 则 $Q \ll X$.

首先,如果 $X_2 = \varnothing$,显然有 $Q \ll X$. 其次,如果上面提到的分解 $X = X_1 \cup X_2$ 中,X_2 单点集 $X_2 = \{x_0\}$,则由引理2$Q \ll X$.

最后,$\alpha(x) = 0$ 表示 X_2 是散的(对于自身). 所以对每个点 $x \in X_2$ 存在开邻域 $U(x)$ 使基数 $|U(x) \cap X_2| \leqslant 1$. 显然,子空间 $U(x)$ 满足定理中的一切假设,利用前面的论证即有 $Q \ll U(x)$. 记 $U = \bigcup \{U(x) : x \in X_2\}$ 时,则由引理4得到 $Q \ll U$. 现在 $X = X_2 \cup U$ 并且 $Q \ll X_2$,故由引理5得到 $Q \ll X$.

情形2 如果 $\alpha_0 = \beta_0 + 1$ 为孤立数. 则 $X_2^{\beta_0}$ 是散的(关于自身):对每

个 $x_0 \in X_2$ 存在开邻域 $U(x_0)$ 使得 $|U(x_0) \cap X_0^{\alpha_0}| \leqslant 1$. 子空间 $V = U(x_0) - \{x_0\}$ 满足定理假设(以 V 代替 X)并且有长度 $\alpha(V) \leqslant \beta_0$,所以 $Q \ll V$. 由引理 2 得 $Q \ll U(x)$. 因此由引理 4 和 5 得到 $Q \ll X$.

情形 3 如果 α_0 是极限数.

由引理 3,对每个点 $x_0 \in X_2$,存在开邻域 $U(x_0)$ 具有长度 $\alpha(U(x_0)) < \alpha_0$,否则将有 $x_0 \in X_2^{\alpha_0}$,这是矛盾. 由断言 3 中的假设,$Q \ll U(x_0)$. 于是据引理 4 与 5 得到 $Q \ll X$.

至此断言 3 证完,因此定理的证明全部完成.

§3 一些推论

可度量空间满足定理 1 的假设,因此作为推论便得到[8]的主要定理.

定理 2 可度量空间能够由有理数直线分划当且仅当它是自密的.

在本文的开头已经指出,Sorgenfrey 直线 L 满足定理 1 的假设,虽然它不可度量. 这里我们给出另一个重要例子,即是 Suslin 直线 S. Suslin 直线 S 是线性序拓扑空间,满足 $c.c.c.$ 但不是可分的. 如周知的那样,S 的存在在性与 ZFC 独立.

空间 X 的 Cellularity 定义为 $c(X) = \sup\{|G| : G$ 是不相交开集族$\} + \omega$(见[4]). 由条件 $c.c.c.$ 我们有 $c(S) = \omega$. 不难证明,如果 X 可度量,且 $c(X) = \omega$ 则 X 必是可分的,这即说明 S 是不可度量的. 又由 $c.c.c.$ 可知 S 满足定理 1 的条件.

下面我们讨论遗传仿紧序拓扑空间. 下面的例子说明了这样的空间不一定总是可以由有理数直线分划的.

例 对一非可数的规则基数 ω_μ,$\boldsymbol{X}$ 表示一切实数 ω_μ- 序列的集合,即 $\boldsymbol{X}$ 包含一切这样的元素 x:

$$x = (x_0, x_1, \cdots, x_\xi, \cdots), \xi < \omega_\mu,$$

其中 x_ξ 是实数.

在 $\boldsymbol{X}$ 中已定义了序关系及运算 +（见[7]），这样 $\boldsymbol{X}$ 是一具有特征 ω_μ 的序群. 度量函数 $\rho(x,y)=|x-y|$，其中 $x,y\in\boldsymbol{X}$，使 $\boldsymbol{X}$ 成为一ω_μ- 度量空间. 已知（见[2,3]）ω_μ- 度量空间是仿紧的，下边我们将看出 $\boldsymbol{X}$ 不能由有理数直线分划. 事实上，设 A 同胚于 Q，由于 $\boldsymbol{X}$ 是 ω_μ- 可加空间，子空间 A 必为 ω_μ- 可加，这显然是不可能的.

下边，我们能够给出充要条件来判别遗传仿紧序空间是否能够由有理数直线分划. 实际下列定理具有更广泛的意义.

定理 3 设 X 是遗传的点仿 Lindelof 序空间. 则 $Q\ll X$ 当且仅当 X 是第一可数的自密的.

证明 充分性. 立即由定理 1 得到.

必要性. 由于"自密"是显然的，仅需证当 $Q\ll X$ 时，X 为第一可数. $Q\ll X$ 表示 X 可以分解为不相交的部分 $X=\bigcup\{X_\lambda:\lambda\in\Lambda\}$，其中 $X_\lambda\simeq Q$. 设 $x_0\in X$，则存在 λ_0 使 $x_0\in X_{\lambda_0}$. 设 $\{x_n\}$ 和 $\{y_n\}$ 是两个满足这样条件的点列：$x_n,y_n\in X_{\lambda_0}$；$x_n<x_0,y_n>x_0$；$x_n\to x_n$ 且 $y_n\to x_0$. 记 $V_{m,n}=\{x\in X:x\in(x_m,y_n)\}$ 和 $V=\{V_{m,n}:m,n\in N\}$，我们下边将证明 V 是点 x_0 的局部基. 为此设 U 是任意的开区间 $U=(a,b)$，$x_0\in U$，只须证明对某个 m 和 n 有 $V_{m,n}\subseteq U$ 就行了. 由于 $X_{\lambda_0}\cap U$ 在 X_{λ_0} 中开并且包含 x_0，所以存在对子 m,n 使得 $x_m\in X_{\lambda_0}\cap U$，$y_n\in X_{\lambda_0}\cap u_0$ 因此 $V_{m,n}\subseteq U$. 证完.

可以进一步推广上述定理到局部序或广义(generalized) 序的情形. 广义序空间的定义以及与序空间的关系可参看[5].

参考文献

[1] P. Bankston, R. J. McGovern, Topological partitons, Gen. Topology Apppl. 10(1979)215—229.

[2] A. Hayes, Uniformities with totally ordered bases have paracompact toplogies, Proc. Cambridge Phylos. Soc. 74(1973)67—68.

[3] I. Juhasz, Untersuchungen über $\omega\mu$-metrisierbare Räume, Ann. Univ. Sci. Budapest Eötvös Sec. Math. 8(1965)129—145.

[4] Cardinal functions in topology, Math. Centre. Tracts34(1975), Amsterdam.

[5] D. Lutzer, On generalized ordered spacs, Dissertations Math. 89(1971).

[6] W. Sierpinski, Sur une propriété toplogique des ensembles dénombrables dense en soi, Fund. Math. 1(1920)11—16.

[7] Wang Shu-tang, Remarks on $\omega\mu$-additive spaces, Fund. Math. 55(1964) 125—126.

[8] Wang Shu-tang, The rational lin partitions every self dense metrizable space, Topology Appl. 12(1981)331—332.

ON SOME SPACES WHICH CAN BE PARTITIONED BY THE RATIONSL LINE

Wang Shu-tang

Abstract

Extending the Main Tneorem of [8], we consider in this paper some topological spaces (not necessarily metrisable) which can be partitioned by the rational line. Based on W. Sierpinski's theorem (Lemma 1) the following results are obtained. Theorem. A regular, first countable, self-dense and hereditarily paracompact space can be partitioned by the rational line. Theorem. A hereditarily paracompact orderable space can be partitioned by the rational line iff it is self-dense and first countable. Some important non-metrisable spaces satisfying hypotheses of above theorems, as examples, are enumeratd. We take orderable ω_μ-metric spaces as example to illustrate the fact: there exist spaces which are hereditarily paracompact, orderable but can't be partitioned by the rational line.

The rational line partitions every self-dense metrisable space*

Wang Shu-tang

Abstract

In the present note we shall prove that a metrisable space can be partitioned by the rational line iff that space is self-dense. This gives an affirmative answer to a question reised dy Bankston Mc Govern[1]

AMS Subj. Class. (1980): 54B15, 54E35
topological spaces tapological partions self-dense metrisable spaces

Recently P. Bankston and R. J. McGovern[1] established a number of interesting theorems concerning topological partitions. (A space Y partitions a space X if there is a family of embeddings of Y into X such that the images form a cover of X by pairwise disjoint sets.) One question they raised (Question 1. 6 in [1]) is to determine whether every self-dense metrisable space (i. e., one without isolated points) can be partitioned by the rational line R. They answered the question affirmatively in the sparable case, and it is the purpose of this note to give a

* First pubished in *Topology and its Aplications*, 12(1981)331—332.

positive answer in general.

To prove the main result, we will use the following three lemmas.

Lemma 1 (W. Sierpinski[2]). *If X is a regular, countable, first countable, self-dense space, then $X \simeq R$.*

Lemma 2 (See the proof of Theorem 1. 4(a)in[1]). *If X is a regular, first countable, self-dense space and $x \in X$, then there is a homeomorphic copy Q of R with $x \in Q \subseteq X$.*

Remark Lemma 2 is an easy consequence of Lemma 1.

Lemma 3 (A. H. Stone[3]). *Every scattered metrisable space is σ-discrete, as well as an absolute F_σ relative to the class of all metrisable spaces.*

We now prove the main theorem of the present note, establishing an affirmative answer to the Bankston-McGovern queston.

Theorem *Let X be a self-dense metrisable space. Then R partitions X.*

Proof As in the proof of Theorem 1. 4(a) in [1], let $L = \{Q_i : i \in I\}$ be a maximal collection of pairwise disjoint homeomorphic copies of R in X. By Lemma 2, $\bigcup L$ is dense in X; moreover $S = X / \bigcup L$ is scattered. Assuming $S \neq \varnothing$, we can use Lemma 3 to obtain S as a countable union of closed discrete sets. Thus we can express S as a disjoint union $\bigcup_{u=1}^{\infty} S_n$ where each S_n is discrete and "separared"-j. e. for each $n < \omega$ there is a family $\{U_x : x \in S_n\}$ of pairwise disjoint open subsets of X with $x \in U_x$ for each $x \in S_n$.

For each prime number $p \geqslant 2$ let $R_p \subset R$ denote the "p-adic rationals" $\{m/p^n : m, n \text{ integers}, n \geqslant 1\}$. Then the sets R_p partition R into a countable number of copies of R, each of which is dense in R. Thus for each $i \in I$, Q_i can be decomposed into a countable collection $\{Q_{i,n} : n < \omega\}$ of pairwise disjoint copies of R, each of which is dense in Q_i. Let $L_n =$

$\{Q_{i,n}: i\in I\}$. Then $\bigcup L_n$ is dense in X for each n; so for each $n<\omega$, $X_n=S_n\bigcup L_n$ is a self-dense metrisable space which is a disjoint union of a separated set (S_n) and a unmber of copies of R. Since the X_n's form a partition of X. It suffices to prove that each X_n can be partitioned by R. So without loss of generality, we can assume that the original collection L was chosen in such a way that S is in fact separated, say, by the family $\{U_x: x\in S\}$. For each $x\in S$, let $L_x\subset L$ be a countable subcollection with $x\in\bigcup\overline{L}_x$. By Lemma 1, $Q_x=(\{x\}\bigcup\bigcup L_x)\simeq R$; so we can find an open $V_x\subset U_x$ with $x\in V_x$ and $V_x\bigcap Q_x$ nonempty and clopen in Q_x. Since Q/V_x is clopen in Q for each $Q\in L_x$, we have that $V_x\bigcap Q_x\simeq R$ alway and $Q-V_x\simeq R$ whenever $Q\in L$ and $Q-V_x\neq\varnothing$. Therefore the family

$$L'=\{V_x\bigcap Q_x: x\in S\}\bigcup\bigcup\{\{Q-V_x: Q\in L_x\}: x\in S\}\bigcup(R-\bigcup\{L_x: x\in S\})$$

gives a partition of X by R.

Acknowledgement

I wish to thank the referee for suggestions which served to simplify an earlier proof of the above theorem.

References

[1] P. Bankston and R. J. McGovern, *Topological partitions*, Gen. Topology Appl., 10(1979) 215-229.

[2] W. Sierpinski, *Sur une propriete topologique des ensembles denombrables dense en soi*, Fund. Math., 1(1920)11-16.

[3] A. H. Stone, *Kernel constructions and Borel sete*, Trans. Amer. Math. Soc., 107(1963)58-70.

二分支理论的泛函分析导引[①]

王戌堂

摘　要

本文是一综述性文章，以不大的篇幅较系统地介绍了泛函分析的基本知识，目的在于由泛函分析的讨论引出物理学的二分支理论.

“分支图”在 I. Prigogine 为首的布鲁塞尔学派创建的非平衡热力学中，占据着一个关键性的地位.

本文从泛函分析的角度，来向物理学家简要介绍二分支数学理论是如何从泛函分析引导出来的. 本文一共分七个部分，前六部分介绍泛函分析基础知识，最后一部分介绍从泛函分析引出二分支理论.

一、距离空间及压缩映象

§1　基本概念

定义 1.1　设 X 是一集，对于其中任意二点 x, y 均有正实数 $\rho(x,y)$ 对应且满足下列三项基本条件：

(ⅰ) $\rho(x,y)=0 \Leftrightarrow x=y$;

① 本文是在 1979 年全国非平衡统计物理会议上的专题综合报告，并首次发表于该会议的论文选辑.

(ⅱ) $\rho(x,y)=\rho(y,x)$;(对称性)

(ⅲ) $\rho(x,z)\leqslant\rho(x,y)+\rho(y,z)$.(三角不等式)

此时称 X 为以 ρ 为距离函数的距离空间.

有了距离的概念,即能定义开球及开集、闭集等拓扑概念了,此不详述.下面只介绍一种“收敛”概念.

定义 1.2 距离空间 X 中点列 $\{x_n\}$ 称作是收敛于点 $x_0\in X$,是指 $\rho(x_0,x_n)\to 0$,或等价地说便是:

$\forall\varepsilon>0$, $\exists N$(自然数),使当 $n\geqslant N$ 时 $\rho(x_0,x_n)<\varepsilon$.

从距离三角不等式易知

定理 1.1 若 $x_n\to x_0$ 则必满足下列条件:

$$\forall\varepsilon>0,\ \exists N,\text{当 } m,n\geqslant N \text{ 时}\quad \rho(x_m,x_n)<\varepsilon \tag{1.1}$$

满足定理中后一条件的列称作基本列,定理 1.1 是说“凡收敛列均是基本列”.然而该定理之逆一般并不成立.可以像 Cantor 将有理数完备化为实数直线的方法将一般距离空间完备化.此时的完备空间内“凡基本列均是收敛列”,于是 Cauchy 收敛准则成立.

距离空间概念的引入,能使许多表现不同的问题纳入同一处理之中.下边举几个距离空间的例子.

例 1 n 维欧氏空间是完备距离空间.

例 2 在研究连续函数一致收敛问题时,可按下述方法引入空间.

$[0,1]$上定义的一切连续函数形成集记作 $C_{[0,1]}$,$[0,1]$上每一连续函数此时乃作为集中一个元素看待(或说是“点”),$C_{[0,1]}$ 中任意二元 x,y 之间的距离定义作:

$$\rho(x,y)=\max_{0\leqslant t\leqslant 1}|x(t)-y(t)|. \tag{1.2}$$

易知 $C_{[0,1]}$ 是完备距离空间.

例 3 设 $L^p_{[0,1]}$ 表示$[0,1]$上定义的一切 p 幂 Lebesgue 可积函数作元所形成之集.即

$$\int_0^1|x(t)|^p\mathrm{d}x<\infty. \tag{1.3}$$

$L^p_{[0,1]}$ 中二元 x,y 之间的距离定义作

$$\rho(x,y)=\left[\int_0^1 |x(t)-y(t)|^p \mathrm{d}t\right]^{1/p}. \tag{1.4}$$

其中 p 为正数，$p\geqslant 1$. 实变函数论中证明：$L^p_{[0,1]}$ 是完备距离空间(例如参看那汤松《实变函数论》第七章).

例 3 中 $L^p_{[0,1]}$ 可推广成多元函数，例如定义域可为 n 维欧氏空间中有界闭或 $\overline{D}$ 代替，于是得到完备距离空间 $L_p(D)$.

例 4 $C_{k+\alpha}(\overline{D})$. 这个空间的元素(点)$u$ 是 $\overline{D}$ 上的函数它具有直到 k 阶的导数，且 k 阶导数均满足指数 $\alpha(\alpha:0<\alpha\leqslant 1)$ 的 Holder 不等式 $|D^k u(x)-D^k u(y)|\leqslant C|x-y|^\alpha$，$u,v$ 间距离 $\rho(u,v)$ 由下式给出

$$\rho(u,v)=\sum_{|l|\leqslant k}\sup_{x\in\overline{D}}|D^l u(x)-D^l v(x)| + \sum_{|l|\leqslant k}\sup_{x,y\in\overline{D}}\frac{|D^l[u-v](x)-D^l[u-v](y)|}{|x-y|^\alpha} \tag{1.5}$$

其中 $l=(l_1,l_2,\cdots,l_n)$，$|l|=\sum_{t=1}^n l_i$，

$$D^l u(x)=\frac{\partial^{|l|}u(x)}{\partial x_1^{l_1}\cdots\partial x_n^{ln}},\quad [u-v](x)=u(x)-v(x)$$

而 l_i 为非负整数.

很容易直接验证，$C_{k+\alpha}(\overline{D})$ 是完备距离空间.

众所周知，空间完备性的作用乃是极限理论(因而整个数学分析)的基础.

§2 压缩映象原理

波兰数学家 S. Banach 分析了代数方程、微分方程、积分方程等的一系列存在唯一性定理的证明，抓住了这些表面不同定理的本质而提炼成下面的一个抽象定理，即著名的 Banach 压缩映象原理.

定理 2.1(压缩映象原理) 设 X 是完备距离空间，T 是把 X 映入自身的映象，且满足压缩条件：

$$\rho(Tx,Ty)\leqslant\alpha\rho(x,y) \tag{1.6}$$

其中 $0\leqslant\alpha<1$ 是常数，于是有唯一不动点 x_0，即 x_0 满足方程 $Tx_0=x_0$，

且 x_0 是唯一的.

证明 首先,由(1.6)知 T 是连续的[①]:

$$x_n \to \overline{x} \text{ 时}, Tx_n \to T\overline{x}. \tag{1.7}$$

实际上,$\rho(Tx_n, T\overline{x}) \leqslant \alpha\rho(x_n, \overline{x}) \to O$

其次,任意取 $x_1 \in X$,并定义:$x_2 = T_{x_1}, \cdots, x_n = Tx_{n-1}\cdots\cdots$ 于是得一点列

$$x_1, x_2, \cdots, x_n, \cdots \tag{1.8}$$

由压缩条件(1.6)$\rho(x_m, x_{m-1}) = \rho(Tx_{m-1}, Tx_{m-2}) \leqslant \alpha\rho(x_{m-1}, x_{m-2}) \leqslant \alpha^2\rho(x_{m-2} - x_{m-3}) \leqslant \cdots \leqslant \alpha^{m-1}\rho(x_1, x_0)$. (1.9)

于是由(1.6),对任意自然数 n,p 将有下式:

$\rho(x_{n+p}, x_n) \leqslant \rho(x_{n+p}, x_{n+p-1}) + \rho(x_{n+p-1}, x_{n+p-2}) + \cdots + \rho(x_{n+1}, x_n) \leqslant \alpha^{n+p-1}\rho(x_1, x_0) + \alpha^{n+p-2}\rho(x_1, x_0) + \cdots + \alpha^n\rho(x_1, x_0) = (\alpha^{n+p-1} + \alpha^{n+p-2} + \cdots + \alpha^n)\rho(x_1, x_0) < \dfrac{\alpha_n}{1-\alpha}\rho(x_1, x_0)$ (1.10)

由(1.10)知(1.8)为基本列,设(1.8)的极限为 x_0,$x_n \to x_0$,再由 $x_n = Tx_{n-1}$ 便得 $Tx_n \to x_0$,另一方面由连续性(1.7)及 $x_n \to x_0$,又应有 $Tx_n \to Tx_0$,从而最后有

$$Tx_0 = x_0 \tag{1.11}$$

这就证明了不动点的存在性.用反证法可证其唯一性:设 x_0, x'_0 是两个不同的且均满足(1.11)的点,于是 $x_0 = Tx_0, x'_0 = Tx'_0$,由

$$\rho(x_0, x_1) = \rho(Tx_0, Tx'_0) \leqslant \alpha\rho(x_0, x'_0) < \rho(x_0, x'_0) \tag{1.6}$$

这是矛盾,因此不动点是唯一的.

(证完)

后来的发展,愈来愈显示出不动点原理应用的广泛性,另一方面对上述定理本身的研究直到近年仍有大量的工作.为了尽快介绍基本内容,这些均从略了.(可参看:关肇直著《泛函分析讲义》)

---

① 不加声明的话,本文中所有收敛关系均是指在范数意义下的.

除完备性外，还有两个重要概念值得一提.

定义 设 X 是距离空间，而 X 的任意点列 $\{x_n\}$ 中均包含有收敛子列，即称 X 是列紧的.

容易证明，X 若是列紧的，则 X 必是完备的. 逆不真.

定义 设 X 是距离空间，若有一点列 $\{x_n\}$ 存在使 $\{x_n\}$ 于 X 内到处稠密，即说 X 是可分的.

二、Banach 空间

§3 Banach 空间

Banach 空间是一类广泛的空间，它具有代数结构（向量空间），又同时有量度（范数）概念.

定义 3.1 设 X 是一集，K 是复（实）数域，如果下列条件成立，便称 X 为一复（实）线性空间：

（ⅰ）于 X 上有加法运算“+”使得 X 在此运算下成为 Abel 群；

（ⅱ）任意复（实）α 与任意 $x \in X$ 均可相乘：$\alpha x \in X$，乘积满足条件：

(a) $\alpha(\beta x) = (\alpha\beta)x$；

(b) $1x = x$；

(c) $(\alpha + \beta)x = \alpha x + \beta x$；

(d) $\alpha(x + y) = \alpha x + \alpha y$.

定义 3.2 设 X 是复（实）线性空间，且设 $\forall x \in X$ 均定义了非负实数 $\|x\|$ 满足条件

（ⅰ）$\|x\| \geqslant 0$ 且 $x = 0 \Leftrightarrow \|x\| = 0$；

（ⅱ）$\|x + y\| \leqslant \|x\| + \|y\|$；

（ⅲ）$\|\alpha x\| = |\alpha| \cdot \|x\|$.

此时称 X 是复（实）线性赋范空间，x 的范数为 $\|x\|$.

上述空间内，若 x, y 二点之间的距离离定义为：$\rho(x, y) = \|x - y\|$，则自然成距离空间，若此距离空间是完备的，即说上述 X 是复（实）Banach

空间.

在欧氏空间内如何把点与以原点为起点的矢量等同看待是大家熟知的. 在 §1 例 2 及 3 中也可把函数当作"矢量"($f+g,\alpha f$ 均理解作按点的相应运算),而范数 $\|x\|$ 定义作 $\|x\|=\rho(x,\theta)$(θ表示群中的零元),于是 $L_p(\overline{D})$ 与 $C_{1+\alpha}(\overline{D})$ 均成为 Banach 空间.

Banach 空间的例子尚有许多许多,此处不述.

§4　有界线性算子

定义 4.1　由线性赋范空间 X 中某子集 D 到线性赋范空间 Y 中的映象 T 又叫作算子,D 是算子 T 的定义域,记作 $D(T)$,而称 $N(T)=\{y:y=Tx,x\in D(T)\}$ 为算子 T 的值域.

T 的连续性:$x_n\to x_0$ 时 $Tx_n\to Tx_0$.

T 的可加性是指 $T(x+y)=Tx+Ty$.

T 的齐次性是指 $T(\alpha x)=\alpha Tx$.(显有 $T(\theta)=\theta$)

T 的有界性是指存在正数 M,使用当 $x\in D(T)$ 时 $\|Tx\|\leqslant M\|x\|$.

具有可加性及齐性的算子称作为线性算子.

又于上述定义中将 Y 取作实(或复)数域时,映象 T 即称作泛函.

算子及泛函的具体例子很多,这里不谈. 下边只简单介绍它们的一些常用的性质.

定理 4.1　线性算子 T 连续的充要条件是 T 为有界算子.

证明　充分性. 设 T 是有界线性算子,于是由 $\|Tx_n-Tx_0\|=\|T(x_n-x_0)\|\leqslant M\|x_n-x_0\|$ 显然推知:$x_n\to x_0$ 时 $Tx_n\to Tx_0$.

必要性. 只须证明:T 无界时,则 T 不连续,实际上,此时必有一列点 x_n 满足条件.

$\|Tx_n\|\geqslant n\|x_n\|$,若取 $x_n^*=\dfrac{x_n}{n\|x_n\|}$,则有 $\|x_n^*\|\to\theta\left(\|x_n^*\|=\dfrac{1}{n}\right)$,然而 $\|Tx_n^*\|=\left\|T\left(\dfrac{x_n}{n\|x\|}\right)\right\|=\dfrac{1}{n\|x_n\|}\|Tx_n\|\geqslant$

1. 因此，$x_n' \to \theta$ 而 Tx_n^* 不趋于 θ. 因此 T 不是连续算子（我们以 θ 同时表示不同空间的零元）.

下边我们定义有界算子 T 的范数.

定义 4.2 有界算子 T 的范数为

$$\| T \| = \sup_{x \in X} \frac{\| Tx \|}{\| x \|}$$

不难直接验证：$\| Tx \| \leqslant \| T \| \| x \|$ 且 $\| T \|$ 是满足 $\| Tx \| \leqslant M \| x \|$ 之诸 M 中的最小者. 对于线性算子（即可加、齐次算子）且易知 $\| T \| = \sup\limits_{\| x \| = 1} \| Tx \|$.

定义 4.3 设 T_1, T_2 为两个映 X 入 Y 的线性算子且 $D(T_1) = D(T_2)$. 定义 $T_1 + T_2, \alpha T$ 为：

$$(T_1 + T_2)x = T_1 x + T_2 x$$

$$(\alpha T)x = \alpha(Tx)$$

易知，此时所有的 T（不妨设 $D(T) = X$）形成线性赋范空间 L（定义 4.2 范数意义下）. 不仅如此，下列定理成立

定理 4.2 设 Y 是完备线性赋范空间，则上述 L 也是完备的. 即当 Y 是 Banach 空间时 L 也是 Banach 空间，称 L 为线性算子空间.

定理的证明是直接的，从略.（可参看例如南大编的《泛函分析》第二章 §2）

下边 H. Hahn 与 S. Banach 的线性泛函的延拓定理是泛函分析中基本重要定理之一.

定理 4.3 （Hahn—Banach—Ascoli）. 在实线性赋范空间 X 的子空间 E 上定义的实有界线性泛函 $f(x)$ 可保持范数地延拓到整个 X 上，就是存在 X 上的有界线性泛函 $F(x)$ 满足：

（ⅰ）$x \in E$ 时 $F(x) = f(x)$；

（ⅱ）$\| F \|_X = \| f \|_E$.

证明 只就 X 是可分空间情况作证明，一般情况要用到超限数的理论.

第一步,对 E 内任二点 z',z'' 及 X 的任意点 x_0,首先证明:

$$f(z')-\|f\|\cdot\|z'+x_0\|\leqslant f(z'')+\|f\|\cdot\|z''+x_0\|.$$

实际上,上式可由下式立即推出

$$\begin{aligned}f(z')-f(z'')=f(z'-z'')&\leqslant\|f\|\cdot\|z'-z''\|\\&\leqslant\|f\|\cdot(\|z'+x_0\|+\|z''+x_0\|).\end{aligned}$$

第二步,由上可见不等式成立 $\inf\limits_{z'\in E}\{f(z')+\|f\|\cdot\|z'+x_0\|\}\geqslant\sup\limits_{z''\in E}\{f(z'')-\|f\|\cdot\|z''+x_0\|\}$. 前一确界记作 c' 后一(上)确界记作 c'',于是 $c''\leqslant c'$.

第三步,现在考虑 f 的延拓问题. 任取 $x_0\overline{\in}E$,并取(真)包含 E 的线性空间 $E_1=\{x:x=z+tx_0$,其中 $Z\in E$,t 是实数$\}$. 按第二步将有 c' 及 c'' 满足 $c''\leqslant c'$,任取 $c:c''\leqslant c\leqslant c'$,并定义泛函:$f_1(z+tx_0)=f(z)-ct$. 显见 f_1 是 f 的线性延拓($D(f_1)=E_1\supset E$). 以下证明 $\|f_1\|=\|f\|$.

第四步,$\|f_1\|=\|f\|$ 的证明. 只须证明 $\|f_1\|\leqslant\|f\|$ 即已足够,不防设 $t_0>0$,$y_0=z_0+t_0x_0$($t_0<0$ 的情况可类似处理),由 c 的取法及 $\frac{1}{t_0}z_0\in E$(再注意 $t_0>0$)知

$$\begin{aligned}-\left(f\left(\frac{1}{t_0}z_0\right)+\|f\|\cdot\left\|\frac{1}{t_0}z_0+x_0\right\|\right)t_0&\leqslant-ct_0\\&\leqslant-\left(f\left(\frac{1}{t_0}z_0\right)-\|f\|\cdot\left\|\frac{1}{t_0}z_0+x_0\right\|\right)t.\end{aligned}$$

此即

$$\begin{aligned}-f(z_0)-\|f\|\cdot\|z_0+t_0x_0\|&\leqslant-ct_0\\&\leqslant-f(z_0)+\|f\|\cdot\|z_0+t_0x_0\|\end{aligned}$$

从而不难推出

$$|f_1(y_0)|=|f(z_0)-ct_0|\leqslant\|f\|\cdot\|z_0+t_0x_0\|.$$

于是

$$\|f_1\|_{E_1}\leqslant\|f\|.$$

第五步,假定 X 是可分的,$x_1,x_2,\cdots,x_n,\cdots$ 于 X 到处稠密. 可按前四步办法,将 f 逐步延拓成整个空间 X 的线性泛函,且保持范数不变,此不

详论.

（证毕）

推论 设 X 是线性赋范空间，对 X 中任意点 x_0 只要 $x_0 \neq \theta$，则必存在泛函 $f(x)$（自然是连续、线性，为着简单起见，今后所说泛函即认作是连续、线性泛函）适合：$\| f \| = f(x_0) = \| x_0 \|$.

上述推论说明，在线性赋范空间内有足够多的泛函存在：设 $x_0 \in X$，且对 X 上的任意连续线性泛函 f 恒有 $f(x_0) = 0$，则必 $x_0 = \theta$. 定理 4.3 由 СухомРинов 及 Bohnenblust 与 Sobczyk 独立推广至复的情况(1938).

§5 共轭空间与共轭算子.

定义于线性赋范空间 X 的一切连续线性泛函按定义 4.3 形成一Banach 空间(定理 4.2) 这一空间记作 $\overline{X}$ 并称作 X 的共轭空间. 匈牙利数学家 F. Riesz 求出了各种空间的共轭空间，例如 $L^p_{[0,1]}$ 的共轭空间 $\overline{L^p_{[0,1]}} = L^q_{[0,1]}$ 等等，其中 p, q 是一对满足条件 $\frac{1}{p} + \frac{1}{q} = 1$ 的共轭数. 特别 $p = 2$ 时 $q = 2$，即 L^2 空间是自共轭的.

现在考虑映线性赋范空间 X 入另一线性赋范空间 Y 的线性算子 T，并设 $\overline{X}, \overline{Y}$ 是共轭空间，对任意 $f \in \overline{Y}$ 可按下式定义 $\overline{X}$ 中一点 f^*. [①]

$$f^*(x) = f(Tx), x \in X.$$

由 T 诱导出 $\overline{Y} \rightarrow \overline{X}$ 的一个线性算子 T^* 叫 T 的共轭算子，并由 Hahn-Banach 定理可证下列：

定理 5.1 设 T 是由线性赋范空间 X 到 Y 内的有界线性算子，则 T^* 也有界，且 $\| T^* \| = \| T \|$.

证明 先证 $\| T^* \| \leqslant \| T \|$，由定义 4.2 及该定义后的说明，只须证明 $\| f_0 \| = 1$ 时 $\| f_0^* \| \leqslant \| T \|$（注意 $f_0^* = T^* f_0$）. 实际上这由下式立得（注意 $f_0^*(x) = f_0(T)$）

$$\| f_0^* \| = \sup_{\| x \| = 1} | f_0^*(x) | = \sup_{\| x \| = 1} | f_0(Tx) |$$

① X 的子空间乃指其闭的线性子集.

$$\leqslant \| f_0 \| \sup_{\| x \| = 1} \| Tx \| \leqslant \| T \| .$$

次证 $\| T \| \leqslant \| T^* \|$，只须证明 $\| x_0 \| = 1$ 时 $\| Tx_0 \| \leqslant \| T^* \|$（以下要注意 $\| f_0 \| = 1$ 时 $\| f_0^* \| \leqslant \| T^* \|$），由 Hahn-Banach 定理. 存在泛函 f_0：$\| f_0 \| = 1$，且 $f_0(Tx_0) = \| Tx_0 \|$，于是

$$\| Tx_0 \| = f_0(Tx_0) = f_0^*(x_0) \leqslant \sup_{\| x \| \leqslant 1} | f_0^*(x) | = \| f_0^* \| \leqslant \| T^* \| .$$

（证完）

三、Banach 空间上有界线性算子

§6 Banach 的逆算子定理

闭图象定理及共鸣定理是 Banach 空间中另一组（与上述 Banach-Hahn 定理相比）基本重要定理，这里只提出逆算子定理，且不证明，证明时要利用完备空间的“纲性质”.（参看南大《泛函分析》第三章定理 1.1）

定理 6.1 （Bancah）. 假设有界线性算子 T 将 Banach 空间 X 一对一映象于 Banach空间 Y 之上，则逆算子 T^{-1} 也是有界线性算子（$Y \to X$ 上）.

§7 全连续算子及算子方程的 Riesz-Szauder 理论

本节主要目的在于介绍连续算子的 Riesz-Szauder 理论，它可以看作古典 Fredholm 定理的推广，首先介绍全连续算子概念.

定义 7.1 定义在线性赋范空间 X 上且值域含于线性赋范空间 Y 内的线性算子 T 叫作全连续的，是指它把 X 中每一有界集都映射成 Y 中列紧集.[①]

这里不叙述全连续算子的一般性质（仅只不加证明的指出：全连续算子 A 一定是有界算子；设 A 是全连续算子而 B 是有界算子，则 AB 及 BA 均是全连续算子；全连续算子 A 的共轭算子 A^* 也是全连续算子等等），

① 所谓 $B \subseteq Y$ 是 Y 列紧集乃指 B 中任意无限点列均有收敛（于 Y 中某点）的子列.

这里集中力量研究形如

$$Tx - \lambda x = y$$

的方程，其中 λ 是(实) 数量且 $\lambda \neq 0$，T 是映空间 X 于自身内的全连续算子.

在这之前还需做几点准备工作.

定义 7.2 (点到子集的距离). 设 E 是线性赋范空间 X 的子集. x_0 是 X 中任一点，则 x_0 到 E 的距离为 $\rho(x_0, E) = \inf\limits_{z \in E} \| x_0 - z \|$.

若 $x_0 \in E$，则显然有 $\rho(x_0, E) = 0$.

引理 7.1 符号同上，且 E 是线性子集，则

(ⅰ) $\rho(x_0 + az, E) = \rho(x_0, E)$，其中 $z \in E$；

(ⅱ) $\rho(\alpha x_0, E) = |\alpha| \rho(x_0, E)$.

证明是直接的，例如(ⅱ) 可按下式推证：

$$\begin{aligned}
\rho(\alpha x_0, z) &= \inf_{z \in E} \| \alpha x_0 - z \| = \inf_{z \in E} |\alpha| \left\| x_0 - \frac{z}{\alpha} \right\| \\
&= |\alpha| \inf_{z \in E} \left\| x_0 - \frac{z}{\alpha} \right\| \\
&= |\alpha| \inf_{z \in E} \| x_0 - z' \| \\
&= |\alpha| \cdot \rho(x_0, E).
\end{aligned}$$

其中应用了 E 的线性：$z \in E$ 时 $\frac{z}{\alpha} \in E$，(以上曾假定 $\alpha \neq 0$，因 $\alpha = 0$ 时引理明显成立).

(证毕)

(ⅰ) 的证明类似.

推论 1 X, E 符号同上，且设 E 是 X 的真子空间，则必存有 $x_1 \in X$，满足

(ⅰ) $\| x_1 \| = 1$；

及

(ⅱ) $\rho(x_1, E) \geqslant a$，其中 a 是任一事先给定的正数 $a < 1$.

证明 任取 $x_0 \in X - E$，则 $\rho(x_0, E) = d > 0$，于是必存在 $z_0 \in E$

使 $\| x_0 - z_0 \| < d + \varepsilon$($\varepsilon$ 任意给定的正数). 由引理知

$\rho(x_0 - z_0, E) = \rho(x_0, E) = d$ 及

$$\rho\left(\frac{x_0 - z_0}{\| x_0 - z_0 \|}, E\right) = \frac{1}{\| x_0 - z_0 \|}\rho(x_0, E) = \frac{d}{\| x_0 - z_0 \|} > \frac{d}{d + \varepsilon},$$

取 ε 充分小可使 $\frac{d}{d+\varepsilon} > a$,再取 $x_1 = \frac{x_0 - z_0}{\| x_0 - z_0 \|}$,则 x_1 即是满足推论要求之点.

(证完)

X 称作是有限维的,乃指存在一组有限基底:即存在 X 的有限个元 $x_1, x_2, \cdots, x_n$,任意 $x \in X$ 均是线性组合形状 $\alpha_1 x_1 + \cdots + \alpha_n x_n$.

由推论 1 显然又得:

推论 2 X 中任一有界集是列紧的充要条件是 X 为有限维的.

证明 充分性与古典分析中 n 维欧氏空间情况的定理证明完全类同,仅证必要性如次.

反证法. 设 X 不是有限维的,依推论 1 将可选一点列:$x_1, x_2, \cdots, x_n, \cdots$ 满足条件(i)$\| x_n \| = 1$;(ii)$\rho(x_m, x_n) > a(m \neq n)$,由(i)$\{x_n\}$ 是有界的;依(ii)$\{x_n\}$ 不得为收敛列,这是矛盾.

(证完)

在算子方程 $Tx - \lambda x = y$ 中取 $x' = \lambda x$ 并取 $T' = \frac{1}{\lambda}T$,立即看出它转化为 $T'x' - x' = y$. 因此下边定理中仅讨论形 $Tx - x = y$ 的算子方程是无损于一般性的(其中 T 是全连续算子,它映 X 于自身之中).

引理 7.2 设 $y_n = Tx_n - x_n$,$\{x_n\}$ 是有界点列,且 $y_n \to y_0$ 则 $\{x_n\}$ 中必有收敛子列 $\{x_{n_k}\}$(其中 T 是映 X 于自身中的全连续算子).

证明是明显的:由于 $\{x_n\}$ 有界及 T 的全连续性,知有 $n_1, n_2, \cdots, n_k$ 使

Tx_{n_k} 是收敛列，于是 $x_{n_k} = Tx_{n_k} - y_{n_k}$ 也是收敛列.

引理 7.3 T 的意义同上，$y_n = Tx_n - x_n$，且$\{y_n\}$是有界点列，则存在有界点列$\{x_n^*\}$使 $y_n = Tx_n^* - x_n^*$，$(n = 1,2,\cdots)$.

证明 设满足 $Tx - x = \theta$ 的所有 x 之集为 E，则易证 E 必是 X 的子空间(闭线性)，但这点以下证明中并不用，对每个 x_n 可取 x'_n 使满足 $\| x_n - x'_n \| \geqslant \left(1 + \frac{1}{n}\right)\rho(x_n, E)$，$x'_n \in E$ 取 $x_n^* = x_n - x'$，以下证明 x_n^* 即满足引理条件.

由 $x'_n \in E$，知 $Tx_n^* - x_n^* = Tx_n - x_n = y_n$，于是只须证明 x_n^* 有界就行了. 用反证法. 设 x_n^* 无界则考虑 $z_n = \frac{x_n^*}{\| x_n^* \|}$，不失一般性可以认为 $\| x_n^* \| \to \infty$(必要时可考虑$\{y_n\}$的一个子列代替$\{y_n\}$，于是$\{z_n\}$将有下列诸性质：

(ⅰ) $T_{z_D} - z_n = \frac{1}{\| x_n^* \|}(Tx_n^* - x_n^*) = \frac{1}{\| x_n^* \|} y_n \to \theta$；

(ⅱ) 由 $\| z_n \| = 1$，从引理 7.2 故必有子列$\{z_{n_k}\}$：$z_{n_k} \to z_n$. 于是 $Tz_0 = z_0$(ⅰ) 及 T 的连续性)，$z_0 \in E$；

(ⅲ) 由引理 7.1：$\rho(z,E) = \frac{1}{\| x_n^* \|}\rho(x_n^*, E) \geqslant \frac{1}{1 + \frac{1}{n}}$.

上述性质中的(ⅱ)说明 z_{n_k} 向 E 的某点 z_0 收敛，而(ⅲ)又说明$\{z_n\}$与 z 的距离始终 $\geqslant \frac{1}{2}$. 这是矛盾的. 因此$\{x_n^*\}$必是有界点列.

(证完)

推论 1 X 中所有形为 $y = Tx - x(x \in X)$ 的元素 y 总体 E 是 X 的子空间.

显然只须证明 E 是闭集就行了. 设 $y_n \in E$，$y_n \to y_0$. 由引理 7.3 存在有界点列$\{x_n\}$使 $y_n = Tx_n - x_n$. 由引理 7.2$\{x_n\}$中又含有收敛子列$\{x_{n_k}\}$：$x_{n_k} \to x_0$，那么 $Tx_0 - x_0 = \lim\limits_{k\to\infty}(Tx_{n_k} - x_{n_k}) = \lim\limits_{k\to\infty} y_{n_k} = y_0$，即 $y_0 \in E$(式中极限是在范数意义下的)，因此 E 是闭的.

现在讨论算子方程问题：

定理 7.1 设 T 是映 X 于自身的全连续线性算子，且方程 $Tx-x=y$ 对所有 $y\in X$ 均有解，则解是唯一的.

证明 只须证明 $Tx-x=\theta$ 只有零解 $x=\theta$. 用反证法. 设 $Tx-x=\theta$ 有非零解，定义算子 $S=T-I$（I 是恒等算子），于是所有满足 $Sx=\theta$ 的 x 形成 X 的线性子空间 E_1，且 E_1 至少有一非零元素. 一般记 $S^n=\underbrace{S\cdot S\cdots S}_{n个}$，并设 E_n 是由所有使 $S^n x=\theta$ 的 x 形成的子空间. 于是：

（ⅰ）由 $S^2x=S(Sx)$，$Tx-x=y$ 的可解性及反证法中所作之假定知[①] $E_2\supset E_1$ 但 $E_2\neq E_1$. 同理知，$m>n$ 时 $E_m\supset E_n$ 且 $E_m\neq E_n$. 因此，$E_1\subset E_2\subset\cdots\subset E_n\subset\cdots$

（ⅱ）$Sx_n\in E_{n-1}$（其中 $x_n\in E_n$）.

（ⅲ）根据引理 7.1 之推论 1 及（ⅰ）便有点列 $\{x_n\}$ 满足下述条件：

(a) $x_n\in E_n$；

(b) $\|x_n\|=1$；

(c) $\rho(x_n,E_{n-1})>\frac{1}{2}$. 因而 $m\neq n$ 时 $\rho(x_n,x_m)>\frac{1}{2}$.

注意到 $Tx_n=Sx_n+x_n$，由（ⅱ）及（ⅲ）之 (c) 知 $m>n$ 时 $\rho(Tx_m,Tx_n)=\|Tx_m-Tx_n\|=\|x_m+Sx_m-Sx_n-x_n\|>\frac{1}{2}$. 因而 $\{Tx_n\}$ 不得包含任何收敛子列. 然而另一方面. 由 T 的全连续性及（ⅲ）的 (b)，$\{Tx_n\}$ 又应包含收敛子列. 这是矛盾. 因此 $Tx-x=\theta$ 只有解 $x=\theta$.

（证完）

前曾提及，全连续算子 T 的共轭算子 T^* 也是全连续的. 于是同上可证对偶的.

定理 7.1* 若 T 的意义同上，且设方程

① 任取 $x_1\neq\theta$，$Sx_1=\theta$，次取 x_2 使 $Sx_2=x_1$，则 $x_2\in E_2$ 而 $x_2\notin E_1$. 这个包含列中前者是后者的真子空间.

$$T^* f - f = h$$

对任意 $h \in \overline{X}$(X 的共轭空间)均可解,则解是唯一的.

证明同定理 7.1,从略.

以下转入上述定理之逆定理.为此先有

定理 7.2 方程 $Tx - x = y$.可解的充要条件是:对方程 $T^* f - f = \theta$ 的每个解 f 有 $f(y_0) = 0$.

证明 必要性.设 f_0 为 $T^* f - f = \theta$ 的解,于是 $f_0(Tx - x) \equiv 0$.从而 $f_0(y_0) = 0$.

充分性.用反证法,设 $Tx - x = y_0$ 不可解,即对 $x \in X$ 恒有 $Tx - x \neq y_0$.根据引理 3 推论 1 一切形为 $y = Tx - x$ 之元 y 形成 X 的子空间 E 而 $y_0 \overline{\in} E$.于是 $E_1 = \{y : y = y_1 + ty_0, y_1 \in E\}$ 将仍是 X 的子空间.今于 E_1 上定义连续线性泛函 f_0^* 为:$f_0^*(y) = t$,其中 $y = y_1 + ty_0, y_1 \in E$,根据 Hahn-Banach 定理便知有 X 上的泛函 f_0 满足条件:$f_0(y) = 0, f_0(y_0) = 1$,其中 $y \in E$.因此,$f_0(Tx - x) \equiv 0$ 于是 f_0 满足 $T^* f_0 - f_0 = \theta$,然而 $f_0(y_0) \neq 0$,这与假定矛盾.

(证完)

定理 7.2* 方程 $T^* f - f = h_0$ 可解的充要条件是对方程 $Tx - x = \theta$ 的一切解 x 有 $h_0(x) = 0$.

证明 必要性.设 $T^* f_0 - f_0 = h_0$,于是 $f_0(Tx - x) \equiv h_0(x)$.故当 $Tx - x = \theta$ 时 $h_0(x) = f_0(\theta) = 0$.

充分性.由形为 $y = Tx - x$ 的一切元 y 组成子空间 E(引理 7.3 推论 1).按题设条件,可由下式定义 E 上的泛函 f'_0:$f'_0(y) = h(x)$.f'_0 的线性甚为明显.它的连续性可这样证明:$y_n = Tx_n - x_n$ 且 $y_n \to y_0$ 时,按引理 7.3,不妨设 $\{x_n\}$ 是有界列.再据引理 7.2 $\{x_n\}$ 中还有收敛子列 $\{x_{n_k}\}$:$x_{n_k} \to x_0, y_0 = Tx_0 - x_0$.此时 $h(x_{n_k}) \to h(x_0), f'_0(y_{n_k}) \to f_0(y_0)$.

上边证明了对任意 $\{y_n\}$,只要 $y_n \to y_0$ 就必有 $\{y_n\}$ 的子列:$f'_0(y_{n_k}) \to f'_0(y_0)$,这就不难看出 $y_n \to y'_0$ 时 $f'_0(y_n) \to f'_0(y_0)$.设 f_0 是 f'_0 向整个空间 X 上的延拓.于是 $f_0(Tx - x) = h(x), T^* f_0 - f_0 = h$.即 f_0 是所要之解.

（证完）

定理 7.3　（二者择一定理）设 T 是映 X 于自身中之全连续算子，则下列二种情况中有一且仅有一种情况发生：

（ⅰ）方程 $Tx - x = y$ 对一切 y 可解；

（ⅱ）方程 $Tx - x = \theta$ 有非零解 x.

这个定理是以上诸定理的总结，设（ⅰ）成立，则据定理 7.1（ⅱ）便不成立；反之设（ⅱ）不成立，则按定理 7.2* 知 $T^* f - f = h$ 对任意 h 均可解，又从定理 7.1*，方程 $T^* f - f = \theta$ 便只有解 $f = \theta$，最后从定理 7.2 便知 $Tx - x = y$ 对一切 y 都有解，因此（ⅰ）成立.

四、非线性泛函，陷函数存在定理

§8　Frechet 导数

定义 8.1　设 $F(x)$ 是映 Banach 空间 X 于另一 Bamach 空间 Y 的算子（不一定是线性算子）. 设 $x_0 \in X$ 非孤立点，所谓一个映 X 于 Y 的连续线性算子 $F'(x_0)$ 是 $F(x)$ 于 x_0 的 Frechdet 导数，乃指 $R(x_0, v) = F(x_0 + v) - F(x_0) - F'(x_0)v$ 时，满足条件 $\lim\limits_{\|v\|_x} \dfrac{\|R(x_0, v)\|_Y}{\|v\|_X} = 0$.

于是，线性算子的导数即其自身. 也可考虑高阶导数等等，从略.

定义 8.2　若算子 $F(\lambda)$ 映复（实）数 $C(R)$ 于 Banach 空间 Y. 所谓 $F(\lambda)$ 于 λ_0 处解析乃指在 λ_0 的某一 δ 领域内（$\delta > 0$），$F(\lambda)$ 可表成下式：

$$F(\lambda) = \sum_{k=0}^{\infty} F_k (\lambda - \lambda_0)^k, F_k \in Y.$$

式中无限和理解为部分范数意义下的极限.

关于 Frechet 导数有下列公式：

定理 8.1　设 F 是由 Banach 空间 B_1 映入 Banach 空间 B_2 的一般算子，Ωx_0 是以 $x_0 \in B_1$ 为中心的一球，F 于 Ωx_0 上处处有 Frechet 导数 $F'(x)$. 那么：

$$F(\nu)-F(u)=\int_0^1 F'(u+t(\nu-u))(\nu-u)\mathrm{d}t.$$

上式中定积分意义仍与古典分析同:分细、作和、取极限.(何时右端积分存在,又积分的推广均可参看关肇直著《泛函分析讲义》第二章 §6)

证明 注意到式中两端均是 B_2 的点.按 Hahn-Banach 定理,只须证明对共轭空间 B_2 的任一点 φ 下式均成立就行了:

$$\langle F(v)-F(u),\varphi\rangle=\langle\int_0^1 F'(u+t(v-u))(v-u)\mathrm{d}t,\varphi\rangle$$

式中 $\langle x,\varphi\rangle$ 是 $\varphi(x)$ 的另一写法:$\langle x,\varphi\rangle=\varphi(x)$.

为此,考虑自变量 t 的实函数 $\eta(t)=\langle F(u+t(v-u),\varphi\rangle$. 这里 φ 是任意但固定.由 φ 的连续性知:

$$\eta'(t)=\lim_{\tau\to t}<\frac{F(u+\tau(v-u))-F(u+t(v+u))}{\tau-t},\varphi>$$
$$=<F'(u+t(v-u))(v-u),\varphi>$$

利用微积分基本定理(Newton-Leibnitz 公式):

$$\eta(1)-\eta(0)=\int_0^1\eta'(t)\mathrm{d}t$$

因此得:

$$<F(v)-F(u),\varphi>=<\int_0^1 F'(u+t(v-u)(v-u)\mathrm{d}t,\varphi>$$

这里再次用到 φ 的连续性.

(证完)

推论 若 $F'(x)$ 恒满足 $\|F'(x)\|\leqslant\alpha<1$,则有 $\|F(v)-F(u)\|\leqslant\alpha\|v-u\|$ 即 $F(u)$ 是压缩映象.

证明与古典分析中类似的定理完全同.这里要注意在一般情况下对不同的 x,$F'(x)$ 代表不同算子,上述条件是说每一这样算子均有 $\|F'(x)\|\leqslant\alpha$.

定理 8.2 (隐函数定理).设在原点 $(0,\theta)\in R\times B_1$ 某邻域 Ω 中,算子 $F(\lambda,x):R\times B_1\rightarrow B_2$ 关于 (λ,x) 有连续的 Frechet 导数,并设:

(ⅰ)$F(o,\theta)=\theta$;

(ⅱ)$F'x(o,\theta)$ 具有从 B_2 到 B_1 的有界逆算子 Γ：

$$\Gamma \cdot F'_X(o,\theta) = I \quad (B_1 \to B_1)$$

$$\Gamma'_X(o,\theta) \cdot \Gamma = I \quad (B_2 \to B_2)$$

则有点 o 的邻域 G，及函数 $x(\lambda): R \to B_1$，满足下诸条件：

(ⅰ)$x(o) = 0$；

(ⅱ)$F(\lambda, x(\lambda)) \equiv 0, \forall \lambda \in G$；

(ⅲ)$x'(\lambda)$ 存在且连续，$\forall \lambda \in G$.

这里应注意我们以同一符号 θ 代表不同空间的零元(尽管它们不同)，为了简单又以同一符号 I 代表不同空间的恒等映射：$Ix \equiv x$. Frechet 导数的连续性是指 $|\mu| < \delta$, $\|\nu\| < \delta$(δ 充分小)时 $\|F'_\lambda(\lambda+\mu, x+\nu - F'_\lambda(\lambda, x)\| < \varepsilon$ 及 $|F'_x(\lambda+\mu, x+\nu) - F'_x(\lambda,\nu)\| < \varepsilon$.

证明　依次证明以下几点：

(a) 存在充分小的 $\delta > 0$，只要 $|\lambda_0| < \delta$ 及 $\|x_0\| < \delta$ 时，$F'_x(\lambda_0, x_0)$ 就有有界逆算子.

根据 Banach 逆算子定理 6.1，只须证算子 $F'_x(\lambda_0, x_0)$ 是一对一映于 B_2 上的. 也即对：$\forall u \in B_2$，方程 $F'_x(\lambda_0, x_0)v = u$ 有唯一解 $v \in B_1$. 为此，考虑方程 $A\xi = \xi - \Gamma \cdot F'_\chi(\lambda_0, x_0)\xi + \Gamma u$ 或与之全同的方程：

$$A\xi = -\Gamma(F'_x(\lambda_0, x_0) - F'_x(o,\theta))\xi + \Gamma u$$

容易看出，只要上方程($B_1 \to B_1$)有唯一不动点 v，就说明 $F'_\chi(\lambda_0, x_0)v = u$ 有唯一解 v. 于是(a)的证明也就完成. 按 Banach 的压缩映象原理，为了达此目的又只须证 A 是一个压缩算子. 证明如下：

$$\|A\xi_1 - A\xi_2\| = \|\Gamma \cdot (F'_x(\lambda, x) - F'_x(o,\theta))(\xi_1 - \xi_2)\| \leqslant$$
$$\leqslant \|\Gamma\| \cdot \|F'_x(\lambda, x) - \Gamma'_x(o,\theta)\| \cdot \|\xi_1 - \xi_2\|.$$

因题设知 F'_x 连续，于是必存在正数 δ_1，$|\lambda| < \delta_1$ 及 $\|x\| < \delta_1$ 时 $\|A\xi_1 - A\xi_2\| < \alpha\|\xi_1 - \xi_2\|$($\alpha < 1$). 至此(a)证完.

(b) $\forall \lambda_0 \in G$，有且只有一点 $x(\lambda_0) \in B_1$，满足 $F(\lambda_0, x(\lambda_0)) = \theta'$.

容易看出 $x(\lambda_0)$ 满足 $F(\lambda_0, x(\lambda_0)) = \theta$ 的充要条件是：$x(\lambda_0)$ 是算子方程

$$Q^{(\lambda_0)}(x) = Ix - \Gamma \cdot F(\lambda_0, x)$$

的不动点.因此,按压缩映象原理只须证 $Q^{(\lambda_0)}(x)$(当 λ_0 充分小时)是压缩映象即可.又据定理 8.1 之推论只须看 $Q^{(\lambda_0)}(x)$.(x 不同,后者代表不同算子).这很容易:由 $\| Q^{(\lambda_0)}(x) \| = \| I - \Gamma \cdot F'_\chi(\lambda_0, x) \|$ 设 $F'_\chi(\lambda_0, x) = F'(o, \theta) + R(\lambda_0, x)$ 时,便有 $\| Q^{(\lambda_0)\prime}(x) \| = \| \Gamma \cdot R(\lambda_0, x) \| \leqslant \| \Gamma \| \cdot \| R(\lambda_0, x) \|$.最后由 F'_χ 的连续性必存在正数 δ,使当 $|\lambda_0| < \delta_2$ 及 $\| x \| < \delta_2$ 时 $\| Q^{(\lambda_0)\prime}(x) \| \leqslant \alpha(\alpha < 1)$.于是(b)证完.可以证明 $x(\lambda)$ 是连续的.

最后证明:

(c)$x'(\lambda)$ 在 λ 充分小范围内存在且连续.

按 Frechet 导数,将 $F(\lambda + h, x(\lambda + h))$ 展开为

$F(\lambda + h), x(\lambda + h)) = F(\lambda, x(\lambda)) + F'_\lambda(\lambda, x(\lambda))h + F'_x(\lambda, x(\lambda))[x(\lambda + h) - x(\lambda)] + R$.从(b)立得 $|\lambda| < \delta_2(\delta_2 > 0)$ 时 $x(\lambda + h) - x(\lambda) = -[F'_x(\lambda, x(\lambda))]^{-1} \cdot F'_\lambda(\lambda, x(\lambda))h - R'$,其中 $R' = [F'_x(\lambda, x(\lambda))]^{-1}R$,而 $\| R' \| = o(\| R \|) = o(|\lambda|)$.即 $x'(\lambda) = -[F'_\chi(\lambda, x(\lambda))]^{-1} \cdot F'_\lambda(\lambda, x(\lambda))$.显然 $x'(\lambda)$ 还是连续的(δ 充分小.此处又用到了 F'_χ 的连续性).

(证完)

五、Hilbert 空间

§9

定义 9.1 (内积空间).设 X 是复(实)数域 K 上的线性空间.若对于 X 内任何一对元素 x, y 均按某一法则与一复(实)数(x, y)对应,并且:

(i)$(\alpha x, y) = \alpha(x, y)$;

(ii)$(x, y) = (\bar{y}, \bar{x})$ ($\bar{\alpha}$ 表示 α 的共轭复数);

(iii)$(x + y, z) = (x, z) + (y, z)$;

(iv)$(x, x) \geqslant 0$,当且仅当 $x = \theta$ 时$(x, x) = 0$.

X 此时即称作内积空间.(x, y) 为 x, y 的内积.实数域情况(ii)显然是

$(x,y)=(y,x)$.

在内积空间 X 上可引入范数 $\|x\|=(x,x)\frac{1}{2}$,此时便得到赋范线性空间,当然更是距离空间了.($\|x+y\|\leqslant\|x\|+\|y\|$ 的证法如下:对任意 λ 按(ⅰ)—(ⅳ)有$(x+\lambda y,x+\lambda y)\geqslant 0$,即$(y,y)|\lambda|^2+\lambda(y,x)+\lambda\overline{(x,y)}+(x,x)\geqslant 0$. 再令 $\lambda=-\frac{(x,y)}{(y,y)}$ 得 $|(x,y)|\leqslant\|x\|\cdot\|y\|$;最后便有$(x+y,x+y)=(x,x)+(y,y)+(x,y)+(y,x)\leqslant(x,x)+(y,y)+2|(x,y)|=(\|x\|+\|y\|)^2$,因此 $\|x+y\|\leqslant\|x\|+\|y\|$)可分的内积空间便上 Hilbert 空间. 下边介绍射影算子概念.

首先提出下列

引理 9.1 对内积空间 U,下列公式成立:

$$\|x+y\|^2+\|x-y\|^2=2\|x\|^2+2\|y\|^2$$

这个引理可由内积公理直接加以验证,这里从略. 反之:若一Banach 空间的范数满足上式,则其范数可由内积引出,不细证了.

定理 9.1(直交分解) 设 M 是完备内积空间 U 的子空间,则对任意 $x\in U$,可作下列唯一分解:

$$x=x_0+z,x_0\in M,z\perp M,$$

式中 x_0 称为 x 在M 上的射影:$x_0=P_Mx$,P 又叫射影算子.($z\perp M$的意思是对 $\forall y\in M$ 有$(x,y)=0$)

证明 先证上述分解的存在性. 显然只须就 $\rho(x,M)>0$ 的情况证明即可. 设$\rho(x,M)=a$,于是存在点列$\{x_n\}$,$x_n\in M$且$\rho(x,x_n)\to a$. 以下. 先证明$\{x_n\}$ 是基本列,由引理 9.1 易知

$$[\rho(x_m,x_n)]^2=\|x_m-x_n\|^2=\|x_m-x+x-x_n\|^2=2\|x-x_m\|^2+2\|x-x_n\|^2-4\left\|x-\frac{x_m+x_n}{2}\right\|^2.$$

再由 $x_n\in M$,$x_n\in M$ 及M 是子空间:$\frac{x_m+x_n}{2}\in M$.

因此$\left\|x-\frac{x_m+x_n}{2}\right\|\geqslant a$. 这样以来,当 $m,n\to\infty$ 时,上式左端$[\rho(x,x_n)]^2$

不为负，而右端又不得为正，即必有 $\rho(x,x_n)\to 0$. 因此 $\{x_n\}$ 是基本列. 今设 $x_m\to x_0$. 再令 $z=x-x_0$，则 $x=x_0+z$. 以下证 $z\perp M$：注意到 $x_0\in M$ 及 $\forall\, y\in M$ 时 $\rho(x,x_0+\lambda y)\geqslant a$ 于是：

$a^2\leqslant\|x-x_0-\lambda y\|^2=\|x-x_0\|^2-2\mathrm{Re}[\lambda(x-x_0,y)]+|\lambda|^2\|y\|^2=a^2-2\mathrm{Re}[\lambda(x-x_0,y)]+|\lambda|^2\|y\|^2$.

即是 $\quad 2\mathrm{Re}[\lambda(x-x_0,y)]\leqslant|y|^2\|y\|^2$

取 λ 为实数 ε，让 $\varepsilon\to 0$ 看出 $\mathrm{Re}(x-x_0,y)=0$；

取 λ 为纯虚数 $i\varepsilon$，让 $\varepsilon\to 0$ 又看出 $I_m(x-x_0,y)=0$. 这就说明 $(x-x_0,y)=0$，即 $z\perp M$. 分解存在性至此证完.

次证唯一性. 显然只须对 $x=\theta$ 的情况证明即可. 若 $\theta=x_0+z$ 且 $x_0\perp z$，则 $\|\theta\|^2=\|x_0+z\|^2=(x_0+z,x_0+z)=\|x_0\|^2+\|z\|^2=0$. 故必 $x_0=z=\theta$.

（证完）

对于射影显有：$\|P_M x\|^2\leqslant\|x\|^2$，且等号成立仅当 $x\in M$.

一个经常用的 Hilbert 空间例子即 L^2，这里不细论了. 一个有趣的定理是完备、内积空间内连续线性泛函的 Riesz 表现定理.

定理 9.2(Riesz 表现定理) 定义在完备内积空间 U 上的每一个有界线性泛函 $f(x)$ 都可表为如下形式 $f(x)=(x,u)$，其中元素 $u\in U$ 由泛函 $f(x)$ 唯一确定，且有 $\|f\|=\|u\|$. 反之：对于任意的 $u\in U$，由等式 $f(x)=(x,u)$ 唯一地确定了 U 上一个线性泛函 f，且 $\|f\|=\|u\|$.

证明 (a) 先在 $f(x)=(x,u)$ 的情况下证明 $\|f\|=\|u\|$：由定义 9.1 后面一段中曾证明的不等式 $|(x,u)|\leqslant\|x\|\cdot\|u\|$. 于是设 $f(x)=(x,u)$ 时显有 $|f(x)|\leqslant\|u\|\cdot\|x\|$，即 $\|f\|\leqslant\|u\|$. 又于 $f(x)=(x,u)$ 中取 $x=u$ 时，$|f(u)|=\|u\|\cdot\|u\|$. 因此 $\|f\|=\|u\|$. 另外，$u\neq\theta$ 时 $f(x)\not\equiv 0(f(u)=(u,u)>0)$ 也是明显的.

(b) 由上面一段论述，看出定理的后一半甚为明显. 对于定理前一半也只须证明存在性如次：

设 $f(x)\not\equiv 0$，由 $f(x)$ 的有界、线性推知下列 L 是 U 的真子空间

$$L=\{x: f(x)=0, x\in U\}.$$

由此及定理9.1,存在 $x_0: x_0\perp L$. 不妨设 $\|x_0\|=1$. 再设 $f(x_0)=\alpha(\neq 0)$,于是 $\forall x$,若 $f(x)=\beta$ 则 x 对 L 的直交分解必是 $x=\frac{\beta}{\alpha}x_0+z, z\in L$,后一结论证明如下:

考虑 $x-\frac{\beta}{\alpha}x_0$,由于 $f\left(x-\frac{\beta}{\alpha}x_0\right)=f(x)-\frac{\beta}{\alpha}f(x_0)=\beta-\frac{\beta}{\alpha}\cdot\alpha=0$,故 $z=x-\frac{\beta}{\alpha}z_0\in L$. 因此 x 关于 L 的直交分解是 $x=\frac{\beta}{\alpha}x_0+z, z\in L$.

最后,取 $u=\bar{\alpha}x_0$,则 $(x,u)=\left(\frac{\beta}{\alpha}x_0+z, \bar{\alpha}x_0\right)=\frac{\beta}{\alpha}.\alpha(x_0,x_0)+\alpha(z, x_0)=\beta=f(x)$(利用了 $\|x_0\|=1, x_0\perp L$). 至此,定理全部证明完毕.

利用上述定理于 Hilbert 空间即得自其轭算子概念 $(Tx,y)=(x, Ty)$,在量子力学中大家都很熟悉了,不再细述.

下边再给 Banach 空间内隐函数定理一点补充,而不予证明.

六、两点补充

§10

定理 10.1 在隐函数定理中,若 λ 取复数,其他假设照旧,则解 $x(\lambda)$ 是解析的.

我们还将提出 Riesz-Szauder 理论的下一结果但不证明了:

定理 10.2 设 T 是全连续算子 $(B\to B)$,则方程 $Tx-x=0$ 的解 x 所组成子空间的维数与方程 $T^* f-f=0$ 的解 f 所组成子空间的维数相等.

七、分支现象

这里以粘性不可压缩流体的 Navier-Stokes 方程为例,说明如何利用

第一部分介绍的泛函分析最基础内容处理单本征值情况的分支现象，所提的一些技巧方面对更一般问题是有用的.

§11

直交坐标系中 Navier-Stokes 方程是

$$\dot{u}_i - \Delta u_i + \frac{\partial p}{\partial x_i} + \lambda u_j \frac{\partial u_i}{\partial x_j} = f(x_i, t) \quad (i = 1,2,3) \tag{11.1}$$

不可压缩且无源条件是：

$$\frac{\partial u_i}{\partial x_i} = 0$$

式中 p 是流体压力，u_j 是速度分量，分别沿 x_1, x_2, x_3 轴，λ 是参量，f 是外力，$\dot{u}_i = \frac{\mathrm{d}u_i}{\mathrm{d}t}$. 此外对重复标号要求和.

若无(或不计) 外力时，则定态方程是

$$\begin{cases} \Delta u_i = \dfrac{\partial p}{\partial x_i} + \lambda u_i \dfrac{\partial u_i}{\partial x_j} \quad (i = 1,2,3) \\ \dfrac{\partial u_i}{\partial x_i} = 0 \end{cases} \tag{11.2}$$

注意方程中的未知函数是 $u_i (i = 1,2,3)$ 及 p.

若考虑有界区域 D，且设在 D 的边界 ∂D 上的边界条件取为

$$u_i |_{\partial_D} = \Psi_i \tag{11.3}$$

则由无散度方程 $\frac{\partial u_i}{\partial x_i} = 0$ 得：

$$0 = \int_D \frac{\partial u_i}{\partial x_i} \mathrm{d}x = \int_{\partial D} u_i u_i \mathrm{d}\sigma = \int_{\partial D} \Psi_i v_i \mathrm{d}\sigma$$

式中(v_1, v_2, v_3) 是边界的法向单位矢量，$\mathrm{d}x$ 是体积元，$\mathrm{d}\sigma$ 是面积元.

Leray 用拓扑度方法证明了边值问题(11.2)(11.3) 对任意 λ 至少有一解. 这里要研究的是：假设对应于 λ. 已有一解(u_0, λ_0) 研究 λ 接近 λ_0 时解 $u(\lambda)$ 的问题.

记 $u(\lambda) = u_0 + v, \lambda = \lambda_0 + \tau$，则由(11.1)，(11.2) 及(11.3) 分别有

$$\Delta v = \nabla p - \nabla p_0 + \tau u_0 \nabla u_0 + \lambda v \nabla v + (\lambda_0 + \tau)(u_0 \nabla u + u \nabla u_0). \tag{11.4}$$

$$\frac{\partial v_i}{\partial x_i} = 0 \tag{11.5}$$

$$v|_{\partial_D} = 0 \tag{11.6}$$

为着后边的讨论,必须引入下列的一些空间方能运用泛函分析方法,以 Ω 表示具有光滑边界的三维空间区域,引入的 Hilbert 空间 L_2 是

$$L_2(\Omega) = \{u : u = (u_1, u_2, u_3), u_\lambda(x) \in L_2(\Omega)\}$$

并定义子空间

$$H_a = \{w : w \varepsilon L_2(\Omega), \text{且对 } \forall \varphi \in C'(\Omega), \int_\Omega w \cdot \nabla \varphi \mathrm{d}x = 0\}$$ ($C'(\Omega)$ 表示具有连续偏导数的函数类).

P_a 是 $L_2(\Omega)$ 向子空间 H_a 的射影算子,由 H_a 中条件 $\forall \phi \in C'(\Omega)$, $\int_\Omega w \cdot \nabla \varphi \mathrm{d}x = 0$,特别取 $\varphi = P$ 时可见 $\forall w \in H_a$ 也有 $\int_\Omega w \cdot \nabla \varphi \mathrm{d}x = 0$,因此 $\nabla p \perp H_a$,此即 $p_a(\nabla P) = 0$. ((u,v) 按周知定义有 $(u,v) = \sum_{i=1}^{3} \int_\Omega u_i v_i \mathrm{d}x$).

从方程(11.2) $P_a(\Delta u - \lambda u \cdot \nabla u) = 0$ 引入线性算子 $A = P_\sigma \Delta$,并引进一些记号:

$$N(\xi, \eta) = P_a(\xi \cdot \nabla \eta) \tag{11.7}$$

$$M(u_0, v) = N(u_0, v) + N(v, u_0) \tag{11.8}$$

$$L_0 v = Av - \lambda_0 M(u_0, v) \tag{11.9}$$

由方程(11.4)(两端作用 P_a 后)不难得出

$$L_0 v = \tau N(u_0, v_0) + \lambda N(v, v) + \tau M(u_0, v) \tag{11.10}$$

其中 v 满足条件(11.5)及(11.6)

§1,§2 中曾引入空间 $C_{k+a}(D)$,这里再引入 Banach 空间

$$C_{k+a,a} = \left\{u : \| u_i \|_{k+a} < \infty, u \in H_a, \text{且在 } D \text{ 上} \operatorname{div} u \equiv \frac{\partial u_i}{\partial x_i} = 0\right\}$$

本节目的在于证明：当 L_0 可逆时，则在(u_0, λ_0)点不出现分支. 为此先从一些引理开始.

引理 11.1 设 $f_i \in C_a$，而 u_i 及 P 是下列方程的解：

$$\begin{cases} \nabla u_i = \dfrac{\partial \rho}{\partial x_i} + f_i \\ \mathrm{div} u = 0 \\ u \mid \partial_D = 0 \end{cases} \tag{11.11}$$

则必存在常数 C，使得：

$$\| u \|_{2+\alpha} \leqslant C \| f \|_{\alpha}, \| p \|_{1+\alpha} \leqslant C \| f \|_{\alpha} \tag{11.12}$$

其中数量函数 p 的模 $\| p \|_{1+\alpha}$ 见 §3，而矢函数的模可取作 $\| u \|_{2+\alpha} = \sum_{i=1}^{3} \| u_i \|_{2+\alpha}$ 等等，以后同此.

引理 11.1 的证明是属于微分方程理论，这里从略.

引理 11.2 如果方程 $L_0 \varphi = 0$ 没有满足边值条件 $\varphi \mid \partial_D = 0$ 的非零解，则 L_0 必可逆并有常数 C 合于：$\| L^{-1} u \|_{2+\alpha} \leqslant C \| u \|_{\alpha}$.

证明 由(11.12)，若 u 是 $Au = f$ 的解，其中 $f \in C_{\alpha,\alpha}$ 则，据 Banach 的逆算子定理，A 必有有界逆 $A^{-1}: C_{\alpha,\alpha} \to C_{2+\alpha,\alpha}$(定理 6.1)

设 $L_0 u = f$，将两端作用算子 A^{-1} 并据(11.9)L_0 的定义得

$$u - \alpha A^{-1} M(u_0, \nu) = A^{-1} f. \tag{11.13}$$

其中

$$v \mid \partial_D = 0 \tag{11.14}$$

分别证明以下几点：

(a)$A^{-1} M(u_0, \cdot)$ 是 $C_{2+\alpha,\alpha}$ 上线性全连续算子.

“线性”容易直接看出. 以下证“全连续性”.

首先，上面已说明 A^{-1} 是有界算子，于是

$$\| A^{-1} M(u_0, v) \|_{2+\alpha} \leqslant C_1 \| M(u_0, v) \|_{\alpha} \tag{11.15}$$

其次由(11.7)(11.8) 及 §1 中范数定义不难看出

$$\| M(u_0, \nu) \|_{a} \leqslant C_2 \| v \|_{1+\alpha} \tag{11.16}$$

由(11.15) 及(11.6) 便有常数 C 合于

$$\| A^{-1}M(u_0,v) \|_{2+\alpha} \leqslant C \| v \|_{1+\alpha} \tag{11.17}$$

最后，由 $v \in C_{2+\alpha}$，及 §1，§3 中范数 $\| \cdot \|_{2+\alpha}$ 的第二个式子可以证明：按范数 $\| v \|_{2+\alpha}$ 有界的任意点列 $\{v_n\}$ 中必含有按范数 $\| v \|_{1+\alpha}$ 收敛的子列 $\{v_{nk}\}$：$v_{nk} \to v_0$（此地不证）. 因此，由(11.17) 式知

$\| A^{-1}M(u_n,v_{nk}) - A^1 M(u_0,v_0) \|_{2+\alpha} = \| A^{-1}M(u_0 v_{nk} - v_0) \|_{2+\sigma} \leqslant C \times \| v_{nk} - v_0 \|_{1+\alpha} \to 0$. 即 $A^{-1}M(u_0,\cdot)$ 将有界集映成列紧集，至此(a) 证完.

(b) 由二者择一定理 7.3 及(a)，再由题设条件对任意 $f \in C_\alpha$，方程(11.13)，(11.14) 有唯一解 v，且 $\| v \|_{2+\alpha} \leqslant C_1 \cdot \| A^{-1} f \|_{2+\chi} \leqslant C \| f \|_\alpha$.

（证完）

引理 11.3 $\| N(u,v) \|_\alpha \leqslant C \| u \|_\alpha \| v \|_{1+\alpha}$.

容易直接验证.（从略）

现在可以提出本节的主要结果是：

定理 11.1 如果 L_0 可逆，则对充分小的 τ，方程(11.10) 有关于 τ 解析的唯一解 $\nu(\nu \in C_{2+,\sigma})$.

证明 将(11.10) 两端作用 L_0^{-1} 便得

$$\nu - \tau L_0^{-1} N(u_0,u_0) - \lambda L_0^{-1} N(\nu,\nu) - \tau L_0^{-1} M(u_0,\nu) = 0. \tag{11.18}$$

由引理 11.2，11.3 得：

$\| L_0^{-1} N(u,u) \|_{2+\alpha} \leqslant C \| N(u,u) \|_\alpha \leqslant C \| u \|_\alpha \cdot \| u \|_{1+\alpha} \leqslant C \| u \|_{1+\alpha}^2$，因此 $L_0^{-1} N(u,u)$ 便是空间 $C_{2+\sigma},\sigma$ 映射于自身的算子，易知其关于 u 有连续 Frechet 导数. 将方程(11.18) 看作 $F(\tau,\nu) = \theta$ 于是下列条件满足

(ⅰ) $F(o,\theta) = \theta$;

(ⅱ) $F'\nu(o,\theta) = I \quad F'\tau(o,\theta) = L_0^{-1} N(u_0,u_0)\tau$.

（这些条件容易直接验证）从隐函数定理（及定理 10.1），立得定理的证明.

（证完）

上述定理说明，当 L_0 可逆时，在(u_0,λ_0)不产生分歧点.

§12　现在讨论 L_0 不可逆的情况

这时，按引理 11.2，$L_0\varphi=\theta$ 有满足边条件 $\varphi\mid\partial_D=0$ 的非零解 φ_0，因此 0 将是算子 L_0 的一个本征值，我们这里仅就 0 是单重本征值的情况下进行讨论. 再将 L_0 具体写出：$L_0=A-\lambda_0 M(u_0,\cdot)$(见 11.9)，设$(\lambda_0,u_0)$已满足(11.2) 及(11.3)，以下还要在$(\lambda_0,u_0)$的邻域内研究(11.2)，(11.3). 注意到(11.2) 的第一方程可写作(两端作用算子 $P\sigma$)

$$Au(\lambda)-\lambda N(u(\lambda),u(\lambda))=\theta \tag{12.1}$$

那么所谓分支现象即是下列问题：能否在(λ_0,u_0)的邻域中找出方程的另一解族(注意：$u(\lambda)$ 当 λ 固定时，代表对应于此 λ 的方程的一个解，而 $u(\lambda_0)=u_0$).

若采用记号 $\nu(\lambda)=u(\lambda)+z$ 且由(12.1) 与下式

$$A\nu(\lambda)-\lambda N(\nu(\lambda),\nu(\lambda))=\theta \tag{12.2}$$

相减可得

$$Az-\lambda M(u(\lambda),z)-\lambda N(z,z)=\theta \tag{12.3}$$

与(11.9) 相对应，这里再采用记号

$$L(\lambda)=A-\lambda M(u(\lambda)\ \cdot) \tag{12.4}$$

((11.9) 即 $L(\lambda_0)=L_0$) 则由(12.3)，所求定解问题又可写作

$$\begin{cases}L(\lambda)z-\lambda N(z,z)=\theta\\ \mathrm{div}z=0\\ z\mid\partial_D=0\end{cases} \tag{12.5}$$

(参看(12.1) 后圆括弧中的说明) 所谓分支问题即是：(12.5) 有无非零解族 $z(\lambda)$？

按一般物理问题的实际情况，不妨假定 $u(\lambda)$，$L(\lambda)$ 在 λ_0. 充分小邻域内可展开作：

$$u(\lambda)=u(\lambda_0+\tau)=u_0+\tau u_1+\tau^2u_2+\cdots$$
$$L(\lambda)=L(\lambda_0+\tau)=L_0+\tau L_1+\tau^2L_2+\cdots \tag{12.6}$$

设 $L(\lambda)$ 的本征值为 $\mu(\lambda)$，则 $\lambda=\lambda_0$ 时有零本征值，但认为 $\mu'(\lambda_0)\neq0$. 在

上述这些条件之下展开如下讨论.

引理 12.1 若0是L_0在$H\sigma$中之单重本征值,则(ⅰ)$\exists\,\varphi_0\in H\sigma$使$L_0\varphi_0=0,\varphi_0\in C_{2+\alpha,\alpha}$(ⅱ)$L_0^*$有且仅有一个线性独立的本征函数$\varphi_0^*$:$L_0^*\varphi_0^*=0$,其中$\varphi_0^*\in C_{2+\alpha,\alpha}$且$(\varphi_0,\varphi_0^*)=1$(ⅲ)$Pu=(u,\varphi_0^*)\varphi_0$是到$L_0$的零空间的射影而$Q=I-P$是到值空间的射影,也是$C_{2+\alpha,\alpha}$上的有界射影;(ⅳ)存在有界算子$K:C_{\alpha,\alpha}\to C_{2+\alpha,\alpha}$使得$KL_0=Q$.

关于引理,须作几点说明,首先$H\sigma$是Hilbert空间,根据定理9.2,对其上任意有界线性泛函$f(x)$,存在该空间之一点(记作f^*)使$f(x)=(x,f^*)$;设T是任意有界线性算子,T^*是其共轭算子时,则$f(Tx)=(Tx,f^*)$于是又有另一点(记作T^*f^*)使$f^*(x)=f(Tx)=(Tx,f^*)=(x,T^*f^*)$.因此$T^*$也可看作:$H\sigma\to H\sigma$.引理中$\varphi_0$相当于记号$x$,而$\varphi^*$则相当于上述的记号$f^*$.在这样说明之后,引理便不难由定理9.2,10.2得到(详细推导从略).

引理 12.2 $L(\lambda)$的本征值$\mu(\lambda)$是λ的解析函数,且$\mu'(\lambda_0)=(L_1\varphi_0,\varphi_0^*)$

证明 我们只给出最后一结论的证明.

设$\mu(\lambda)=\mu(\lambda_0+\tau)=\mu_1\tau+\mu_2\tau^2+\cdots(\because\mu(\lambda_0)=0)$, (12.7)

因为$L(\lambda)\varphi(\lambda)=\mu(\lambda)\varphi(\lambda)$,将(12.7)及(12.6)代入此式并比较$\tau$的同幂系数便得

$$L_0\varphi_0+\tau(L_0\varphi_1+L_1\varphi_0)+\cdots=\mu_1\varphi_0\tau+\cdots.$$

于是

$$L_0\varphi_1+L_1\varphi_0=\mu_1\varphi_0.$$

据引理12.1之(ⅱ)及$(L_0\varphi_1,\varphi_0^*)=(\varphi_1,L_0^*\varphi_0^*)=0$即得证明.

(证完)

注 此引可采另一证法如下:

在$L(\lambda)\varphi(\lambda)=\mu(\lambda)\varphi(\lambda)$中$(\mu(\lambda_0)=0,\lambda=\lambda_0+\Delta\lambda)$代入(12.6)得$L_0\varphi_0+\Delta\lambda(L_0\varphi_1+L_1\varphi_0)+o(\Delta\lambda)^2=(\Delta\mu\cdot\varphi_0+o(\Delta\lambda)^2$此处$\Delta\mu=\mu(\lambda_0+\Delta\lambda)-\mu(\lambda_0)=\mu(\lambda_0+\Delta\lambda)$.再注意$L_0\varphi_0=0$.上式两端除以$\Delta\lambda$,并取$\Delta\lambda\to$

0 时的极限,即得:

$\mu'\varphi_0 = L_0\varphi_1 + L_1\varphi_0$($\mu'$ 的存在由上等式恒成立可直接看出)即 $\mu' = (L_0\varphi_1 + L_1\varphi_0, \varphi_0^*)$. 由此 $\mu(\lambda)$ 的解析性可由复变函数理论证得.

(证完)

在进入本节主要定理之前,还将引入一个记号:

$$[u] = (u, \varphi_0^*)$$

于是:(1)$\mu'(\lambda_0) = [L_1\varphi_0]$,由假定$[L_1\varphi_0] \neq 0$;

(2)$[\varphi_0] = 1$;

(3)$Pu = (u, \varphi_0^*)\varphi_0 = [u]\varphi_0$;

(4)f 属于 L_0 的值域 $\Leftrightarrow [f] = (f, \varphi_0^*) = 0$;

(5)$\forall u, [Qu] = 0$ 等等.

定理 12.1 当$[L_1\varphi 0] \neq 0$(即 0 是 L_0 的单重体征值)时,方程(12.5)有非本平凡分支$(\lambda(\varepsilon), z(\varepsilon))$,其中 $\lambda(0) = \lambda_0$ 而 $z(0) = \theta$,且当 $|\varepsilon|$ 充分小时,$\lambda(\varepsilon), z(\varepsilon)$ 均解析,并且$[z(\varepsilon)] = (z(\varepsilon), \varphi_0^*) = \varepsilon$.

证明 对方程(12.5)再作变换 $z = \varepsilon W, \tau = \varepsilon\sigma(\lambda = \lambda_0 + \tau)$,使$[W] = 1$,于是显然有$[z] = \varepsilon$ 并有 $PW = \varphi_0, W = PW + QW = \varphi_0 + \xi$. 方程(12.5)第一式变为

$$L_0W + \varepsilon\sigma L_1W + \cdots - \varepsilon(\lambda_0 + \varepsilon\sigma)N(W, W) = 0$$

将 $W = \varphi_0 + \xi$ 代入后得

$$L_0\xi + \varepsilon(\sigma L_1(\varphi_0 + \xi) + \cdots - (\lambda_0 + \varepsilon\sigma)N(W, W)) = 0 \quad (12.7)$$

注意 $L_0\xi$ 属于 L_0 的值域及前边提及性质(4),由上方程又得

$$\sigma[L_1\varphi_0] + \sigma[L_1\xi] + \cdots - (\lambda_0 + \varepsilon\sigma)[N(\varphi_0 + \xi, \varphi_0 + \xi)] = 0 \quad (12.8)$$

另一方面若将(12.7)两端作用 L_0 的"逆"K(引理 12.1 的(ⅳ),并由 $KL_0\xi = Q\xi = \xi$ 得

$$\xi + \varepsilon K\xi\sigma L_1(\varphi_0 + \xi) + \cdots - (\lambda_0 + \varepsilon\sigma)N(\varphi_0 + \xi, \varphi_0 + \xi)\xi = 0 \quad (12.9)$$

引入 $C_{2+\alpha,\alpha}$ 的子空间

$$B_1 = \{\xi : \xi \in C_{2+\alpha,\alpha}, [\xi] = 0\}$$

于是边值问题(12.5)即等价于问题：有无参数 σ,ε 及 $\xi \in B_1$ 使之满足(12.8)及(12.9)?

定义一个算子 F：

$$F(\xi,\sigma,\varepsilon) = (\xi + \varepsilon K\{\sigma L_1(\varphi_0 + \xi) + \cdots\}, [\sigma L_1(\varphi_0 + \xi) + \cdots])$$

F 显然是：$B_1 \times R \times R \to B_1 \times R$

由于要解的问题即是将 ξ,σ 从 $F = \theta$ 中解出为 ε 的函数，若记 $B = B_1 \times R$，又当 $(\xi,r) \in B$ 时范数定义为 $\|(\xi,r)\|_B = \|\xi\|_{B_1} + |r|$. 如此 F 就可看作：$B \times R \to B$，我们要对它运用隐函数定理 8.2. $F(\eta,\varepsilon)$ 具有连续 Frechet 导数($\eta = (\xi,\sigma)$)是容易直接看出的. 再看 $\varepsilon = 0$ 时 η_0 是否存在. 此时 $F(\eta,0) = \theta$ 即成为：

$$F(\eta,0) = (\xi, \sigma[L_1(\varphi_0 + \xi) - \lambda_0 N(\varphi_0 + \xi, \varphi_0 + \xi)] = \theta.$$

于是可取 $\eta_0 = (\theta,\sigma_0)$ 其中

$$\sigma_0 = \frac{\lambda_0}{[L_1\varphi_0]}[N(\varphi_0,\varphi_0)],$$

于是 $F(\eta_0,0) = \theta$.

下边再考察一下 $F'x_0(\eta_0,o)$，它可表作下列矩阵

$$F'\eta_0(\eta_0,0) = \begin{pmatrix} I & \theta \\ \sigma_0[L_1\ \bullet] - \lambda_0[M(\varphi_0,\ \bullet)] & [L_1\varphi_0] \end{pmatrix}$$

它显然是有界可逆的. 逆算子为：

$$r = \begin{pmatrix} I & \theta \\ \lambda_0[M(\varphi_0\ \bullet) - \sigma_0[L_1\ \bullet] & [L_1\varphi_0]^{-1} \end{pmatrix}$$

于是从隐函数定理 8.2(及定理 10.2)，即得定理之证明.

注 由$[(z(\varepsilon)] = \varepsilon$ 知 $\varepsilon \neq 0$(当然要充分小)时 $z(\varepsilon) \neq \theta$.

INTRODUCTION TO FUNCTIONAL ANALYSIS AND BIFURCSTION THEORY

Wang Shu-tang

Abstract

This is an expository paper in which we introduce systematically some basic aspect of functional analysis with moderate length. From which the bifurcation theory is derived which may be useful for physicisis.

广义数及其应用(Ⅰ)*

王戍堂

摘　要

本文在文献[2]的基础上引进广义数系统.定义了以广义数为基础的广义函数(本质不同于 L. Schwartz 的分布),研究了勒贝格积分的推广.将这理论应用于分布,便得到对 δ 函数等的自然理解.对广义数应用于量子场论中,也作了一些尝试性的工作.

在量子力学发展过程中,Dirac首先提出 δ 函数,开始仅是理解为一种特定的符号[1].然而这类函数在近代物理及数学领域中,却日愈显示出其根本性的重要意义.1950 年法国学者 L. Schwartz 提出了分布论则是把这类函数理解为基本空间的线性泛函,以此来奠定其数学基础.众所周知,基本空间是由具一定数学性质的普通实变函数组成.因此 Schwartz 的观点是一种简接以实数作为基础的观点:在这里函数关系被泛函所代替.

1964 年作者[2] 曾引用“ω_μ- 列”解决拓扑空间的 ω_μ- 距离化问题.

设 ω_μ 为规则初始序数,并设

$$x = (x_0, x_1, \cdots, x_\alpha, \cdots)$$

及

* 本文发表于《中国科学》数学专辑(Ⅰ)(1979),1-11.

$$y = (y_0, y_1, \cdots, y_\alpha, \cdots), \tag{1}$$

其中 x_α, y_α 均为实数,$\alpha < \omega_\mu$. 当存在某个 $\alpha_0 < \omega_\mu$ 合于下列条件时,

$$\begin{cases} \beta < \alpha_0 \text{ 时}, x_\beta = y_\beta, \\ x_{\alpha_0} < y_{\alpha_0} \end{cases} \tag{2}$$

即 $x < y$. 文献[2]中曾定义 x 与 y 间的加减运算关系.

如记 $I_{\alpha_0} = \{x; \beta \neq \alpha_0 \text{ 时 } x_\beta = 0\}$,于是容易看出 I_{α_0} 是与普通实数同构的(对一切运算). 称 I_{α_0} 为第 α_0 数区,于是当 $\alpha < \beta$ 时,α 数区的每个非零元素对 β 数区而言均是(正、负)无限大;β 数区的每个元素对 α 数区而言均是无限小. 因此,这里便将无限分了等级:同一数区的数均与普通实数同构,不同数区的数则是"不可通约的".

一、广义数的基本概念

这里研究下述形状的列:$x = (\cdots, x_{-m}, \cdots, x_0, x_1, \cdots, x_n, \cdots)$,$m$ 与 n 均为自然数,且只有有限个 m,使 $x_{-m} \neq 0$. 定义几种运算:

1) 序及加减运算(见文献[2]);

2) 设 c 为实数,则定义 $cx = (\cdots, cx_{-m}, \cdots, cx_0, \cdots, cx_n, \cdots)$;引用符号($k$ 数区的单位元)$1_{(k)}$:

$$1_{(k)} = (\cdots, 0, \cdots 0, \underset{\substack{\uparrow \\ \text{第}k\text{位}}}{1}, 0, \cdots), \tag{3}$$

其中 k 可正、可负,也可以是数 0. 于是

$$x = \sum_k x_k \times 1_{(k)}. \tag{4}$$

3) 定义乘法为:

$$1_{(m)} \times 1_{(m)} = 1_{(m+n)} \tag{5}$$

及

$$x \cdot y = \sum_k \sum_{m+n=k} (x_m \cdot y_n) \times l_{(k)} \tag{6}$$

(m, n 及 k 均是整数).

4) 定义除法为:设 x, y 及 z 在上述 3) 意义下有关系

$$y \cdot z = x, \tag{7}$$

即说 z 是 x 除以 y 的商,记作

$$z = \frac{x}{y}. \tag{8}$$

容易验证,在上述运算定义下,列 x 之集便是一个有序域,而有关实数的一些基本算术公式现在仍然成立.

广义数的定义 定义了上述运算的列 x 之集便称之为广义数系统,x 称作广义数.

每一数区 I_n(n 是整数)与实数具有相同构造,而不同数区间的关系则是无限大与无限小的关系.广义数系统是一有序域.

二、广义函数

不难看出以广义数为基础的函数定义,这完全与普通实变函数的定义方式相同,因此勿需重述.这样的函数,本文即称之为广义函数.

寻常所观察到的量只是普通实数,这相当于广义数的一个数区,恒约定是第 0 数区的数.因此,普通实变函数则是定义于 I_0 的某集合 E,且于 I_0 取值的广义函数.下边讨论广义函数的连续性.

实际改变量.设 $x = \sum\limits_n x_n \times l_{(n)}$ 及 $x + \Delta x = \sum\limits_n (x + \Delta x)_n \times l_{(n)}$,又设 m 为一固定整数.如果当 $n < m$ 时恒有 $(x + \Delta x)_n = x_n$,即称 $\Delta_m(x) = (x + \Delta x)_m - x_m$ 为 x 的实际(m)改变量.以后凡出现符号 $\Delta_n(x)$,$\Delta_n(y)$ 时,不加声明,均指这种意义下的实际改变量.

定义 1 设 $y = f(x)$ 是定义于 E 的广义函数,$x_0 \in E$ 而 m 与 n 为整数.如对任意的正实数 $\varepsilon > 0$ 均有相应的实数 $\delta > 0$,使之合于条件:$|\Delta_m(x_0)| < \delta$(及 $x \in E$)时,

$$|\Delta_n(y_0)| < \varepsilon, \tag{9}$$

即称 $f(x)$(关于 E)于 x_0 是准(m,n)连续的,其中 x_0 是广义数.

若 $m = n = 0$,即得普通连续性概念;而当 $n < m = 0$ 时,说明即使函

数取值(平常所说的)∞ 仍可考虑其某种连续性.

对于准(m,n) 连续性有下列初等定理.

定理 1 在点 x_0,如果 $f_1(x)$ 与 $f_2(x)$ 准(m,n) 连续,则 $f(x)=f_1(x)\pm f_2(x)$ 也准(m,n) 连续.

定理 2 在点 x_0,如果 $f_1(x)$ 与 $f_2(x)$ 各是准(m,n_1) 与准(m,n_2) 连续,那么 $f(x)=f_1(x)\cdot f_2(x)$ 便是准(m,n) 连续的. 其中 $n=\min\{n_1+n_2,n_1+k_2,n_2+k_1\}$,而 k_i 是使$\{f_i(x_0)\}_k\neq 0$ 的最小标号 $k=k_i$.

定理 3 在点 x_0,设 $f(x)$ 准(m,n) 连续,并设存在正实数 $\delta>0$,使当 $|\Delta_m(x)|<\delta$ 时,$\{f(x)\}_n\neq 0$,而$\{f(x)\}_k=0(k<n)$,则$\dfrac{1}{f(x)}$便是准$(m,-n)$ 连续的. $\{f(x)\}_n$ 的意义为:

$$f(x)=\sum_n\{f(x)\}_n\times I_{(n)}.$$

定理的证明从略.

定义 2 设 $y=f(x)$ 为定义于 E 的广义函数,$x_0\in E$. $m,n,\Delta_m(x)$ 与 $\Delta_n(y)$ 等符号意义同上. 如果存在实数 S 合于条件:对任意实数 $\varepsilon>0$ 有实数 $\delta>0$,使当 $|\Delta_m(x_0)|<\delta$ 时,

$$\left|\frac{\Delta_n(y_0)}{\Delta_m(x_0)}-S\right|<\varepsilon. \tag{10}$$

即称 $S\times I_{(n-m)}$ 为 $y=f(x)$ 在点 x_0(相对于集 E) 的(m,n) 导数.

关于(m,n) 导数一些初等性质的讨论在此从略.

三、广义函数的积分

不失一般性,可假定以下的函数 $y=f(x)$ 是定义于整个广义数系统上的,因为讨论积分时可于函数定义域外补值 0. 记 $E=\{x;f(x)\neq 0\}$,我们分以下两种情况及若干步定义积分.

1. 设 $x\in E$ 时,$x_{-m}=0$ 恒成立,$m=0,1,2,\cdots$.

为叙述清楚起见,可将 $y=f(x)$ 明显表为:

$$y=(\cdots,y_{-m},\cdots,y_0,\cdots,y_n,\cdots),\tag{11}$$

其中 $y_k=y_k(x)=y_k[(\cdots,x_{-m},\cdots,x_0,\cdots,x_n,\cdots)]$.

第一步. 记 $H^{(0)}$ 为满足下列条件 $(P)_0$ 的全部实数 x_0 之集:

$(P)_0$: 设 $x=(\cdots,0,\cdots,0,x_0,\cdots,x_n,\cdots)$ 及 $y=f(x)=(\cdots,y_{-m},\cdots,y_0,\cdots,y_n,\cdots)$, 则

$$\left.\begin{array}{l}(1)_0\ y_{-m}=0,m>0;\\ (2)_0\ y_0\ \text{仅与}\ x_0\ \text{有关},y_0=y_0(x_0).\end{array}\right.\qquad (12)_0$$

由 $f(x)$ 定义实变函数 $f^{(0)}(x_0)$ 为:

$$f^{(0)}(x_0)=\begin{cases}y_0,\text{当}\ x_0\in H^{(0)},\\ \infty\ \text{或不确定,其他}.\end{cases}\qquad (13)_0$$

如果 $f^{(0)}(x_0)$ 是勒贝格可积的(自然此时 $(13)_0$ 式右端第二种情况的 x_0 便是线性勒贝格测度为零的集合),积分值记作 $a^{(0)}$. 继续进行下列第二步.

第二步. 固定 x_0, 并首先按下列条件定义实数 x_1 的集合 $H^{(1)}$: 对 $x_1\in H^{(1)}$ 恒有性质:

$(P)_1$: 当 $x=(\cdots,0,\cdots,0,x_0,x_1,\cdots,x_n,\cdots)$ 时,

$$\left.\begin{array}{l}(1)_1\ y_{-n}=0,n>1;\\ (2)_1\ y_{-1}\ \text{仅与}\ x_1\ \text{有关},y_{-1}=y_{-1}(x_1).\end{array}\right.\qquad (12)_1$$

自然其中 $H^{(1)}$ 等则是随 x_0 改变的.

定义实变函数 $f^{(1)}_{(x_0)}(x_1)$ 为:

$$f^{(1)}_{(x_0)}(x_1)=\begin{cases}y_{-1},\text{当}\ x_1\in H^{(1)},\\ \infty\ \text{或不确定,其他}.\end{cases}\qquad (13)_1$$

如果函数 $f^{(1)}_{(x_0)}(x_1)$ 是勒贝格可积的(自然由式 $(13)_1$ 右端第二种情况的 x_1 构成线性勒贝格测度为零的集),积分值(显见依赖于 x_0)记作 $a^{(1)}(x_0)$, 如果和数 $\sum\limits_{x_0}a^{(1)}(x_0)$ 有意义(从而至多只有可列个非零项),记此和为 $a^{(1)}$.

一般说来,假设 $a^{(0)},\cdots,a^{(n-1)}$ 均已求出为有限数.

第 n 步. 首先固定 $x_0, x_1, \cdots, x_{n-1}$，记 $H^{(n)}$ 为满足下列条件的实数 x_n 之集：$x_n \in H^{(n)}$，则下列条件成立：

$(P)_n: x = (\cdots, 0, \cdots, 0, x_0, x_1, \cdots x_n, \cdots)$ 时，

$$\begin{aligned} &(1)_n y_{-m} = 0, m > n; \\ &(2)_n y_{-n} \text{ 仅依赖于 } x_n, y_{-n} = y_{-n}(x_n), \end{aligned} \tag{12}_n$$

其中 $H^{(n)}$ 自然与$(x_0, \cdots, x_{n-1})$有关.

定义实变函数 $f^{(n)}_{(x_0, \cdots, x_{n-1})}(x_n)$ 如下：

$$f^{(n)}_{(x_0, \cdots, x_{n-1})}(x_n) = \begin{cases} y_{-n}, \text{当 } x_n \in H^{(n)} \text{ 时；} \\ \infty \text{ 或不定，其他.} \end{cases} \tag{13}_n$$

如果该实变函数勒贝格可积，积分值便记作为 $a^{(n)}(x_n, \cdots, x_{n-1})$，如和数 $\sum\limits_{(x_0, \cdots, x_{n-1})} \alpha^{(n)}(x_0, \cdots, x_{n-1})$ 有意义，此和即以符号 $a^{(n)}$ 记之.

定义 3 如上述 $a^{(0)}, \cdots, a^{(n)}, \cdots$ 均存在且有限而且级数 $\sum\limits_n a^{(n)}$ 收敛，和为 a：$a = \sum\limits_n a^{(n)}$，便说广义函数 $f(x)$ 是(GNL)可积的，即

$$(GNL)\int f(x)\mathrm{d}x = a. \tag{14}$$

2. 在不满足上述条件 1 的情况下，首先将 E 作如下分解：

$$E = \sum_k E_k, \tag{15}$$

其中

$$E_k = \{x; x \in E, x_{-k} \neq 0 \text{ 且 } n > k \text{ 时}, x_{-n} = 0\}. \tag{16}$$

积分定义过程仍分下述几步完成：

第一步. 按上述第 1 小节的办法，首先定义广义函数 $f^{(0)}$：

$$f^{(0)}(x) = \begin{cases} f(x), & \text{当 } x \in E_0 \text{ 时，} \\ 0, & \text{其他.} \end{cases} \tag{17}$$

设在上述第 1 小节的意义之下 $f^{(0)}(x)$ 是(GNL)可积的，积分值为 a_0.

第二步. 作集合 E_1^*：

$$E_1^* = E_1 \times 1_{(1)} = \{x; x = x' \times 1_{(1)}, \text{其中 } x' \in E_1\}. \tag{18}$$

于是 $x \in E_1^*$ 时，$x_{-n} = 0$，其中 $n > 0$. 定义广义函数 $f^{(1)}(x)$ 如下：

$$f^{(1)}(x) = \begin{cases} f(x \times 1_{(-1)}) \times 1_{(-1)}, & x \in E_1^* \text{ 时}, \\ 0, & \text{其他}. \end{cases} \tag{19}$$

这相当于，伴随于将 E_1 右移一位的 E_1^*，将原来函数 $f(x)$ 左移一位，于是得到 $f^{(1)}(x)$. 设 $f^{(1)}(x)$ 在上述第1节的意义下(GNL)可积，积分值记作 a_1.

用与上面类似的定义方法，假设 $a_0, a_0, \cdots, a_n, \cdots$ 均已求出，为有限数，则有下列定义：

定义4 若级数 $\sum\limits_{n} a_n$ 收敛，和为 a，则说广义函数是(GNL)可积的，仍用下式表示

$$(GNL)\int f(x)\mathrm{d}x = a. \tag{20}$$

这里的积分值是只取实数. 而在量子力学中有更广义的积分概念，如下公式所表示的那样[1]：

$$\int \delta(a - x)\mathrm{d}x\delta(x - b) = \delta(a - b). \tag{21}$$

由(21)式可见，左端积分绝不应是实数. 另外，从纯数学观点看，既然已将实数扩充为广义数，将积分值也推广至一般广义数乃是自然的事情. 以下所述的(G)积分则是把某种发散积分用广义数严格表达出来. 为此，只须对前述定义加以适当修改就行. 我们不准备详细罗列积分定义的全部过程，而是只指出其应修改之处.

1) $(12)_n$ 式可改为 $(n = 0, 1, 2, \cdots)$：

$$y_{-m} = y_{-m}(x_n), m > n; \tag*{$(12)'_n$}$$

2) $(13)_n$ 式可改为：

$$f^{(n)}_{(x_0, \cdots, x_{n-1})}(x_n) = \begin{cases} \sum\limits_{s \geqslant 0} [y_{-(n+s)} \times 1_{(-s)}], \text{当 } x_n \in H_n, \text{而 } x_{a-1} \overline{\in} H_{(n-1)} \text{ 时}, \\ \infty \text{ 或不确定，其他}. \end{cases} \tag*{$(13)'_n$}$$

3)“$f^{(n)}_{(x_0,\cdots,x_{n-1})}(x_n)$ 是勒贝格可积的”应一律改作“对每个 $s\geqslant 0$，$y_{-(n+s)}(x_n)$ 是勒贝格可积的”.

4) 将 3) 中关于 $y_{-(n+s)}(x_n)$ 的勒贝格积分值记作 $a^{(n)}_{-s}(x_n,\cdots,x_{n-1})$，并将“$a^{(n)}(x_0,\cdots,x_{n-1})$”改作“$\sum\limits_{s\geqslant 0}[a^{(n)}_{-s}(x_0,\cdots,x_{n-1})\times 1_{(-s)}]$”.

5) 将“$a^{(n)}=\sum\limits_{x_0,\cdots,x_{n-1}}a^{(n)}(x_0,\cdots,x_{n-1})$”换作“$a^{(n)}_{-s}=\sum\limits_{x_0,\cdots,x_{n-1}}a^{(n)}_{-s}(x_0,\cdots,x_{n-1})$；$s=0,1,2,\cdots$”.

6) 将定义 3 换作如下定义：

定义 3′ 若对每个 $s\geqslant 0$，$a^{(0)}_{-s},a^{(1)}_{-s},\cdots,a^{(n)}_{-s},\cdots$ 均存在且级数 $\sum\limits_{n}a^{(n)}_{-s}$ 收敛，和数记为 a_{-s} 时只有有限个 s 使 $a_{-s}\neq 0$，则说 $f(x)$ 是(G) 可积的，积分值为：

$$(G)\int f(x)\mathrm{d}x=\sum_{s\geqslant 0}[a_{-s}\times 1_{(-s)}].\tag{14)′$$

7) 定义 4 的修改过程与上述完全相类似(从略).

显然有下列定理成立.

定理 4 若广义函数 $f(x)$ 是(GNL) 可积的，则 $f(x)$ 必是(G) 可积，而且有

$$(G)\int f(x)\mathrm{d}x=(GNL)\int f(x)\mathrm{d}x.\tag{22}$$

另一方面，还可利用连续延拓的想法得下述定义.

定义 5 设 F 为某一(GNL) 可积函数族，且设按某种方式定义了一种收敛关系：$f_n\to f$，其中 $f_n\in F$. 于是可定义$(GNL)_F$ 积分如下：

1) 当 $f\in F$，则取

$$(GNL)_F\int f(x)\mathrm{d}x=(GNL)\int f(x)\mathrm{d}x.\tag{23}$$

2) 设 $f\overline{\in}F$，且当 $f_n\to f(f_n\in F)$ 时下列极限恒存在且等于常数 a，则定义

$$(GNL)_F\int f(x)\mathrm{d}x=\lim_{n\to\infty}(GNL)\int f_n(x)\mathrm{d}x=a.\tag{24}$$

四、对 Schwartz 分布的应用

1 关于 Dirac 的 δ 函数

按照 Schwartz 的观点，把满足下列条件

$$(D):\begin{cases}1)\delta(x)=0, x\neq 0 \text{ 时},\\ 2)\delta(0)=\infty,\\ 3)\text{ 对任意具紧支集且无限可导的函数 } f(x) \text{ 有}\\ \quad\int_{-\infty}^{\infty} f(x)\delta(x)\mathrm{d}x=f(0)\end{cases}$$

的 δ 函数 $\delta(x)$ 理解为基本空间的线性泛函，泛函 $\widetilde{K}$ 由下式来定义：

$$\widetilde{K}(f)=f(0). \tag{25}$$

因此，上述条件(D) 中 3) 的积分号便仅具有象征性的意义了. 从本文以下讨论明显看出，普通(一元) 实变函数是其定义域及值域均限于 I_0 的函数；而 δ 函数则是以一般广义数系统为定义及取值范围的函数，从而使得对 δ 函数的理解更加自然而且清楚. 为此，设 $f_0(x_0)$(注意此处脚标“0”表示取实数的意思) 为普通(无限可导的) 实变函数，我们将下式定义的广义函数 $f(x)$ 称为由 $f_0(x_0)$ 诱导的广义函数：

$$\begin{aligned} f(x) &= f_0(x_0)+f_0'(x_0)\times\Big[\sum_{m=1}^{\infty}x_m\times 1_{(m)}\Big]+\cdots+\frac{1}{n!}f_0^{(n)}(x_0)\\ &\quad\times\Big[\sum_{m=1}^{\infty}x_m\times 1_{(m)}\Big]^m+\cdots\\ &=\sum_{n=1}^{\infty}\frac{1}{n!}f_0^{(n)}(x_0)\Big[\sum_{m=1}^{\infty}x_m\times 1_{(m)}\Big]^n. \end{aligned}\tag{26}$$

于是下列定理成立.

定理 5 $f_0(x_0)$ 及 $f(x)$ 的意义如上，则存在(并不唯一) 广义函数 $g(x)$，$g(x)$ 是(GNL) 可积的，且有

$$(GNL)\int f(x)g(x)\mathrm{d}x=f_0(x_0)(=f(x_0)). \tag{27}$$

证 任取一个无限可导(甚至还可假定它是具紧支集)的实变函数 $g^*(x_0)$,它满足条件:$\int_{-\infty}^{\infty} g^*(x_0)\mathrm{d}x_0 = 1$(注意:凡 x 带下脚标的,如 x_0,x_1 等均表示实变数的意思,因此 x_0 与 x_1 等将是通用的实变数的符号而无原则区别.此点今后将不再说明).定义广义函数如下:

$$g(x) = \begin{cases} g^*(x_1) \times 1_{(-1)}, \text{当 } x = (\cdots,0,\cdots,0,x_1,x_2,\cdots), \\ 0, \text{对其他 } x. \end{cases} \tag{28}$$

于是 $f(x)g(x)$ 显然由下式给出:

$$f(x)\cdot g(x) = \begin{cases} \sum_{n=0}^{\infty}\left[\frac{1}{n!}f^{(n)}(0)g^*(x_1)\left(\sum_{n=1}^{\infty}x_m \times 1_{(m)}\right)^n\right] \times 1_{(-1)}, \\ \quad x = (\cdots,0,\cdots,0,x_1,x_2,\cdots) \text{ 时}, \\ 0, \text{对其他的 } x. \end{cases} \tag{29}$$

注意到 $\{f(x)\cdot g(x)\}_{-n} = 0, n > 1; x_{-n} = 0, n = 0,1,2,\cdots$ 及关系 $\int_{-\infty}^{\infty} g^*(x_1)\mathrm{d}x_1 = 1$. 于是

$$\begin{aligned}(GNL)\int f(x)g(x) &= (L)\int f(0)g^*(x_1)\mathrm{d}x_1 \\ &= f(0)\int_{-\infty}^{\infty} g^*(x_1)\mathrm{d}x_1 = f(0),\end{aligned} \tag{30}$$

从而定理得证.

由上定理看来,$g(x)$ 是满足条件(D)的 δ 函数,(D)之3)中的积分即(GNL)积分.不仅如此,关于前述公式(21)我们有下列定理:

定理6 设 $a = (\cdots,0,\cdots,0,c_0,a_1,\cdots)$,$b = (\cdots,0,\cdots,0,b_0,b_1,\cdots)$,并设 $g(x)$ 与 $\tilde{g}(x)$ 是定理5中的两个 δ 函数,分别由 $g(x)$ 与 $\tilde{g}^*(x_0)$ 所决定(假定二者均具紧支集的),则由下式

$$\tilde{g}(a-b) = (G)\int g(a-x)g(x-b)\mathrm{d}x \tag{31}$$

所确定的函数 $\tilde{g}(x)$ 仍是满足定理5的 δ 函数.

证明 分作下列几步.

1) $a_0 \neq b_0$ 时,(31) 式右端为 0. 因为由 g 与 $\tilde{g}$ 定义知道,此时对任意 x, $g(a-x)$ 与 $\tilde{g}(x-b)$ 中至少有一为零.

2) 由此可设 $a_0 = b_0 = c_0$,则

$$g(a-x)\tilde{g}(x-b)=\begin{cases} g^*(a_1-x_1)\cdot\tilde{g}^*(x_1-b_1)\times 1_{(-2)}, \\ \quad 当\ x=(\cdots,0,\cdots,0,c_0,x_1,\cdots), \\ 0,对其他的\ x. \end{cases} \tag{32}$$

于是,按(G) 积分定义,即有

$$\begin{aligned}(G)\int g(a-x)\tilde{g}(x-b)\mathrm{d}x &= \left[\int_{-\infty}^{\infty} g^*(a_1-x_1)\times\tilde{g}^*(x_1-b_1)\mathrm{d}x_1\right]\times 1_{(-1)} \\ &= \left[\int_{-\infty}^{\infty} g^*(-y)\tilde{g}^*(y+\overline{a_1-b_1})\mathrm{d}y\right]\times 1_{(-1)}.\end{aligned} \tag{33}$$

由(33) 式可见,最后积分显然是 a_1-b_1 的函数,因此[见(31) 式]$\tilde{g}(a-b)$ 确实是依赖于 $a-b$ 的广义函数. 将(33) 式最后一项记作 $\tilde{g}^*(a_1-b_1)\times 1_{(-1)}$,由于假定了 $g^*(x_0)$ 以及 $\tilde{g}^*(x_0)$ 均具紧支集,于是

$$\begin{aligned}\int_{-\infty}^{\infty}\tilde{g}^*(y)\mathrm{d}y &= \int_{-\infty}^{\infty}\mathrm{d}y\int_{-\infty}^{\infty} g^*(-z)\tilde{g}^*(z+y)\mathrm{d}z \\ &= \int_{-\infty}^{\infty}\left[\int_{-\infty}^{\infty}\tilde{g}^*(z+y)\mathrm{d}y\right]g^*(-z)\mathrm{d}z = 1.\end{aligned} \tag{34}$$

最后,由(33) 式可见(31) 式所定义的 $\tilde{g}(x)$ 为:

$$\tilde{g}(x)=\begin{cases}\tilde{g}^*(x_1)\times 1_{(-1)},当\ x=(\cdots,0,\cdots,0,x_1,x_2,\cdots), \\ 0,其他.\end{cases} \tag{35}$$

由(35) 式、定理 5 及其证明可见 $\tilde{g}(x)$ 确实是 δ 函数(而且 $\tilde{g}^*(x_1)$ 具紧支集).

由定理 6 即得(21) 式. 不仅如此,利用(G) 积分还能证明习见的导数公式

$$\int_{-\infty}^{\infty} f(x)\delta'(x)\mathrm{d}x = -f'(0). \tag{36}$$

为此,有下述定理:

定理 7 $f_0(x_0)$, $f(x)$ 及 $g(x)$ 的意义同于定理 5, $g^*(x_0)$ 且是具紧支集的. 于是

$$(G)\int f(x)g'(x)\mathrm{d}x = -f_0'(x_0), \tag{37}$$

其中 $g'(x)$ 表示广义函数 $g(x)$ 的 $(1, -1)$ 导数.

证明 由定义 2 可见

$$g'(x) = \begin{cases} g^{*\prime}(x_1) \times 1_{(-2)}, \text{当 } x = (\cdots, 0, \cdots, 0, x_1, x_2, \cdots), \\ 0, \text{对其他 } x. \end{cases} \tag{38}$$

于是[由(26)式]有

$$f(x)g'(x) = \begin{cases} \sum_{n=0}^{\infty}\left[\frac{1}{n!}f^{(n)}(0)g^{*\prime}(x_1)\left(\sum_{m=1}^{\infty}x_m \times 1_{(m)}\right)^n\right] \times 1_{(-2)}, \\ \quad \text{当 } x = (\cdots, 0, \cdots, 0, x_1, x_2, \cdots), \\ 0, \text{对其他 } x. \end{cases} \tag{39}$$

因此可对(37)式左端的 (G) 积分计算如下:

1) 当 $m > 1$ 时, $a_{-m} = 0$. 显然.

2) 计算 a_{-1}:

$$a_{-1} = \int_{-\infty}^{\infty} f(0)g^{*\prime}(x_1)\mathrm{d}x_1 = f(0) \cdot g^*(x_1)\Big|_{-\infty}^{\infty} = 0.$$

3) 计算 a_0:

$$\begin{aligned} a_0 &= \int_{-\infty}^{\infty} f'(0)g^{*\prime}(x_1)x_1\mathrm{d}x_1 = f'(0)\int_{-\infty}^{\infty} g^{*\prime}(x_1)x_1\mathrm{d}x_1 \\ &= -f_0'(0)(= -f'(0)). \end{aligned} \tag{40}$$

4) 当 $m \geqslant 1$ 时, $a_m = 0$. 显然.

由 1)—4) 即得定理 7 的证明.

2 对一般 Schwrtz 分布的应用

引理 1 设 $f_1(x), \cdots, f_k(x)$ 为一列线性独立的普通连续实变函数, 则存在一列点(实数) $x_1^{(1)}, x_1^{(2)}, x_2^{(2)}, x_1^{(3)}, x_2^{(3)}, x_3^{(3)}, \cdots$ (可简记作为 $\{x_k^{(n)}\}$, 其中 $k \leqslant n, n = 1, 2, \cdots$), 使对任意 n 均有

$$\begin{vmatrix} f_1(x_1^{(n)}) & f_2(x_1^{(n)}) & \cdots & f_n(x_1^{(n)}) \\ f_1(x_2^{(n)}) & f_2(x_2^{(n)}) & \cdots & f_n(x_2^{(n)}) \\ \vdots & \vdots & \ddots & \vdots \\ f_1(x_n^{(n)}) & f_2(x_n^{(n)}) & \cdots & f_n(x_n^{(n)}) \end{vmatrix} \neq 0, \tag{41}$$

其中当 $n \neq n'$ 或 $k \neq k'$ 时,$x_k^{(n)} \neq x_{k'}^{(n')}$.

证明 从略.

在基本空间内 $\varphi_n \to \varphi$ 的意义是:

1) 存在一有限开区间,在其外部所有 φ_n 及 φ 均为零.

2) 在这区间上,k 阶导数序列 $\varphi_n^{(k)}$ 一致收敛于 $\varphi^{(k)}(k=0,1,2,\cdots)$.

可以证明,基本空间是可分的(这里不证). 即存在于基本空间稠密的可列个元素(每一元素实际是一实变函数)所组成之集 F.

定理 8 设 $\widetilde{K}$ 是定义于基本空间的分布,F 的意义如上. 于是存在一广义函数 $K(x)$,使当 $f_0(x_0) \in F$ 时,

$$(GNL)\int K(x)f(x)\mathrm{d}x = \widetilde{K}(f_0), \tag{42}$$

式中 $f(x)$ 与 $f_0(x_0)$ 的关系见(26) 式.

证明 为了与上节符号统一起见,F 中元素(均是实变函数) 设为 $f_{01}(x_0),\cdots,f_{0n}(x_0),\cdots$,其中角标"0" 仍表示"实变数" 的意思. 据引理知,存在一列互异实数$\{x_{0m}^{(n)}\}$,$m \leqslant n, n=1,2,\cdots$,满足(41) 式的条件.

1) 由于 $f_{01}(x_{01}^{(1)}) \neq 0$,故必存在实数 $C_1^{(0)}$ 合于:

$$C_1^{(0)} \cdot f_{01}(x_{01}^{(1)}) = \widetilde{K}(f_{01}). \tag{43}$$

2) 由于 $n=2$ 时(41) 式成立,下列方程组便是可解的.

$$\begin{cases} C_1^{(1)} \cdot f_{01}(x_{01}^{(2)}) + C_2^{(1)} \cdot f_{01}(x_{02}^{(2)}) = 0, \\ C_1^{(1)} \cdot f_{02}(x_{01}^{(2)}) + C_2^{(1)} \cdot f_{02}(x_{02}^{(2)}) = \widetilde{K}(f_{02}) - C_1^{(0)} \cdot f_{02}(x_{01}^{(1)}). \end{cases} \tag{44}$$

由(44) 式可解出 $C_1^{(1)}$ 及 $C_2^{(1)}$.

3) 在一般情况下,设 $C_k^{(m)}$ 已经依次求出,其中 $k \leqslant m+1$,$m \leqslant m_0$(m_0 为某一定数),那么由于 $n=m_0+1$ 时(41) 式成立,可由下列方程组解出

$C_k^{(m_0+1)}, k \leqslant m_0 + 2$：

$$\begin{cases}\sum_{k=1}^{m_0+2} C_k^{(m_0+1)} f_{0s}(x_{0k}^{(m_0+2)}) = 0 \quad (s = 1, 2, \cdots, m_0 + 1), \\ \sum_{k=1}^{m_0+2} C_k^{(m_0+1)} f_{0m_0+2}(x_{0k}^{(m_0+2)}) = \widetilde{K}(f_{0m_0+2}) - \sum_{m=1}^{m_0}\sum_{k=1}^{m+1} f_{0m_0+2}(x_k^{(m+1)}).\end{cases} \tag{45}$$

取一可导无限次且具紧支集的实变函数 $g^*(x_0)$，使之满足 $\int_{-\infty}^{\infty} g^*(x_0)\mathrm{d}x_0 = 1$. 于是广义函数 $K(x)$ 便可由下式定出.

$$K(x) = \begin{cases} C_k^{(m)} g^*(x_{m+1}) \times 1_{[-(m+1)]}, m \geqslant 0, \text{当 } x = (\cdots, 0, \cdots, \\ \quad \underset{\text{第0位}}{x_k^{(m+1)}}, \underset{\text{第1位}}{x_k^{(m+1)}}, \cdots, \underset{\text{第}m\text{位}}{x_k^{(m+1)}}, x_{m+1}, \cdots), \\ 0, \text{对其他的 } x. \end{cases} \tag{46}$$

从(GNL) 积分定义及(44) 式可验证这样定义的广义函数 $K(x)$ 满足定理条件[(42) 式]. 从而定理证毕.

从上定理的 F 出发，并考虑函数族 $K \cdot F = \{K \cdot \varphi; \varphi \in F\}$(为书写简单，这里把实变函数 φ 及其诱导的广义函数用同一符号 φ 表示). 可证下列定理(证明从略).

定理 9 $K(x)$ 由定理 8 决定，则对基本空间的任一元素 φ 下式成立.

$$(GNL)_{K \cdot F}\int K(x)\varphi(x)\mathrm{d}x = \widetilde{K}(\varphi). \tag{47}$$

而且 (47) 中的 F 还可取作 $\{p_{n,r}(x)\}$，其中 $p_{n,r}(x) = \widetilde{p}_n(x) \cdot \exp\left\{-\frac{1}{(x^2 - r^2)^2}\right\}$，$r$ 为(取一切的) 有理数，而 $\widetilde{p}_n(x)$ 在$(-r, r)$ 上为有理系数多项式在$(-r, r)$ 的外部恒等于 0.

附 注

1. 本文写成后，发现 Laugwitz 曾对数的扩充做过不少工作. 他于 1968 年引进广义幂级数概念[6]，但未以此为基础研究分布. 本文基本意义在于用广义数来研究δ函数及Schwartz的一般分布，从代数结构讲广义数同构于广义幂级数的子域，但本文重点在第三及第四节. 感谢李邦河同志指出这一点，康多寿同志也指出了一些有关文献[3-6].

2. 广义数应用到量子场论的讨论，见作者的文章《广义数及其应用(Ⅱ)》(载于《西北大学学报》(自然科学版)1979年第1期). 粗略地讲，将量子场论中对易关系$\{a_{\zeta}^{*},\alpha_{\zeta},\}=\{b_{\zeta}^{*},b_{\zeta},\}=\delta_{\zeta,\zeta'}$改作$\{a_{\zeta*'},a_{\zeta}\}=\{b_{\zeta}^{*},b_{\zeta'}\}=\delta_{\zeta,\zeta'}\times 1_{(1)}$，粒子数算符取作$N_{\zeta}^{(+)}=a_{\zeta*}\times 1_{(-1)}$，$N^{(-)}=b_{\zeta*}b_{\zeta}\times 1_{(-1)}$，并取过渡方程$(x\times A^{(1)})\times 1_{(1)}=x+\delta_{(0)}$(式中$A^{(1)}$是发散表达式，$\delta_{(0)}$是无限小量)，即能将Dirac关于真空情态的假定用广义数严格表达出来. 作者且对一般重整化方案作出类似的尝试性考虑. 根据上述考虑，说明$E_{(真空)}$等在实数范围内不是无限大，相反是无限小，从而完全符合于实验结果.

3. 若把$H^{(n)}$中性质$(P)_n$的条件2)取消，则函数$f_{x_0,\cdots,x_{n-1}}^{(n)}$将依赖于$x_n,x_{n+1},\cdots$，此时可积条件若换作“对于固定的$x_{n+1},\cdots$，设$f_{(x_0,\cdots,x_{n-1})}^{(n)}$是$L$可积的(以$x_n$为自变量的实函数)，且设其积分值并不随$x_{n+1},\cdots$不同而异，该积分值仍记作$a^{(n)}(x_0,\cdots,x_{n-1})$.”这样得的积分定义就比原来的为广. 关于$(G)$积分也可同样采取这一更广的定义方式，如果这样，则下列定理成立.

定理10 设$f_0(x_0)$，$f(x)$，$g(x)$的意义同上，以$g^{(n)}(x)$表示n阶的$(1,-1)$导数. 于是当$f^{(i)}(0)=0(i\leqslant n-1)$时：

$$(G)\int f(x)g^{(n)}(x)\mathrm{d}x=(-1)^n f^{(n)}(0). \tag{48}$$

作者衷心感谢江泽涵、程民德、关肇直教授对本文的关心和指导.

参考文献

[1] Dirac. P. A. M. ,《量子力学原理》(中译本)，科学出版社，1965.

[2] 王成堂：《ω_μ-可加的拓扑空间》，《数学学报》，14(1964)5，619 - 626.

王成堂(Wang Shu-tang)：Remarks on ω-additive Spaces, *Fund. Math.*, 55

(1964),101-112.

[3] Schmeiden, C. & Langwitz, D., Eine Erweiterung der infinitesimalrechung, *Math. Zeits.*, 69(1958),1-39.

[4] Laugwitz, D., Anwendungen unedlichkleiner Zahlen, I, *J. für die reine und Angewandte Math.*, 207(1961),53-60.

[5] ——,Anwendungen unendlichkleiner Zahlen, Ⅱ, *ibid.*, 208(1961),22-34.

[6] ——, Eine nichtarchimidische Erweiterung anordeneter, Korper, *Math. Nachr.*, 37(1968),225-236.

GENERALIZED NUMBER SYSTEM AND ITS APPLICATIONS(Ⅰ)

Wang Shu-tang

Abstract

This is a further study of the work published in[2]. A generalized number system is established. The generalized functions denote the functions with generalized unmber system as their donmain and range space which are different essentially from the Schwartz distributions. For such functions we have defined (*GNL*) and (*G*) integrals which can be considered as the generalization of the Lebesgue integral for real functions. Dirac δ function can be naturally represented by our generalized functions. This representation is more straightforward than the Schwartz distribution theory. Moreover, each distribution can be described by a generalized function in a natural way.

In another paper entitled "Generalized umber system and its applications (Ⅱ)",(*Acta Natur. Sci.*, Nw. Univ. 1979,No.1). We consider the applications of *GNS* (Generalized Number System) to the quantum field theory. Using *GNS*, we can supply a tentative mathematical model to the renormalization theory, where the commute relation $\{a_{s'}'', a_s\} = \delta_{s,s'}$ should be replaced by $\{a_{s'}'', a_s''\} = \delta_{s,s'} \times 1_{(1)}$.

广义函数的连续性、导数及中值定理①

王戍堂　湛垦华

摘　要

文[1]曾引入"广义数"及广义函数概念，后者本质不同于 L. Schwartz 的分布，乃指定义域及值域均取自广义数的函数. 对于这种函数[1]还定义了(m,n)连续性及(m,n)导数概念. 本文将进一步研究连续性及导数，并建立类似于过去的微分中值定理. 它和文[2]的主要区别即在于这里并不要求其无限可导性.

§1　广义函数的连续性

1.1　设广义数 x 可表为

$$x = \sum_k x_k \times 1_{(k)} = (\cdots, x_{-k}, \cdots, x_0, \cdots, x_k, \cdots), \tag{1}$$

其中 x_k 为普通实数.

此时广义函数 $y = f(x)$，可以将 y 表示为

$$y = \sum_k y_k \times 1_{(k)} = (\cdots, y_{-k}, \cdots, y_0, \cdots), \tag{2}$$

其中 y_k 为实数，且有

① 本文发表于《西北大学学报》(自然科学版)1980 年第 2 期.

$$y_k = y_k[(\cdots, x_{-k}, \cdots, x_0, \cdots, x_k, \cdots)], \tag{3}$$

即每一项 y_k 均是无穷个实自变量 $x_0, x_{\pm 1}, x_{\pm 2}, \cdots$ 的实值函数.为了定义广义函数 $y = f(x)$ 的连续性,首先应在广义数域上定义拓扑结构.

考虑到 x 的每一位 x_k(其中 k 可正、可负或等于 0) 均是普通实数,即具有寻常的拓扑结构,这里我们采取类似于箱拓扑(Box toplogy) 的结构,此即:

定义 1.1 设 $x^{(0)}$ 为广义数域中任一点,$\delta = (\cdots, \delta_{-k}, \cdots, \delta_0, \delta_1, \cdots)$[①] 为实数列,其中 $\delta_m > 0$.所谓 $x^{(0)}$ 的 δ 领域 $U(x^{(0)}, \delta)$ 为:

$$U(x^{(0)}, \delta) = \{x : x \text{ 为广义数,且 } | x_m - x_m^{(0)} | < \delta_m\}, \tag{4}$$

(4) 式中 $x^{(0)} = (\cdots, x_{-k}^{(0)}, \cdots, x_0^{(0)}, x_1^{(0)}, \cdots)$.

在上述定义基础上,即可引入连续性概念如下:

定义 1.2 所谓广义函数 $y = f(x)$ 在点 $x^{(0)}$ 是强连续的,乃指在上述箱拓扑意义下的映象 $x \to y$ 在点 $x^{(0)}$ 是连续的.

但为了其他理由,我们要将上述条件减弱为下列的弱连续性:

定义 1.3 所谓广义函数 $y = f(x)$ 在点 $x^{(0)}$ 是弱连续的,乃指 y 的每一位 $y_k = y_k[(\cdots, x_0, \cdots)]$ 作为广义数 x 的实值函数在上述拓扑意义下是连续的.

关于两种连续性,下列定理显然成立.

定理 1.1 广义函数 $y = f(x)$ 若在某点 $x^{(0)}$ 强连续,则也必在同一点 $x^{(0)}$ 弱连续.

容易构造反例说明定理 1.1 的逆命题不成立.

以下将主要研究广义函数的弱连续性.

在同一点 $x^{(0)}$ 弱连续广义函数的和、差、积、商的普通实变连续函数的定理仍然成立,但有关复合函数的定理未必成立,然而有如下定理:

定理 1.2 设广义函数 $y = f(x)$ 在点 $x^{(0)}$ 弱连续,$y^{(0)} = f(x^{(0)})$.又

---

① 当考虑广义数域的某个子域时,可允许某些 $\delta_s = 0$,例如对普通实变函数,即取 $\delta_s = 0 (s \neq 0)$.

设广义函数 $z=\psi(y)$ 在点 $y^{(0)}$ 弱连续，而且 $z=(\cdots,z_{-k},\cdots,z_0,\cdots)$ 时每一位 z_m 仅与有限个 y_s 有关，则复合函数 $z=F(x)=\psi[f(x)]$ 在 $x^{(0)}$ 点也是弱连续的.

注 在物理及天文学中一般只限于考虑有限个层次，因此复合函数的有关连续性定理仍然成立. 实际上，若只限于有限个层次进行考虑的话，则弱连续性与强连续性便是等价的.

1.2 下边建立有限区间上普通实变连续函数极值定理的推广.

定理 1.3 设 $y=f(x)$ 是定义于集合 $E=\{x:x$ 是广义数，其中 $a_m\leqslant x_m\leqslant b_m\}$ 上的广义弱连续函数，其中 $a=(\cdots,a_m,\cdots)$，$b=(\cdots,b_m,\cdots)$ 是广义数，n_0 是任意整数，而 $y_{n_0}(x)$ 仅依赖于有限个 x_s，则必有一广义点 $\xi=(\cdots,\xi_0,\cdots)$ 满足下列条件：

ⅰ) $a_m\leqslant\xi_m\leqslant b_m$；

ⅱ) $y_{n_0}(x)$ 在点 ξ 取极(极大或极小)值.

证明 以下先证明 $y_{n_0}(x)$(注意是实值函数)于 E 上是有界的. 用反证法. 不防设 $\sup\limits_{x\in E}\{y_{n_0}(x)\}=+\infty$($\inf\limits_{x\in E}\{y_{n_0}(x)\}=-\infty$ 时同样可证明). 于是存在一列(广义)点 $\{x^{(k)}\}$，满足

$$y_{n_0}(x^{(k)})\to\infty. \tag{5}$$

今设
$$x^{(k)}=(\cdots,x_{-n}^{(k)},\cdots,x_0^{(k)},\cdots,x_m^{(k)},\cdots), \tag{6}$$
其中 $k=1,2,\cdots$.

(a) 首先由于 $x_0^{(k)}$ 满足 $a_0\leqslant x_0^{(k)}\leqslant b_0$，由实数的习知性质，不难知道，必存在子列 $\{x^{k_i(1)}\}$：

$$x^{k_i(1)}=(\cdots,x_{-m}^{k_i(1)},\cdots,x_0^{k_i(1)},\cdots,x_m^{k_i(1)},\cdots), \tag{7}$$

使得该子列的第 0 位收敛于某个实数 ξ_0：

$$x_0^{k_i(1)}\to\xi_0. \tag{8}$$

(b) 根据与(a) 相同理由，又存在(7) 的子列为 $x^{k_i(2)}$；$x^{k_i(2)}$ 的子列为 $x^{k_i(3)}$；…… 一般得到 $x^{k_i(n)}$ 的子列为 $x^{k_i(n+1)}$：

$$x^{k_i(n+1)}=(\cdots,x_{-m}^{k_i(n+1)},\cdots,x_0^{k_i(n+1)},\cdots,x_m^{k_i(n+1)},\cdots), \tag{9}$$

使对于 $s\leqslant n$ 恒有($s\geqslant 0$)：

$$x_s^{k_i(n+1)} \to \text{某实数 } \xi_n, \tag{10}$$

于是便得点列 $x^{k_n(n)}(n=1,2,\cdots)$.

设
$$x^{k_n(n)} = (\cdots, x_{-m}^{k_i(n)}, \cdots, x_0^{k_i(n)}, \cdots) \tag{11}$$

时,则对 $s \geqslant 0$ 恒有

$$x_s^{k_n(n)} \to \text{某实数 } \xi_s, \tag{12}$$

其中 $a_s \leqslant \xi_s \leqslant b_s$.

(c)$a=(\cdots 0,\cdots,0,a_{m_0},\cdots)$ 及 $b=(\cdots 0,\cdots,0,b_{n_0},\cdots)$ 时,设 $k_0=\min\{m_0,n_0\}$,我们可以从 k_0 出发进行上述(a),(b)两步,最后便得到下列事实:

存在点列 $x^{(k)}$,设 $x^{(k)}=(\cdots,x_{-m}^{(k)},\cdots,x_0^{(k)},\cdots,x_m^{(k)},\cdots)$,则满足条件:

$$\left.\begin{array}{l}(1)\ \text{对整数 } s,\text{恒有 } x_s^{(k)} \to \xi_s;\\(2)\ y_{n_0}(x^{(k)}) \to \infty.\end{array}\right\} \tag{13}$$

以下只须说明(13)是与 $f(x)$ 的弱连续性相矛盾,就完成了证明的前一半:$y_{n_0}(x)$ 是有界的.

实际上,首先可取 N 使得 $m \geqslant N$ 时,$y_{m_0}(x)$ 不依赖于 x_m(这里 x_m 表示 x 的第 m 位),今设 $\delta=(\cdots,\delta_{-m},\cdots,0,\cdots,\delta_m,\cdots)$ 任意给出,其中 $\delta_{\pm m}>0$,对应于 $x^{(k)}$,取 $\bar{x}^{(k)}=(\cdots,\bar{x}_{-m}^{(k)},\cdots,\bar{x}_0^{(k)},\cdots,\bar{x}_m^{(k)},\cdots)$ 为:若 $m<N$,则 $\bar{x}_m^{(k)}=x_m^{(k)}$;而若 $m \geqslant N$,则取 $\bar{x}_m^{(k)}=b_m$. 于是 $y_{n_0}(\bar{x}^{(k)}) \to \infty$,这是矛盾的.

以下转入定理的证明.

上边已证明 y_{n_0} 在 E 上是有界的. 不妨仅取上界考虑,下界情况同此. 设 $M=\sup\limits_{x\in E}\{y_{n_0}(x)\}$. 完全同于(a)—(c)的证明,仅须将其中所出现的 ∞ 一律换作 M,便能证明 $y_{n_0}(\xi)=M$.

(证毕)

§2 广义函数的导数

2.1 对于广义函数 $y=f(x)$ 的导数,也有强导数与弱导数之分.

定义 2.1 对于固定点 $x^{(0)}$,考虑差商

$$\frac{\Delta y}{\Delta x}=\frac{f(x^{(0)}+\Delta x)-f(x^{(0)})}{\Delta x}=(\cdots,\eta_{-m},\cdots,\eta_0,\cdots),\tag{14}$$

(14)式中$\Delta x=(\cdots,(\Delta x)_{-m},\cdots,(\Delta x)_0,\cdots)$,而$\eta_s$又是$\Delta x$的函数(实值函数).将$\frac{\Delta y}{\Delta x}$看作广义数域到其自身的映象,若二者均取箱拓扑时有[①]:

$$\Delta x\to 0\text{ 时},\frac{\Delta y}{\Delta x}\to\eta^{(0)},$$

则$\eta^{(0)}$即称作是$y=f(x)$于点$x^{(0)}$的强导数,写为

$$\left.\frac{\mathrm{d}y}{\mathrm{d}x}^{(\text{强})}\right|_{x^{(0)}}=\eta^{(0)}.\tag{15}$$

定义 2.2 记号同定义2.1,若第一位η_s作为广义数Δx的实值函数,后者取箱拓扑时,下列条件成立:

$$\Delta x\to 0\text{ 时},\eta_s\to\eta_s^{(0)},\tag{16}$$

则$\eta^{(0)}=(\cdots,\eta_{-m}^{(0)},\cdots,\eta^{(0)},\cdots)$即称作广义函数$y=f(x)$于$x^{(0)}$的弱导数,写为:

$$\left.\frac{\mathrm{d}y}{\mathrm{d}x}^{(\text{弱})}\right|_{x^{(0)}}=\eta^{(0)}.\tag{17}$$

显然若$y=f(x)$于点$x^{(0)}$强可导,则其也必弱可导,而且二者导数相等,反之不真.

值得注意,文[1]关于δ函数,虽有各阶(m,n)导数,但不具有本文意义下的弱导数.从而更不是强可导的.然而,若只限于x的子域$E=\{x:x_k=0,k\neq 1\}$,则它便是可导的.

2.2 以下将着重于考虑弱导数.为了简单起见,本文将略去右上角的弱字,而不再另行说明.

定理 2.1 设广义函数$f_1(x)$,$f_2(x)$均于$x^{(0)}$有弱导数,则$F(x)=f_1(x)\times f_2(x)$于$x^{(0)}$也有弱导数,而且下列公式成立:

---

① 当考虑广义数域的某个子域时,可允许某些$\delta_s=0$,例如对普通实变函数,即取$\delta_s=0(s\neq 0)$.

$$\left.\frac{\mathrm{d}F(x)}{\mathrm{d}x}\right|_{x^{(0)}}=f_1(x^{(0)})\times\left.\frac{\mathrm{d}f_2(x)}{\mathrm{d}x}\right|_{x^{(0)}}+f_2(x^{(0)})\times\left.\frac{\mathrm{d}f_1(x^{(0)})}{\mathrm{d}x}\right|_{x^{(0)}}.\tag{18}$$

证明　考虑差商:

$$\frac{\Delta f_i(x)}{\Delta x}=\frac{f_i(x^{(0)}+\Delta x)-f_i(x^{(0)})}{\Delta x}=(\cdots,\tilde{\eta}_{-m}^{(i)},\cdots,\tilde{\eta}_0^{(i)},\cdots).\tag{19}$$

其中:$i=1,2$;$\Delta x=(\cdots,(\Delta x)_m,\cdots)$;$\tilde{\eta}_s^{(i)}$ 为 Δx 的实值函数,于是 $\Delta x\to 0$ 时 $\tilde{\eta}_s^{(i)}\to\eta_s^{(i)}$,而 $\eta^{(i)}=(\cdots,\eta_s^{(i)},\cdots)$ 为 $f_i(x)$ 于 $x^{(0)}$ 点的(弱)导数.

由上所述,可见:

$$\begin{aligned}\frac{\Delta F(x)}{\Delta x}&=\frac{F(x^{(0)}+\Delta x)-F(x^{(0)})}{\Delta x}\\&=f_1(x^{(0)})\times\left.\frac{\Delta f_2(x)}{\Delta x}\right|_{x^{(0)}}+f_2(x^{(0)})\times\left.\frac{\Delta f_1(x)}{\Delta x}\right|_{x^{(0)}}\\&\quad+\Delta f_1(x)\times\left.\frac{\Delta f_2(x)}{\Delta x}\right|_{x^{(0)}}.\end{aligned}\tag{20}$$

(a) 考虑 $f_1(x^{(0)})\times\left.\frac{\Delta f_2(x)}{\Delta x}\right|_{x^{(0)}}=f_1(x^{(0)})\times\frac{f_2(x^{(0)}+\Delta x)-f_2(x^{(0)})}{\Delta x}$.

设　$f_1(x^{(0)})=(\cdots,y_s^{(0)},\cdots)$ 及 $\left.\frac{\Delta f_2(x)}{\Delta x}\right|_{x^{(0)}}=(\cdots,\tilde{\eta}_s,\cdots)$,

于是 $f_1(x^{(0)})\times\left.\frac{\Delta f_2(x)}{\Delta x}\right|_{x^{(0)}}=(\cdots,\tilde{\xi}_s,\cdots)$ 时须有

$$\tilde{\xi}_k=\sum_{1+m=k}y_1^{(0)}\times\tilde{\eta}_m.\tag{22}$$

注意和式(22),只有有限个非零项;$\Delta x\to 0$ 时每一 m 有 $\tilde{\eta}\to\eta_m$. 因此 $\Delta x\to 0$ 时由(22)得 $\tilde{\xi}_k\to\xi_k$:

$$\xi_k=\sum_{1+m=k}y_1^{(0)}\times\eta_m.\tag{23}$$

于是,设 $\xi=(\cdots,\xi_k,\cdots)$ 时便得

$$f_1(x^{(0)})\times\left.\frac{\mathrm{d}f_2(x)}{\mathrm{d}x}\right|_{x^{(0)}}=\xi,\tag{24}$$

此即　$$f_1(x^{(0)})\times\frac{\Delta f_2(x)}{\Delta x}\to f_1(x^{(0)})\times\left.\frac{\mathrm{d}f_2(x)}{\mathrm{d}x}\right|_{x^{(0)}}.$$

(b) 用与(a) 完全类似的方法可证明

$$\Delta f_1(x^{(0)}) \times \frac{\Delta f_2(x)}{\Delta x}\bigg|_{x^{(0)}} \to 0. \tag{25}$$

到此定理证毕.

对于弱导数的链式法则,此处从略.

§3 中值定理

为了方便,首先引入广义数域的隔间概念. 设 a 和 b 是两个广义数:$a = (\cdots,0,\cdots,0,a_{m_0},\cdots)$ 和 $b = (\cdots,0,\cdots,0,b_{n_0},\cdots)$. (箱) 闭隔间$[a,b]$是集合$\{x: a_s \leqslant x_s \leqslant b_s\}$.

定理 3.1 设广义(弱) 可导函数 $f(x)$ 定义于$[a,b]$,$\xi\in[a,b]$. 如果对某个网$\{\delta^{(\lambda)} = (\cdots,\delta_0^{(\lambda)},\cdots),\lambda\in\Lambda\}$(其中 Λ 是定向集) 每个项 y_k 在区间$[\xi-\delta^{(\lambda)},\xi+\delta^{(\lambda)}]$上是非单调(或恒取常值) 的函数. 如果在箱拓扑意义下,$\delta^{(\Lambda)}\to 0$,则

$$\frac{\mathrm{d}f(x)}{\mathrm{d}x}\bigg|_{x=\xi} = 0.$$

证明 反证法. 设

$$\frac{\mathrm{d}f(x)}{\mathrm{d}x}\bigg|_{\xi} = (\cdots,\eta_s,\cdots) \neq 0, \tag{26}$$

不失一般性,设 s_0 是使 $\eta_{s_0}\neq 0$ 的最小指标,并且设 $\eta_{s_0} > 0$,则不难证明,存在 $\lambda_0\in\Lambda$,当 $\lambda\geqslant\lambda_0$ 时

$$\left[\frac{f(\xi+\Delta x)+f(\xi)}{\Delta x}\right]_{s_0} > \frac{\eta_{s_0}}{2}, \tag{27}$$

其中 s_0 表示第 s_0- 项,$\Delta x = (\cdots,(\Delta x)_s,\cdots)$, $|(\Delta x)_s| \leqslant \delta_s{}^{(\Lambda)}$.

由(27) 能够证明 $f(x)$ 的第 s_0- 项不满足定理的假设. 矛盾.

定理 3.2 在定理 3.1 的假设下,设

$$f(x) = [\varphi(b)-\varphi(a)](x-a)-(b-a)[\varphi(x)-\varphi(a)], \tag{28}$$

则

$$\varphi(b) - \varphi(a) = (b - a) \left. \frac{\mathrm{d}\varphi(x)}{\mathrm{d}x} \right|_{\xi}.$$

现在考虑一种特殊情形,即仅考虑广义数子集 $E = \{x: 当 s \neq k_0 时 x_s = 0\}$. 设 $y = f(x)$ 是定义于 E 上满足条件:$s \neq m_0$ 时 $y_s = 0$ 的广义函数,则我们有:函数的弱导数等于强导数,并且两者等于(m_0, k_0) 导数.

定理 3.1′ 如果 $y = f(x)$ 是如上定义的广义函数,并且满足 $f(a) = f(b)$,其中 $a, b \in E$,则存在点 ξ 使 $\left. \frac{\mathrm{d}f(x)}{\mathrm{d}x} \right|_{\xi} = 0$.

定理 3.2′ 如果 $y = f(x)$ 如上所定义,不一定有 $f(a) = f(b)$,则存在点 $\xi \in [a, b]$,使得 $f(b) - f(a) = (b - a) \left. \frac{\mathrm{d}f(x)}{\mathrm{d}x} \right|_{\xi}$ 成立.

以上两个定理的证明省略.

参考文献

[1] 王成堂:《广义数及其应用(Ⅰ)》,1979,《中国科学》(数学专辑Ⅰ),1-11.

[2] 李邦河:《一种非阿几米德域上的微积分》,1979,《数学学报》.

THE CONTINUITY, DERIVATIVE AND THE MEAN-VALUE THEOREM OF A(GNS)FUNCTION

Wang Shu-tang, Zhan Ken-hua

Abstract

For a (GNS) function, in this paper, we define the notion of strong and weak continuity and derivatives. Some theorems concerning mean-valued properties are also derived

广义函数的级数展开*

王戍堂　湛垦华

摘　要

本文目的有二：首先对(GNS)函数定义了不定积分，从而得到Heavjside跳跃函数的明确表达式. 其次研究了一类(GNS)函数的Taylor展开，以(GNS)幂级数作工具引入广义的指数函数 e^x 以及对数函数 $\ln x$ 等. 有趣的是寻常所用到的一些基本性质在这里仍然保持着，从而这里引入的函数乃是古典初等函数的自然推广.

作者在文[1]曾引入广义数与广义函数的概念. 后者乃指以广义数作基础的函数关系，本质不同于L. Schwartz的分布. 利用[1]中所定义的(GNL)与(G)积分可自然得到Dirac的 δ 函数. 文[2]研究了广义函数的导数并得到一些初步定理. 然而迄今为止我们尚未研究不定积分.

本文分作如下几节：

首先，§1中先对 δ 函数进行分析，并研究变上限的(不定)积分，后者的导数显然即应等于原来的 δ 函数，为此就应引入一种较[2]更自然的导数定义，它较弱于[2]中所给出者. 因此今后，将[2]中的导数将冠以严(弱)导数等. 本节中一个最有意义的副产品即是得到Heaviside跳跃函数

* 本文发表于《西北大学学报》(自然科学版)1980年第4期.

的表示方法. 由 §1 所得结果的启发，本文 §2 对更一般的广义函数定义了不定积分，并证明其导数恰正等于原给广义函数. 以此作为基础，我们于 §3 中证明分部积分法，并从而得到广义函数的 Taylor 展开公式. 最后，本文 §4 用级数定义广义对数函数及指数函数，证明几个最基本的定理.

§1 Dirac 的 δ 函数

按照文[1] 所述，可由我们所给的广义函数概念来构造 δ 函数. 为此，首先取一无限次可导、具紧支集且满足下条件的普通实变函数 $g^*(t)$：$\int g^*(t)\mathrm{d}t=1$. 然后由 g^* 定义广义函数：

$$g(x)=\begin{cases}g^*(x_1)\times 1_{(-1)}, & \text{当 } x=(\cdots,0,\cdots,0,x_1,x_2,\cdots);\\ 0, & \text{对其他的 } x.\end{cases} \tag{1}$$

文[1] 证明了上述 $g(x)$ 即是 Dirac 的 δ 函数.

现取一固定(广义) 点，例如可取 $a=(-1)\times 1_{(0)}$ 并设 $y=(\cdots,y_{-m},\cdots,y_0,\cdots,y_n,\cdots)$ 是一个广义变量，现在我们来定义不定积分(定义过程中 y 是固定的).

首先引入广义函数 $\tilde{g}(x)$：

$$\tilde{g}(x)=\begin{cases}g(x), & \text{当 } x \text{ 位于 } a,y \text{ 之间时};\\ 0, & \text{对其他的 } x.\end{cases} \tag{2}$$

于是当 $y=(\cdots,0,\cdots,0,y_1,y_2,\cdots)$ 时

$$(GNL)\int \tilde{g}(x)\mathrm{d}x=\int_{-\infty}^{y_1} g^*(t)\mathrm{d}t. \tag{3}$$

(3) 式积分即可认作是 $g(x)$ 限制于集合 $E_0=\{x:x\geqslant 0, \text{且 } x_1<y_1\}$ 上的积分，即积分 $(GNL)\int_{E_0} g(x)\mathrm{d}x$. 然而作为不定积分尚应加上一系列尾量部分. 它们是集合 $E_k=\{x:x\geqslant 0, \text{当 } m<k \text{ 时 } x_m=y_m, \text{而且 } x_k \text{ 位于 } 0 \text{ 与 } y_k \text{ 之间}\}$ 上的积分，其中 $k=2,\cdots$. 由于 $g(x)$ 依赖于 x_0 与 x_1，故

而它于(这些)E_k 上的积分 G_k 显然便是(当 $y_{k+1}=0$ 时取 $G_k=0$):

(ⅰ)$y\neq 0$ 时,$G_k=0$;

(ⅱ)$y_0=0$ 时,$G_k=g^*(y_1)\times y_{k+1}\times 1_{(k-1)}$. (4)

总之,设 $G(x)$ 是 $g(x)$ 的不定积分 $G(y)=\int_a^y g(x)\mathrm{d}x$,则 $G(x)$ 的具体结果将是

$$G(x)=\begin{cases}0,\text{当 } x<(\cdots,0,\cdots,\overset{\text{第0位}}{0},-\infty,-\infty,\cdots)\text{ 时};\\ 1,\text{当 } x>(\cdots,0,\cdots,0,+\infty,\infty,\cdots)\text{ 时};\\ \int_{-\infty}^{x_1}g^*(t)\mathrm{d}t+\sum_{k=1}^{\infty}g^*(x_1)\times x_{k+1}\times 1_{(k)},\text{对其他的 } x,\text{即}\\ \quad x=(\cdots,0,\cdots,0,x_1,x_2,\cdots)\text{ 时}.\end{cases} \tag{5}$$

注 文[1](*GNL*)积分着重点在于实数值,现在不定积分由于考虑到"边界"贡献加入了一些尾量部分,若限制于普通实数而不计尾量(后者永处于高级数区),则其二者之间的关系完全同于古典分析,特别地,设广义函数 $y=f(x)=(\cdots,y_0,\cdots,y_n,\cdots)$ 有关系:y_0 仅是 x_0 的函数,且 $y_0=0$ 时 $y_k=0(k<0)$,则二种积分的关系就与古典分析中的完全一致.

下边讨论函数 $y=f(x)$ 的导数.

定义 1.1 设 $y=f(x)$ 为一广义函数,x_0 是一广义固定点(不失一般性可认为该函数定义于全广义数域上,否则仅需作一些明显修改);记 $x=x_0+\Delta x$,其中 $\Delta x=(\cdots,(\Delta x)_{-m},\cdots,(\Delta x)_0,\cdots,(\Delta x)_n,\cdots)$. 作差商

$$\frac{\Delta y}{\Delta x}=\frac{f(x_0+\Delta x)-f(x_0)}{\Delta x}=(\cdots,b_{-m},\cdots,b_0,\cdots), \tag{6}$$

其中 $b_k=b_k(\Delta x)$.

所谓 $y=f(x)$ 于点 x_0 的导数为 $(\cdots,a_{-m},\cdots,a_0,\cdots,a_n,\cdots)$ 是指下条件成立:对每一整数 l 及任意实数 $\varepsilon>0$,存在实数列 $\cdots,\delta_{-m},\cdots,\delta_0,\cdots,\delta_n,\cdots$,其中 $\delta_k\geqslant 0$,从某 k_0 起即 $k\geqslant k_0$ 时 $\delta_k>0$,且能由 $|(\Delta x)_s|\leqslant\delta_s(s=0,\pm 1,\pm 2,\cdots)$ 推出

$$|b_l-a_l|<\varepsilon. \tag{7}$$

注意上述定义与文[2]中弱导数定义的区别在于,此处定义中之 k_0 是可以变的(随 ε 而变),因此,今后文[2]中定义的导数将一律冠以"严"字.因为上述定义显然弱于[2]中者.

定理 1.1 设 $G(x)$ 是前述 δ 函数 $g(x)$ 的不定积分,则 $G(x)$ 的导数 $G'(x)=g(x)$.

证 由(5)的第一式及第二式知:当 $x=(\cdots,x_{-m},\cdots,x_0,\cdots,x_n,\cdots)$ 不是形为 $(\cdots,0,\cdots,0,x_1,x_2,\cdots)$ 的广义数时

$$G'(x)=0.$$

由(5)的第三式知,当 $x=(\cdots,0,\cdots,0,x_1,x_2,\cdots)$ 时,于定义 1.1 中取 $k_0=2$ 容易算得

$$(\cdots,b_{-m},\cdots,b_0,\cdots,b_n,\cdots)=g^*(x_1)\times 1_{(-1)},\tag{8}$$

因此

$$G'(x)=g^*(x_1)\times 1_{(-1)}=g(x).\tag{9}$$

(证毕)

从纯实数范围看,$G(x)$ 取值情况由(5)显然是

$$G(x)=\begin{cases}0,\text{当 } x<0 \text{ 时},\\ 1,\text{当 } x>0 \text{ 时}.\end{cases}\tag{10}$$

这正是 Heaviside 的跳跃函数.定理 1.1 说明 Heaviside 函数的导数正是 δ 函数 $g(x)$.其实由(5)式才得 Heaviside 函数的明确具体表达式.

注意:定理 1.1 证明中取 $k_0=1$ 就行了,但不得取 $k_0=0$.而上述导数不得取文[2]中的严弱导数,因为后者由函数定义域的考虑则应取 $k_0=0$.

§2 广义函数的不定积分

为了叙述方便起见,采取下列一些限制:(1) 所有自变量 $x=(\cdots,x_{-m},\cdots,x_0,\cdots,x_n,\cdots)$ 均假定当 $k<0$ 时 $x_k=0$.(2) 函数 $y=f(x)=(\cdots,y_{-m},\cdots,y_0,\cdots,y_n,\cdots)$ 是(GNL)可积的,而且每一位 y_k 均仅依赖于

x 的有限个 x_s：

$$y_k = y_k(x_{s1}, \cdots, x_{sl}). \tag{11}$$

其中 l 是 k 的函数：$l = l(k)$.

可以按上述 §1 中的思路构造 $f(x)$ 的不定积分 $F(z) = \int_a^z f(x)\mathrm{d}x$，其中 a 是预先任意固定的广义点，比如可取 $a = (\cdots, 0, \cdots, 0, \cdots)$. 不定积分 $F(z)$ 与[1]中积分 $(GNL)\int f(x)\mathrm{d}x$ 的主要区别即在于前者考虑到边界点 z 而于后者加入了一些尾量，它存在于高级($n \geqslant 1$) 数区之中. 当仅看其实数部分，且取全广义数域时前者自然得到后者，然则正是这些尾量使 $F(x)$ 的导数 $F'(x)$ 正好等于 $f(x)$. 实际上，我们发现在只满足这些条件的要求下不定积分仍不是唯一确定的，我们可以考虑采取其中之一种.

定义 2.1 设广义函数为 $y = f(x) = (\cdots, y_{-m}, \cdots, y_0, \cdots, y_n, \cdots)$，它是 (GNL) 可积的，且满足(11) 条件，所谓 $f(x)$ 的不定积分乃指 $F(x) = (\cdots, 0, \cdots, 0, [F(x)]_0, \cdots, [F(x)]_n, \cdots)$，其中 $[F(x)]_k$ 的决定方法如下：

(a)
$$[F(x)]_0 = (GNL)\int \widetilde{f}_x(z)\mathrm{d}z, \tag{12}$$

式中
$$\widetilde{f}_x(z) = \begin{cases} f(x), & \text{当 } a \leqslant z \leqslant x \text{ 时}, \\ 0, & \text{对其他 } z. \end{cases} \tag{13}$$

又(13) 中 a 是任一固定广义点，比如取 $a = (\cdots, 0, \cdots, 0, \cdots)$.

(b) 对每一位 $y_k = y_k(z_{s1}, \cdots, z_{sm})$ 作和：

$$\xi_k = \int_0^x y_k(x_{s1}, \cdots, x_{sm-1}, t)\mathrm{d}t \times 1_{(k)} + \sum_{l < s_m} y_k(x_{s1}, \cdots, x_{sm}) \times x_l \times 1_{(l+k)} \tag{14}$$

(c) 最后取 $F(x)$ 的尾量部分为 $\sum_{k=1}^{\infty} \xi_k$，将此尾量加入于(a) 中之 $[F(x)]_0 \times 1_{(0)}$，即最终得到不定积分 $F(x)$.

下边讨论不定积分与原给函数的关系.

定理 2.1 设 $F(x)$ 是 $f(x)$ 的不定积分，则 $F'(x) = f(x)$，即

$$\left[\int_a^x f(z)\mathrm{d}z\right]' = f(x). \tag{15}$$

证 设

$$\frac{F(x+\Delta x)-F(x)}{\Delta x} = (\cdots,\eta_{-m},\cdots,\eta_0,\cdots,\eta_n,\cdots).$$

当 x 固定时 η_k 将是 $\Delta x=(\cdots,(\Delta x)_{-m},\cdots,(\Delta x)_0,\cdots,(\Delta x)_n,\cdots)$ 的函数，且由式(14)可见，当取 $(\Delta x)_s=0, s\leqslant s_m$（见(11)式），则有 $\eta_k = y_k(x_{s1},\cdots,x_{sm})$. 由定义 1.1 即得 $F'(x)=f(x)$.（证完）

为了说明，今举以下例子.

试考虑文[1]式(46)所定义的广义函数 $K(x)$：

$$K(x)=\begin{cases} C_k^{(m)} g^*(x_{m+1})\times 1_{[-(m+1)]}, m\geqslant 0, \\ \quad \text{当 } x=(\cdots,0,\cdots,\underset{\text{第0位}}{\underset{\uparrow}{x_k^{(m+1)}}},\cdots,\underset{\text{第}m\text{位}}{\underset{\uparrow}{x_k^{(m+1)}}},x_{m+1},\cdots), \\ 0, \text{对其他的 } x. \end{cases} \tag{16}$$

(16)中 $C_k^{(m)}, k=1,2,\cdots,m+1, m=1,2,\cdots$，为满足文[1]式(45)的实系数；$g^*(t)$ 为满足条件 $\int g^*(t)\mathrm{d}t=1$ 的无限次可导且具紧支集的普通实变函数；实数点列 $\{x_k^{(n)}\}$ 其中 $k\leqslant n, n=1,2,\cdots$，满足引理1(文[1]的(41)式). 同时不难看出([1]定理9后边所述)对于点列 $\{x_k^{(n)}\}$ 除(41)外尚可附加下列条件：

(＊)设 $[-M,M]$ $(M<+\infty)$ 是任意实数区间，则 $\{x_k^{(n)}\}$ 中只有有限个被包含于该区间之中. 为了叙述简单，还假设 $x_k^{(n)}\geqslant 0$ 成立. 取 $a=(\cdots,0,\cdots,0,\cdots)$ 及 $z=(\cdots,z_{-m},\cdots,z_0,\cdots,z_n,\cdots)$，按定义 2.1 可计算 $\int_a^z K(x)\mathrm{d}x$ 的值如下：

(1) 当 $z>(\cdots,0,\cdots,0,0,\underset{\text{第0位}}{\underset{\uparrow}{+\infty}},\cdots)$ 时，

$$\int_a^y K(x)\mathrm{d}x = (GNL)\int K(x)\mathrm{d}x = \widetilde{K}(1). \tag{17}$$

注意(17)中右端 $\widetilde{K}(1)$ 中的"1"表示定义于实数直线上且恒等于1的实常函数，这函数显然并不属于基本空间，然而可将它加入文[1]定理8

中之 F,此时并可规定 $\widetilde{K}(1)$ 一个(随意) 值,于是定理 8 的一切证明步骤仍然照旧成立.

(2) 若 $z < (\cdots,0,\cdots,0,-\underset{\text{第0位}}{\underset{\uparrow}{\infty}},-\infty,\cdots)$,则有

$$\int_a^z K(x)\mathrm{d}x = 0. \tag{18}$$

(3) 计算函数

$$K_m(x) = \begin{cases} g^*(x_m)\times 1_{(-m)}, & \text{当 } x = (\cdots,0,\cdots,a_1,a_2,\cdots, \\ & \quad a_{m-1},x_m,\cdots) \text{ 时}, \\ 0, & \text{对其他 } x. \end{cases} \tag{19}$$

的不定积分,(19) 中 $a_0 = a_1 = a_2 = \cdots = a_{m-1} =$ 实常数,并且假定$(\cdots,0,\cdots,-\underset{\text{第0位}}{\underset{\uparrow}{\infty}},-\infty,\cdots) < z < (\cdots,0,\cdots,+\underset{\text{第0位}}{\underset{\uparrow}{\infty}},+\infty,\cdots)$.

按定义 2.1,设$\int_a^z K_m(x)\mathrm{d}x = \sum_k \xi_k$,则当 $k<0$ 时,$\xi_k = 0$;而当 $k = 0$ 时:

(i) 若 $z < (\cdots,0,\cdots,a_0,a_1,\cdots,a_{m-1},-\infty,-\infty,\cdots)$,则 $\xi_0 = 0$;

(ii) 若 $z > (\cdots,0,\cdots,a_0,a_1,\cdots,a_{m-1},+\infty,+\infty,\cdots)$,则 $\xi_0 = 1$;

(iii) 若 z 是形为 $z = (\cdots,0,\cdots,0,a_0,a_1,\cdots,a_{m-1},z_m,\cdots)$ 的广义数($a_0,\cdots,a_{m-1}$ 的意义见前),则 $\xi_0 = \int_a^z g^*(t)\mathrm{d}t$.

至于$k>0$时的ξ_k,容易看出当z是(iii)中形式时$\xi_k = g^*(z_m)\times z_{m+1}\times 1_{(k)}$;否则 $\xi_k = 0$.

(4) 最后计算 $K(x)$ 的不定积分$\int_a^z K(x)\mathrm{d}x$,其中$(\cdots,0,-\underset{\text{第0位}}{\underset{\uparrow}{\infty}},-\infty,\cdots) < z < (\cdots,0,\cdots 0,+\underset{\text{第0位}}{\underset{\uparrow}{\infty}},+\infty,\cdots)$.

若设$\int_a^y K(x)\mathrm{d}x = \sum_k \xi_k$,则由上述之(3) 有下列结果:

(i) 当 $k<0$ 时,$\xi_k = 0$;

(ii) 当 $k = 0$ 时,$\xi_0 = \sum{}' C_k^m + \delta_0$. (20)

其中右端第一项的求和遍取满足下条件的 m,k：$(\cdots,0,\cdots,x_k^{(m+1)},\cdots,x_k^{(m+1)},+\infty,+\infty,\cdots)<y$. (21)

而

$$\delta_0=\begin{cases}C_{k_0}^{(m_0)}\times\int_0^y(m_0+1)g^*(t)\mathrm{d}t, & \text{当存在 } m_0,k_0 \text{ 使 } z=(\cdots,0,\underset{\text{第0位}}{x_{k_0}^{(m_0+1)}},\cdots,\underset{\text{第}m_0\text{位}}{x_{k_0}^{(m_0+1)}},z_{(m_0+1)},\cdots),\\ 0, & \text{对其他 } z.\end{cases} \tag{22}$$

(ⅲ) 当 $k>0$ 时，若 z 的形式为 $z=(\cdots,\underset{\text{第0位}}{x_{k_0}^{(m_0+1)}},\cdots,\underset{\text{第0位}}{x_{k_0}^{(m_0+1)}},z_{(m_0+1)},\cdots)$，

则

$$\xi_k=C_{k_0}^{(m_0)}\times g^*(z_{m_{0+1}}1)\times z_{(m_0+k+1)}\times 1_{(k)} \tag{23}$$

否则 $\xi_k=0$.

注意：由于前述关于 $\{x_k^{(m)}\}$ 的条件(*)容易验证以上各式均是有意义的. 至此全部计算完毕.

由式(23)，若于定义 1.1 中取 m_0 代替那里的 k_0，便可直接验证 $\left[\int_a^z K(x)\mathrm{d}x\right]'=K(z)$. 由此明显看出这里导数定义正是保证了便于处理类似于 δ 函数等的函数. 注意此时，下列关系不必成立：

$$\int_a^z f'(x)\mathrm{d}x=f(z)-f(a). \tag{24}$$

尽管式(24)两端的导数相等，然有下列定理成立.

定理2.2 设有二广义函数 $y=f(x)$ 与 $z=g(x)$：$y=(\cdots,y_{-m},\cdots,y_0,\cdots,y_n,\cdots)$，$z=(\cdots,z_{-m},\cdots,z_0,\cdots,z_n,\cdots)$ 对每一整数 k，y_k 与 z_k 均依赖于同一组的有限个 x_s，即

$$\begin{aligned}y_k&=y_k(x_{s1},\cdots,x_{sk}),\\ z_k&=z_k(x_{s1},\cdots,x_{sk}).\end{aligned} \tag{25}$$

又设于定义 1.1 中取固定的 k_0 时，$f(x)$ 与 $g(x)$ 均可导，而且 $f'(x)=g'(x)$. 于是必有仅依赖于 $x_k(k<k_0)$ 的可导广义函数 $h(x)$ 使 $f(x)-$

$g(x) = h(x)$.

特别地,设仅在 $x_{-m} = 0(m = 1,2,\cdots)$ 条件下进行考虑,而且上述导数又是文[2] 中的严弱导数时,必有常(广义) 数 C 使 $f(x) - g(x) = C$.

证明 不失一般性可设 $g(x) \equiv (\cdots,0,\cdots,0,\cdots,\cdots,)$. 且设 $y_{-m} \equiv 0(m = 1,2,\cdots)$.

(1) 首先考虑 y_0. 若 y_0 仅依赖于 $x_k(k < k_0)$,则考虑下列第(2) 步;若 y_0 还依赖于某些 $x_k(k \geqslant k_0)$:即有(至少) 二点 $x,\bar{x}$,使 $x - \bar{x} = C \times 1_{(k)}$($C$ 表示实常数),但 $f(x) \neq f(\bar{x})$. 设 k_1 是这些 k 的最大标号. 这个 k_1 的存在是由于假设了 y_0 仅依赖于有限个 x_s. 取 k_1 代替定义 2.1 中的 k_0,容易证明 $f(x)$ 实际上并不真正依赖于 x_{k_1} 而变化,这是矛盾.

(2) 取 $f(x) - y_0(x)$ 代替(1) 中的 $f(x)$ 进行同一推证,即得 y_1 也仅依赖于 $x_k(k < k_0)$.

继此即可证得定理.

从上定理可见,文[2] 中严弱导数具有其自身的意义,然其缺点是不能适用于处理类似于 δ 函数等的一类函数. 本文所给出的导数定义完全适用于后种类型的函数,但(24) 式却须加以变形始能成立. 这种现象正说明了 δ 函数与通常实变函数存在着根本差异,文[1] 的结果说明从积分观点看二者又可纳入同一处理方案,广义函数的(GNL) 积分的意义即在于此.

下边将说明文[2] 中严弱导数的作用.

§3 Taylor 展开

一个最简单的广义函数是 $y = f(x)$,$x = (\cdots,0,\cdots,0,x_0,x_1,\cdots,x_n,\cdots)$,严格写出即是

$$y = f(x) = \begin{cases} x,\text{当 } x = (\cdots,0,\cdots,0,x_0,x_1,\cdots) \text{ 时}, \\ 0,\text{对其他的 } x. \end{cases} \tag{26}$$

因为我们仅限于在广义数域的集合 $E = \{x : x_{-m} = 0\}$ 上进行考虑

(这正像可把普通实变函数看作为平面上沿 x 轴上定义的一样),故(26)式的函数便是 $y = x$. 注意在此定义域中进行研究时它的导数是实数 1,这一导数还是严弱导数. 由此可见,对于研究类似于多项式的广义函数,必须采取严弱导数. 本节以后的讨论中,将假定 $f(x)$ 是严弱可导的,且 $y_{-m} \equiv 0, m > 1$.

定义 3.1 若对广义函数 $g(x)$ 存在广义严弱可导函数 $f(x)$ 使 $f(x)$ 的导数 $f'(x) = g(x)$,则称(不计常数)$f(x) - f(a)$ 是 $g(x)$ 的一个* 不定积分,记作

$$^*\int_a^x g(z)\mathrm{d}z = f(x) - f(a). \tag{27}$$

下边建立分部积分法.

定理 3.1 设 $u(x), u(x)$ 为二严弱可导的广义函数,则下列人以式成立

$$^*\int_a^x u(z)v'(z)\mathrm{d}z = u(z)v(z)\Big|_a^x - {}^*\int_a^x v(z)u'(z)\mathrm{d}z. \tag{28}$$

其中假定右端* 不定积分存在.

证 由文[2]定理 2.1,容易看出(28)两端的导数相等,且 $x = a$ 时左右两端相等. 因此定理 3.1 即能由下列引理推出.

引理 设有严弱可导广义函数 $y = f(x)$,满足 §2 开始时所作的那些假定,而且 $f'(x) \equiv 0$,则 $f(x)$ 必恒为常(广义)数.

证 设 $y = f(x) = (\cdots, y_{-m}, \cdots, y_0, \cdots, y_n, \cdots)$,其中 $y_{-m} = 0. m > 1$. 于是

(一) $y_0 \equiv 0$.

设 $y_0 = y_0(x_{n_1}, \cdots, x_{n_l})$,其中 $n_1 < n_2 < \cdots, n_l$. 先证明 y_0 其实并不依 x_{n_1} 而变. 实际上,因 $f(x)$ 是严弱可导从而也在本文定义 1.1 的意义下,当取 $\delta_s = 0 (s \neq n)$ 及 $\delta_{n_1} > 0$ 时可导,如此 $\dfrac{\Delta y}{\Delta x}$ 的最前一位将是

$$\left[\frac{y_0(x_{n_1}, \cdots, x_{n_l} + (\Delta x)_{n_l}) - y_0(x_{n_1}, \cdots, x_{n_l})}{\Delta x}\right] \times 1_{(-n_l)}. \tag{29}$$

由(29)即得

$$\frac{\partial y_0}{\partial x_{n_l}} \equiv 0. \tag{30}$$

因此明显看出 y_0 并不依 x_{n_l} 而变.同理即可证得 $y_0 \equiv C_0$,其中 C_0 为实常数.

(二)由(一)以及相同的推理方式又可得 $y_1 \equiv C_1$,C_1 为实常数.

根据数学归纳法即可得引理的推论,于是引理证毕.

建立了分部积分法(28)即不难推出下列定理.

定理 3.2 设 $f(x)$ 有直到$(n+1)$阶的严弱导数,则下列公式成立

$$f(x) = f(a) + f'(a)(x-a) + \cdots + \frac{f^{(n)}(a)}{n!}(x-a)^n + \frac{1}{n!}{}^*\int_a^x f^{(n+1)}(z)(x-z)^n \mathrm{d}z. \tag{31}$$

证明 首先有

$$f(x) = f(a) + {}^*\int_a^x f'(z)\mathrm{d}z. \tag{32}$$

其次,设 $F(x) = f'(y)(x-y)$ 时,根据[2]中有关定理知 $F(x)$ 也严弱可导的(在 $f'(x)$ 严弱可导假定下),再由 $f(x)$ 及$(x-a)$的严弱可导性,在(28)中命 $v(y) = f'(y)$ 及 $u(z) = x-z$,即得

$${}^*\int_a^x f'(z)\mathrm{d}z = f'(a)(x-a) + {}^*\int_a^x f''(z)(x-z)\mathrm{d}z. \tag{33}$$

继续同一推理即与古典分析完全相同地得到(31)式.

(证完)

设对广义数 $z = (\cdots, z_{-m}, \cdots, z_0, \cdots, z_n, \cdots)$ 引入一种模 $|z|$,意义为:$|z| = \sup\limits_k\{|z_k|\}$.注意此时除去性质 $|z| < \infty$ 不必成立外,$|z|$ 具有普通实数绝对值的一些基本性质(即 $|-x| = |x|$,$|0| = 0$ 及 $|a+b| \leqslant |a| + |b|$ 等),在此模数意义下 $|x_n| \to 0$ 即是文[2]中的强收敛.

定理 3.3 设 $z = f(x)$ 为具有一切阶严弱导数的广义函数,且存在实常数使 $|f^{(n+1)}(y)| < M$,则 $\frac{1}{n!}{}^*\int_a^x f^{(n+1)}(y)(y-a)^n \mathrm{d}y \to 0$(文[2]中弱

收敛意义下)，只要左端* 积分的每一位均是(多元) 可微函数. 于是在弱收敛(即按位收敛) 意义下下列公式

$$f(x)=\sum_{n=0}^{\infty}\frac{1}{n!}f^{(n)}(a)(x-a)^n \tag{34}$$

成立.

证明　分作下列几步进行证明.

(一) 估计$(y-a)^n$第 l 位的绝对值.

设以 ζ_l 表其第 l 位. 由于 ζ_l 仅与 $y-a$ 的前 l 位有关. 记 $K_l=\max\limits_{0\leqslant s\leqslant l}\{|(y-a)_s|\}$，于是一个最粗略的估计便是：

$$\zeta_l=[(x-\overline{x})^n]_l=\sum_{m_1+\cdots+m_n=1}[(x-\overline{x})_{m_1}\times(x-\overline{x})_{m_2}\times\cdots\times(x-\overline{x})_{m_n}],$$

$$|\xi_l|\leqslant[(l+1)k_l]^n.$$

式中 m_s 表非负整数.

(二) 设 $f^{(n+1)}(y)=(\cdots,0,\cdots,0,\xi_0,\xi_1,\cdots,\xi_m,\cdots)$，则 $|\xi_m|\leqslant M$.

(三) 估计$\dfrac{1}{n!}f^{(n+1)}(x)(x-\overline{x})^n$ 第 k 位的绝对值.

记该第 k 位为 η_k 时，显然是 $\eta_k=\dfrac{1}{n!}\sum\limits_{l+m=k}\xi_m\times\zeta_l$. 从而就有

$$|\eta_k|\leqslant\frac{1}{n!}\sum_{l+m=k}|\xi_m|\cdot|\zeta_l|\leqslant\frac{1}{n!}\times M\times(k+1)\times[(k+1)K_k]^n. \tag{35}$$

因此，当 $n\to\infty$ 时 $|\eta_k|\to 0$.

(四) 设广义函数$\dfrac{1}{n!}{}^*\!\!\int_a^x f^{(n+1)}(y)(y-a)^n\mathrm{d}y$ 的第 s 位为$\theta_s=\theta_s(x_0,\cdots,x_{n_s})$，注意到所考虑的广义函数严弱可导，又有下列关系

$$\begin{cases}\dfrac{\partial\theta_s}{\partial x_0}=\eta_s,\\ \cdots\cdots\\ \cdots\cdots\\ \dfrac{\partial\theta_s}{\partial x_{n_s}}=\eta_{s-n_s}.\end{cases} \tag{36}$$

由(36) 并注意 $n_s \geqslant 0$ 及上述之(三)，从多元函数微分中值定理容易推知

$$\text{当 } n \to \infty \text{ 时}, \theta_s \to 0.$$

特别地，若取 $x = \bar{x}$，则 $\frac{1}{n!}{}^*\int_a^{\bar{x}} f^{(n+1)}(y)(\bar{x}-y)^n \mathrm{d}y \to 0$，由于 $\bar{x}$ 是任意的，从而定理得证.

注　上述(四) 的证明用到某种收敛的一致性，但这由(三) 之证明极易看出，不赘述.

§4　指数函数与对数函数

本节将对通常最常见的两类函数即指数函数与对数函数进行讨论，这里所讨论的只是一些最基本性质中的几个.

4.1　关于指数函数

试以下列级数定义广义指数函数 e^x：

$$\mathrm{e}^x = 1 + x + \frac{1}{2!}x^2 + \cdots + \frac{1}{n!}x^n + \cdots. \tag{37}$$

(37) 中右端是在前述的弱收敛意义下.

定理 4.1　级数(37) 是收敛的.

证明　设 $x = \sum_{n=0}^{\infty} x_n \times 1_{(n)}$，试研究(37) 的第 k 位. 为此先计算 x^n 的第 k 位，记它为 $\xi_{k,n}$，于是显然有

$$\xi_{k,n} = \sum_{m_1+\cdots+m_n=k} x_{m_1} \times x_{m_2} \times \cdots \times x_{m_n}. \tag{38}$$

式中 m_s 表非负整数.

由(38) 得

$$|\xi_{k,n}| \leqslant [(k+1)\max_{0\leqslant s\leqslant k}\{|x_s|\}]^n, \tag{39}$$

而(37) 式右端级数第 k 位为

$$\xi_k = \sum_{n=0}^{\infty} \frac{1}{n!}\xi_{k,n}. \tag{40}$$

为了验证(40)的收敛性，根据(39)又只须证明下级数收敛：

$$S=\sum_{n=1}^{\infty}\frac{1}{n!}[(k+1)\max_{0\leqslant s\leqslant k}\{|x_s|\}]^n. \tag{41}$$

但这是显然的.(41)的和 $S=\exp[(k+1)\max\limits_{0\leqslant s\leqslant k}]\{|x_s|\}$.

定理 4.2 公式

$$e^{x+y}=e^x\cdot e^y \tag{42}$$

恒成立.

证明 只须证明(26)式左右两端，对任意的 k 使其第 k 位相等. 由定理4.1，可见 x 与 y 固定时可选 N(自然数)使

$$\left|\left(\sum_{n=N+1}^{\infty}\frac{1}{n!}x^n\right)_s\right|<\varepsilon \text{ 与 } \left|\left(\sum_{n=N+1}^{\infty}\frac{1}{n!}y^n\right)_s\right|<\varepsilon$$

对 $\varepsilon\leqslant k$ 成立. 其中 $(z)_s$ 表示广义数 z 的第 s 位(它自然即是普通实数). 由此明显推出

$$(e^x\cdot e^y)_k=\sum_{l+m=k}(e^x)_l\times(e^y)_m=\sum_{l+m=k}\left(\sum_{n=0}^{\infty}\frac{1}{n!}x^n\right)_l\times\left(\sum_{n=0}^{\infty}\frac{1}{n!}x^n\right)_m,$$

此即 $$(e^x\cdot e^y)_k=\left[\left(\sum_{m=0}^{n}\frac{1}{m!}(x+y)^m\right)\right]_k+M_\varepsilon.$$

其中 M 是一常实数. 让 $N\to\infty$，则 $M_\varepsilon\to 0$，再由直接验算即得

$$(e^x\cdot e^y)_k=(e^{x+y})_k.$$

(证完)

下边推广普通实数函数中的公式

$$(e^x)'=e^x.$$

定理 4.3 公式

$$(e^x)'=e^x \tag{43}$$

恒成立，左端的导数是严弱导数.

证明 分作下列几步.

(一) $(x^n)'=nx^{n-1}$ 仍成立，其中 x 是广义自变量且设 $m\geqslant 1$ 时，$x_{-m}=0$，又 n 是自然数.

证略.

(二) 设 $f(x)=\mathrm{e}^x$,则由(37) 式得(此时公式 $a^n-b^n=(a+b)(a^{n-1}+a^{n-2}b+\cdots+b^{n-1})$ 容易直接验证):

$$\frac{f(x+\Delta x)-f(x)}{\Delta x}=1+\sum_{n=1}^{\infty}\frac{1}{n!}[x^{n-1}+x^{n-2}(x+\Delta x)+\cdots+(x+\Delta x)^{n-1}]. \tag{44}$$

不难直接验证(44) 通项中的 $x^{n-1}+x^{n-2}(x+\Delta x)+\cdots+(x+\Delta x)^{n-1}$ 弱收敛于 nx^{n-1}(文[2] 意义下). 记通项为 ξ_n 时,则其第 k 位 $\xi_{n,k}$ 有下列估计:

$$|\xi_{n,k}|\leqslant\frac{1}{(n-1)!}[(k+1)K_k]^{n-1}. \tag{45}$$

其中

$$K_k=\max\{\max_{s\leqslant k}\{|x_s|\},\max_{s\leqslant k}\{|x_s+(\Delta x)_s|\}\}. \tag{46}$$

由(45) 知 k 固定时,(44) 右端级数的第 k 位一致收敛. 在文[2] 意义下让 $\Delta x\to 0$,即得 $f'(x)=\sum_{n=0}^{\infty}\frac{1}{n!}x^n=\mathrm{e}^x$.

(证完)

4.2 对数函数

首先证明下列引理.

引理 4.4 当 $x\neq y$ 时,$\mathrm{e}^x\neq\mathrm{e}^y$.

证明 取 k_0 使之适合于

$$\begin{cases}当\ k<k_0\ 时, x_k=y_k,\\ 当\ k\geqslant k_0\ 时, x_{k_0}\neq y_{k_0}.\end{cases} \tag{47}$$

于是 $x=z+x'$,$y=z+y'$,其中 $z=x_0\times 1_{(0)}+\cdots+x_{(k_0-1)}\times 1_{(k_0-1)}$,$x'=x''\times 1_{(k_0)}$,$y'=y''\times 1_{(k_0)}$.

根据定理 4.2,为证明引理 4.4 只须证明 $\mathrm{e}^{x'}\neq\mathrm{e}^{y'}$ 就行了. 实际上,不妨设 $k_0>0$,

$$\begin{cases}\mathrm{e}^{x'}=1+x'+\frac{1}{2!}x'^2+\cdots,\\ \mathrm{e}^{y'}=1+y'+\frac{1}{2!}y'^2+\cdots.\end{cases} \tag{48}$$

由于(48)中 x'^2 以后各项及 y'^2 后各项是 $1_{(2k_0)}$ 以后数区的数，而 $e^{x'}$ 与 $e^{y'}$ 中第 k_0 位各是 x_{k_0} 与 y_{k_0}，由(47)第二式即知 $e^{x'} \neq e^{y'}$.

（证完）

引理 4.5　方程 $e^y = x$ 对给定的 x 有解 y 的充要条件是 $x_0 > 0$.

证　由方程

$$e^y = 1 + y + \frac{1}{2!}y^2 + \cdots + \frac{1}{n!}y^n + \cdots, \tag{49}$$

比较对应各位可得下列方程组：

$$\begin{cases} 1 + y_0 + \frac{1}{2!}y_0^2 + \cdots + \frac{1}{n!}y_0^n + \cdots = x_0, \\ y_1 + y_0 y_1 + \cdots + \frac{1}{(n-1)!}y_0^{n-1} y_1 + \cdots = x_1, \\ \cdots\cdots \\ \cdots\cdots \\ y_k + y_0 y_k + \cdots + \frac{1}{(n-1)!}y_0^{n-1} y_k + \cdots + \Sigma_k = x_k, \\ \cdots\cdots \\ \cdots\cdots \end{cases} \tag{50}$$

(50)式中符号 Σ_k 表示以 $y_1, y_2, \cdots, y_{k-1}$ 为变元的某多项式.(50)式可变形为：

$$\begin{cases} e^{y_0} = x_0, \\ y_1 e^{y_0} = x_1, \\ \cdots\cdots \\ \cdots\cdots \\ y_k e^{y_0} + \Sigma_k = x_k, \\ \cdots\cdots \\ \cdots\cdots \end{cases} \tag{51}$$

由式(51)显见，若方程 $e^y = x$ 可解，则 $x_0 > 0$；反之若 $x_0 > 0$，则 y_0 可由(51)第一式定出，然后代入第二式又解得 y_1，再代入第三式解得 y_2，…… 由此引理得证.

由这一证明也可看出解 y 若存在,则解也必是唯一地,因此立即可得:当 x 取纯实数时 y 必也是纯实数.这最后结果也容易由(51)式直接看出来.实际上,由 $x_1=0$ 及(51)的第二式得 $y_1=0$,从而 $\Sigma_2=0$,又由(51)的第三式得 $y_2=0$,于是也有 $\Sigma_3=0$…… 以此可知 y 必是普通实数.

上述这些结果乃属所预料者.

定义 4.1 设 $e^y=x$,y 即称作是 x 以 e 为底的(自然)对数函数,记作 $y=\ln x$.

由前所述,可见 $\ln x$ 的定义域为 $x_0>0$.

和普通实变函数一样,有下列推广.

定理 4.5 在文[2]的意义下 $\ln x$ 严弱可导,且有 $(\ln x)'=\frac{1}{x}$.

证 由文[2]及 $e^{\ln x}=x$,对两端求导即得定理之证明.

定理 4.6 下列展开公式仍成立

$$\ln(1+x)=x-\frac{1}{2}x^2+\frac{1}{3}x^3-\cdots, \tag{52}$$

其中 $|x|<1$(模 $|x|$ 的定义见定理 3.3).

证 分作下列几步.

(一) 公式 $\left[\left(\frac{1}{1+x}\right)^n\right]'=\frac{-n}{(1+x)^{n+1}}$ 成立.

实际上,设 $y=\left(\frac{1}{1+x}\right)^n$,则 $y(1+x)^n=1$,将其两端求导即得.详细的严格证明此地从略.

(二) 由(一)及 Taylor 公式(31),取 $a=1\times 1_{(0)}=1$,得

$$\ln(1+x)=x-\frac{1}{2}x^2+\cdots+\frac{(-1)^{n-1}}{n}x^n+(-1)^n\times {}^*\!\int_0^x\frac{x^n}{(1+x)^{n+1}}\mathrm{d}x. \tag{53}$$

(三) 可以验证当 $n\to\infty$ 时,在文[2]弱收敛(即按位收敛)的意义下(53)中 * 不定积分的每一位对 $|x|\leqslant 1-\delta(\delta>0)$ 一致地收敛于 0.由此

即可证得定理4.6,详细验证较烦,这里就从略了.

(证毕)

从定理4.2,引理4.4等容易证得.

定理4.7 公式 $\ln(x \cdot y) = \ln x + \ln y$ 成立.

另外,有 $\ln 1 = 0$ 等(这里的"1"即实数 $1 \times 1_{(0)}$),这些习知的初等性质此处一律从略.

参考文献

[1] 王戍堂:《广义数及其应用(1)》,《中国科学》,1979年数学专辑(1),1-11.

[2] 王戍堂、湛垦华:《广义函数的连续性、导数及中值定理》,《西北大学学报》(自然科学版),1980年第2期.

(GNS)FUNCTIONS DEFINED BY (GNS) POWER SERIES

Wang Shu-tang, Zhan Ken-hua

Abstract

In the present paper we first define dindefinite integrals for (GNS) functions, so an explicite exprssion of the Heaviside function based on (GNS) is obtained. Secondly, the Taylor development of a (GNS) function is investigated. We introduce the generalized exponential function e^x and the logarithmic function $\ln x$, the ordinary basic properties of them are also obtained.

广义层次空间*

湛垦华　王戍堂

摘　要

本文以广义数为基础提出广义层次空间概念以反映多层次的物理世界，并对近代物理中的发散困难提供出了一种处理看法.

（一）

我们所面对的物理世界，是一个多层次的物理世界，这已为人们越来越深刻地认识到.

数学，是从物理模型中抽象出来的.建立在实数基础上的数学分析方法，本质上反映且适用于描述宏观的物理现象，这种数学方法的特点就在于所碰到的物理量永远存在于宏观这一个层次.多年来，人们过分夸大了这一个层次的数学方法的意义，在数学上所谓一个点即被理解为一个不可分割的存在，而将超出这一层的大量则又统统命名为“无穷大”这一绝对物，并实际上把它排斥于考虑之外.

自然科学的发展，不断对这种形而上学的论点进行冲击.由于量子力学的发展，在物理中出现了类似于 Dirac-δ 函数的这种非寻常意义下的函

* 本文发表于《西北大学学报》(自然科学版)1980年第2期.

数关系，就是一个显明的例证.

δ 函数提出后，多年来得不到数学家的承认，这是因为一个在原点 $x=0$ 取值为 ∞，而其余部分取值恒为零的函数 $\delta(x)$，无论从 Riemenn 积分或从 Lebesgue 积分看来，积分值都应等于零的原故. L. Schwartz 提出(1950) 的分布论，虽给出了某种可行的数学方法，然而却是(也仅仅是)将 δ 函数看作基本空间的泛函，我们认为，上述这一矛盾所出现的事实，恰好说明了实数仅是多层次宇宙中一个层次的量，而 δ 函数所出现的情况，正是反映了不同层次之间量的运算关系，若仅限于在一个层次中来考虑多层次宇宙中的物理量. 当然就会出现不能解决的矛盾.

要正确地从数学上定理描述我们所面对的多层次物理世界，必须有一整套新的数学方法. 当然，这一套新的数学方法，一定会利用已较成熟的宏观层次中实数运算作为其发展的基石，但肯定会加进许多新的因素，导出一系列新的规律. 至今为止，人们已作了许多种探索，"非标准分析方法"就是人们现在较为普遍采用的一种，它从数理逻辑上证明了实无穷的存在性.

为了正确地描述多层次物理世界的实际，我们尝试着在文献[1]、[2]所提供"广义数"的数学理论基础上，来建立起一种"广义层次空间"的物理概念，在本文中初步讨论了在此空间中物理量的性质和层次间的连络关系，最后，作为一个运用实例，从广义层次空间的概念与运算方法出发，初步讨论了量子场论中的 Dirac 场的发散困难.

我们深知，我们正在进行的工作是一个数学物理体系的开始性起步工作，一方面必须在我们已建立的"广义数"数学理论基础上发展数学理论，另方面还必须在"广义层次空间"的框架下来研究各种物理实际. 摆在我们面前的任务是艰巨而诱人的，在发展过程中，肯定会不断地自我扬弃，也希望学术界的朋友们指出错误，以求改进.

（二）

我们的“广义层次空间”设想，是在文献[1]、[2]“广义数”数学理论基础上发展起来的，但对它作了某些扩展与改形.

1. 让我们考虑如下（向两端均无限延伸的）实数列

$$x = \sum_{k} x_k \times 1_{(k)} = (\cdots, x_{-i}, \cdots, x_0, \cdots x_j, \cdots). \tag{1}$$

及

$$y = \sum_{k} y_k \times 1_{(k)} = (\cdots, y_{-i}, \cdots, y_0, \cdots y_j, \cdots). \tag{2}$$

其中 i 和 j 均为自然数（或说其中 k 可正、可负，也可以是数 0），且只有有限个 i 使 $x_{-i} \neq 0$.

两个列 x 和 y 的顺序按字典式，即从前向后看，第一个使 $x_k \neq y_k$ 的脚标设为 k_0，且 $x_{k_0} < y_{k_0}$，即说 $x < y$.

将上述列中每一 k 项作为一个数区，第 0 项命名为第 0 数区，第 1 项命名为第 1 数区……这样，普通的实数只相当于其中一个数区，而多数区量则是实数的推广.

$1_{(k)}$ 为第 k 个数区的单位量，定义为

$$1_{(k)} = (\cdots, 0, \cdots, \underset{\text{第}k\text{位}}{\underset{\uparrow}{1}}, 0, \cdots) \tag{3}$$

当 $k \neq k'$ 时，$1_{(k)}$ 与 $1_{(k')}$ 分别处于不同数区，且分别是所处数区的 1.

2. 设 c 为实数，定义

$$cx = (\cdots, cx_{-i}, \cdots, cx_0, \cdots, cx_j, \cdots) \tag{4}$$

定义加、减法为

$$1_{(i)} \pm 1_{(j)} = (\cdots, \underset{\text{第}i\text{位}}{\underset{\uparrow}{1}}, \cdots, 0, \cdots, \underset{\text{第}j\text{位}}{\underset{\uparrow}{1}}, \cdots) \tag{5}$$

$$x \pm y = (\cdots, x_{-j} \pm y_{-j}, \cdots, x_i \pm y_i, \cdots) \tag{6}$$

定义乘法为

$$1_{(i)} \times 1_{(j)} = 1_{(i+j)} \tag{7}$$

$$x \cdot y = \sum_{k} \sum_{i \times j = k} (x_i \cdot y_i) \times 1_{(k)} \tag{8}$$

除法是乘法的逆运算.

定义了上述运算的列 x 之集合,称为广义数系统,x 称为广义数.每一数区 I_n(n 是整数)与实数具有相同构造(不计单位).

3.满足上述1、2定义的每个数区,我们看为是一个物理层次空间,多个数区的集合就构成了有多个物理层次空间的集合,我们把这个集合,称为广义层次空间.

比如,我们把0数区称为宏观层次,第1数区称为第一微观层次,第2数区称为第二微观层次,等等;把第(−1)数区称为第一宇观层次,第(−2)数区称为第二宇观层次,等等.这样多个层次的集合,我们就称为描述真实宇宙的广义层次空间.

当我们把广义层次空间的每一层次,均取为(x,y,z)的三维牛顿物理空间,就得到一个三维牛顿物理广义层次空间.

当我们把广义层次空间的每一层次,均取为(x,y,z,t)四维相对论性空间时,我们就得到一个四维的相对论性广义层次空间.

当我们把广义层次空间的每一层次,均取为希尔伯特空间时,我们就得到一个希尔伯特广义层次空间.

如此等等.

4.为了研究方便,我们把观察者所在层次命名为观察者层次,以后总把第0层次取为观察者层次,即真实宇宙中的宏观层次.把被观察对象所在的层次命名为观察层次,或主导层次.

按我们的定义,一般说来,在广义层次空间中,我们所研究的物理量,除具有所处的主导层次量之外,在它的下面层次中还存在下面层次的余量.比如,被观察对象在0层次,其量为 x,它除了在此层次中有一物理量 x_0 之外,在下面的层次应有 $x_1, x_2, \cdots$ 等量,具体地写此物理量为

$$x = (\cdots, 0, \cdots, 0, x_0, x_1, x_2, \cdots). \tag{9}$$

有时为了突出研究主层次的物理量,而略去下面层次的量值时,可把

物理量写为

$$x = (\cdots, 0, x_i, 0, \cdots),$$

其中 x_i 称为主导量.

5. 广义层次空间中的物理量应分为两种类型,一为与空间直接有关量,即显示关系量(简称显示量),一为与空间非直接有关量. 与空间非直接有关量又可分为两种,一为完全无关量,一为间接有关量,或隐示关系量(简称隐示量).

在不同性质的广义层次空间中,各种物理量与空间的显示或隐示关系是不同的.

比如,在三维牛顿物理广义层次空间中,位置(x, y, z)、体积 V 等是与空间直接有关的物理量,而时间 t 与空间就是非直接有关量. 而在相对论性广义层次空间中,时间 t 就显然变成一个与空间直接有关的物理量.

有时,某一物理量在一个特定广义层次空间中各层次间其数值均相等,我们把这种物理量,称为穿透物理量(简称穿透量). 比如在相对论性广义层次空间中,光速 C 就是一个穿透量.

(三)

下面我们专门讨论层次间的物理量的连络关系.

文献[3] 中,曾引入了一个层次间连络关系,即"过渡方程":

$$(x + A_1) \times 1_{(1)} = x + \delta_{(0)}. \tag{11}$$

认为某一物理量在两层次间的连络,是无穷大与无穷小的关系. 其中 $1_{(1)}$ 表第 1 数区的单位数,第 1 数区为 A_1 表达的量(一般 A_1 是一无限大表达式) 填满,才能产生出被观察量. x 为被观察量值. $\delta_{(0)}$ 表示第 0 数区引入的形式无限小符号,它保证 $x = 0$ 时,过渡方程仍有效.

在这里,我们把它进一步扩展.

我们定义两层次间,同一物理量间的连络关系为

$$y = F(x),\text{或 } y \times 1_{(1)} = F[x \times 1_{(i)}] \tag{12}$$

其物理含义为,若把某一层次的某物理量观察值表为 x,当把它换算到另一个层次时其量为 y,它们中间的关系为 $y = F(x)$ 函数关系.

层次间的连络关系是可以传递的.若第一层次与第二层次间的连络关系为 $y = f(x)$,第二层次与第三层次间的连络关系为 $z = F(y)$,则第一层次和第三层次之间的连络关系为

$$z = F(y) = F[f(x)]. \tag{13}$$

我们所研究的物理世界对象不同,其广义层次空间的含义也就有区别,从而其层次连络关系函数也就表现出不同的形式.

作为层次连络函数关系的例子,可举出下列几种.

① 倍数关系

同一物理量在两层之间的连络关系,是成一倍数的,写为

$$y = kx, \tag{14}$$

其中 k 为一常系数.

② 平移关系

三维牛顿物理广义层次空间中的伽俐略变换关系就是其中之一.

同一物理量在两层次间的连络关系写为

$$y = A + x, \tag{15}$$

其中 A 可以为

$$A = \begin{cases} \infty(\text{无限数}), \\ a \times 1_n(a\ \text{为有限数}). \end{cases}$$

请注意,由于一个广义数的数区划分并未把所有层次均包括无遗,这里的 ∞,正像坐标纸的非格子点处区域一样,总还存在某种范围的空挡.然而,在某一具体问题中,它也被认为是一个确定值.

当 $A = 0$ 时,即 $y = x$,此时两层次变为同一层次.

③ 倍数加平移关系

同一物理量在两层次间的连络关系写为

$$y = A + kx. \tag{17}$$

在今后我们讨论广义层次空间中的群元变换时,这是很有用的.

(四)

作为广义层次空间物理应用的实例,我们下面初步讨论量子场论中Dirac场的发展困难.

在Dirac的$\frac{1}{2}$自旋场中,Dirac假定“真空是为一切负能级粒子所填满而又没有正能级粒子的情态.”

文献[3]中用下列“过渡方程”来代替Dirac假定.过渡方程为

$$(x+A_1)\times 1_{(1)}=x+\delta_{(0)}.$$

此方程所定义的关系,将不同数区的物理量联系起来了,它是随广义数而引入的一种运算方法.其实质,不过是Dirac假定的一种数学表达而已,并未引入新的物理概念.按[3]的说法,这是“无法从理论推导出来,正确性全靠实践的考验”.[3]认为其“所定义的广义数并未将数的扩充达到完备无隙的境地”,“A的决定一般还须借助于物理方面的考虑.”

其实,正如前面讨论连络关系时已谈到的,从广义层次空间的角度看来,过渡方程可理解为一种广义的坐标平移连络方程,其实质与牛顿力学的伽俐略变换类似,只不过是取不同观测坐标采用的一种坐标系统平移方法.但它们的区别在于,伽俐略变换其物理含义只限于同一空间层次,其数学运算只在同一个数区进行,而广义坐标平移方程其物理含义是在广义层次空间中层次间的连络,其数学运算在不同数区之间进行,它本质上应包括了同一层次(同一数区)中的伽俐略变换.

但是,为更便于运算和阐明物理含义,有必要把[3]所定义的过渡方程改造如下:

1.相对概率.首先将对易关系取为

$$\left.\begin{aligned}\{a_\zeta^*,a_{\zeta'}\}&=\delta_{\xi,\xi'}\times 1_{(1)}\\ \{b_\zeta^*,b_{\zeta'}\}&=\delta_{\xi,\xi'}\times 1_{(1)}\end{aligned}\right\}\tag{18}$$

$|>_0$表示真空态矢,于是存在一个粒子(正粒子)的态矢将应该是a_ζ^*

$|>_0$,考虑算符

$$N_{\zeta}^{(\zeta^*)} = a_{\zeta}^* a_{\zeta} \times 1_{(-1)}, \tag{19}$$

于是

$$\begin{aligned} N_{\zeta}^{(\zeta^*)} a^* \ |>_0 &= a_{\zeta}^* a_{\zeta} a_{\zeta}^* \times 1_{(-1)} \ |>_0 \\ &= a_{\zeta}^* a_{\zeta}^* a_{\zeta} \times 1_{(-1)} \ |>_0 + a_{\zeta}^* \delta_{\zeta.\zeta} \times 1_{(1)} \times 1_{(1)} \ |>_0 \\ &= a_{\zeta}^* \delta_{\zeta,\zeta} \ |>_0 \\ &= a_{\zeta}^* \ |>_0, \end{aligned} \tag{20}$$

因此,上述算符 $N_{\zeta}^{(\zeta^*)}$ 表示粒子数算符.

另外,假定只有一个稳定(以ζ表示的)自由粒子a_{ζ}时,其一级微扰量应是

$$o < 1 a_{\zeta} a_{\zeta}^* 1 > o = \sigma_{\zeta.\zeta} \times 1_{(1)} \tag{21}$$

但实际上其右端应当等于 $\delta_{\zeta,\zeta}$ 这是数学中的"条件概率"问题,由我们的计算过渡到实际观测值,应进行重新归一化.

同理,今后在各级微扰中,也都有同样的重新归一化问题.

2. 今后等式中所出现的 ∞,都应是具体的表达式,它代表(包括无限大层次在内)广义层次中的某一固定点,因此

$$\infty + a = \infty, \tag{22}$$

其中 a 是普遍有限数值,不再成立. 为了将理论计算值和实际(应仅限于观察者所处的宏观层次,即普通实数)观测值相比较,就须将这种 ∞(注意,它是广义层次空间的某一固定点)平移至宏观层次的坐标原点,如图所示.

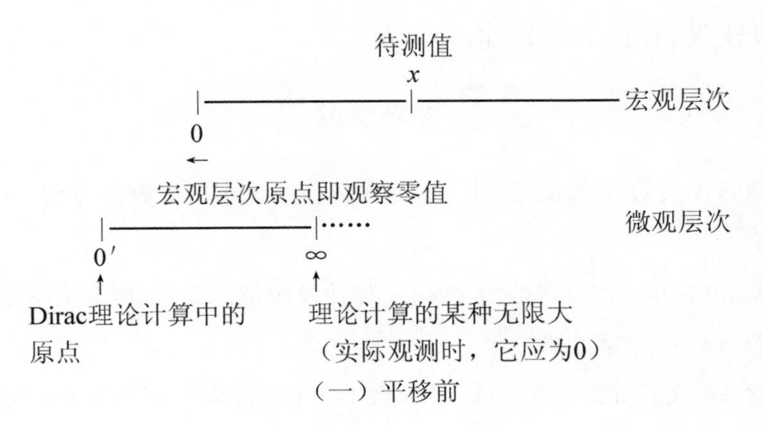

(一)平移前

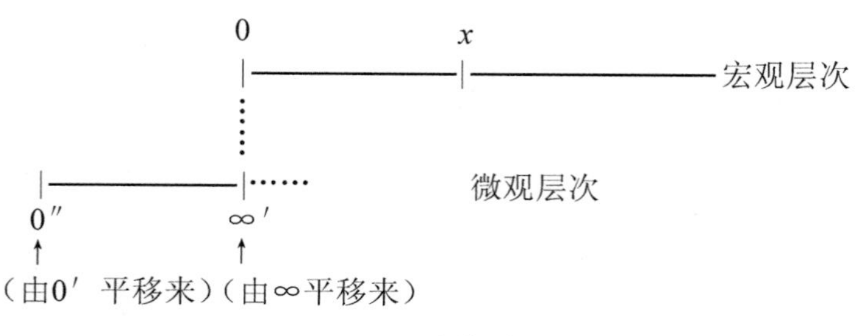

（二）平移后

此时，数学公式可重新表示为

$$y = \infty + x \rightarrow x. \tag{23}$$

3. 将平移后的 x，根据重新归一化的效果，又变为

$$x \rightarrow \frac{x}{1_{(1)}} = x1_{(-1)}, \tag{24}$$

其中左端的 x 实际是微观层次的某个量，因此右端即是普通实数.

4. 今后各级微扰都采用上述方法而逐一处理，结果就得到通常量子场论中微扰论加以重整化后得到的结果.

具体运算实例，我们将在另文中讨论.

请注意上述的 ∞ 不一定就是我们所引入的各个层次的端点 $1_{(-m)}$，它可能居于某两层次之间，这并不影响理论的严密性，正像笛卡尔坐标中的格子点与一般点之间的关系一样.

本文曾在1979年11月于苏州举行的“中国引力与相对论天体物理学会第一届代表大会”上报告，得到了许多与会同志的热情鼓励，并提出了一些宝贵建议，在此一并致谢.

参考文献

[1] 王成堂:《广义数及其应用(Ⅰ)》,《中国科学》,1979 年数学专辑(Ⅰ),第 1～11 页.

[2] 王成堂、湛垦华:《广义函数的连续性、导数及中值定理》,《西北大学学报》(自然科学版),1980 年第 2 期.

[3] 王成堂:《广义数及其应用(Ⅱ)》,《西北大学学报》(自然科学版),1979 年第 1 期.

SPACES OF GENERALIZED LEVELS

Zhan Ken-hua, Wang Shu-tang

Abstract

Based on generalized number field, we introduce in this paper the concept of "space of generalized levels". This concept will refelect the multi-level of the physics world. The divergent difficulties occured in modern theoritic physics are viewed by the above concept.

广义数在量子统计学中的应用*

马秀清　王戍堂

摘　要

文献[1]中曾引入广义数系统，本文将广义数系统应用于量子统计中. 首先澄清了吉卜斯以来关于热力学极限过渡这个“湖涂不清”的概念. 并对波色-爱因斯坦气体在临界点附近分子数密度的“无限大涨落”的计算结果进行了讨论，应用广义数处理，这个涨落不是宏观的无限大，而应是有限的，从而取得了与观察事实相符合的结果.

在物理学中我们常常遇到发散的计算结果，为了克服这些“发散困难”，本文作者之一王戍堂在文献[1]中建立了广义数系统，这个新的数学理论本质上不同于非标准量分析. 把这个数学理论应用于理论物理，我们能得到一系列有实质意义的结果.

（一）广义数的基本概念

设 x 表示一个实数列：

$$x = (\cdots, x_{-m}, \cdots, x_0, \cdots, x_n, \cdots)$$

* 本文发表于《西北大学学报》(自然科学版)1983 年第 1 期.

其中 m,n 是非负整数以及只有有限个 m 满足 $x_{-m}\neq 0$.

1. 基本定义

设 x,y 为两个不同的实数列

$$x=(\cdots,x_{-m},\cdots,x_0,\cdots,x_n,\cdots),$$

$$y=(\cdots,y_{-m},\cdots,y_0,\cdots,y_n,\cdots),$$

则加、减法定义为

$$x\pm y=(\cdots,x_{-m}\pm y_{-m},\cdots,x_0\pm y_0,\cdots,x_n\pm y_n,\cdots).$$

其中 x 和 y 的顺序以字典方式排列.

2. 如果 c 是一个实数,则 cx 的定义

$$cx=(\cdots,cx_{-m},\cdots,cx_0,\cdots,cx_n,\cdots)$$

设 $I_{(k)}$ 为第 k 个数区的单位量:

$$I_{(k)}=(\cdots,0,\cdots,0\cdots,\underset{\text{第}k\text{项}}{\underset{\uparrow}{1}},\cdots,0,\cdots).$$

其中,k 可以是正、负或零.

3. 乘法的定义

$$I_{(m)}\times I_{(n)}=I_{(m+n)}$$

$$x\cdot y=\sum_k\Big[\sum_{m+n=k}(x_m\cdot y_n)\Big]\times I_{(k)}$$

其中 m,n 和 k 是整数.

4. 除法的定义

如果 x,y 和 z 有下面的关系:

$$y\cdot z=x,$$

则 z 就叫做商$\dfrac{x}{y}$.

5. 广义数系统的定义

定义了上述运算的数列的集合叫广义数系统,以及

$$x=\sum_k x_k\times I_k$$

叫做广义数.

显然广义数系统是一个有序域,所有实数的运算法则在这里仍然成

立. x 的每一项表示一个数区,每个数区与实数是同构的. 不同数区间的量的关系是无限大或无限小的关系.

(二) 分层次的物理世界,分层次的物理量

宇观、宏观和微观是迄今为止人们对物理世界划分的三个主要的层次. 建立在各个层次上的物理学,有着不同的研究对象,从不同的方面反映物质的运动规律. 描述物理基本属性及状态的物理量,也相应地划分层次. 例如:大量分子组成的宏观系统的质量 M,一个分子质量 m;一个宏观带电体所带的电量 Q,一个离子带电量 q;一个宏观容器中气体的体积 V,一个分子平均占的体积 v;等等. 这里 V,Q 和 M 是宏观量,而 v,q 和 m 是微观量.

对于宏观量,人们是从不考虑量子化的. 例如,一个宏观任意形状的均匀带电体,人们毫无争议地认为电荷在它上面是连续分布的. 可是从微观层去看电量是量子化的. 一个离子的电量应是:

$$q = ne,$$

其中 n 为整数,e 是一个电子电量的大小.

在处理宏观问题时,常常是在连续的概念上去应用原理和定律. 例如:求电荷均匀分布的宏观带电体的周围空间中某一点 P 的电场强度 $\vec{E}$. 我们总是分成无限多个点电荷 $\mathrm{d}Q$,先求 $\mathrm{d}Q$ 在 P 的 $\mathrm{d}\vec{E}$ 再进行迭加

$$\vec{E} = \int \mathrm{d}\vec{E}.$$

宏观的点电荷 $\mathrm{d}Q$,首先它是一个无法分辨其轮廓的"点",其次又是一个无限小的电量. 即体积、电量都是无限小. 但是从微观去看它有电量就必定是 e 的整数倍,它是带电体就必定有一定的线度,即使一个电子线度也不为零(10^{-17}m 以下). 这就是说宏观层次的无限小的量,在微观层次成了有限值.

热力学极限过渡,又是在微观层次把宏观层次的有限值 V(体积)、

N(分子数) 看成无限大,极限过渡时总是 $N\to\infty, V\to\infty$,而一个分子平均占的体积看做有限值.

这就给人们以启示,对于迭加型标量,不同层次间的关系是有限与无限大(或无限小) 的关系.

(三) 关于热力学极限过渡

对于多层次的物理世界,不同层次间物理量的运算关系,长期以来没有恰当而严密的数学方法,Dirac 的 δ 函数虽然反映了不同层次间物理量的关系,但人们对它又缺乏自然而清晰的理解. 广义数系统建立后,对 δ 函数获得了清晰的自然的理解. 同时,使物理中经常使用的热力学极限过渡,也有了严格的理论基础.

1. 过去人们对热力学极限过渡($V\to\infty, N\to\infty$) 的认识

H. H. 波戈留波夫在文献[2] 说过:“应当着重指出一个显然的情况:一般在统计物理学中,考虑宏观系统,在宏观系统里分子数 N 非常大,而系统的体积 V 的线度量和厚度的自然单位 —— 分子的有效直径相比也非常大,很明显,把这些所谓的‘非常大’的‘糊涂不清’的概念加以数学处理时,我们必须进行极限过渡:$N\to\infty, V\to\infty$,当年吉卜斯(Gibbs) 就曾经指出过这个极限过渡的必要性,而且事实在他的关于各种宏观系统(如气体、液体) 的研究中,他一直应用这个极限过渡.”

吉卜斯以来,越来越多的人也一直使用这个极限过渡,使用的同时又认为这是“糊涂不清” 的. 有数学常识的人都知道“非常大” 与“无限大” 是两截然不同的概念.

2. 有了广义数系统后我们的看法

如果总局限于一个物理层次,仅限于一个数区来考虑实数,对于这个极限过渡就会总是“糊涂不清” 的.

如果应用广义数的概念,明确宏观系统的体积 V 是一个宏观量,设它取第0数区的一个实数$V\times 1_{(0)}$;每个分子平均占的体积v是一个微观量,它取第1数区的一个实数$v\times 1_1$;N反映同一个物理量体积的不同层次间的联络,在数学上反映了不同数区间的过渡(这时,应作为取自第1级无限大数区的数).

$$V\times 1_{(0)}=Nv\times 1_{(1)}$$

在数学上看不同数区的数就是有限与无限大(或无限小)的关系;在物理上考虑就是当我们在微观研究问题时,认为分子体积是有限值时,这时宏观系统的体积就成了无限大;当我们在宏观研究问题时,认为系统的体积是有限值时,分子就是没有轮廓的"点子",它的体积就是无限小.站在宏观看宇观,宇观中的(有限的)系统的体积就成了无限大.

数学上引入广义数系统后,热力学极限过渡就不是"糊涂不清"了,而有了严格的数学理论基础.同时,用了热力学极限过渡而得到的与观察事实相符合的结果,也间接证实了广义数理论的正确性.那么,某些用了热力学极限过渡但与观察事实不相符合的理论结果又是怎么回事呢?

(四)关于波色-爱因斯坦气体分子数密度在临界点附近的"无限大涨落"

波色-爱因斯坦气体是由全同粒子组成的宏观系统,这些粒子服从波色统计律,而且它们之间的相互作用很小.

假定分子数N固定,体积是V,其中一个小区域$G(\ll V)G\gg v$(分子平均占的体积),G内的分子数是一个迭加型力学量

$$n_G=\sum_{1\leqslant j\leqslant N}f_G(q_j),$$

其中 $f_G(q)=\begin{cases}1 & (q\text{ 在 }G\text{ 内})\\ 0 & (q\text{ 不在 }G\text{ 内})\end{cases}$.

G中分子数涨落:

$$\overline{(n_G - \bar{n}_G)^2} = n_G\left\{1 + \frac{1}{v}\int[F_2(q) - 1]\mathrm{d}q\right\}. \quad (1)$$

其中

$$\bar{n}_G = \frac{G}{V}N, F_2(q) = V^2R_2(t, q_1, q_2; q_1, q_2) = V^2Sp\rho. \quad (3, \cdots, N)$$

其中 $R_2(t, q_1, q_2; q_1, q_2)$ 是分子配容算符；ρ 为统计算符.

当 $F_2(q)$ 为球对称时

$$\overline{(n_G - \bar{n}_G)^2} = n_G\left\{1 + \frac{4\pi}{v}\int_0^\infty r^2[g(r) - 1]\mathrm{d}r\right\}. \quad (2)$$

其中 $g(r)$ 为关联密度函数.

当 N 固定时，在统计平衡态，由二次量子化方法可推得配布数

$$n_f = \frac{1}{A\mathrm{e}^{\frac{E(t)}{\theta}} - 1}. \quad (3)$$

1. 原来的无限大涨落是怎么得出的?

把上述结果应用于单原子无自旋分子组成的波色 - 爱因斯坦气体（如氦）. 设气体处在每边 $L = \sqrt[3]{V}$ 的正方体内，在边界上加周期条件

$$\varphi_f(q) = \frac{1}{\sqrt[3]{V}}\mathrm{e}^{i(f, q)}$$

其中

$$f^\alpha = \frac{2\pi}{L}n^\alpha, \alpha = 1, 2, 3; n^\alpha = 0, \pm 1, \pm 2, \cdots.$$

显然
$$E(f) = \frac{\bar{h}^2 \mid f \mid^2}{2m},$$

则
$$n_f = \left\{A\exp\left(\frac{\bar{h}^2 f^2}{2m\theta}\right) - 1\right\}^{-1}. \quad (3')$$

又 ∵ $n_f \geqslant 0$，∴$A \geqslant 1$. A 由方程

$$\sum_{(f)}\left\{A\exp\left(\frac{\bar{h}^2 \mid f \mid^2}{2m\theta}\right) - 1\right\}^{-1} = N \quad (4)$$

来确定.

这里 A 有两种情况：

$$\begin{cases} A > 1, \\ A \sim 1. \end{cases}$$

当 $A > 1$ 时,$\bar{n}_f$ 是 f 的正规函数,故极限过渡非常简单,只要(4) 中的求和换成积分,即 $V \to \infty$ 时,"准动量"f 的谱趋于连续.

$\because \Delta f = \Delta f^1 \Delta f^2 \Delta f^3 = \left(\frac{2\pi}{V}\right)^3 = \frac{(2\pi)^3}{V}$,

$\therefore$ 极限过渡之后(4) 变成

$$\int \left\{ A \exp\left(\frac{\bar{h}^2 \mid f \mid^2}{2m\theta}\right) - 1 \right\}^{-1} \mathrm{d}f = \frac{(2\pi)^3}{V} N = \frac{(2\pi)^3}{v}. \tag{4'}$$

$\because$ 球对称又可成为

$$4\pi \int_0^{\infty} \left\{ A\exp\left(\frac{\bar{h}^2 \mid f \mid^2}{2m\theta}\right) - 1 \right\}^{-1} K^2 \mathrm{d}K = \frac{2\pi}{v}.$$

或者

$$\int_0^{\infty} \frac{x^2}{A\mathrm{e}^{x^2} - 1} \mathrm{d}x = \frac{2\pi^2 \bar{h}^3}{v(2m\theta)^{3/2}}. \tag{4''}$$

$\because A > 1$,(4″) 中的积分随 A 的减小而增大,

$\therefore$ 对于一定的 v,θ,只有

$$\frac{2\pi^2 \bar{h}^3}{v(2m\theta)^{3/2}} < \int_0^2 \frac{x^2 \mathrm{d}x}{A\mathrm{e}^{x^2} - 1} = \frac{\sqrt{\pi}}{4} 2.612\cdots$$

时,A 才有解. 即 N 一定时,只有

$$\theta > \theta_{\text{临界}} = \frac{\bar{h}^2}{2m} \left\{ \frac{2\pi^2}{v \frac{\sqrt{\pi}}{4} 2.612} \right\}^{2/3}$$

才会有 $A > 1$ 的情形.

在这种情形下,由二次量子化方法与统计算符法的关系(见[2]),可以得到

$$F_2(q_1, q_2; q_1, q_2) = 1 + \mu^2(\mid q_1 - q_2 \mid),$$

其中 $\mu(r) = \frac{v}{2\pi^2 r_0^3} \cdot \frac{1}{r/r_0} \int_0^{\infty} \frac{x\sin_{r_0}^{r} x}{A\mathrm{e}^{x^2} - 1} \mathrm{d}x, r_0 = \frac{\bar{h}}{\sqrt{2m\theta}}$.

关联密度函数 $g(r) = 1 + \mu^2(r)$.

其中$\frac{4\pi}{v}\int_0^{\infty} r^2[g(r)-1]\mathrm{d}r = \frac{v}{(2\pi r_0)^3}\cdot 4\pi\int_0^{\infty}\frac{x^2\mathrm{d}x}{(A\mathrm{e}^{x^2}-1)^2}$.

可见 $A\to 1$ 时,$\overline{(n_g-n_g)^2}\to\infty$.

对于 $A\sim 1$ 的情况,对 $|f|>0$ 的 f 经极限过渡之后

$$\bar{n}_f = \left\{\exp\frac{h^2 |f|^2}{2m\theta}-1\right\}^{-1}.$$

同样可以证明这种情形在 $\theta<\theta_{临界}$ 时才会发生.

在坐标表象中统计算符:

$$(F_1)_{q,q'} = 1-\left(\frac{\theta}{\theta_{临界}}\right)^{3/2}+\frac{V}{2\pi\bar{h}^3}\int\frac{\exp\frac{i}{h}(p,q-q')}{\exp\left(\frac{p^2}{2m\theta}\right)-1}\mathrm{d}p,$$

从而可得高一级统计算符$(F_2)_{q,q'}$,代入(1) 也会得到

$$当\ 0<\theta<\theta_{临界}\ 时,\overline{(n_q-\bar{n}_q)^2}\to\infty.$$

2. 这个“无限大涨落”是与观察事实相矛盾的

因为假如是这样的,我们应该在临界点附近,特别是在临界点以下的氦中观察到光的反常的散射,可是人们从来未见到氦中的这种反常的光的散射.

这个矛盾曾是在较严密量子统计理论上建立超流理论的障碍之一.

这个矛盾是怎么产生的呢?

3. 我们的看法

检查以上的讨论,显然是在微观层次中进行的.从理论上看没有与量子力学原理相违背,是统计力学方面的推演,在数学上也没有什么原则性错误(用以往的数学理论检查).

我们认为关键是忽略了物理层次,推演仅在广义数的一个数区中进行的.涨落现象,是在宏观表现出来的,即宏观现象.涨落的数值是一个宏观量,它没有对应的微观量,它是下一层次中分子运动的集体表现的一个描述.

4. 用广义数处理

如果我们明确物理层次,以广义数理论划分明确数区,设宏观量从第

0数区取值,微观量为第1数区.则波色统计算符幅度的对易关系,用广义数写出：

$$b_f\times 1_{(1)}b'_f\times 1_{(1)}-b'_f\times 1_{(1)}b_f\times 1_{(1)}=0,$$

$$b_f^+\times 1_{(1)}b'^+_f\times 1_{(1)}-b'^+_f\times 1_{(1)}b_f^+\times 1_{(1)}=0,$$

$$b'_f\times 1_{(1)}b_f^+\times 1_{(1)}-b_f^+\times 1_{(1)}b'_f\times 1_{(1)}=\delta(f-f')\times 1_{(2)}.$$

同理“量子化了的波函数”的对易关系为

$$\varphi(x)\times 1_{(1)}\varphi(x')\times 1_{(1)}-\varphi(x')\times 1_{(1)}\varphi(x)\times 1_{(1)}=0,$$

$$\varphi^+_{(x)}\times 1_{(1)}\varphi^+_{(x')}\times 1_{(1)}-\varphi^+_{(x')}\times 1_{(1)}\varphi(x)\times 1_{(1)}=0,$$

$$\varphi(x)\times 1_{(1)}\varphi^+_{(x')}\times 1_{(1)}-\varphi^+_{(x')}\times 1_{(1)}\varphi(x)\times 1_{(1)}=\delta(x-x')\times 1_{(2)}.$$

这样分子配容算符就成了

$$R_2=\frac{1}{V^2N(N-1)}\sum_{\binom{f_1,f_2}{f_1',f_2'}}b_{f1}^+b_{f2}^+b'_{f2}b'_{f1}\times I_{(4)}\varphi^*_{f_1}(q_1')\varphi^*_{f_2}(q_2')\varphi'_{f_2}(q_2)\varphi'_{f_1}(q_1).$$

其中统计算符 $F_2=V^2R_2$.

又 $\because b^+_{f_1}b^+_{f_2}b'_{f_2}b'_{f_1}=\bar{n}f_1\cdot\bar{n}f_2$, $\therefore$ 以广义数可以写成

$$b^+_{f_1}b^+_{f_2}b'_{f_2}b'_{f_1}\times I_{(4)}=\bar{n}f_1\cdot\bar{n}f_2\times I_{(4)},$$

$$\therefore F_2=\frac{1}{N(N-1)}\sum_{(f_1,f_2)}\bar{n}f_1\cdot\bar{n}f_2\times I_{(4)}\{1+\exp[i(f_2-f_1,q_1-q_2)]\}.$$

极限过渡之后

$$F_2=1_{(4)}+\frac{v^2}{(2\pi)^6}\int\bar{n}f_1\cdot\bar{n}f_2\times I_{(4)}\exp[f_2-f_1,q_1-q_2]\mathrm{d}f_1\mathrm{d}f_2$$

$$F_2=1+u^2(|q_1-q_2|),$$

而
$$u(r)=\frac{v}{2\pi^2r_0^3}\frac{1}{r/r_0}\int_0^\infty\frac{x\sin\frac{r}{r_0}x}{A\mathrm{e}^{x^2}-1}\mathrm{d}x\times 1_{(2)},$$

$$g(r)=1+u^2(r),$$

$\therefore$(2) 中的$\frac{4\pi}{v}\int_0^\infty r^2[g(r)-1]\mathrm{d}r$ 可变为

$$\frac{v}{(2\pi r_0)^3}\cdot 4\pi\int_0^\infty\frac{x^2\mathrm{d}x}{(A\mathrm{e}^{x^2}-1)}\times I_{(4)}.$$

由此式可见原来计算结果中的“∞”绝不是第0数区的无限大,即不是宏观层次的无限大,宏观层次应为有限值.因而应用广义数的数学理论来处理这个问题,就会取得与观察事实相符合的结果.

参考文献

[1] 王成堂:《广义数及其应用(I)》,《中国科学》1979年.

[2] H. H. 波戈留波夫著《量子统计学》(杨棨译).

[3] 王竹溪:《统计物理导论》.

THE GENERALIZED NUMBER SYSTEM AND ITS APPLICATION IN QUANTUM STATISTICAL MECHANICS

Ma Xiu-qing　Wang Shu-tang

Abstract

A generalized number system is established in [1]. This paper test to apply the generalized number system to the quantum statistical mechanics. First of all, we have make sure a "muddy concept", touching the thermodynamics limit transition from the time of Gibbs. On the other hand, we have discussed the "infinity great fluctuation" of molecualr's number density for the Bose-Einstein gas. we gain the result, coinciding with obser-vation's facts.

关于序数方程(Ⅱ)*

王克显　　指导教师　王戍堂

摘　要

推广文[3]的结果,本文证明:

(1)设 $\gamma>1$,则当 ξ,η,γ 不同时为自然数时,方程 $\xi^{\gamma}=\eta^{\gamma+1}+1$ 无解.

(2)设 $\gamma>1,\xi>1,\eta>0$ 和 $\alpha>0$ 不同时为自然数时,方程 $\xi^{\gamma}\cdot\alpha=\eta^{\gamma+1}+1$ 当:

(ⅰ)γ 是超限序数时无解;

(ⅱ)γ 是自然数,α 和 ξ 不同为孤立数时无解.

(ⅲ)γ 和 $\alpha\neq2$ 同是自然数时无解;

(ⅳ)γ 和 η 同是自然数时无解;

(ⅴ)γ,ξ 和 α 是任意自然数时无解.

对于方程 $\xi^{\gamma}=\eta^{\gamma+1}$ 考虑了类似的问题.

§1

利用序数正常表示的唯一性[1],M. Sierpinski[2] 证明了方程 $\xi^2=\eta^3+1$ 没有超限的序数解,而方程 $\xi^2=\eta^3$ 则有超限序数解.王戍堂与作者[3] 曾对前一方程进行了拓广,并对更广的一类序数方程的求解作了研究.本文

---

* 本文发表于《数学进展》第5卷第1期(1962).

的目的在于对[3]中的前两个定理与[2]中的方程$\xi^2=\eta^3$进行拓广研究.

定理 1′ 设n为一自然数,$n>1$,则方程

$$\xi^n=\eta^{n+1}+1$$

没有超限的序数解ξ和η.

定理 2′ 若m为一自然数,则方程$\xi^n\cdot m=\eta^{n+1}+1$当$m\neq 2$时没有超限序数解.

§ 2

首先证明下列的定理.

定理 1 设$\gamma>1$,ξ和η是不等于零的序数,且γ,ξ和η不同时为自然数,则方程

$$\xi^\gamma=\eta^{\gamma+1}+1 \tag{1}$$

没有序数解γ,ξ和η.

现在先证明下列辅助定理.

辅助定理 若ξ是大于1的序数,γ是超限序数,则幂

$$\xi^\gamma \tag{2}$$

是第二类超限序数.

辅助定理的证明 根据书[4]中关于序数幂的结果(此处为了与前面统一起见适当地改变了书上的形式)我们有:

a) 设γ是第二类超限序数,ξ为超限序数,其正常表示式为

$$\gamma=\omega^{\delta_1}d_1+\omega^{\delta_2}d_2+\cdots+\omega^{\delta_p-1}d_{p-1}+\omega^{\delta_p}d_p, \tag{3}$$

$$\xi=\omega^{\alpha_1}\alpha_1+\omega^{\alpha_2}\alpha_2+\cdots+\omega^{\alpha_k-1}\alpha_{k-1}+\omega^{\alpha_k}\alpha_k, \tag{4}$$

其中$\gamma\geqslant\delta_1>\delta_2>\cdots>\delta_p>0$,$\xi\geqslant\alpha_1>\alpha_2>\cdots>\alpha_{k-1}>\alpha_k\geqslant 0$;$d_1$,$d_2$,$\cdots$,$d_{p-1}$,$d_p$及$\alpha_1$,$\alpha_2$,$\cdots$,$\alpha_{k-1}$,$\alpha_k$各为自然数.则

$$\xi^\gamma=(\omega^{\alpha_1}\alpha_1+\omega^{\alpha_2}\alpha_2+\cdots+\omega^{\alpha_k}\alpha_k)^\gamma=\omega^{\alpha_1\cdot\gamma}. \tag{5}$$

b) 设γ是第一类超限序数(此时$\delta_p=0$),ξ是超限序数,且令

$$\omega^{\delta_1}d_1+\omega^{\delta_2}d_2+\cdots+\omega^{\delta_{p-1}}d_{p-1}=\tau,$$

则

$$\xi^{\gamma} = \xi^{\tau+d_p} = \xi^{\tau} \cdot \xi^{d_p}. \tag{6}$$

由[3]中容易了解 ξ^{d_p} 的展开式依 ξ 是某一类超限序数就是某一类超限序数.

c) 设 $\xi > 1$ 是自然数而 γ 是第二类超限序数 $\gamma = \omega x$,则

$$\xi^{\gamma} = \xi^{\omega x} = (\xi^{\omega})^{x} = \omega^{x} \tag{7}$$

若 γ 是第一类超限序数 $\gamma = \omega x + d_p$,则

$$\xi^{r} = \xi^{\omega x+d_p} = \xi^{\omega x} \cdot \xi^{d_p} = \omega^{x} \cdot \xi^{d_p}. \tag{8}$$

按照第二类超限序数的意义,容易了解 a),b),c) 中的 ξ^{r} 是第二类超限序数,于是辅助定理证明.

定理 1 的证明 由定理 1′ 和辅助定理的证明可知,当 $\xi > 1$ 时若 γ 和 ξ(或者 η) 是自然数,则(1) 中的 η(或者 ξ) 必须是自然数. 这与假定 γ,ξ 和 η 不同时为自然数相矛盾. 又当 ξ(或者 η) 是 1 而 γ 是序数时(1) 中的 η 等于零(或者 $\xi^{r} = 2$),即 ξ,γ 应都是自然数),这亦与假定矛盾. 从而定理 1 得到证明.

由辅助定理可知,对于任意序数 $\xi > 1, \alpha > 0$ 及超限序数 γ,序数

$$\xi^{\gamma} \cdot \alpha \tag{9}$$

都是第二类超限序数.

实际上根据[3] 中超限序数展开式的运算,任何一个第二类超限序数乘以一个大于零的序数之积亦是第二类超限序数.

对应着定理 2′,由上又可以证明:

定理 2 设 $\gamma > 1, \xi > 1, \eta > 0$ 和 $\alpha > 0$ 是序数且不同时为自然数,则方程

$$\xi^{\gamma} \cdot \alpha = \eta^{\gamma+1} + 1 \tag{10}$$

当 (ⅰ) γ 是超限序数时无解;

(ⅱ) γ 是自然数而 α 和 ξ 是不同时属于第一类的超限序数时无解;

(ⅲ) γ 和 $\alpha \neq 2$ 是自然数时无解;

(ⅳ) γ 和 η 是自然数时无解;

(ⅴ)γ,ξ 和 α 是自然数时无解.

定理 2 的证明

(ⅰ)由(9)立得.

(ⅱ)因为 α 和 ξ 不同时为第一类超限序数,所以 $\xi^{\gamma}\cdot\alpha$ 就是第二类超限序数,则与 $\eta^{\gamma+1}+1$ 是第一类超限序数矛盾.

(ⅲ)当 ξ 是超限序数时由(10)推出 η 是超限序数,因之利用定理 2′即见(10)无解.

当 ξ 是自然数时 η 是自然数,因而 ξ,η,α 和 γ 全是自然数,与假设矛盾.

(ⅳ)这时显见 ξ,η,α 和 γ 是自然数,与假设矛盾.

(ⅴ)显然.

由上容易推出方程(10)无超限序数解 α,ξ,η 与 γ.

我们还可以把定理 2 叙述如下:

设 $\gamma>1,\xi>1,\eta>1$ 和 $\alpha>0$ 是序数且不同时是自然数,则方程(10)当 $\alpha\neq 2$ 及 α 和 ξ 不同时属于第一类超限序数时无解.

可注意的是,当 α 属于 ξ 是第一类超限序数时(ⅱ)有解,例如

$$\alpha=\omega^{\alpha_1}2\alpha_1+\omega^{\alpha_2}\alpha_2+\cdots+\omega^{\alpha_{k=1}}\alpha_{k-1}+2,$$

$$\xi=\omega^{\alpha_1}\alpha_1+\omega^{\alpha_2}+\cdots+\omega^{\alpha_{k-1}}\alpha_{k-1}+2,$$

$$\eta=\omega^{\alpha_1}2\alpha_1+\omega^{\alpha_2}\alpha_2+\cdots+\omega^{\alpha_{k-1}}\alpha_{k-1}+1$$

就满足方程(10).

§3

在定理 1 中假定条件下方程

$$\xi^{\gamma}=\eta^{\gamma+1} \tag{11}$$

解的问题以下述定理表示:

定理 3 方程(11)当

a)γ 是大于 1 的自然数时有超限序数解 ξ 和 η;

b)γ是第二类超限序数时对于$\eta>1$,无序数解;对于$\eta=1$有序数解;

c)γ是第一类超限序数时有序数解.

定理 3 的证明

a) 的证明　例如有序数解

$$\xi=\omega^{\alpha_{n\gamma+1}(n+1)}\alpha_1+\omega^{\alpha_{n\gamma+1}n+\alpha_{n\gamma+2}}\alpha_2+\cdots+\omega^{\alpha_{n\gamma+1}n+\alpha_{(n+1)\gamma-1}}\alpha_{k-1}$$
$$+\omega^{\alpha_{n\gamma+1}n+\alpha_{(n-1)\gamma}}\alpha_\gamma+\eta\cdot\alpha_k,$$

$$\eta=\omega^{\alpha_{n\gamma+1}n}a_1+\omega^{a_{n\gamma+1}(n-1)+a_{n\gamma+2}}a_2+\cdots+\omega^{a_{n\gamma+1}(n-1)+a_{(n+1)}r-1}a_{r-1}$$
$$+\omega^{a_{n\gamma+1}(n-1)+a_{(n+1)\gamma}}a_\gamma+\omega^{a_{n\gamma+1}(n-1)+a_{(n+1)}\gamma-1}a_{\gamma-1}$$
$$+\omega^{a_{n\gamma+1}(n-2)+a_{(n+1)}\gamma}a_\gamma\omega^{a_{u\gamma+1}(n-2)}a_1a_k+\cdots+\omega^{a_{u\gamma+1}+a_{n\gamma+2}}a_2$$
$$+\cdots+\omega^{a^{n\gamma+1}+a_{(u+1)}\gamma-1}a_{\gamma-1}+\omega^{a_{u\gamma+1}+a_{(u+1)}\gamma}a_\gamma+\omega^{a_{n\gamma+1}}a_1a_k$$
$$+\omega^{\alpha_{n\gamma+2}}a_2+\cdots+\omega^{a_{(n+1)}\gamma-1}a_{\gamma-1}+\omega^{a_{(n+1)}\gamma}a_\gamma+a_k,$$

其中γ是自然数.

b) 的证明　当$\eta=1$时,显然有解$\xi=n$,n为任一自然数.今假定$\eta>1$.

(ⅰ)当ξ和η是超限序数时,假若方程(11)有解,则利用§2的a)和b)可得

$$\omega^{\alpha_1\cdot\gamma}=\omega^{\beta_1\cdot\gamma}\cdot\eta,\tag{12}$$

其中β_1是η正常表示式的第一项的指数.比较(12)两端系数则有$\eta=1$,与η是超限序数矛盾.

(ⅱ)当ξ和η是自然数时,假若方程(11)有解,则利用§2的c)可得

$$\omega^x=\omega^x\cdot\eta.\tag{13}$$

比较两端系数,则有$\eta=1$,与$\eta>1$矛盾.

(ⅲ)当ξ是自然数而η是超限序数时,假若方程(11)有解,就有

$$\omega^x=\omega^{\beta_1\cdot\gamma_x}\eta.\tag{14}$$

比较两端系数,则有$\eta=1$,也与η是超限序数矛盾.

(ⅳ)当ξ是超限序数而η是自然数时,假若方程(11)有解,就有

$$\omega^{\alpha_1\gamma}=\omega^x\cdot\eta\tag{15}$$

比较两端系数,则有$\eta=1$,仍与假定矛盾.

于是 b) 得到证明.

c) 的证明 设第一类超限序数 $\gamma = \omega^{\delta_1} d_1 + \omega^{\delta_2} d_2 + \cdots + \omega^{\delta_{p-1}} d_{p-1} + n$,其中关于指数与系数的假定同前.

利用 §2 中 a) 和 b),对于自然数 ξ 和 η,(11) 式变成 $\omega^x \cdot \xi^n = \omega^x \eta^{n+1}$.于是(11) 的解为

$$\xi = s^{n+1}, \eta = s^n, \tag{16}$$

其中 s 为任意自然数.

对于 ξ 和 η 的超限序数,(11) 式变成

$$\omega^{\alpha_1 \tau} \xi^n = \omega^{\beta_1 \tau} \eta^{n+1}.$$

于是(11) 的解为:

$$\xi = \tau^{n+1}, \eta = \tau^n,$$

其中 τ 是任意的一个超限序数. a) 的例子也是(11) 式的解,实际计算也是满足的.

依据 a),b) 和 c) 的证明,定理 3 证明完毕.

在 §3 末尾,对于 α 和 ξ 是第一类超限序数所举(ⅱ)的解的例子只是它们的展开式项数相等;对于项数不等的情形尚未解决.

最后需要指出,本文是在王成堂老师亲切的指导与帮助下完成的,在此特别表示感谢.

参考文献

[1] Sierpinski W., Lecons sur lse nombres transfinis, Paris, 1950.

[2] Sierpinski W., Sur l'equation $\xi^2 = \eta^3 + 1$ pour les nombres ordinaux transfinis, Fund. Math., 43,1(1956),1-2.

[3] 王成堂、王克显,《关于序数方程》,《数学进展》3,4(1957),646—649.

[4] Bachman H., Transfinite Zahlen, Berlin, Göttingen Heidelberg, Springer, 1955,52-57.

ON SOME EQUATIONS OF ORDINAL NUMBERS (Ⅱ)

Wang Ke-xian

Abstract

Generalizing the results of [3], it has been proved:

(1)If $\gamma>1$, then for not simultaneously natural numbers ξ, η and γ the equation $\xi^r=\eta^{r+1}+1$ has no solution.

(2)Let $\gamma>1$, $\xi>1$, $\eta>0$ and $\alpha>0$ be ordinal numbers not all natural, then the equation $\xi^\gamma\cdot\alpha=\eta^{\gamma+1}+1$ under any one of the following conditions has no solution:

(ⅰ)γ is a transfinite ordinal;

(ⅱ)γ is a natural number, α and ξ are not isolated simultaneously;

(ⅲ)Both γ and $\alpha\neq2$ are natural numbers;

(ⅳ)Both γ and η are natural numbers;

(ⅴ)γ, ξ and α are natural numbers.

Similar discussions are made for the equation $\xi^r=\eta^{r+1}$.

有限序与有限拓扑

王尚志　　指导教师　王戍堂

摘　要

近年来,研究有限集合上数学结构的离散数学正在迅速地发展."有限群""图论""有限序""有限拓扑"等都引起了人们的兴趣([1]～[5]).这篇短文将证明:有限集合 X 上的序结构与拓扑结构是 1—1 对应的,这样就把"有限序"和"有限拓扑"的研究统一起来了.

1° 拓扑序、序拓扑

设 (X,T) 是拓扑空间.

定义　$\forall x,y\in X, u_x, u_y$ 分别是 x,y 的邻域系.

若 $u_x=u_y$,称 x,y 互粘,记 $x\leftarrow\rightarrow y$.

若 $u_x\subset u_y$,称 x 粘于 y,记 $x<y$.

若 $u_x\not\subset u_y, u_y\not\subset u_x$,称 x,y 分离,记 $x\neq y$.

命题 1　关于"$\leftarrow\rightarrow$"是等价关系,"$<$"是传递关系.于是,$(X,<)$ 形成了一个拟序集,称作拓扑空间 (X,T) 的拓扑序.

我们可以不困难地用"邻域基""闭包"等各种基本拓扑概念来描述拓扑序.例如:

命题 2　1)$x\leftarrow\rightarrow y$,当且仅当 $\{x\}^-=\{y\}^-$;

2)$x<y$,当且仅当 $\{x\}^-\subset\{y\}^-$;

$3) x \neq y$,当且仅当$\{x\}^- \not\subset \{y\}^-$,$\{y\}^- \not\subset \{x\}^-$.

另外,设$(X, <)$是个拟序集,$\forall x \in X$,令$\boldsymbol{x} = \{y: y > x\}$,则不难证明以下结果.

命题 3 $\{\overset{V}{x}: x \in X\}$是$X$上某一拓扑的基底.

我们称这个拓扑为$(X, <)$上的固有序拓扑.当$|X| \geqslant \omega_0$时,拓扑序和序拓扑的意义不大,而当X为有限时,将有以下结果.

2° 有限序与有限拓扑关系

定理 设X是有限集,(X, T)是拓扑空间.则:

1) T是(X, T)的拓扑序的序拓扑.

2) 若f是(X, T)与(Y, T)的同胚映射,则f亦是(X, T)的拓扑序与(Y, T')的拓扑序的序同构.

3) 若f是有限序$(X, <)$与$(Y, <')$的序同构,则f亦是它们序拓扑的同胚.

4) X的拓扑结构与X的序结构是$1-1$对应的.

为了证明简洁,先说明有限拓扑空间一些明显的事实,每一点x都有最小的开邻域,称为点x的基本基,记作B_x.于是,不难证明:$x < y$,当且仅当$B_y \subset B_x$.若$(X, <)$是有限拟序,则有$\forall x \in X, B_x = \overset{V}{x}$.

证明 1) $\forall x \in X$,B_x必然包含x粘于的所有的点,而不包含x不粘于的所有的点.不防设x粘于的点集为V,则$V = B_x$.

$\forall y \in V = B_x$,依拓扑序定义,$y \in \overset{V}{x}$.反之,$y \in \overset{V}{x}$,则$y \in V = B_x$,故$\overset{V}{x} = B_x$.

从而,说明了T即是(X, T)的拓扑序的序拓扑.

2) 设$f: (X, T) \to (Y, T')$是同胚.首先,f是X与Y间的$1-1$对应,以下只须$\forall x, x' \in X$,有

$$u_x \subset u_x{}',\text{当且仅当 } u_{f(x)} \subset u_{f(x')}.$$

由于f是同胚这是显然的,又由拓扑序的定义有:$x < x'$,当且仅当$u_x \subset u_{x'}$,即

$$f(x) <' f(x'),\text{当且仅当 } u_{f(x)} \subset u_{f(x')}.$$

于是 $x < x'$,当且仅当 $f(x) <' f(x')$.

从而,f 是$(X, <)$ 与$(Y, <')$ 的序同构.

3) 设 f 是$(X, <)$ 与$(Y, <')$ 的序同构.

由于,$\forall x, x' \in X$,有

$$x < x',\text{当且仅当 } f(x) <' f(x').$$

于是,$f(\overset{\vee}{x}) = f(\overset{\vee'}{x})$,即 $f(B_x) = B_{f(x)}$.

从而,f 是$(X, <)$ 与$(Y, <')$ 的序拓扑的同胚.

4) 由定义与 2) 可知:有限集 X 的拓扑决定了 X 上唯一的序结构,反之由命题 3 与 3) 可知:X 的每一个序拓扑又决定了 X 唯一的拓扑,于是,X 的拓扑结构与 X 上的序结构是 $1-1$ 对应的.

(证完)

定理反映了有限序和有限拓扑的关系,它的意义在于,对有限集合而言,可以用序的方法来讨论拓扑问题,反之亦可以用拓扑的方法研究序的问题;并且可以说每一个拓扑性质都对应着一个相应的序性质,而每一个序性质亦对应着一个相应的拓扑性质.

参考文献

[1] J. A. Bondy and U. S. R. Murty Graph Theory With Applications (New book)

[2] M. C. Mccord: Singular homology group and homotopy groups of finite topological space Notice Amer Math Soc Vol 12 (1965)P. 6ww

[3] M. C. Mccord: Singular homology group and homotopy groups of finite topological space Duke Math J 33(1966)465～474 MR33 4930

[4] R. E. Stong: Finite topology space Trans Amer Math Soc 123(1966)325—340. MR33 3247

[5] Melvin. C. Thornton
Semirings of Fuctions Determine Finite To-Topologies Proc Amer Math Soc Vol 34 307～310(1972)

FINITE ORDER AND FINITE TOPOLOGY

Wang Shang-zhi

Abstract

Recently many people have very been interested in the various structure of finite set, example: finite group, graph, finite order and finite topology, In this short article we proof that there is one-one function between finite order and finite topology structure. This theorem can join the research of finite order and finite topology.

膨胀算子及其不动点定理*

王尚志　李伯渝　高智民
指导教师　王戍堂

摘　要

B. E. Rhoades 在[1]中总结了若干类压缩型映射，并讨论了它们的不动点定理. 本文对某些压缩型映射给出了相应原膨胀型映射的定义，证明了它们的不动点存在定理，并讨论了不动点集的简单结构和不动点集势.

本文中若不加说明，X 表示完备的距离空间，f 为 X 到自身的映射. 对任意的 X 中元素 x,y：

$\overline{d}=d(f(x),f(y)),d_1=d(x,f(x)),d_2=d(y,f(y))$,

$d_3=d(x,f(y)),d_4=d(y,f(x)),d_5=d(x,y)$.

B. E. Rhoades 在[1]中归纳了 250 种压缩型映射的定义，分析了它们之间的关系，并给出较一般的不动点定理. 250 种压缩型映射又是从 25 种基本的压缩型映射派生出来的，而在 25 种基本定义中，都是用 $d_i(i=1,2,3,4,5)$ 的各种形式来控制 $\overline{d}$. 大致可以分成三类：一类是给各 d_i 乘以非负系数 a_i，其和 $\geqslant\overline{d}$，而各系数之和小于 1. 例如：(1) 型映射：存在 a，$0\leqslant$

* 本文发表于《数学进展》第 11 卷第 2 期(1982).

$a<1$,使 $\forall x,y\in X$,有 $\bar{d}\leqslant ad_5$.(7) 型映射:存在非负数 a,b,c,满足 $a+b+c<1$,而 $\forall x\cdot y\in X$,有 $\bar{d}\leqslant ad_1+bd_2+cd_5$.第二类是用某些 d_i 的最大值来控制 $\bar{d}$,例如:存在 $0\leqslant h<1$,使对任意 $x,y\in X$,有 $\bar{d}\leqslant\max\{d_1,d_2,d_5\}$.第三类是将第一类映射定义中 a_i 看成 $d(x,y)$ 的单降函数.本文对应以上几种压缩型映射给出相应的膨胀型映射.

定义 1 若存在常数 $a>1,\forall x,y\in X$:

$$\bar{d}\geqslant ad_5,\tag{1}$$

则称 f 为第一型膨胀映射.

定义 2 若存在非负常数 a,b,c 满足:

$$a+b+c>1,\tag{2}$$

且 $\forall x\in X,y\in X,x\neq y$,

$$\bar{d}\geqslant ad_1+bd_2+cd_5,\tag{3}$$

则称 f 为第二型膨胀映射.

定义 3 若存在常数 $h>1,\forall x,y\in X$,

$$\bar{d}\geqslant h\min\{d_1,d_2,d_5\},\tag{4}$$

则称 f 为第三型的膨胀映射.

和压缩型映射不同,若不对映射附加条件,不能保证膨胀映射的不动点存在.如实数空间到其自身的映射:

$$f(x)=\begin{cases}2x-1(x\leqslant 0),\\2x+1(x>0),\end{cases}$$

是一个第一型的膨胀映射,但因 $f(x)$ 与 $y=x$ 无交点,故它无不动点.所以,在以下定理中增加一个条件:f 为满映射,即 X 中每个元素都有原像存在.

定理 1 若 f 是第一型膨胀映射且是满映射,则 f 有唯一的不动点.

证 首先来说明 f 有逆映射存在.

若 $x\neq y$,而 $f(x)=f(y)$ 代入(1) 得

$$0\geqslant ad(x,y),$$

这与 $ad(x,y)>0$ 矛盾.由于 f 的每点原像唯一(又由于 f 是满的),故 f

是 $X\to X$ 的一一对应映射，故逆映射存在，设为 g，$\forall\, x,y\in X$，将 $g(x)$，$g(y)$ 代入(1) 得

$$d(x,y)\geqslant ad(g(x),g(y)),$$

$$d(g(x),g(y))\leqslant \frac{1}{a}d(x,y).$$

其中 $0<\frac{1}{a}<1$，g 满足压缩映射原理，g 有唯一不动点 x_0，$g(x_0)=x_0$，$x_0=f(g(x_0))=f(x_0)$，故 x_0 也是 f 的唯一不动点.

定理 2 若 f 是第二型膨胀型映射，且是满映射，则 f 一定有不动点.

证 $\forall\, x_0\in X$，它在 f 下的原像存在，取它的一个原像 x_1. 再继续取 x_1 的原像 x_2，…… 这样就得到点列 $\{x_n\}$，使 $x_{n-1}=f(x_n)$. 不妨假设对任意 $n=1,2,\cdots$，$x_{n-1}\neq x_n$，因一旦对某个 n 等号成立，它就是 f 的不动点，问题就解决了. 由(3) 式，得

$$d(x_{n-1},x_n)=d(f(x_n),f(x_{n+1}))\geqslant ad(x_{n-1},x_n)+bd(x_n,x_{n+1})+cd(x_n,x_{n+1})$$

或

$$(1-a)d(x_{n-1},x_n)\geqslant (b+c)d(x_n,x_{n+1}).$$

若 $b+c=0$，则 $a>1$，那么上式说明一个负数 $\geqslant 0$，所以必有 $b+c\neq 0$，显然还有 $1-a>0$. 则

$$d(x_n,x_{n+1})\leqslant hd(x_{n-1},x_n),$$

其中 $h=\frac{1-a}{b+c}$. 根据条件(2)，$0<h<1$. 类似于压缩映象原理之证明，点列 $\{x_n\}$ 收敛于一点 z.

设 z 在 f 下的原像为 $\bar{z}$，即 $z=f(\bar{z})$. 显然 $\{x_n\}$ 不会最后总等于 z，至少经常地不等于 z，所以不妨假设对任意的 n，$x_n\neq z$，那么

$$d(x_n,z)=d(f(x_{n+1}),f(\bar{z}))\geqslant ad(x_n,x_{n+1})+bd(\bar{z},z)+cd(x_{n+1},\bar{z}).$$

当 $n\to\infty$ 时上式左边趋于 0，则

$$bd(z,\bar{z})=0, \tag{5}$$

$$cd(x_{n+1},\bar{z})\to 0(n\to\infty). \tag{6}$$

已证 $b+c\neq 0$,即 b,c 不能同时为 0. 若 $b\neq 0$,由(5) 得 $z=\bar{z}$. 若 $c\neq 0$,由(6) 得 $d(x_{n+1},\bar{z})\to 0$ 或 $x_{n+1}\to\bar{z}$. 由极限的唯一性仍有 $z=\bar{z}$. 所以 z 是 f 的不动点.

定理 3 连续的满的第三型膨胀算子 f 一定有不动点.

证 类似于定理 2 可得到点列 $\{x_n\}$,$x_{n-1}=f(x_n)$,且不妨假设 $x_{n-1}\neq x_n$. 由(4) 得

$$d(x_{n-1},x_n)=d(f(x_n),f(x_{n+1}))$$
$$\geqslant h\min\{d(x_{n-1},x_n)d(x_n,x_{n+1})\}. \tag{7}$$

上式右边最小值不能取 $d(x_{n-1},x_n)$. 因若对某个 n, 最小值取到 $d(x_{n-1},x_n)$,将有

$$d(x_{n-1},x_n)\geqslant hd(x_{n-1},x_n) \text{ 或 } h\leqslant 1,$$

发生矛盾. 于是由(7) 得

$$d(x_{n-1},x_n)\geqslant hd(x_n,x_{n+1}) \text{ 或 } d(x_n,x_{n+1})\leqslant h'd(x_{n-1},x_n),$$

其中 $h'=\dfrac{1}{h}$,且 $0<h'<1$. 类似于压缩映象原理的证明,$\{x_n\}$ 收敛于一点 z.

由 f 的连续性,$f(x_n)\to f(z)$. 但同时 $f(x_n)=x_{n-1}\to z$. 由极限的唯一性,$f(z)=z$,即 z 为 f 的不动点.

注 从定理 2 和定理 3 的证明可以看出,为了保证不动点存在,并不需要那么强的条件,有下列条件就足够了:存在某一个点 $x_0\in X$,可以不断地取原像而得到 $\{x_n\}$,f 在点列 $\{x_n\}$ 及其极限 z 上满足第二、三型膨胀映象的条件. 对于定理 3 也只需要求 f 在点 z 是连续的.

以上,在某些条件下证明了三类膨胀映象不动点的存在性,并解决了第一型膨胀映象不动点的唯一性. 第二、三型膨胀映象对应的压缩映象的不动点是唯一的. 这一结论对于膨胀映象来说是无法证明的(如果不增加条件的话). 例如恒等映象,同时它又是第三型的膨胀映象,但每个点都是它的不动点. 因此我们必须去研究第二、三型膨胀映象不动点集的构造与不动点的个数. 在这方面有下述结果.

定理 4 满的第二型膨胀映象 f 的不动点集 G 是个闭集.

证 若 x_0 是 G 的聚点,则存在点列 $\{x_n\} \subset G, x_n \neq x_0$,且 $x_n \to x_0$. 因 f 是满的,必存在 $\bar{x} \in X$,使 $f(\bar{x}) = x_0$. 至少对于充分大的 $n, x_n \neq \bar{x}$,于是由(3),得

$$d(x_n, x_0) = d(f(x_n), f(\bar{x})) \geqslant bd(\bar{x}, x_0) + cd(x_n, \bar{x}),$$
$$d(x_0, x_n) = d(f(\bar{x}), f(x_n)) \geqslant ad(\bar{x}, x_0) + cd(x_n, \bar{x}).$$

由于 $n \to \infty$ 时 $d(x_n, x_0) \to 0$,而 a, b, c 不能同时为 0,则

$$d(\bar{x}, x_0) = 0 \text{ 和 } d(x_n, \bar{x}) \to 0,$$

至少有一个成立. 前者成立时立即得到 $\bar{x} = x_0$. 后者成立时得到 $x_n \to \bar{x}$. 但又有 $x_n \to x_0$,则也有 $\bar{x} = x_0$,代入 $f(\bar{x}) = x_0$,得 $f(x_0) = x_0$,即 $x_0 \in G$.

定理 5 连续的满的第三型膨胀映象 f 的不动点集 G 是闭集.

证 设 $\{x_n\} \subset G, x_n \to x_0$. 由 f 的连续性,得

$$f(x_n) \to f(x_0),$$

但同时 x_n 是 f 的不动点,则

$$f(x_n) = x_n \to x_0.$$

于是 $f(x_0) = x_0$,即 $x_0 \in G$.

第二型膨胀映象在 $c > 1$ 时就是第一型膨胀映象,其不动点是唯一的. 下面主要研究 $c \leqslant 1$ 时它的不动点个数.

引理 设 f 是 $0 < c \leqslant 1$ 的第二型膨胀映象,而且是 $X \to X$ 的一一对应,其逆映象记为 g. x 为 f 的不动点,E_x 为一切在 g 作用下迭代收敛于 x 的点构成之集,即

$$E_x = \{y: g^n(y) \to x, n \to \infty\}.$$

那么,若 E_x 有聚点的话,只有唯一的聚点 x.

证 设 x_0 是 E_x 的聚点,则存在 $\{x_k\} \subset E_x, x_k \neq x_0$,且 $x_k \to x_0 (k \to \infty)$. 由于 f 和 g 都是一一对应的,由 $x_k \neq x_0$ 可得 $g(x_k) \neq g(x_0)$,于是

$$\begin{aligned} d(x_k, x_0) = d(fg(x_k), fg(x_0)) &\geqslant ad(x_k, g(x_k)) \\ &+ bd(x_0, g(x_0)) + cd(g(x_k), g(x_0)). \end{aligned} \tag{8}$$

(8) 式左边在 $k\to\infty$ 时趋于 0,又 $c>0$,则

$$d(g(x_k),g(x_0))\to 0 \text{ 或 } g(x_k)\to g(x_0)(k\to\infty).$$

由于 $c\leqslant 1$,则 a,b 不同时为 0. 若 $b\neq 0$,得

$$d(x_0,g(x_0))=0 \text{ 或 } g(x_0)=x_0. \tag{9}$$

若 $a\neq 0$,则 $d(x_k,g(x_k))\to 0(k\to\infty)$. 注意到 $k\to\infty$ 时 $g(x_k)\to g(x_0),x_k\to x_0$,则仍有结论(9). 这样一来,

$$g(x_k)\to x_0(k\to\infty).$$

显然,$g(x_k)\neq g(x_0)=x_0$. 重复上述过程得

$$g^2(x_k)\to x_0(k\to\infty),$$

从而得到下述关系

$$\begin{array}{ccccc} x_1, & g(x_1), & \cdots, & g^n(x_1), & \cdots\to x \\ x_2, & g(x_2), & \cdots, & g^n(x_2), & \cdots\to x \\ \vdots & \vdots & & \vdots & \\ x_k, & g(x_k), & \cdots, & g^n(x_k), & \cdots\to x \\ \vdots & \vdots & & \vdots & \\ \downarrow & \downarrow & & \downarrow & \\ x_0 & x_0 & & x_0 & \end{array} \tag{10}$$

对于每个固定的 k,类似于定理 2 的证明,有

$$d(g^n(x_k),g^{n+1}(x_k))\leqslant hd(g^{n-1}(x_k),g^n(x_k)),$$

其中 $0<h=\dfrac{1-a}{b+c}<1$. 再类似于压缩映象原理的证明,对任意自然数 n 和 p,有

$$d(g^n(x_k),g^{n+p}(x_k))<\frac{h^n}{1-h}d(x_k,g(x_k)). \tag{11}$$

因 $k\to\infty$ 时 $x_k\to x_0,g(x_k)\to x_0$,则 $d(x_k,g(x_k))\to 0$. 于是序列 $\{d(x_k),g(x_k)\}$ 是有界的,即存在常数 $M>0$,对任意的 k,有

$$d(x_k,g(x_k))\leqslant M.$$

由(11),得

$$d(g^n(x_k), g^{n+p}(x_k)) < \frac{h^n M}{1-h}.$$

这说明(10)中各迭代向 x 收敛($n \to \infty$)时对 k 是一致的.即对任意 $\varepsilon > 0$,存在 N,当 $n > N$ 时,对于一切 k 都成立,则

$$d(g^n(x_k), x) < \varepsilon. \tag{12}$$

取一个固定的 $n > N$,在(12)中令 $k \to \infty$ 可得

$$d(x_0, x) \leqslant \varepsilon.$$

再由 ε 的任意性,得 $x_0 = x$.

定理 6 X 是 Banach 空间,t 是 $0 < c \leqslant 1$ 的第二型膨胀映象,且是 $X \to X$ 的一一对应,那么 t 的不动点是非可数的.

证 设 t 的逆映象为 g.若 t 的不动点集为 $\{x_n\}$,其中 n 取有限或可数.设 E_n 为 X 中一切在 g 作用下迭代收敛于 x_n 的点构成的集合.由定理 2 的证明可以看出,X 中任意一点在 g 下的迭代必收敛于某一不动点,则必属于某一个 E_n,于是

$$X = \bigcup_n E_n.$$

根据 Baire 定理,至少有一个 E_n 在某一球 S 中是稠密的.

我们断言,S 中每个点都属于 E_n.因若 $y \in S$,而 $y \overline{\in} E_n$,则 y 必为 E_n 的聚点.由引理将有 $y = x_n \in E_n$,发生矛盾.注意到 X 是个线性赋范空间,则 S 中每个点都是 S 的聚点,因而就是 E_n 的聚点.由引理,S 中每个点都等于 x_n,则球 S 中只有一个点了,这对于线性赋范空间来说是不可能的.于是 t 的不动点集是非可数的.

感谢北京大学数学系冷生明教授、西北大学数学系王成堂教授、栗延龄讲师、西安冶金学院数学教研室颜心力老师对本文的指导和审阅.

参考文献

[1] Rhoads B. E. ,A Comparision of Various Definitions of Contractive Mappings, Transactions of the Amarican Mathematical Society, Whole 226:501(1977), 257—290.

[2] 南京大学编,泛函分析,人民教育出版社,(1961).

SOME FIXED POINT THEOREMS ON EXPANSION MAPPINGS

Wang Shang-zhi Li Bo-yu Gao Zhi-min

Abstract

B. E. Rhoades summarized the contraction mapping of some types, and discussed the theorems of its fixed point in [1], In the note, we shall define expansion mappings which correspond some contraction mappings, prove the existence of its fixed point, and discuss the simple construction and cardinal number of the set of fixed points.

用映射建立一些空间间的关系

高智民　　指导教师　王戍堂

摘　要

第一可数公理是点集拓扑学中重要概念之一.近年来,满足第一可数公理的空间被作过多种推广,本文用映射建立了这些空间类的关系.

满足第一可数公理的拓扑空间具有许多重要的性质,许多拓扑工作者对之作过大量的研究.E. Michael. R. C. Olson 等人曾讨论了第一可数公理的多种推广,得出了一系列的结果([1]、[2]).

本文用映射来描述这些推广空间间的关系,得到了一系列较整齐的结果.文中所述的映射是连续到上的,且所提空间均满足 T_1 分离性.

一、定　义

定义 1.1　设 $S \subset$ 拓朴空间 X,X 的下降子集列 $\{S_i\}$ 称为 S 列,若 $x_i \in S_i$,则列 (x_i) 在 S 中有聚点.

定义 1.2　对每一 $p \in X$,若存在 p 的开邻域组成的 S 一列 (S_i),当 $S=\{p\}$ 时,X 是第一可数的;当 S 分别是紧集、可数紧集、X 时,则 X 称为点可数、强 q、q 空间.

定义 1.3　X 中一滤子基 $\mathscr{F}$ 聚集于 p(即 $p \in \overline{F}, F \in \mathscr{F}$),若存在 S 一

列(S_i)与$\mathscr{F}$啮合(即$i \in \omega, F \in \mathscr{F}$,则$S_i \cap F \neq \phi$),则分别当$S = \{p\}$、$S$是紧集、$S$是可数紧集、$S = X$时,$X$分别是双序列式、双$K$式、双半$K$式、相对双半$K$式.

定义1.4 当(F_i)是聚集于$p \in X$的下降列,若存在聚集于p的S列(S_i)使得$S_i \subset F_i$,则当$S = \{p\}$时,X是可数双序列式;S是紧集时,X是可数双K式;S是可数紧集时,X是可数双半K式;$S = X$时,X是相对可数双半K式.

定义1.5 当$p \in \overline{F}$时,若存在聚集于p的S列(S_i)使得$S_i \subset F$,则当S分别是$\{p\}$、紧集、可数紧集、X时,X分别是Frechet空间、单个双K空间、单个双半K空间、相对单个双半K空间.

定义1.6 当F不闭时,若存在$p \in \overline{F} - F$和聚集于p的S列(S_i)使得$S_i \subset F$,当S分别是$\{p\}$、紧集、可数紧集、X时,则X分别是序列式、序列式K、序列式半K、序列式q空间.

定义1.7 $f: X \to Y$是双商映射,若滤子基$\mathscr{F}$聚集于$y \in Y$,则$f^{-1}(\mathscr{F})$聚集于某一$x \in f^{-1}(y)$.

定义1.8 $f: X \to Y$是可数双商映射,若(A_i)是Y中聚集于y的下降列,则$(f^{-1}(A_i))$聚集于某一$x \in f^{-1}(y)$.

定义1.9 $f: X \to Y$是遗传商映射,若$y \in \overline{A} \subset Y$,则有$x \in f^{-1}(y)$,使得$x \in \overline{f^{-1}(A)}$.

定义1.10 $f: X \to Y$是商映射,若$A \subset Y$不闭,则有$y \in \overline{A} - A$,使得存在$x \in f^{-1}(y), x \in \overline{f^{-1}(A)}$.

二、结　果

定理2.1 Y是双K空间,当且仅当存在点可数空间X和双商映射f,使得$f(X) = Y$.

定理2.2 Y是可数双K空间,当且仅当存在点可数空间X和可数双商映射f,使得$f(X) = Y$.

定理2.3 Y是单个双K空间,当且仅当存在点可数空间X和遗传商映射f,使得$f(X)=Y$.

定理2.4 Y是双半K空间,当且仅当存在强q空间X和双商映射f,使得$f(X)=Y$.

定理2.5 Y是可数双半K空间,当且仅当存在强q空间X和可数双商映射f,使得$f(X)=Y$.

定理2.6 Y是单个双半K空间,当且仅当存在强q空间X和遗传商映射f,使得$f(X)=Y$.

定理2.7 Y是单个双K空间,当且仅当存在可数双K空间X和遗传商映射f,使得$f(X)=Y$.

定理2.8 Y是序列式K空间,当且仅当存在可数双K空间X和商映射f,使得$f(X)=Y$.

定理2.9 Y是单个双半K空间,当且仅当存在可数双半K空间X和遗传商映射f,使得$f(X)=Y$.

定理2.10 Y是序列式半K空间,当且仅当存在可数双半K空间X和商映射f,使得$f(X)=Y$.

定理2.11 Y是相对单个双半K空间,当且仅当存在相对可数双半K空间X和遗传商映射f,使得$f(X)=Y$.

定理2.12 Y是序列式q空间,当且仅当存在相对可数双半K空间X和商映射f,使得$f(X)=Y$.

定理2.13 Y是序列式K空间,当且仅当存在单个双K空间X和商映射f,使得$f(X)=Y$.

定理2.14 Y是序列式半K空间,当且仅当存在单个双半K空间X和商映射f,使得$f(X)=Y$.

定理2.15 Y是序列式q空间,当且仅当存在相对单个双半K空间X和商映射f,使得$f(X)=Y$.

三、证　明

3.1　定理2.1的证明：设 X 是点可数空间，f 是双商映射. 设 Y 中一滤子基 $\mathscr{F}$ 聚集于 p，由于 f 的性质，则 $f^{-1}(\mathscr{F}) = \{f^{-1}(F); F \in \mathscr{F}\}$ 聚集于某一 $x \in f^{-1}(y)$. 对此 x，存在 x 的开邻域组成的 S 一列(S_i)，S 是紧集且 $S \subset \bigcap \{S_i, i \in \omega\}$，由于 f 连续，故 $f(S)$ 是紧集，且($f(S_i)$)是 $f(S)$ 一列.

对于 $F \in \mathscr{F}$ 和 $f(S_i)$，因为 $S_i \cap f^{-1}(F) \neq \phi$，推知 $f(S_i) \cap F \neq \phi$，即 $\mathscr{F}$ 与 $f(S)$ 列($f(S_i)$) 啮合，所以 Y 是双 K 空间.

下证相反的情形. 首先我们给出一个构造. 设(A_i)是某一拓扑空间 T 的单调下降子集列，我们在 T 上构造新的拓扑结构如下：

对于 $t \in T$，其基本开集形如 $U \cap (\{t\} \cup A_i)$，其中 $t \in U$ 且 U 在 T 的原拓扑中开，易知上述形成 T 的拓扑，记此拓扑空间为 $T(A_i)$. 关于 $T(A_i)$，有下列性质：

a) 恒等映射 $i: T(A_i) \to T$ 是连续的.

b) 若 $t \in T, i \in \omega$，则$\{t\} \cup A_i$ 在 $T(A_i)$ 中是开集.

c) 若 $F \subset T$，则 $\bigcap \{A_i \cap F$ 在 T 中的闭包；$i \in \omega\} = \bigcap \{A_i \cap F$ 在 $T(A_i)$ 中的闭包；$i \in \omega\}$.

d) 若 $a_i \in A_i$，且 a 是(a_i) 在 T 中的聚点，则 a 也是在 $T(A_i)$ 中的聚点.

e) 若 T 是 T_2 的，则 $T(A_i)$ 也是 T_2 的.

f) $\bigcap \{A_i; i \in \omega\}$ 上的两个相对拓扑是一致的.

现在转入证明. 设 Y 是双 K 空间，对每一 $y \in Y$ 和聚集于 y 的滤子基 $\mathscr{F}$，取与 $\mathscr{F}$ 啮合的 $S(y,\mathscr{F})$ 列($S_i(y,\mathscr{F})$)，其中 $S(y,\mathscr{F})$ 是 Y 中的一个紧集.

定义 $Y(y,\mathscr{F}) = Y(S_i(y,\mathscr{F}) \cup S(y,\mathscr{F}))$，如上述，令 $X = \bigoplus_{(y,\mathscr{F})} Y(y,\mathscr{F})$. 由 $f|_Y(y,\mathscr{F})$ 是恒等映射来定义 $f: X \to Y$，由 a) 知，f 是连续到上的.

下证 X 是点可数的. 若 $p \in X$，则 $p \in$ 某一 $Y(y,\mathscr{F})$，据性质 b)，$\{p\} \cup S_i(y,\mathscr{F}) \cup S(y,\mathscr{F})$ 在 $Y(y,\mathscr{F})\mathscr{F}$ 中是开集，从而在 X 中是开集，由于

$(\mathscr{S}_i(y,\mathscr{F}))$ 在 Y 中是 $S(y,\mathscr{F})$ 列，而且 $S(y,\mathscr{F})$ 是 Y 中的紧集，故在 Y 中，$(\{p\} \cup S_i(y,\mathscr{F}) \cup S(y,\mathscr{F}))$ 是 $S(y,\mathscr{F}) \cup \{p\}$ 列. 由性质 d)，知$(\{p\} \cup S_i(y,\mathscr{F}) \cup S(y,\mathscr{F}))$ 在 $Y(y,\mathscr{F})$ 中也是 $S(y,\mathscr{F}) \cup \{p\}$ 列.

另外，$S(y,\mathscr{F})$ 在 Y 中是出紧集. 事实上，据性质 f)，由于在 $\bigcap \{S_i(y,\mathscr{F}) \cup S(y,\mathscr{F})\}$ 上相对拓扑一致（作为 Y 的子空间和作为 $Y(y,\mathscr{F})$ 的子空间），故在 $S(y,\mathscr{F})$ 上相对拓扑也一致，所以 $S(y,\mathscr{F})$ 作为 $Y(y,\mathscr{F})$ 的子集是紧的. 于是知 X 是点可数的.

进而证明 f 是双商映射. 设 $\mathscr{F}$ 是 Y 中聚集于 y 的滤子基，因对每一 $F \in \mathscr{F}$，列$(S_i(y,\mathscr{F}) \cap F)$ 聚集中 $y \in Y$（注意在此我们可取 $\mathscr{F} \cup \{y$ 的邻域$\}$ 代替 $\mathscr{F}$），由性质 c) 知$(f^{-1}(S_i(y,\mathscr{F})) \cap Y(y,\mathscr{F}) \cap f^{-1}(F))$ 聚集于 $y \in Y(y,\mathscr{F})$，故 $f^{-1}(\mathscr{F})$ 聚集于 $y \in Y(y,\mathscr{F})$. 所以 f 是双商映射.

3.2 定理 2.2 的证明：设 X 是点可数型空间，$f: X \to Y$ 是可数双商映射，若(A_i) 是聚集于 $p \in Y$ 的下降集列，由 f 的定义，$(f^{-1}(A_i))$ 聚集于某一 $x \in f^{-1}(p)$. 因 X 点可数，对于 x，设(S_i) 是 x 的开邻域组成的 S 一列且紧集 $S \subset \bigcap \{S_i; i \in \omega\}$，显然，$(f(S_i))$ 是 $f(S)$ 列且 $f(S)$ 在 Y 中紧，从而知$(f(S_i) \cap A_i)$ 也是 $f(S)$ 列.

设 V 是含 p 的任一开集，则 $f^{-1}(v) \cap S_i$ 是 x 的邻域，所以 $f^{-1}(V) \cap S_i \cap f^{-1}(A_i) \neq \phi$，故 $V \cap f(S_i) \cap A_i = V \cap (f(S_i) \cap A_i) \neq \phi$，此推知$(f(S_i) \cap A_i)$ 聚集于 p，所以 Y 是可数双 K 空间.

下证相反的情形. 设 Y 是可数双 K 空间，对每一 $y \in Y$ 和聚集于 y 的下降列(A_i)，选取 $S(y,(A_i))$ 列$(S_i(y,(A_i)))$ 使得 $S_i(y,(A_i)) \subset A_i$ 对每一 i 成立，且$(S_i(y,(A_i)))$ 聚集于 y，$S(y,(A_i))$ 是一紧集.

定义 $Y(y,(A_i)) = Y(S_i(y,(A_i)) \cup S(y,(A_i)))$，如前述，令 $X = \bigoplus_{(y,(A_i))} Y(y,(A_i))$，$f: X \to Y$ 由 $f|_{Y(y,(A_i))}$ 是恒等映射来定义，则性质 a) 表明 f 是连续到上的.

X 是点可数的，事实上，若 $p \in X$，则 $p \in$ 某一 $Y(y,(A_i))$，据性质 b)，$\{p\} \cup S_i(y,(A_i)) \cup S(y,(A_i))$ 在 X 中是开集. 由性质 d) 知$(\{p\} \cup S_i(y,(A_i)) \cup S(y,(A_i)))$ 是 $S(y,(A_i)) \cup \{p\}$ 列，这是因为 $S(y,(A_i))$

在 Y 中是紧集,并由性质 f) 知 $S(y,(A_i))$ 在 $Y(y,(A_i))$ 中紧. 从而 $S(y,(A_i))\cup\{p\}$ 在 X 中紧,故 X 是点可数的.

再证 f 是可数双商映射. 设 (A_i) 是 Y 中聚集于 y 的下降列,考虑 $y\in Y(y,(A_i))$,即 $\{y\}=f^{-1}(y)\cup Y(y,(A_i))$,设 $U\cap(\{y\}\cup s_i(y,(A_i))\cup s(y,(A_i))$ 是 X 中关于 y 的基本开集(U 在 Y 中开,且 $y\in U$,见上述构造),因 $(S_i(y,(A_i)))$ 聚集于 $y\in Y$ 且 $S_i(y,(A_i))\subset A_i$,所以存在 $x\in U\cap S_i(y,(A_i))\subset U\cap A_i$(此在 Y 中成立),故 $x\in f^{-1}(A_i)\cap(U\cap(\{y\}\cup S_i(y,(A_i))\cup S(y,(A_i))))$ 在 X 中成立,此意味着 $y\in\overline{f^{-1}(A_i)}$ 对每一 i 成立,所以 $(f^{-1}(A_i))$ 聚集于 y,故 f 是可数双映射.

3.3 定理 2.3 的证明:设 X 是点可数型空间,$f:X\to Y$ 是遗传商映射,设 $p\in\overline{F}\subset Y$,由于 f 的定义,则有 $x\in f^{-1}(p)$ 使得 $x\in\overline{f^{-1}(F)}$. 因 X 点可数,对 x,设 (S_i) 是 x 的开邻域组成的 S 列且紧集 $S\subset\bigcap\{S_i;i\in\omega\}$,显然 $(f(S_i))$ 是 $f(S)$ 列且 $f(S)$ 在 Y 中紧,从而 $(f(S_i)\cap F)$ 也是 $f(S)$ 列.

设 V 是含 p 的任一开集,则 $f^{-1}(V)\cap S_i$ 是 x 的邻域,所以 $f^{-1}(V)\cap f^{-1}(F)\cap S_i\neq\phi$. 此推出 $V\cap f(S_i)\cap F\neq\phi$,故 $(f(S_i)\cap F)$ 聚集于 p,所以 Y 是单个双 K 空间.

下证相反的情形,设 Y 是单个双 K 空间,对每一 $A\subset Y$,取 $y\in\overline{A}$ 和聚集于 y 的 $S(y,A)$ 列 $(S_i(y,A))\subset A$,$S(y,A)$ 在 Y 中是紧集. 定义 $Y(y,A)=Y(S_i(y,A)\cup S(y,A))$,如前述,并令 $X=\bigoplus_{y,A}Y(y,A)$,$f:X\to Y$ 由 $f|_{Y(y,A)}$ 是恒等映射来定义,由性质 a) 知 f 连续到上.

下证 X 点可数. 若 $p\in X$. 则 $p\in$ 某一 $Y(p,A)$,由性质 b),$\{p\}\cup S_i(y,A)\cup S(y,A)$ 在 $Y(y,A)$ 中开,从而于 X 中开,由性质 d)、f) 知 $\{p\}\cup S_i(y,A)\cup S(y,A)$ 是 $S(y,A)\cup\{p\}$ 列,而且 $\{p\}\cup S(y,A)$ 在 X 中紧,故 X 点可数.

再证 f 是遗传商映射. 设 $y\in\overline{A}\subset Y$,考虑 $y\in Y(y,A)$,设 $U\cap(\{y\}\cup S_i(y,A)\cup S(y,A))$ 是 X 中关于 y 的基本开集(其中 $y\in U$,U 在 Y 中开),因 $(S_i(y,A))$ 聚集于 $y\in Y$,所以存在 $x\in Y$,使得

$$x \in U \cap S_i(y,A) \subset U \cap A$$

在 Y 中成立，从而

$$x \in f^{-1}(A) \cap (U \cap (\{y\} \cup S_i(y,A) \cup S(y,A)))$$

在 X 中成立，故 $y \in \overline{f^{-1}(A)}$ 在 X 中成立，所以，f 是遗传商映射.

3.4 定理 2.4、2.5、2.6 的证明：注意到在 T_1 空间中，一个集可数紧当且仅当其任一无穷子集至少有一聚点. 分别仿定理 2.1、2.2、2.3 即可.

3.5 定理 2.8、2.13 的证明：因为点可数 $\Rightarrow$ 可数双 $K \Rightarrow$ 单个双 $K \Rightarrow$ 序列式 K，并且仿上述可以证明：Y 是序列式 K 空间当且仅当存在点可数空间 X 和商映射 f，使得 $f(X) = Y$，所以我们仅证序列式 K 空间 X 的商象 Y 仍是序列式 K 空间.

设 A 在 Y 中不闭，因 f 是商映射，则存在 $y \in \overline{A} - A$，存在 $x \in f^{-1}(y)$ 使得 $x \in \overline{f^{-1}(A)}$. 由于 $f(x) = y \overline{\in} A$，故 $f^{-1}(A)$ 在 X 中不闭，由于 X 是序列式 K 空间，则有 $p \in \overline{f^{-1}(A)} - f^{-1}(A)$ 和聚集于 p 的 S 一列 (S_i) 使得 $S_i \subset f^{-1}(A)$ 且 S 在 X 中是紧的. 另一方面，由于 $\overline{f^{-1}(A)} \subset f^{-1}(\overline{A})$、故 $f(p) \in \overline{A}$ 且 $p \overline{\in} f^{-1}(A)$，所以 $f(p) \in \overline{A} - A$. $f(S_i) \subset A$ 显然，且 $f(S)$ 在 Y 中是紧集. 以下说明 $(f(S_i))$ 是 $f(S)$ 列且 $(f(S_i))$ 聚集于 $f(p)$. 事实上，任取 $y_i \in f(S_i)$，则有 $x_i \in S_i$，使得 $y_i = f(x_i)$，而 (x_i) 在 S 中有聚点，则 (y_i) 在 $f(S)$ 中有聚点（因 f 连续到上），此表明 $(f(S_i))$ 是 $f(S)$ 列. 又因 $p \in \overline{S_i} \subset f^{-1}(\overline{f(S_i)})$，故 $f(p) \in \overline{f(S_i)}$，即 $(f(S_i))$ 聚集于 $f(p)$. 故 Y 是序列式 K 空间.

3.6 定理 2.10、2.14 的证明：可以证明，Y 是序列式半 K 当且仅当存在 X 和 f 使的 $f(X) = Y$，其中 X 是强 q 空间且 f 是商映射.

因为强 $q \Rightarrow$ 可数双半 $K \Rightarrow$ 单个双半 $K \Rightarrow$ 序列式半 K，故只需证明序列式半 K 空间的商象仍是序列式半 K. 而此类似于 3.5.

3.7 定理 2.12、2.15 的证明：因为 q 空间是相对可数双半 K 空间，而后者又是相对单个双半 K 的空间，且又是序列式 q 空间. 加之可以证明：Y 是序列式 q 当且仅当存在 X 和 f，使得 $f(X) = Y$，其中 X 是 q 空间，

f 是商映射.故只须证序列式 q 的商象仍是序列式 q,而此证同上.

3.8 定理 2.7 的证明:因可数双 K 是单个双 K,且因定理 2.3,故只须证单个双 K 空间的遗传商象是自身,设 $y \in \overline{A} \subset Y$,因 f 是遗传商映射,则存在 $x \in f^{-1}(y)$ 使得 $x \in \overline{f^{-1}(A)} \subset X$.由于 X 是单个双 K 空间,故存在聚集于 x 的 S 列 (S_i) 使得 $S_i \subset f^{-1}(A)$ 且 S 是紧集.于是 $(f(S_i))$ 是 $f(S)$ 列,且 $f(S)$ 是紧集,且 $f(S_i) \subset A$.因 $x \in \overline{S_i} \subset f^{-1}(\overline{f(S_i)})$,推知 $y \in \overline{f(S_i)}$,即 $(f(S_i))$ 聚集于 y.所以 Y 是单个双 K 空间.

3.9 定理 2.9 的证明:因为强 $q \Rightarrow$ 可数双半 $K \Rightarrow$ 单个双半 K,且由定理 2.6,仅须证单个双半 K 的遗传商象是自身.证法同上.

3.10 定理 2.11 的证明:因为 $q \Rightarrow$ 相对可数双半 $K \Rightarrow$ 相对单个双半 K.而且可以证明:Y 是相对单个双半 K 空间当且仅当存在 X 和 f,使得 $f(X) = Y$,其中 X 是 q 空间,f 是遗传商映射,故只须证明相对单个双半 K 空间的遗传商象仍是自身即可.而此同 3.8 之证.

参考文献

[1] E. A. Michael A quintuple quotient quest Genenal Topology and Appl. 2(1972) 91—138

[2] R. C. Olso. Bi-quotient maps, countable bi-sequential spaces and related topics. General Topology and Appl 4(1974),1—28

[3] A. J. Berner, Spaces defined by sequeces. proc. Amer. Math. soi 1—2(1971) P. 193—200

[4] 江泽涵:《拓扑学引论》,1978 年 6 月,上海科技出版社.

[5] Engelking General Topology 1975. Panstwowe Wydawnictwo Naukowe.

ESTABLISH SOME SPACES RELATIONS BY MEANS OF MAPPING

Gao Zhi-min

Abstract

First countable is of important concept in general topology, and was generalized by different methods. In present paper, we establish their relations by means of mapping.

WOLK 两个定理的推广

李伯渝　　指导教师　王戍堂

摘　要

本文推广了 E. S. Wolk 在文[1]中的定理 3.6 和定理 3.9，并将它们作为本文结果的直接推论.

E. S. Wolk 在[1] 中将经典的 Dini 定理推广成：

定理 3.6　令 X 是拓扑空间，Y 是半序集，其中全无序集合是有限的，并带有 Dedekind 拓扑. $\{f_n:n\in D\}$ 是 X 到 Y 的函数网，它点态收敛于函数 $f\in Y^x$，且对于每个 $x\in X$，Y 中网 $\{f_n(x):n\in D\}$ 是单调增加的，若每个 f_n 和 f 连续，则 $\{f_n:n\in D\}$ 在 X 上连续收敛于 f.

这里，半序集的子集称为全无序的是指，其中每两点都不可比较；拓扑空间 X 到 Y 的函数网 $\{f_n:n\in D\}$ 在 X 上连续收敛于 $f\in Y^x$ 是指：对于任意 $x\in X$ 及 X 中收敛于 x 的网 $\{x_m:m\in E\}$，Y 中的网 $\{f_n(x_m):(n,m)\in D\times E\}$ 收敛于 $f(x)$. Dedekind 拓扑是半序集中一种固有拓扑. 设 P 为半序集. 若 $S\subseteq P$，且对任意 $x,y\in S$，都有 $z\in S$ 使 $x\leqslant z,y\leqslant z$，称 S 为上定向集合，类似地有下定向集合的概念. 若 $K\subseteq P$ 且 K 中任意上(下)定向子集在其上(下)确界存在时必属于 K，那么称 K 为 Dedekind 闭集. P 中所有 Dedekind 闭集可以构成某个拓扑的闭集族，称它为 P 的 Dedekind 拓扑.

Wolk 在证明了这个定理后指出，有例子说明，若将值域空间 Y 的全无序子集有限性条件去掉后，此定理将不成立. 他认为将 Y 的拓扑取作 Dedekind 拓扑是不自然的. 接着就提出这样的问题：是否可用另外一些拓扑代替 Y 中的 Dedekind 拓扑，使定理 3.6 去掉 Y 的全无序集合有限性条件后仍然能成立？

我们将指出，用区间拓扑代替 Dedekind 拓扑就可以解决这个问题，并把定理 3.6 作为我们结果的直接推论.

定理 1 若值域空间 Y 中拓扑 $\mathbf{T}$ 存在一个子基 $\mathbf{B}$，满足下列条件：对任意 $B \in \mathbf{B}$. 至少具备下列条件之一：

(ⅰ) $y_1 \in B.\ y_2 \geqslant y_1 \Rightarrow y_2 \in B$;

(ⅱ) $y_1 \in B.\ y_2 \leqslant y_1 \Rightarrow y_2 \in B$.

那么将 Y 在全无序子集有限性条件去掉后定理 3.6 依然成立.

证明 令 $x \in X$，而 X 中网 $\{x_m : m \in E\}$ 收敛于 x. 我们将证明 Y 中网 $\{f_n(x_m) : (n,m) \in D \times E\}$ 收敛于 $f(x)$. 为此只需说明，对任意 $B \in \mathbf{B}$. $f(x) \in B$，该网最后在 B 中即可.

假设 B 满足条件(ⅰ). 由 $\{f_n(x) : n \in D\}$ 收敛于 $f(x)$，将存在 $N \in D$，使 $n \geqslant N$ 时 $f_n(x) \in B$. 根据 f_n 的连续性和 $f_n(x) \in B$，存在 $M \in E$，使 $m \geqslant M$ 时 $f_N(x_m) \in B$. 再由 $\{f_n : n \in D\}$ 的单调性，对于 $n \geqslant N$ 和 $m \geqslant M$，

$$f_n(x_m) \geqslant f_N(x_m) \in B.$$

由于 B 满足条件(ⅰ)，$(n,m) \geqslant (N,M)$ 时 $f_n(x_m) \in B$，即 $\{f_n(x_m) : (n,m) \in D \times E\}$ 最后在 B 之中.

假设 B 满足条件(ⅱ). 根据 f 的连续性，存在 $M \in E$，使 $m \geqslant M$ 时 $f(x_m) \in B$. 我们断言，对任意 $m \geqslant M$ 和 $n \in D$，$f_n(x_m) \in B$. 这将说明 $\{f_n(x_m) : (n,m) \in D \times E\}$ 最后在 B 中. 假设不然，即存在 $m_0 \geqslant M$ 和 $n_0 \in D$，使得 $f_{n_0}(x_{m_0}) \overline{\in} B$. 根据网 $\{f_n(x_{m_0}) : n \in D\}$ 的单调性，当 $n \geqslant n_0$ 时，$f_n(x_{m_0}) \geqslant f_{n_0}(x_{m_0})$. 由于 B 满足条件(ⅱ)，$f_n(x_{m_0}) \overline{\in} B$. 而 $\{f_n(x_{m_0}) : n \in D\}$ 点态收敛于 $f(x_{m_0})$，则 $f(x_{m_0}) \overline{\in} B$，发生矛盾.

O. Frink在[3]中定义子半序集P中的区间拓扑. 对于任意$a \in P$,集合

$$(-\infty, a] = \{x \in P : x \leqslant a\} \text{ 和 } [a, +\infty) = \{x \in P : x \geqslant a\}$$

称为闭射线. P中以所有闭射线为闭集族子基的拓扑称为P的区间拓扑.

显然,若在定理1中Y的拓扑取成区间拓扑,它将满足有关的条件,于是有:

定理2 定理3.6中若将Y中Dedekind拓扑换成区间拓扑,则该定理去掉Y中全无序子集有限性条件后依然成立.

T. Naito[4]和R. W. Hansell[5]都证明了:若半序集的全无序子集都是有限的,那么它的区间拓扑和Dedekind拓扑是一样的. 于是,定理3.6可视为定理2的直接推论.

E. S. Wolk在[1]中还证明了:

定理3.9 令X和Y都是半序集,且它们的全无序子集都是有限的,都带有Dedekind拓扑. 设$\{f_n : n \in D\}$是X到Y的函数网,它点态收敛于连续函数$f \in Y^X$. 若

(1) 每个f_n都是单调增加的函数;

(2) 对于每个$x \in X$, $f(x) = Sup\{f_n(x) : n \in D\}$.

那么在X上$\{f_n : n \in D\}$连续收敛于f.

我们将对此定理作类似于前一个定理的推广,即将此定理中X与Y的Dedekind拓扑都换成区间拓扑,去掉Y中全无序子集有限的条件,并将(ⅱ)减弱成$f(x)$是$\{f_n(x) : n \in D\}$的上界,那么定理3.9依然成立. 而且可把定理3.9作为我们的直接推论.

定理3 设在定理3.9中Y带有拓扑$\mathbf{T}$,它满足定理1中的条件,X中带有拓扑τ,满足下列条件:

(ⅲ) 当X中单调上升(下降)的网收敛于某点时,该点必是该网的上界(下界).

那么将定理3.9中Y的全无序子集有限的条件去掉,并将条件$f(x) = Sup\{f_n(x) : n \in D\}$减弱成$f(x)$是$\{f_n(x) : n \in D\}$的上界,定理3.9依

然成立.

证明 设 $x \in X, B \in \mathbf{B}$,且 $f(x) \in B$:X 中网$\{x_m : m \in D\}$ 收敛于 x. 我们将证明 Y 中网$\{f_n(x_m):(n,m) \in D \times E\}$ 最后在 B 之中.

先设 B 满足条件(ⅱ). 利用 f 的连续性,存在 $M \in E$,使 $m \geqslant M$ 时 $f(x_m) \in B$. 根据 $f(x_m)$ 是$\{f_n(x_m):n \in D\}$ 的上界和 B 满足条件(ⅱ),对任意 $m \geqslant M$ 和 $n \in D$,有 $f_n(x_m) \in B$,即$\{f_n(x_m):(n,m) \in D \times E\}$ 最后在 B 之中.

下面主要考虑 B 满足(ⅰ)的情况. 先证明以下结果:

1°. 若$\{x_m : m \in E\}$ 是单调的,那么$\{f_n(x_m):(n,m) \in D \times E\}$ 最后在 B 之中.

设$\{x_m : m \in E\}$ 是单调增加的. 利用 f 的连续性,存在 $M \in E$,使 $m \geqslant M$ 时 $f(x_m) \in B$. 特别有 $f(x_M) \in B$. 由于$\{f_n(x_M):n \in D\}$ 收敛于 $f(x_M)$,存在 $N \in D$,使 $n \geqslant N$ 时 $f_n(x_M) \in B$. 利用$\{x_m : m \in E\}$ 是单调增加的和每个 f_n 是单调增加的,当 $m \geqslant M$ 和 $n \geqslant N$ 时,

$$f_n(x_m) \geqslant f_n(x_M) \in B.$$

而 B 满足条件(i) 保证了这时 $f_n(x_m) \in B$.

设$\{x_m : m \in E\}$ 是单调下降的. 利用$\{f_n(x):n \in D\}$ 收敛于 $f(x)$,存在 $N \in D$,使 $n \geqslant N$ 时 $f_n(x) \in B$. 根据(ⅲ),对于每个 $m \in E, x_m \geqslant x$. 再利用 f_n 的单调性,对 $n \geqslant N$ 和 $m \in E$,

$$f_n(x_m) \geqslant f_n(x) \in B.$$

于是 B 满足条件(ⅰ)保证了这时 $f_n(x_m) \in B$.

这就完成了 1° 的证明. 下面要去掉$\{x_m : m \in E\}$ 单调的假设来证明$\{f_n(x_m):(n,m) \in D \times E\}$ 最后在 B 中.

假设不然,即有在 $D \times E$ 的一个共尾子集 F,使

$$\{f_n(x_m):(n,m) \in F\} \subseteq Y - B.$$

定义函数 $S: F \to D$ 和 $T: F \to E$ 如下:对任意$(n,m) \in F$,令

$$S(n,m) = n, T(n,m) = m.$$

显然 S 和 T 都是单调增加的,而且由 F 在 $D \times E$ 中共尾可得 S 和 T 的值

域分别在 D 和 E 中共尾. 所以

$$\{f_{s(n,m)}:(n,m)\in F\} \text{ 和 } \{x_{T(n,m)}:(n,m)\in F\}$$

分别是$\{f_n:n\in D\}$ 和$\{x_m:m\in E\}$ 的子网. 根据[5] 定理 2,$\{x_{T(n,m)}:(n,m)\in F\}$ 有单调子网,即存在定向集 L 和函数 $R:L\to F$,使网$\{x_{ToR(k)}:k\in L\}$ 是它的单调子网. 那么$\{f_{SoR(k)}:k\in L\}$ 是$\{f_{S(n,m)}:(n,m)\in F\}$ 的子网,也是$\{f_n:n\in D\}$ 的子网.

显然$\{f_{SoR(k)}:k\in L\}$ 和$\{x_{ToR(k)}:k\in L\}$ 满足本定理$\{f_n:n\in D\}$ 和$\{x_m:m\in E\}$ 所满足的一切条件. 运用已证明的结论 1° 可得:Y 中的网

$$\{f_{SoR(k_1)}(x_{ToR(k_2)}):(k_1k_2)\in L\times L\}$$

最后在 B 之中,显然 $L\times L$ 的对象线 $\triangle=\{(k,k):k\in L\}$ 在 $L\times L$ 中是共尾的,那么网

$$\{f_{SoR(k)}(x_{ToR(k)}):k\in L\}$$

也将最后在 B 之中.

但另一方面,对于每个 $k\in L,R(k)\in F$,且 $R(k)=(S_0R_{(k)}$、$T_0R_{(k)})$,那么 $f_{SoR(k)}(x_{ToR(k)})$ 属于$\{f_n(x_m):(n,m)\in F\}$ 的值域,则

$$\{f_{SoR(k)}(x_{ToR(k)}):k\in L\}\subseteq Y-B.$$

这个矛盾就证明了.

2°. 在 B 满足条件(ⅰ)时,若$\{x_m:m\in E\}$ 收敛于 x_1 则$\{f_n(x_m):(n,m)\in D\times E\}$ 最后在 B 之中.

这就证明了定理 3.

现让定理 3 中两个拓扑都取成区间拓扑. Y 中的区间拓扑满足定理 1 中条件是显然的. 而根据 Naito 和 Hansell 的结果和[1] 中引理 3.3,X 中区间拓扑也满足定理 3 中条件(ⅲ). 于是我们有:

定理 4 在定理 3.9 中将 X,Y 的 Dedekind 拓扑都换成区间拓扑,去掉 Y 中全无序子集有限的条件,将条件 $f(x)=Sup\{f_n(x):n\in D\}$ 减弱成 $f(x)$ 是$\{f_n(x):n\in D\}$ 的上界,那么定理 3.9 依然成立.

仍根据 Naito 和 Hansell 的结论,Wolk 的定理 3.9 可视为定理 4 的直接推论.

参考文献

[1] E. S. Wolk, Continuous Convergence in partially ordered sets, General Topology and its Applications, 5(1975),221—234.

[2] E. S. Wolk, Order-Compatible Topologies on a partially order Set, proc. Amer. Math. soc. 9(1958—59)524—529.

[3] O. Frink, Topology in Lattices, Trans. Amer. Math. Soc., 51(1942),568—582.

[4] T. Naito, On a problem of Wolk in interva Topologies. proc. Amer. Math. soc., 11(1960),156—158.

[5] R. W. Hansell, Monotone Subnets in partially Ordered Sets, proc. Amer. Math. Soc., 18(1967),854—858.

THE GENERALIZATIONS OF WOLK'S TWO THEOREMS

Li Bo-yu

Abstract

In this paper we generalize wolk's Theorems 3. 6 and 3. 9 in[1], and make them become immediate corollaries of our results.

丢番图方程及其推广方程的超限序数解(Ⅱ)*

胡庆平　指导教师　王戌堂

摘　要

在本文中,作者在[1]的基础上继续研究丢番图方程及其推广方程的超限序数解.本文的主要结果是定理1、定理5和定理6.作者在本文中已较完整地研究了一般的丢番图方程(1)及其变形方程的超限序数解问题.

作者在文献[1]中研究了丢番图方程 $x^4 = 1 + Dy^2$(D 为自然数)及其七种变形方程和两类推广方程的超限序数解问题.本文在超限序数的范围内研究更一般的方程

$$x^{\alpha} = Dy^{\beta} + q, \tag{1}$$

其中 α、β 为任意的序数,D、q 为自然数.本文是在文献[1]的工作基础上进一步的工作,且推广了文献[2－5]的工作,把波兰著名数学家 Sierpinski[2] 首先提出的二元三项式序数方程解的问题,作了较为系统的研究.

我们先研究当 $\alpha = m, \beta = n$ 皆为自然数的情形.不妨设 $m, n \neq 1$(否则其解是显然的).我们有下列:

定理1　方程(1)在 $\alpha = m, \beta = n$ 且皆不等于1时没有超限序数解.

* 本文发表于《科学通报》第18期(1981).

证明 方程(1)当 $D=1$ 时即为 $x^m = y^n + q$,此时 m、n、q 皆为自然数,且 $m,n \neq 1$. 由文献[5]的一个定理知,此方程没有超限序数解. 当 $D \neq 1$ 时,方程(1)如果有解,则 ⅰ)x 一定是孤立数;ⅱ)y 不会是极限数. 事实上,由方程(1),ⅰ)是显然的. 对 ⅱ)来讲,如果 ⅱ)不真,那么 y 是极限数,显然方程(1)可变为 $x^m = y^n + q$,从而无超限数解,故造成矛盾. 这样,当 $D \neq 1$ 时,方程(1)的解可设为孤立数 x 和 $y = \eta + \mathcal{N}$,其中 η 为极限数,而 $\mathcal{N}$ 为自然数. 于是,可有

$$x^m = D(\eta + \mathcal{N})^n + q,$$

化简之即得

$$x^m = y^n + (D-1)\mathcal{N} + q.$$

此方程无超限数解. 这与假设矛盾.

由定理 1,我们可以得出下列推论:丢番图方程 $x^4 = Dy^2 + q$ 没有超限序数解,其中 D、q 为自然数;Pell 方程 $x^2 = Dy^2 + q$ 没有超限序数解,其中 D、q 为自然数;方程 $x^n = Dy^n + q$(n、D、q 为自然数)当且仅当 $n=1$ 时才有超限序数解. 在 $\alpha = m$,$\beta = n$ 皆为自然数时,方程(1)有七种变形方程,我们在这里只给出下列主要结果:

定理 2 方程 $x^m + q = Dy^n$ 当 $D=1$ 时没有超限序数解;当 $D \geqslant 2$,若 $D-1 \nmid q$ 无超限数解,而当 $D-1 \mid q$ 时有解:$x = (\xi + \mathcal{N})^n$,$y = (\xi + \mathcal{N})^m$,其中 ξ 为任意的极限数,且

$$\mathcal{N} = \frac{q}{D-1}.$$

定理 3 方程 $x^m = y^n D + q$ 没有超限序数解.

定理 4 方程 $x^m + q = y^n D$ 当 $D=1$ 时没有超限序数解;当 $D \geqslant 2$ 且仅当 $D-1 \mid_q$ 时有超限数解(如有解,一定是超限孤立数解).

在研究一般的丢番图方程(1)之前,我们先给出几个序数常用计算公式. 关于 x^n(x 为超限数,n 为自然数)可见文献[1,3].

引理 1 设 x 为任一超限数,η 为任一极限数,则

$$x^\eta = \omega^{\alpha_1 \eta}, \tag{2}$$

其中 α_1 是 x 的正常表示的首项指数.

引理 2 设 x 为孤立数

$$x = \omega^{\alpha_1}\alpha_1 + \omega^{\alpha_2}\alpha_2 + \cdots + \omega^{\alpha_{k-1}}\alpha_{k-1} + \alpha_k, \tag{3}$$

其中 $\alpha_1 > \alpha_2 > \cdots > \alpha_{k-1} > \alpha_k > 0$,且 $\alpha_1,\alpha_2,\cdots,\alpha_k$ 是自然数. 又设 η 为孤立超限数:

$$\eta = \bar{\eta} + \mathcal{N}, \tag{4}$$

其中 η 为极限数,$\mathcal{N}$ 为自然数,则

$$\begin{aligned} x = {} & \omega^{\alpha_1 n}\alpha_1 + \omega^{\alpha_1(\eta-1)+\alpha_2}\alpha_2 + \cdots + \omega^{\alpha_1(\eta-1)+\alpha_{k-1}}\alpha_{k-1} + \\ & \omega^{\alpha_1(\eta-1)}\alpha_1\alpha_k + \omega^{\alpha_1(\eta-2)+\alpha_2}\alpha_2 + \cdots + \\ & \omega^{\alpha_1(\eta-2)+\alpha_{k-1}}\alpha_{k-1} + \omega^{\alpha_1(\eta-2)}\alpha_1\alpha_k + \cdots + \\ & \omega^{\alpha_1(\bar{\eta}+1)+\alpha_2}\alpha_2 + \cdots + \omega^{\alpha_1(\bar{\eta}+1)+\alpha_{k-1}}\alpha_{k-1} + \\ & \omega^{\alpha_1(\bar{\eta}+1)}\alpha_1\alpha_k + \omega^{\alpha_1\bar{\eta}+\alpha_2}\alpha_2 + \cdots + \\ & \omega^{\alpha_1\bar{\eta}+\alpha_{k-1}}\alpha_{k-1} + \omega^{\alpha_1\bar{\eta}}\alpha_k. \end{aligned} \tag{5}$$

引理 3 设 x 为极限数

$$x = \omega^{\alpha_1}\alpha_1 + \omega^{\alpha_2}\alpha_2 + \cdots + \omega^{\alpha_k}\alpha_k, \tag{6}$$

其中 $\alpha_1 > \alpha_2 > \cdots > \alpha_k > 0$,且 $\alpha_1,\alpha_2,\cdots,\alpha_k$ 为自然数. 又设 η 为孤立超限数(4) 式,则

$$x^\eta = \omega^{\alpha_1\eta}\alpha_1 + \omega^{\alpha_1(\eta-1)+\alpha_2}\alpha_2 + \cdots + \omega^{\alpha_1(\eta-1)+\alpha_k}\alpha_k. \tag{7}$$

这三个引理用序数的运算及 x^n 的计算公式不难得出. 由这三个引理,我们可以得出下列:

定理 5 当 x 和 η 皆为超限数时,则 x^η 一定是极限数.

现在,我们来研究方程(1). 我们有下列:

定理 6 当 α、β 中至少有一个极限数时,方程(1) 有超限数解 $\Leftrightarrow \alpha = 1$,$\beta$ 为极限数,且解为 $x = \eta^\beta + q$,$y = \eta$,其中 η 为任意的超限数. 当 α、β 为不等于 1 的孤立数时,方程(1) 没有超限序数解.

证 对于 α、β 至少有一个为极限数时,由 x^n 的计算公式及引理 1 不难知道,方程(1) 有解,则 α 不能是超限数和不等于 1 的自然数,而当 $\alpha = 1$ 时,方程(1) 有解为 $x = \eta^\beta + q$,$y = \eta$,其中 η 为任意的超限数.

对于α、β皆为不等于1的孤立数的情况，我们应当考虑四种情况：1)α、β皆为自然数；2)α为超限孤立数，β为自然数；3)α、β皆为超限孤立数；4)α为自然数，β为超限孤立数.

对于情况1)，我们已在定理1中进行了研究. 对于情况2)、3)，由定理5可知方程(1)没有超限序数解. 对于情形4)，如果$\alpha \neq 1$，β为超限孤立数，方程(1)有超限数解，那么由定理5知，$Dy^{\beta} = y^{\beta}$，故方程(1)可变成$x^{\alpha} = y^{\beta} + q$，这与文献[5]中的一个定理矛盾. 证完.

我们可以按指数中至少有一个极限数及两个(α,β)皆为超限孤立数的情况，分别讨论方程(1)的七种变形方程的超限序数解. 我们在这里列出以下主要结果：

定理7　方程$x^{\alpha} + q = Dy^{\beta}$当$\alpha$、$\beta$至少有一个为极限数时有极限数解$\Leftrightarrow \beta = 1$，$\alpha$为极限数，$D \mid q$，且解为$x = \eta = \omega^{s_1}\alpha_1 + \cdots$，$y = \omega^{s_1}\alpha_1 + \dfrac{q}{D}$，其中$\eta$为任意的超限数；当$\alpha$或$\beta$中任一个为超限孤立数，而另一个为不等于1的孤立数时，没有极限序数解.

定理8　方程$x^{\alpha} = y^{\beta}D + q$当$\alpha$、$\beta$至少有一个为极限数时有超限数解$\Leftrightarrow \alpha = 1$，$\beta$为极限数，且解为$x = \eta^{\beta}D + q$，$y = \eta$，其中$\eta$为任意的超限数；当$\alpha$、$\beta$为不等于1的孤立数时没有超限序数解.

定理9　方程$x^{\alpha} + q = y^{\beta}D$当$\alpha$、$\beta$中至少有一个为极限数时，有超限数解$\Leftrightarrow \beta = 1$，$\alpha$为极限数，且解为$x = \eta = \omega^{s_1}\alpha_1 + \cdots$，$y = \omega^{s_1}\dfrac{\alpha_1}{D} + q$，其中$D \mid \alpha_1$；当$\beta$为超限孤立数，$\alpha$为孤立数，或当$\alpha$为超限孤立数，而$\beta$为不等于1的孤立数时，此方程无超限序数解；当$\alpha$为超限孤立数，$\beta = 1$时，此方程有超限序数解.

至此我们已较完整地研究了一般的丢番图方程(1)及其变形方程的超限序数解问题. 当然，更一般地可以进一步地讨论方程

$$Ax^{\alpha}B = Cy^{\beta}D + q, \tag{8}$$

其中A、B、C、D、q为自然数，α、β为任意的序数及其变形方程的超限序数

解问题.利用文献[1]及本文的方法和结果,这样做已不太困难了.

参考文献

[1] 胡庆平:《西北大学学报》(自然科学版),1980,3:36—45.

[2] Sierpinski, W., Fund. Math., XL Ⅲ(1956),1:1—2.

[3] 王戍堂、王克显:《数学进展》,1957,4:646—649.

[4] 邓崇云:《西北大学学报》(自然科学版),1958,3:85—88.

[5] Swierczkowski, S., Fund. Math., XL Ⅴ(1958),3:213—216.

SOLUTIONS OF DIOPHANTINE EQUATION AND ITS GENERALIZED EQUATIONS IN TRANSFINITE ORDINAL NUMBERS(Ⅱ)

Hu Qing-ping

Abstract

In this paper, on the base of [1] the author goes on studying the solutions of Diophantine equation and its generalized equations in transfinite ordinal numbers. The main results of the paper are the following:

Theorem 1. When $\alpha = m, \beta = n$, and m and n all $\neq 1$, Eq.

$$x^{\alpha} = Dy^{\beta} + q \quad (1)$$

has not any solutions of transfinite ordinal numbers.

Theorem 5. When x and η are all transfinite ordinal numbers, x^{η} must be a limiting number.

Theorem 6. When either of α and β is a limiting number, Eq. (1) has solutions of transfinite numbers $\Leftrightarrow \alpha = 1, \beta$ is a limiting number, and the solutions are

$$\begin{cases} x = \eta^{\beta} + q, \\ y = \eta, \end{cases}$$

where η is an arbitrary transfinite number. When α and β are all isolated numbers which are not equal to 1, Eq. (1) has not any solutions of transfinite ordinal numbers.

可结合的 BCI 代数*

胡庆平　井关清志

摘　要

本文中,作者引入了结合 BCI一代数(即 BCI 代数)的概念,证明了结合 BCI一代数和对合群是一致的,并且得到了结合 BCI一代数的几个特征性质.

1966 年由 Imai 及井关清志一起引进了 BCK 代数,即有下列:

定义 1　设 X 是具有一个二元运算 $*$ 和一个常元 0 的一个集. 那么 X 被称为一个 BCK 代数,是指它满足下列条件:(Ⅰ)$(x*y)*(x*z)\leqslant z*y$;(Ⅱ)$x*(x*y)\leqslant y$;(Ⅲ)$x\leqslant x$;(Ⅳ)$0\leqslant x$;(Ⅴ)$x\leqslant x, y\leqslant x\Rightarrow x=y$;(Ⅵ)$x\leqslant y\Leftrightarrow x*y=0$.

日本、斯里兰卡等国许多数学家,从事对这种代数系的研究,写出了大量的论文,得到了很多结果(文献[1]),本文要用到 BCK 代数的下列两个性质:

(Ⅶ)$0*x=0$. 这由(Ⅳ)及(Ⅵ)可知.

(Ⅷ)$x*0=x$. 这个性质可见文献[1]的定理 2.

1966 年井关清志[1] 引入了 BCI 代数,即有下列:

* 本文由西北大学数学系胡庆平与日本神户大学数学系井关清志合写,发表于《科学通报》1982 年第 12 期.

定义 2 一个 BCI 代数是具有下列条件的(2,0)型的一个代数$\langle X; *, 0\rangle$：

$$[(x*y)*(x*z)]*(z*y)=0 \tag{1}$$

$$[x*(x*y)]*y=0 \tag{2}$$

$$x*x=0 \tag{3}$$

$$x*y=y*x=0 \Rightarrow x=y, \tag{4}$$

$$x*0=0 \Rightarrow x=0. \tag{5}$$

井关清志在文献[3－6]中研究了 BCI 代数，得到了许多结果，比如，BCI 代数有下列主要性质：

集合$\{x: x \geqslant 0\}$是一个极大的 BCK 代数 A，它被称为 BCI 代数 X 的 BCK 部分. (6)

$$(x*y)*z=(x*z)*y, \tag{7}$$

$$x*0=x. \tag{8}$$

现在我们来研究一类 BCI 代数.

定义 3 一个 BCI 代数如果满足下列条件：

$$(x*y)*z=x*(y*z), \tag{9}$$

则称为可结合的 BCI 代数.

对于可结合的 BCI 代数，其 BCK 部分特别简单. 这由下列定理给出：

定理 1 可结合的 BCI 代数的 BCK 部分 A 是平凡的，即 $A=\{0\}$.

证 对于任意的 $x \in A$，我们由(Ⅶ)知 $0=0*x$，由(3)式又有 $0=(x*x)*x$，由(9)式便得 $0=x*(x*x)=x*0$，再由(8)式知，$x=0$，故 $A=\{0\}$. *Q. E. D.*

同样地，我们可以称满足条件(9)的 BCK 代数为可结合的 BCK 代数. 由下列定理知：

定理 2 可结合的 BCK 代数是平凡的.

证 因为 BCK 代数 X 一定是一个 BCI 代数，其 BCK 部分即为本身. 从而由定理 1 知，$X=\{0\}$. *Q. E. D.*

可结合的 BCI 代数有下列重要性质：

定理 3 在可结合的 BCI 代数$\langle X;*,0\rangle$中，对于任意的$x\in X$有下式

$$0*x=x \tag{10}$$

成立.

证明 对于任意的$x\in X$，由(8)式知$x*0=x$. 再由(9)式知：对于任意的$z\in X$有$x*z=(x*0)*z=x*(0*z)$. 命$z=x$，由上式可得$0=x*x=x*(0*x)$.

另一方面，由(9)式及(3)式可知$(0*x)*x=0*(x*x)=0*0=0$. 这样，我们得到

$$x*(0*x)=(0*x)*x=0.$$

由(4)式，我们就有$0*x=x$. *Q. E. D.*

从这个定理可以得到下列：

推论 可结合的 BCI 代数$\langle X;*,0\rangle$是具有恒等元 0 的一个半群.

证明 X显然非空，且对 $*$ 封闭. 由(8)式及(10)式知，0 是X中的恒等元. 可结合性是已知的. 故X是一个半群，且以 0 为其恒等元. *Q. E. D.*

实际上，我们可以得到更强的结果，即

定理 4 可结合的 BCI 代数$\langle X;*,0\rangle$是一个每个元素皆为对合的一个群.

证明 由于$\langle X;*,0\rangle$是一个 BCI 代数，故有(3)式成立：$x*x=0$.

此式表明：对于X中任意的元素x，皆以自身为逆元(这样的元素是对合)，再由上面推论的性质而知，$\langle X;*,0\rangle$是一个群. *Q. E. D.*

这个定理的逆也成立，即有：任意的群，它的元素皆是对合，即$x^2=1$(对于每个元素)，则可被处理为型(1,0;0,0)或(0,1;0,0)的一个拟一可换的 BCI 代数(文献[4]的定理 1). 由于任意的群满足(9)式，故这样的 BCI 代数是可结合的.

现在，我们指出，(10)式是可结合的 BCI 代数的特征性质. 我们有下列：

定理 5　一个 BCI 代数 $\langle X; *, 0\rangle$ 是可结合的. $\Leftrightarrow$ 对每个 $x \in X$,有 (10) 式成立.

证明　只有证充分性. 由(1) 式有 $[(0 * y) * (0 * z)] * (z * y) = 0$. 由(10) 式知,

$$(y * z) * (z * y) = 0.$$

因为 y 和 z 是任意的,从而由(4) 式推得

$$y * z = z * y. \tag{11}$$

现在,我们利用(7) 式及(11) 式易知:

$$x * (y * z) = (y * z) * x = (y * x) * z = (x * y) * z.$$

这就证得了可结合性(9) 式. *Q. E. D.*

在这个定理的证明中我们同时得到了下列可结合的 BCI 代数的特征性质:

定理 6　BCI 代数 $\langle X; *, 0\rangle$ 是可结合的. $\Leftrightarrow X$ 中二元运算 $*$ 是可交换的,即对于 x 中任意的元素 y 和 z,有(11) 式成立. *Q. E. D.*

注　在 BCK 代数理论中,由 Tanaka[1] 引入的可换的 BCK 代数,是满足下列条件的 BCK 代数:

(Ⅸ)　　$x * (x * y) = y * (y * x)$.

文献[3] 中定理 2 指出,满足条件(Ⅸ) 的 BCI 代数一定是一个 BCK 代数. 为了与此相区别,我们称满足条件(11) 式的 BCI 代数为其运算 $*$ 具有可交换性质. 定理 6 指出,可结合的 BCI 代数与运算 $*$ 有交换性质的 BCI 代数是等同的. 由定理 5 及定理 6 可知,对于 BCI 代数来说,(9) 式 $\Leftrightarrow$(10) 式 $\Leftrightarrow$(11) 式. 关于可结合的 BCI 代数的其他性质,我们将在另文叙述.

参考文献

[1] Iséki, K., Tanaka, S., *Math, Japanica*, 23(1978), 1—26.

[2] Iséki, K., Proc. *Japan Acad.*, 42(1966), 26—29.

[3] Iséki, K., *Math. Sem. Notes*, 8(1980), 125—130.

[4] Iséki, K., *Math. Sem. Notes*, 8(1980),181—186.
[5] Iséki, K., *Math. Sem. Notes*, 8(1980),225—226.
[6] Iséki, K., *Math. Sem. Notes*, 8(1980),235—236.

THE ASSOCIATIVE BCI-ALGEBRA

Hu Qing-ping, Iseki K.

Abstract

In this paper the authors introduce the conception on the associative BCI-algebras, i. e. the following:

Definition 3. If a BCI-algebra satisfies following condition:

$$(x * y) * z = x * (y * z)$$

then it is called an associative BCI-algebra.

The results of this paper are the following:

Theorem 4. Any associative BCI-algebra $\langle X; *, 0\rangle$ is a group in which every element is an involution. And the converse of this result holds.

Theorem 5. BCI-algebra $\langle X; *, 0\rangle$ is associative iff for any $x \in X$, $0 * x = x$ is true.

Theorem 6. A BCI-algebra $\langle X; *, 0\rangle$ is associative iff in X the binary operation is commutative, i. e. for two arbitrary elements y and z of X, $y * z = z * y$ is true.

数学在现代化建设中的作用

王戍堂

数学是以客观世界中的数量关系和空间形式作为基本研究对象的.由于从量变达到质变这一自然规律,要想对一个事物进行质的分析,即对该事物的发展、该事物与其他事物的相互依赖与制约以及其运动变化过程进行正确理解,从而进行科学的预见,就必须首先从量的方面进行研究和把握.任何一门自然科学只有运用了数学对其量的方面进行研究,才算达到比较完满的程度.在生产实践中,只有运用数学方法才能将计划、人力调配、材料分配等处理得合理以达到最大限度利用现有条件创造更多财富这一目的.

我们国家目前所进行的四个现代化的斗争是整个世界、整个人类社会向文明与进步前进的一个重要部分.我国有约十亿人口,应该对人类作出重大贡献.我们必须首先重视作为整个科学基础之一的"数学"的研究发展,大力培养能够运用数学工具去解决实际问题的人才.数学教育也是开发智能的一个重要组成部分.多年实践证明,是否受过很好的数学训练,在生产实践中的表现是完全不同的.有一定数学思想的人去接触实际问题往往比较容易地抓住问题的要害和本质,容易分析出问题的症结所在,找到解决问题的方法,从而深受一些实际部门欢迎.电子计算机的出现,开辟了将数学应用于其他一切科学领域的更广的天地.实践证明,发展生产也必须通过这一途径才能在一切部门中实现现代化.下边的一些具体事例就充分证明了这一点.

一、数学在科学预见中的作用

现在科技界已经公认了这样一个基本观点,在某一个时期,或在某一个范围里,都有一门或两门学科起着领先和带头的作用,由于它的发展带动了整个科学技术的进步.我们首先分析几个对于整个人类文明有着重大作用的事例,说明数学是怎样起作用的.

在15世纪以前这一漫长的历史时期内,生产和科学技术的发展过程是十分缓慢的,各个学科之间也没有明显的分工,但都围绕“机械学”这一内容发展着.机械学上的每一发现都在生产及军事上引起极大影响.例如杠杆原理的发现就使水利、农业、手工业、武器等均发生了根本变革,罗马帝国的强盛就是和它在机械学上的领先分不开的.利用杠杆原理制成的“新式武器”——飞弹曾在军事上起过很大影响,把过去所谓短兵相接,刀枪相见的战争升了一级,而当时与“机械学”联系最密切的就是教学.例如杠杆原理就是几何学发展的一个直接应用,机械学(静力学、材料学)几乎离不开几何学,但当时的统治者并不重视这一基本事实,他们不喜欢数学,甚至还压制了数学的发展,这也就限制了整个科学技术的进步.

文艺复兴开始,随着生产力的发展,人类科学技术和精神文明都进入了一个新时代.这一时期的标志是:麦哲伦和哥伦布的航船从欧洲驶向全世界,“航海学”便开始带领各个学科在惊涛骇浪中前进.数学是航海学发展的“指南针”.三角学就是在这时迅速发展起来的,下面简单叙述一下这个过程.15世纪末至16世纪初,德国开始兴旺起来,北德汉撒同盟控制了很多贸易,得到很多财富.他们为了取得更多财富,便选送不少人到当时文艺复兴中心意大利学习数学.航海是意大利最兴旺的行业,由于测量的需要孕育了三角学雏形.三角学在航海事业中的应用很有效果,并且是作为航海学和天文学的一部分.直到16世纪三角学才从这些部分正式分离出来,成为一门独立的数学.

随着航海学之后的发展,天文学和力学又成为了领先学科.天文学的巨人是哥白尼和开普勒.他们所处的时代是教会趋于没落,也是最疯狂的时期.他们的成功首先归功于其对科学的勇敢和刻苦的钻研精神,但有一点必须强调的是他们都是数学家,数学对他们的成功起到了关键作用.

哥白尼的地球绕太阳转动学说动摇了当时的宗教教义,因而受到了严酷镇压和打击,以致后来宣传这种学说的布鲁诺被教会活活烧死;被后人称作物理学之父的意大利物理学家伽利略改正了亚里士多德的许多错误,例如后者说过的两条定律:① 人将力作用于一物体而运动,当力作用一停止,物体便立即停止.② 十磅重的东西从高空落下比一磅重的东西快十倍.值得指出,伽利略从对上述两条错误结论的研究导致牛顿三大定律的发现.

即使像伽里略这样伟大的科学家,由于他坚持哥白尼的学说,也被教皇判处终身因禁之罪,几百年之后的今天,才得到昭雪.

是什么力量能使哥白尼、开普勒、伽利略这些人如此坚持这一学说呢?正是由于他们在数学方面的研究以及数学计算结果与观测所得到的惊人的一致性.

开普勒深信自然界的运动是有数学规律的,并提出行星运动的三大定律.我们知道其第一定律是行星运行轨道是椭园,太阳位于其一焦点之上,这一定律就是经过长期探索,计算确定下来的.这里举其第三定律的发现过程来说明.

下表中 D 代表行星至太阳的距离(对水星而言是 0.387 个单位),T 代表行星绕太阳公转的周期.

	水星	金星	地球	火星	木星	土星	天王星	海王星	冥王星
D	0.387	0.732	1.000	1.52	5.20	9.54	19.2	30.1	39.5
T	0.24	0.615	1.000	1.88	11.9	29.5	84	165	248
D^3	0.057	0.377	1.000	3.512	140.6	868.3	7078	27 271	61 630
T^2	0.057	0.378	1.000	3.534	140.6	870.2	7056	27 225	61 504

开普勒当时只有上表前两排的数据,且海王星等还未发现,天王星还未确定是行星.若只从前两排的这些数据去看的话确似无甚规律可谈,然而刻普勒坚信自然规律的可认识性,经过十分艰难困苦的努力终于找到了后两排,于是得到了 $D^3 : T^2 =$ 常数这一结论.这一定律又成为牛顿万有引力定律的前躯.牛顿为了弄清楚这些规律背后的原因,并从数学上加以总结,于是又在笛卡尔变数基础之上发展了微积分,并提出万有引力定律.为了说明这些研究的巨大意义,下面举出海王星的发现过程.

1781 年天王星被发现后,人们发现它的位置总和万有引力的计算不符.有人怀疑牛顿定律的正确性,但一位年方 23 岁的英国剑桥大学的学生亚当斯,却反过来根据万有引力定律推算出一个未知行星的轨道,1843 年他把计算结果寄给格林威治天文台台长艾利,但后者却将其置之一边,不予理睬,只因为是“小人物”做的.两年后,法国另一位青年勒威耶重复同一研究,并将结果告诉了柏林天文台助理员卡勒,1846 年 9 月 23 日晚上,卡勒果然在勒威耶预言的位置上发现了这一新行星.这就充分显示出牛顿定律的威力,其在实践中的指导意义,以及数学这一工具的巨大作用了.值得一提的是,比牛顿早些时候万有引力这一事实也为其他学者所接触,例如胡克等,但正是由于数学原因使其不能总结出这一定律来.而牛顿的特长也就是其雄厚的数学基础.

牛顿的这些定律,在生产中的应用是非常之多,诸如机械电机、天文、水利、航空等,举不胜举,今天在人造卫星、宇航等这些领域,仍以牛顿的这些定律作为主要的基础.

电磁波的预见是另一例子,大家知道无线电技术在人类现代文明中的作用是如何之大!

18 世纪的科学家富兰克林发现了电现象,至 19 世纪英国的法拉第又发现电磁转化的一些规律.电、磁开始作为人类的文明而出现,这也就具备了对于电和磁的相互转化、传播进行深入一步研究的基础了.但当时由于没有从数学的高度上进一步分析,他们也就没有达到其应有的结果.19 世纪末,伟大物理学家麦克斯威根据当时已经知道的法拉第定律、安培环路定律等，提出了著名的麦克斯威方程（真空中）：

$$\begin{cases}\mathrm{rot}\vec{E}=-\dfrac{1}{C}\dfrac{\partial\vec{H}}{\partial t}\\ \mathrm{div}\vec{H}=0\\ \mathrm{rot}\vec{H}=\dfrac{1}{C}\dfrac{\partial\vec{E}}{\partial t}+\dfrac{4\pi}{C}\vec{j}\\ \mathrm{div}\vec{E}=4\pi\rho\end{cases}$$

式中$\vec{E}$是电场强度矢量，$\vec{H}$是磁场强度矢量，$\vec{j}$是电流密度矢量，C是光速，ρ是电荷密度.

正是这一方程才更深刻地描述了电、磁现象间的深刻关系. 麦克斯威发展了法拉第关于“场”也是物质这一光辉思想. 根据上述方程，麦克斯威得到光的反射、折射、传播等一系列实验事实的理论解释，证明电磁波在场中的传播规律，预言了电磁波的存在性，并证明光是一定频率的电磁波. 果然约十年左右，后来被赫兹从实验中证实了电磁波的存在. 由此才发展起近代人类文明的无线电技术. 其中应该说数学又起到了最关键的作用.

20 世纪物理学的最大成就 —— 相对论与量子力学的建立更是数学作用的巨大成果.

早从笛卡尔起，物理界流行着“以太假说”，认为以太是一种构造微妙的物质，充塞于整个宇宙之中，光就是依靠以太的振动而传播的. 这一观点一直延续到爱因斯坦相对论出现之前.

爱因斯坦相对论的出现否定了以太的存在. 他的理论正确体现了时间、空间与物质运动不可分离的这一辩证法思想. 对人类的时空观引起革命性的变革. 从相对性原理和光速不变原理这两条自然界基本规律出发，以后完全是纯粹数学推导发展起狭义相对论，从而解释了好些天文上、物理上无法解决的重大难题. 证明了像质量、长度这些基本量也是与物质运动分不开的. 例如运动质量与静止质量的关系是：

$$m=\frac{m_0}{\sqrt{1-\left(\frac{v}{c}\right)^2}}$$

我们知道,同一个力由于作用在不同质量的物体上,其效果是得到不同的加速度.从上式可见,如果物体运动是属于不太快时,与光速比较就可视其为零,这就是19世纪以前认为质量不变的原因.那时所研究的运动都是离光速很远的,自从原子能科学进入人类社会以来其情况就不同了,电子加速器可将电子的速度提高到光速的90%以上,此时公式中的分母就不能再作为1看待了.实验证明,上述公式是非常符合实际的.要把电子的速度继续提高,所需的能量会越来越大,因此也就越来越困难,要想把电子速度加至光速简直是不可能的.相对论的一系列公式现在已成为原子能科学技术中的基础.

爱因斯坦从严格数学推导证明了下列公式:

$$E=m_0C^2$$

式中 m_0 是静质量,E 是能量,C 是光速.这一公式说明在运动、转化过程中质量和能量是有一定联系的,例如在原子能反应中,过程前后发现有"质量亏损".设质量改变为 Δm,则将有

$$\Delta E=\Delta m\cdot C^2$$

的能量变化.我们知道光速是一很大数值(约30万公里/秒).由太阳发出的一束光到达地球也仅需8分18秒左右的时间.上述公式说明,质量的微小改变会引起能量的巨大变化.爱因斯坦得到上述公式时,放射性的研究已取得一定成功.居里夫人首先注意到这一公式的巨大现实意义:就是通过质量亏损来获得惊人的能量.人们也就以这一公式作为指导,制造出了第一颗原子弹.那么数学在科学预见上的作用自然也就很清楚了.

量子论的出现以及量子力学的建立是作为20世纪物理发展的另一巨大突破.这一理论使人们向微观世界大大前进了一步.

原子科学的飞速发展,引导人们向微观世界领域前进,这是量子力学发展的一个原因.在量子力学中,数学是以其语言和基本工具的面貌而出

现.由于量子科学的发展,近年来人们又发现了弱电统一,并且萨拉姆、温贝格、格拉肖等三人为此项研究获得了1979年的诺贝尔奖,被认为是现在为止物理发展的最高点.我们知道,电、磁统一的麦克斯威理论预言了电磁波的存在,并指导了无线电技术,人们预料弱电统一理论的作用将可能促进下一世纪人类文明的发展.麦克斯威逝世100年以后出现的这一理论可以和当时麦克斯威的电磁理论相提并论.但须指出,这一理论不仅要以数学作为工具,就连其定律表述本身都要用“群论”这一高度抽象的代数才能作出来.

总之,无数事例表明,科学研究对人类文明、物质生产的作用是巨大的,数学在其中则起着本质的作用.

二、目前科学技术、生产的发展与数学的作用

目前,一切自然科学、工程技术、生产部门甚至社会科学迅速发展的一个重要标志是数量化、模型化、规律化.电子计算机的出现和发展,使数学渗入这一切部门有了强有力的手段.

诸如,地质、气象、地震预报、造船与飞机制造等一些实际生产单位都设有专门的电算机构,不时地从实际获得大批数据进行分析、研究;另外也有一些部门数学工作者所占比例也空前扩大,例如一些地质探矿、大油田单位.过去地质手段仅是锤子、罗盘之类.然而现在情况就不同了,即以人工地震找矿为例,人们利用人工地震波收取地下反射的资料,进行分析研究,以便了解地下构造.然而所得的这些反射讯号中既有地下真实的反映,又有好多的干扰讯号,混在一起,必须找到真实情况的资料才能分析地下构造,以便指导找矿、找油.如何处理呢?有一套数学办法,叫做数字滤波.实践证明只有通过这种数字滤波才能获得清晰的反映地下真实情况的有用资料.现代化的找矿有很多办法都以数学作为基本工具,上述地震法是其中之一种,大型计算必须通过电算进行处理,但在上电算机之前,首先得突破数学方法这一关.

其他如气象科学、地震科学等,其情况也与此差不多.

下边略提一下系统工程和模糊数学.

系统工程的出现是由于社会实践活动的大型化和复杂化,要求对一个有机的复杂的系统不仅是定性的而且是定量的进行研究,提出方案,加以处理.它的内容牵扯面很广,包括自然的社会的很多领域.例如将整个军事系统加以考虑有所谓军事系统工程,有些国家近年来在国防上就设立了这样的部门,甚至于整个国防部就是一个系统工程部.与此类似还可以有工程系统工程,科学工作的组织管理叫科研系统工程,后勤工作的组织管理有后勤系统工程,还有信息系统工程、农业系统工程等.可见它可牵扯到四化建设的各方面.那么这些系统工程的共同基础是什么呢?就是数学,特别是其中的运筹学:线性规划、博奕论、排队论、库存论、决策论、搜索论等.此处我们无法将这些作比较细致的介绍,它不属于本文的内容范围,这里只举若干例子说明数学是怎样起作用的.

1. 军事决策的数学依据举例

对简单的军事问题,可借直观辨认,而对复杂的军事问题则不同,有时不仅难于分清,甚至还可能判断错误.如发展核武器一般都认为威力最重要,但后来据毁伤值的分析表明,精度比威力更重要.根据大量核试验结果,有下列公式:

$$K=\frac{Y^{\frac{2}{3}}}{C^{2}}$$

式中 K— 毁伤值,Y— 核武器威力(T.N.T当量),C— 命中精度.

例如当 Y 增加 8 倍时毁伤值增加 4 倍,但当精度提高 8 倍时,毁伤值则增加 64 倍!差别是非常显著的.

就是依这一公式作指导,美国重点发展了精度(如分导导弹、精确制导武器),这是美国在技术上保持领先地位的一个主要原因.苏联过去则一直只注意到威力,其实是不科学的.当赫鲁晓夫鼓吹亿吨级核弹时,美国科学界则为之发笑,认为这是浪费核原料的愚见.苏联在 20 世纪 60 年代末才开始注意到发展精度.

再如美国在20世纪60年代初研究过发展陆基导弹数量问题.当时美国已有1054枚,国家安全委员会要求遭苏联袭击后,还能毁伤苏联25%人口及70%工业,这样苏联就无力短期还击了.分析表明,在苏联不设防条件下,如美国不先受袭击,则只需300枚就够了,即使苏联先袭击和设防以及考虑到技术的发展,1054枚也已足够.因此,多次核谈判中美国对此数一直未变,苏联则增至2000枚以上,实际上由于维护每枚导弹费用很大,这样做是非常浪费的.

由此可见,只有通过数学计算才可能将整个计划放在“胸中有数”的科学基础之上.军事如此,其他关系到整个国家命脉的大问题也是这样.

2.经济安排管理的一示例

例如一个工厂内安排两个车间各自生产一种(不同)产品,其产量 x_1 及 x_2 待定,每个产品的产值都是100单位,生产 x_1 需要原料 x_1 份,生产 x_2 需原料 $2x_2$ 份,原料总量有限,假定只有8份,车间生产能力也有限,分别有 $x_1 \leqslant 4$ 及 $x_2 \leqslant 3$,作为管理人员应怎样安排各车间的生产使其总产值最高?这就是一个典型的规划问题.

总目标是总产值最大:

$$100x_1 + 100x_2 = \text{最大}$$

限制条件

$$x_1 \leqslant 4$$

$$x_2 \leqslant 3$$

$$x_1 + 2x_2 \leqslant 8$$

这一问题,显然就必须从全局观点加以考虑,而不能只限于一个车间孤立进行.试设想几种不同方案:

(1) 若取 $x_1 = 2, x_2 = 3$,计算产值则算得 $100 \times 2 + 100 \times 3 = 500$;

(2) 若取 $x_1 = 3, x_2 = 2.5$,计算产值则又算得 $100x_1 + 100x_2 = 550$;

(3) 若取 $x_1 = 4, x_2 = 2$,计算产值算得总产值 $= 600$.

可见从全厂考虑,总产值最高的最优方案是取 $x_1 = 4, x_2 = 2$.即给每个车间各分4份原料去进行生产.

有时考虑的是其他指标(不是产值),总的精神是类似的.

这只是一个最简单例子,用来说明一个方面的典型问题,实际情况当然比这复杂得多,这就要借助于电子计算机进行了.

系统工程的实例还有很多很多,诸如如何合理调配人力达到最优效果的统筹法等,因此作为组织管理机构,也必须根据客观需要和条件合理利用资源,调配人力,达到最优化,小至一个工厂车间,大至整个国民经济可能都有类似的数学问题.这些问题也正是实行科学管理及在各方面实现现代化的关键.

关于模糊数学问题.

过去数学中处理的问题均是理想化了的绝对物,诸如"等腰三角形""直角三角形""等边三角形"等.其实自然界中大多数事物都不是这样,很难作出真正的等腰三角形……再如:"这个人长得很高""今天天气很好"等又都是一些模糊概念.这就提出一个所谓的判别问题.

例1.白血球分为小淋巴细胞,大淋巴细胞,环状嗜中性、嗜酸性、单核白细胞……鉴别细胞核的形状是白血球分类的关键之一.那么怎样鉴别其形状呢?有人对四种形状进行了刻划.

(1)圆形(周长不变时面积最大)

鉴别时"隶属函数"为

$$A(1,S)=\frac{4\pi S}{1^2}$$

若是"绝对"的圆,刚 $A(1,S)=1$,否则它总比1小,因此上述函数的值是鉴别形状"圆"的一项指标.

(2)长条状

对于一细胞核,量其面积,先折合成一矩形,使它与核相异部分面积最小,然后算得矩形之长为 a、宽为 b,则隶属函数取为

$$B(a,b)=\frac{a}{a+b}-\frac{1}{2}$$

(3)针状

隶属函数取为

$$\left(\frac{a}{a+b}-\frac{1}{2}\right)^2 \quad (\text{记为 } C(a,b))$$

(4) 弓形　　(略)

在实际问题中,根据实测数据算得结果来判断它应划入哪一类.

例如怎样判断三角形应属于"等腰""直角""等边""其他"等类别,又如怎样判断一个细胞是否属于一个癌细胞等,也都有相应的数学指标.

以上只就现实的个别方面说明了数学的应用.随着电子计算机的出现,数学实是现代化的必不可少的根本工具.

三、为四化建设努力搞好数学研究

数学和其他科学一样来源于人类生产实践,上边从大量事实中也看到数学的发展从根本上说是和生产发展相适应的,但另一方面也应看到数学也有其自身发展规律.尽管从现在观点来看数学的一些领域已在实际中取得了广泛应用,然而还应该看得更远一些.既不能脱离实际去盲目搞研究,但也不能指望对数学中每一定理都去在今天的生产中找应用.一个是否认数学联系实际,一个是采取实用主义观点.这两类错误从古到今都有,而且教训是沉痛的.

下边举几个例子说明纯粹的数学研究是重要的.

1. 虚数 **i**. 虚数起初完全是为了研究方程求根的问题而引入的一个理想物.我们知道在实数范围内 $x^2+1=0$ 是无解的,因为无论是正数也好还是负数也好,其平方不会是负的,这样就使代数方程的根的研究弄得很复杂,于是引入了虚数 **i**:$\mathbf{i}^2+1=0$.由此就有这样一个"代数学基本定理"了:在复数范围内,每个 n 次代数方程恰有 n 个根(可能有些是重根).虚数的引入来源于人类长期从事的理论数学研究.然而复数在今天科学技术中已有广泛应用.例如:电工学、物理学、量子力学、流体等方面都离不开它,一些实用部门例如上述物理探矿、无线电技术等也都广泛用到复数.

2. 群论与近世代数.19 世纪以前的代数学,基本问题之一即是研究复数域中代数方程根的问题(求法、分布等),四次以下方程已有了通过系数的代数运算表达的求根公式.一个时期内人们集中于五次以上方程求根公式的研究,但一直没能取得成功.后来(19世纪初)法国年仅17岁的青年伽罗华和挪威青年数学家阿伯耳独立证明了不可能有这种公式,这一问题即获完全解决.当时用的思想就是现在的"群论".伽罗华的研究工作曾三次寄给法国科学院的两位大师泊松与柯西,柯西将伽罗华的论文丢失了,泊松回信却是:"完全不能理解".可见伽罗华的工作不仅脱离生产实际而且脱离当时的理论水平何等之远!十余年后才有人发现了他的工作,从此奠定了近世代数的基础.然而后来实践表明,群论在物理、化学、晶体等方面都有重大作用."群论"是现代基本粒子研究的基本工具.

大量事实表明,不仅数学即使其他自然科学的很多重大突破开始提出时总是遭到冷遇.牛顿力学如此,相对论如此,非欧几何也是如此……

3.黎曼几何.由德国数学家黎曼开始创立的一套几何学,超越当时时代很远.据说他在哥廷根宣读论文时,只有年迈的高斯能听得懂,后来几十年关于这方面的研究一直被认为是干枯无味的一个苦果.但爱因斯坦为了发展其广义相对论才找到了这一数学语言,并感叹地说,他证实了黎曼这一光辉思想的胜利.后来由这种几何发展起来的微分流形,是基本粒子理论的又一基本工具.

现代数学有几个公认的基本特点是:抽象性、论证严密性、应用广泛性.

就像近世代数中的群、环、域、代数、格等,它们一方面保留了数字运算的某些基本规律,另一方面又远远超出了具体的数字运算.对象可以是任何一个集合中的元素,运算只是一种多元对应关系.只有经过这一抽象才能概括更多对象,将好多不同具体内容的东西归于同一处理方案之中.一个最简单也是最有说服力的例子是电子计算机的逻辑设计中以布尔代数作为其基本概念和工具.

现代数学的另一基础方面是与连续性有关的问题,这方面内容有函数论、泛函分析、拓扑学(点集拓扑、代数拓扑、微分拓扑等)、微分方程等.

这方面抽象化也取得显著效果，一个最简单的例子是在泛函分析中用一个定理即能概括微分方程、积分方程、无限代数方程组 …… 中好几个存在定理. 在计算数学中泛函分析也是很重要的一个工具.

目前从世界范围看，抽象数学越来越受到高度重视，许多先进国家已尝试在中学就开始学习“集合论”了. 然而在1958年时我国曾认为它是无什么用场的，在高等学校数学系被砍掉了，1962年以后又恢复此课，但一直被扣上“三脱离”的大帽子，一直作为理论脱离实际的典型. 时至今日，集合论已是计算机科学中不可缺少的一门课. 这种教训也是值得引以为诫的.

最后应指出，随着科学、生产的发展，实际又向数学提出了好多亟待解决的问题，这无疑是促使数学迅速发展的动力. 在实际中除了看到其重大作用的一面外，也还应注意到在把数学应用于实际时必须首先对客观实际进行周密调查、深入了解，并且不断地将理论放到实践中去检验，以求达到修正错误，不断提高理论的作用. 例如上面讲到的法国青年勒威耶在推算出海王星之后，后来又发现水星轨道与计算的也不一致. 水星是最接近太阳的一颗行星，勒威耶根据上次经验，自然又假定还有一颗更接近太阳的行星. 然而这次他却失败了，事情的确使人不解，天文学家们为此事苦脑了五十多年. 相对论出现后才搞清了这一问题，原来牛顿万有引力公式只是近似的，越靠近太阳准确性就越差，爱因斯坦的相对论对其做了修正.

点集拓扑学原理

王戍堂　戴锦生　王尚志

点集拓扑学是拓扑学的一个分支，形成于20世纪初.由于分析理论的深入发展，人们产生了抽象和推广极限与连续性理论的要求，Cantor创立的集合论为此提供了有力的工具，M. Frechet、F. Hausdorff、F. Riesz等著名的数学家利用公理化的方法，分别从不同的角度建立了抽象空间的理论，从而形成了点集拓扑学.具有高度概括性的拓扑学是现代数学的基础之一，它的结果已经为许多数学分支所利用.掌握点集拓扑学的基本理论，对于从事数学各学科的研究是必不可少的；对于从事数学教学的教师来说，了解点集拓扑学的观点和方法也同样是十分重要的.

我国第一本专门论述点集拓扑学的著作是关肇直先生在1956年编写的《拓扑空概论》.1978年初，关先生来信希望我们协助他改写此书，或另外新编一本能适应现代数学发展的书，我们未能在关先生生前完成此嘱，对此我们深感内疚.西北大学杨永芳教授自20世纪40年代起就从事点集拓扑的研究与教学，他生前为出版一本适合我国实际情况的教材做了大量的工作，但终因过早谢世而未能如愿."文革"以后，我们重新开设了这个课程并编写了一本讲义.这本讲义在校内外先后被使用过五期，我们在听取了多方面的宝贵意见，并做了两次较大的修改，成为本部分这个样子.

对于本部分，我们是把它作为大学必修课的教材来编写的，本着少而精的原则进行了选材，希望它既包括点集拓扑学最基本的结果，又能适当反映现代点集拓扑学的发展，此外还考虑到适应我国目前的教学实际. 例如，作为准备知识，我们较多地介绍了朴素集论的内容和方法；根据近年来点集拓扑学的发展，适当地选择了拓扑空间势函数的一些结果，等等. 当然，点集拓扑学中还有许多重要课题，例如，仿紧性、紧化、一致空间、维度理论等在这部分中我们未能涉及，我们把它们放在另一部为选修课编写的教材中. 我们遵循的第二个原则是：内容的叙述要自然，尽力使点集拓扑学的高度抽象的观点与方法变得直观易懂，例如在介绍拓扑空间定义之前，用了一节来介绍欧几里得空间，这不仅仅是因为欧几里得空间是拓扑空间概念的发源地，而更重要的是为读者在头脑中建立一个拓扑空间概念的直观模型，拓扑空间的许多概念都可从这个模型中找到产生它们的直观背景，很多著名的反例都是在欧几里得空间基础上改造而成的. 另外，在文中我们选用了大量的例子和反例，我们感到搞清楚这些例子和反例不仅是加深理解抽象概念的重要途径之一，而且会使纯理论的学习变得生动活泼.

本部分中有的结果的证明是留待读者完成的，每一章后面都附有数量不多的练习题，较困难的习题注有“*”号，这些习题经过一定努力都是可以完成的，读者务必动手做一下.

本部分在编写过程中，承蒙江泽涵先生、关肇直先生的鼓励和关心，得到西北大学数学系以及许多同志的支持和帮助，谨此致谢.

文中难免有许多不足之处，尚祈读者不吝指教.

第 1 章　集论初步

集合论是近代数学的基础，它与一般拓扑学关系极为密切. 在一般拓扑学创建阶段，集合论和拓扑学几乎是不加区分的. 在一般拓扑学的整个发展中，始终保持了与集合论的密切联系. 本章介绍朴素集合论的某些主要结果和思想方法，掌握这些知识和方法是学习一般拓扑学必不可少的，对近代数学其他分支的学习也大有裨益.

§1　集合的概念

“集合”二字在数学中作为一个最基本的数学概念，难以再用其他数学概念来定义，姑且就当作“总体”去理解. 每当我们把一些事物作为一个总体来考虑时，这个总体就被称作一个集合. 数学中经常涉及各种各样的集合，例如：具有某种性质的数的集合；具有某种性质的图形的集合；满足一定条件的函数的集合；某些集合的集合 …… 集合也简称集. 组成集合的事物则叫作集合的元素，或叫元、点. 当 x 是集 A 的元时，表示作 $x \in A$，否则表示作 $x \in A$，对于给定的 A 与给定的 x 来说，x 是否是 A 的元应该是确定的，即是说，或者有 $x \in A$，否则有 $x \in A$，二式之中必有且仅有一式成立. 自然地，当集 A 与集 B 所含元素相同时，我们应该认为 A 与 B 是同一个集合，记作 $A = B$. 根据集合所含元素是有限多个或非有限多个，我们将它称作有限集或无限集.

给定一个集，就是给定它所含的元素. 特殊情形下，我们可以采用罗列出它的全部元素的办法. 例如 10 以内素数的集合可以表示作$\{2,3,5,7\}$；代数方程$x^2-3x+2=0$的根的集合就是$\{1,2\}$. 但这种办法并非总是可行的. 一般情况下，用$\{x:\varphi(x)\}$的形式来给定一个集合，其中φ是确定的条件(性质)，$\varphi(x)$表示x满足条件φ，$\{x:\varphi(x)\}$就表示满足条件φ的所有事物组成的集合. 例如 10 以内素数的集合就是$\{x:x$是素数，并且$x<10\}$，代数方程$x^2-3x+2=0$根的集合就是$\{x:x^2-3x+2=0\}$. 又如$\{n:n$是自然数$\}$就是自然数集合，$\{f:f$是以$[a,b]$为定义域的实值函数$\}$就是所有定义在闭区间$[a,b]$上的实值函数组成的集合. 我们特别把不含任何元素的集合记作$\varnothing$，叫空集.

关于集合这个概念，我们此处所介绍的这种直观而朴素的解释，来自集合论的创始人、德国数学家 G. Cantor(1845—1918). 应该指明，这种解释本身已经隐含了逻辑上的弊病，通常叫作“悖论”.

下面介绍的是著名的罗素悖论(Russell's Paradox)：

设S表示不以自身为元素的集合的总体，即$S=\{x:x\overline{\in}x\}$，依照 Cantor 的说法，S是一个集. 我们自然会提出一个问题：S这个集合是否属于S呢？结果我们将看到，无论答案是什么都免不了出现矛盾. 首先，设$S\in S$，由于S不满足集合$S=\{x:x\overline{\in}x\}$的条件φ，推出$S\overline{\in}S$，与所设矛盾；其次，设$S\overline{\in}S$，于是S满足条件φ，推出$S\in S$，仍然与所设矛盾.

为了避免这种逻辑上的弊病，我们附加上一条规定：集合不得以自身为元素.

有了这条规定，一切集合的总体就不再是集合了，从而$\{x:x\overline{\in}x\}$也不再是集合了.

罗素悖论的发现在历史上曾一度给集合论的发展带来过危机. 二十世纪以来，公理集合论的建立克服了朴素集论的不足. 但是对于我们的课程来说，目前所必需的只是朴素集论的初步知识和方法.

§2　子集、集的运算

定义 1　如果集 A 的元素都是集 B 的元素，则称 A 是 B 的子集，记作 $A \supset B$(或 $A \subseteq B$)，读"A 包含于 B"，$A \subset B$ 也可以表示为 $B \supset A$(或 $B \supseteq A$)，读"B 包含 A".

特别，当 $A \subset B$ 同时 $A \neq B$ 时，称 A 是 B 的真子集.

容易看出 $A \subset B$ 同时 $A \supset B$ 就等价于 $A = B$. 这一简单的事实在今后判定两个集合是否相等时会经常用到. 此外，空集 $\varnothing$ 应该是每一个集合的子集；每一个集合以自身为子集.

定义 2　设 A、B 是两个集合，我们把由 A 中一切元素与 B 中一切元素组成的集合叫作 A 与 B 的并，记为 $A \cup B$. 即

$$A \cup B = \{x: x \in A \text{ 或 } x \in B\}.$$

我们把 A 与 B 公有的元素组成的集合叫作 A 与 B 的交，记为 $A \cap B$. 即

$$A \cap B = \{x: x \in A \text{ 同时 } x \in B\}.$$

两个集合的并与交可以用图来示意(图中有斜线部分分别表示 $A \cup B$ 与 $A \cap B$).

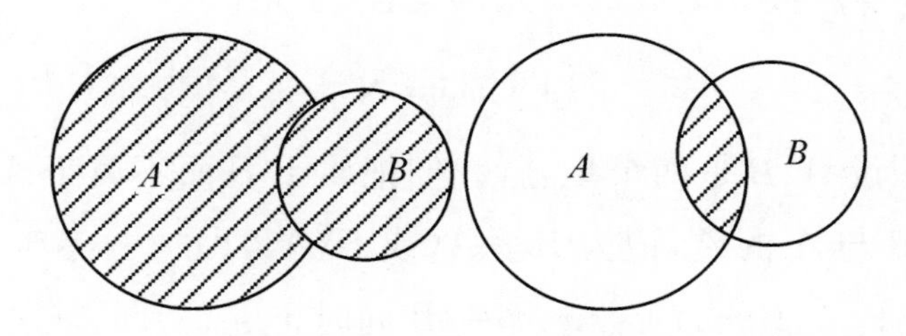

显然，并与交这两种运算满足交换律、结合律以及分配律：

交换律　$A \cup B = B \cup A$

$A \cap B = B \cap A$

结合律　$(A \cup B) \cup C = A \cup (B \cup C)$

$(A \cap B) \cap C = A \cap (B \cap C)$

分配律　　$A \cap (B \cup C) = (A \cap B) \cup (A \cap C)$

$$A \cup (B \cap C) = (A \cup B) \cap (A \cup C)$$

一般情形下,设有一族集合$\{A_i : i \in I\}$,其中 I 可以是有限集也可以是无限集. 我们把集合

$$\bigcup \{A_i : i \in I\} = \{x : \exists i \in I, x \in A_i\}$$

叫作集族$\{A_i : i \in I\}$ 的并.

把集合

$$\bigcap \{A_i : i \in I\} = \{x : \forall_i \in I, x \in A_i\}$$

叫作集族$\{A_i : i \in I\}$ 的交.

例如:

$$A_n = \{x : x \text{ 是实数,并且 } |x| < \frac{1}{n}\},$$

于是:

$$\bigcap \{A_n : n \in \mathbf{N}\} = \{0\}, \text{其中 } \mathbf{N} \text{ 代表自然数集合}.$$

$$B_n = \{x : x \text{ 是实数,并且 } 0 < x < \frac{1}{n}\}.$$

于是:

$$\bigcap \{B_n : n \in \mathbf{N}\} = \varnothing, \text{或写作 } \bigcap_{n=1}^{\infty} B_n = \varnothing.$$

若$\{n\}$ 是自然数 n 组成的单元素集合,于是

$$\bigcup_{n=1}^{\infty} \{n\} = \mathbf{N}.$$

定义 3　设 A、B 是两个集合,我们把属于 B 而不属于 A 的元素组成的集合叫作 B 与 A 的差,记为 $B - A$(或 $B \backslash A$),即

$$B - A = \{x : x \in B \text{ 同时 } x \overline{\in} A\}.$$

特别,当 A 是 B 的子集时,$B - A$ 叫做 A(在 B 中) 的余集.

差与余集可以图示如下:

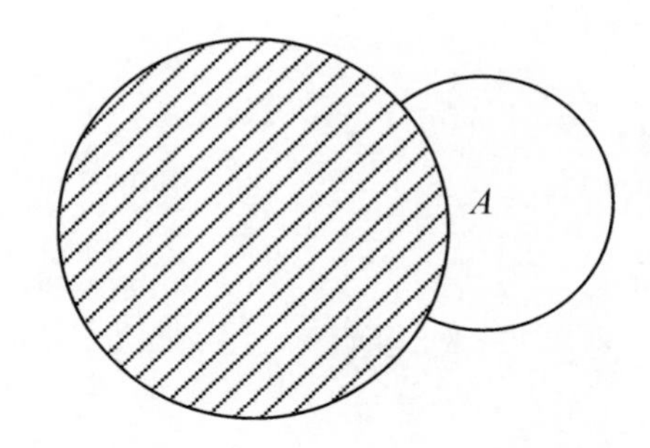

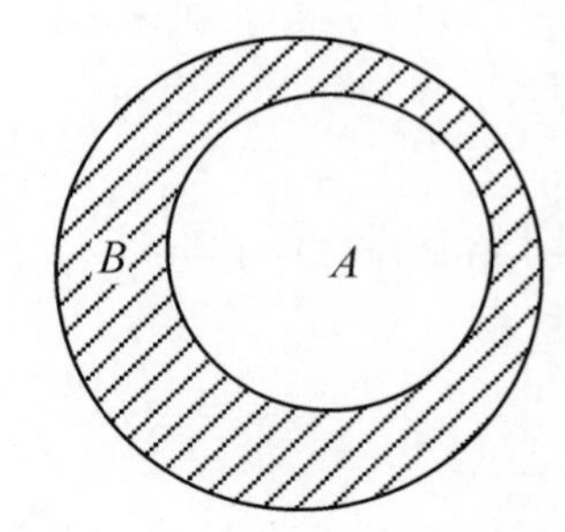

容易看出，$B-A=B-(A\cap B)$. 此外，当 A 是 X 的子集时，A 的余集是 $X-A$，同时 $X-A$ 的余集是 A.

更重要的有如下运算法则：

De Morgan 公式

$$X-\bigcap_{i\in I}A_i=\bigcup_{i\in I}(X-A_i)$$
$$X-\bigcup_{i\in I}A_i=\bigcap_{i\in I}(X-A_i)$$

其中 I 可以是有限集也可以是无限集. 这两个式子是我们以后经常要用的. 它们可以简述为交的差等于差的并；并的差等于差的交. 现在仅以第二式为例，证明如下：

因为 $x\in X-\bigcup_{i\in I}A_i \Leftrightarrow x\in X$ 同时 $x\notin\bigcup_{i\in I}A_i$，即 $x\in X$ 同时 $x\notin$ 每一个 A_i，$i\in I$.

注意到 $x\in X$ 同时 $x\notin A_i$ 就是 $x\in X-A_i$ 的意思. 因此 $x\in X-\bigcup_{i\in I}A_i \Leftrightarrow x\in$ 每一个$(X-A_i)$，$i\in I$，即 $x\in\bigcap_{i\in I}(X-A_i)$. 第二式得证.

最后，我们讨论一下单调的集序列. 集序列

$$M_1, M_2, \cdots, M_n, \cdots$$

叫递减的(严格递减的)，是指对一切自然数 n，恒有 $M_n\supset M_{n+1}$($M_n\supsetneqq M_{n+1}$) 成立；叫递增的(严格递增的)，是指对一切自然数 n，恒有 $M_n\subset M_{n+1}$($M_n\subsetneqq M_{n+1}$) 成立.

对于递减的集序列$\{M_n: n=1,2,\cdots\}$来说，若$\{M_{n_i}: i=1,2,\cdots\}$是其任意一个无限子列，则有

$$\bigcap_{i=1}^{\infty}M_{n_i}=\bigcap_{i=1}^{\infty}M_n.$$

而对于递增的集序列来说，则有

$$\bigcup_{i=1}^{\infty} M_{ni} = \bigcup_{i=1}^{\infty} M_{n}.$$

证明留给读者自行练习.

§3 势、可数势

在有限集的场合，以一一对应为基础，建立了“个数相等”的概念. Cantor 的功绩之一就在于他坚持了一一对应这个原则，使“个数相等”的概念合理地推广到无限集的场合. 为了真正了解这种推广的思想脉络，我们不妨先回到有限集的场合. 设 A 与 B 是两个有限集，“比较 A 与 B 所含元素的多少”是什么意思呢?就是从一一对应的角度来看 A 与 B 的关系. 当 A 与 B 可以一一对应时，就说 A 与 B 所含元素个数相等，否则就是不相等. 在不相等的情况下，若 A 与 B 的某个真子集 B' 可以一一对应，就说 A 的元素少而 B 的元素多. 形象地说，在有限集中部分少于整体. 注意到偶数集 $\{2,4,6,\cdots,2n,\cdots\}$ 虽然是自然数集 $\{1,2,3,\cdots,n,\cdots\}$ 的真子集，但二者之间却可以建立一一对应. 显然“部分少于整体”对无限集来说是失效的.

定义 4 如果集合 A 与 B 之间存在一一对应，则称 A 与 B 对等. 凡是对等的集合，我们称它们具有相同的势或说 A 与 B 的基数相同. 集 A 的势记作 $|A|$. 于是 A 与 B 对等就表示为 $|A|=|B|$.

空集的势用 0 来表示. 即 $|\varnothing|=0$.

n(自然数) 个元素组成的集合的势就用 n 来表示.

自然数集 $\mathbf{N}$ 的势用 $S\backslash S$ 表示($S\backslash S$ 是希伯莱文第一个字母，读 Alef). 凡是势为 $S\backslash S$ 的集合都叫可数无限集. 例如

自然数集 $\mathbf{N}=\{1,2,\cdots,n,\cdots\}$

奇数集 $\{1,3,5,\cdots,2n-1,\cdots\}$

完全平方数集 $\{1,4,9,\cdots,n^2,\cdots\}$

素数集$\{2,3,5,\cdots,p_n,\cdots\}$

等,都是可数无限集.

实数集合$(-\infty,+\infty)$与它的一个真子集$(-1,+1)$是对等的,其一一对应可以图示如下:

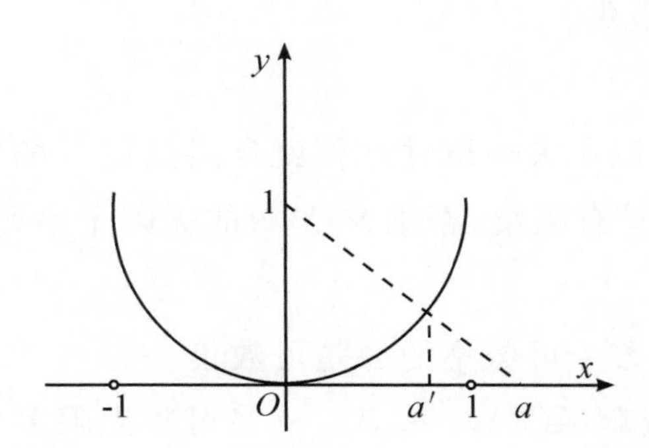

其中,$(-\infty,+\infty)$中的点a对应$a' \in (-1,+1)$.

我们自然还可以取$f(x)=\dfrac{2}{\pi}\arctan x, x \in (-\infty,+\infty)$,或$g(x)=\dfrac{x}{1+|x|}, x \in (-\infty,+\infty)$等种种不同的一一对应.

我们以后把有限集与可数无限集统称作可数集.不久我们就会知道,实数集是非可数的.下面对可数集进行详细地讨论.

由于任何一个可数无限集合A与自然数集$\mathbf{N}$是可以一一对应的,于是借助随意一个一一对应$f:\mathbf{N} \to A$,就可以把A中元素排成一个无限序列

$$a_1,a_2,\cdots,a_n,\cdots$$

所以今后谈到可数无限集时,我们不妨就直接给成序列$\{a_n: n=1,2,\cdots\}$的形式.

定理 1.1　可数集的子集是可数集.

证明　当可数集是有限集时,结论是显然的.以下我们仅就A是可数无限集

$$a_1,a_2,\cdots,a_n,\cdots \tag{1}$$

的情形证明A的子集是有限集,否则就是可数无限集.

设 $A' \subset A$，而且 a_{n1} 是(1) 中第一个属于 A' 的元素，a_{n2} 是第二个属于 A' 的元素，等等. 仅有两种可能：其一，有限个 a_{nk} 之后(1) 中不再有属于 A' 的元素，否则将存在由 A' 的元素组成的无限序列

$$a_{n_1}, a_{n_2}, \cdots, a_{nk}, \cdots$$

此时 A' 是可数无限集.

（证完）

上述证明还可以不失一般性地仅就自然数集 $\mathbf{N}$ 的子集 $\mathbf{N}'$ 来证明. 当 $\mathbf{N}'$ 有最大元时，$\mathbf{N}'$ 是有限集，否则 $\mathbf{N}'$ 是 $\mathbf{N}$ 的无限子序列，从而是可数无限集.

定理 1.2 可数个可数集的并是可数集.

证明 这里仅就 $A_1, A_2, \cdots, A_n, \cdots$ 是可数无限多个互不相交的可数无限集合的情形，证明 $A = \bigcup_{i=1}^{\infty} A_n$. 是可数无限集. 不妨认为 A_n 各自已经排为序列形式

$$A_1 = \{a_{11}, a_{12}, \cdots, a_{n1}, \cdots\}$$
$$A_2 = \{a_{21}, 0_{22}, \cdots, a_{n2}, \cdots\}$$
$$\cdots$$
$$A_m = \{a_{m1}, a_{m2}, \cdots, a_{mn}, \cdots\}$$
$$\cdots$$

我们把 a_{mn} 的两个标号 m、n 之和 $m+n$ 叫作 a_{mn} 的高. 按下述方法对 $A = \bigcup_{n=1}^{\infty} A_n$ 中的元素加以排列：高不相同时，高小者排在前；高相同时，第一个标号小者排在前（这种排列方法可以形象地被叫作“对角线方法”）. 即

$$a_{11}, a_{12}, a_{21}, a_{13}, a_{22}, a_{31}, \cdots$$

于是 A 的全部元素排成了无限序列，所以 A 是可数无限集.

当诸 A_n 间有相同的元素时，可以先去掉重复出现的元素，按照新的集合

$$A_1, A_2 - A_1, A_3 - (A_1 \cup A_2), \cdots, A_n - (\bigcup_{i=1}^{n=1} A_i), \cdots$$

进行排列. 此时新的集序列与原有的集序列

$$A_1, A_2, A_3, \cdots, A_n, \cdots$$

有同一的并.

(证完)

定理 1.3　每一个无限集 M 必包含一个可数无限子集 A(可以要求 A 是真子集,甚至要求余集 $M-A$ 仍是无限集).

证明　因为 M 是无限集,所以 M 中至少有一个元素 a_1,并且 $M-\{a_1\}$ 仍是无限集,于是又有 $a_2 \in M-\{a_1\}$ 使得 $M-\{a_1,a_2\}$ 是无限集,一般来说,若已取得 M 中的元素 $a_1,a_2,\cdots,a_n$,此时由于 $M-\{a_1,a_2,\cdots,a_n\}$ 是无限集,所以又有 $a_{n+1} \in M-\{a_1,a_2,\cdots,a_n\}$,如此步骤可以一直继续下去,说明存在无限序列

$$a_1, a_2, \cdots, a_n, \cdots$$

其中,a_n 是 M 中的、彼此互不相同的元素.

若令

$$A = \{a_n : n \geqslant 2\},$$

显然,A 是 M 的可数无限子集,并且是真子集.

若令

$$A = \{a_{2n} : n \text{ 是自然数}\},$$

那么,A 不但是 M 的可数无限真子集,并且满足 $M-A$ 是无限集的要求.

(证完)

定理 1.4　设 M 是非可数集,A 是 M 的可数子集,则 M 与 $M-A$ 对等.

证明　首先知道 $M-A$ 是非可数集(否则将由 $M-A$ 以及 A 的可数性推出 M 是可数集),依据定理 1.3,存在可数无限集 $B \subset M-A$,于是

$$M = A \cup B \cup [M-(A \cup B)],$$

$$M-A = B \cup [M-(A \cup B)].$$

因为 $A \cup B$ 与 B 都是可数无限集,存在一一对应 $f: A \cup B \to B$.

令

$$F(x)=\begin{cases}f(x), & \text{当 } x\in A\cup B \text{ 时},\\ x, & \text{当 } x\in M-(A\cup B) \text{ 时}.\end{cases}$$

如此定义的 F 就是 M 与 $M-A$ 间的一一对应，因此 M 与 $M-A$ 对等.

（证完）

综合定理 1.3 与定理 1.4，我们就得出一个结论：任何无限集必与其自身某个真子集对等. 这一特征正是无限集区别于有限集的本质.

利用前面一系列的定理，我们不难得出下列结果：

(1) 所有自然数对的集合 $\{(m,n):m,n\in\mathbf{N}\}$ 是可数集；

(2) 有理数集是可数集；

(3) n 维欧氏空间中一切有理点之集是可数集；

(4) 有理系数的多项式之集是可数集；

(5) 代数数集合是可数集.

§4　势的比较

由前一节的讨论我们已经知道，势的概念是有限集元素数量概念的扩充. 数量的基本性质之一是可以比较大小，两个数量，要么相等，要么一个大于另一个. 因此，我们很自然地会想到势的比较问题.

设 A 与 B 是给定的两个集合，从逻辑上讲，只有下列四种情形：

(1) A 与 B 的某个子集 B' 对等，但 B 不与 A 的任何子集对等；

(2) B 与 A 的某个子集 A' 对等，但 A 不与 B 的任何子集对等；

(3) A 与 B 的某个子集 B' 对等，同时 B 与 A 的某个子集 A' 对等；

(4) A 不与 B 的任何子集对等，同时 B 不与 A 的任何子集对等.

在(1) 的情形下，我们称 A 的势小于 B 的势，表示为 $|A|<|B|$. 自然在情形(2) 就应是 $|B|<|A|$. 在情形(3)，我们将证明 $|A|=|B|$. 对于情形(4) 的讨论，我们遗留在选择公理之后进行，那时将指出情形(4) 事实上是不可能出现的，从而知道势是可以比较的，换言之，两个集合要么势相等，要么一个的势比另一个的大.

定理 1.5　(Bernstein) 设 A 与 B 的某个子集 B' 对等，同时 B 与 A 的某个子集 A' 对等，则 A 与 B 对等.

证明　因为当 $B' = B$(或 $A' = A$) 时，定理结论显然成立，所以我们不妨限定 B'、A' 都是真子集. 设

$$f_1: A \to B' \subsetneqq B$$
$$f_2: B \to A' \subsetneqq A$$

都是一对一的. 于是

$$f_2 \circ f_1: A \to A_1 = f_2 \circ f_1[A] \subset A'$$

是一对一的.

现在问题已归结为：已知 $A \supset A' \supset A_1$，在 A 与 A_1 间有一一对应 f，欲证存在 A 到 A' 上的一一对应.

为了叙述方便，我们把 A, A' 分别记作 A_0 与 A'_0，并依次令

$$A_{n+1} = f[A_n], A'_{n+1} = f[A'_n], n = 0, 1, 2, \cdots$$

定义

$$g(x) = \begin{cases} f(x), & \text{当 } x \in A_n - A'_n \text{ 时}, n = 0, 1, 2, \cdots, \\ x, & \text{其他 } x. \end{cases}$$

由于 g 把 $A_0 - A'_0, A_1 - A'_1, A_2 - A'_2, \cdots$ 依次一对一地映成了 $A_1 - A'_1, A_2 - A'_2, A_3 - A'_3, \cdots$，而在其他点 $g(x) = x$，所以 g 就是 A_0 与 A'_0 间的一一对应. 示意图如下：

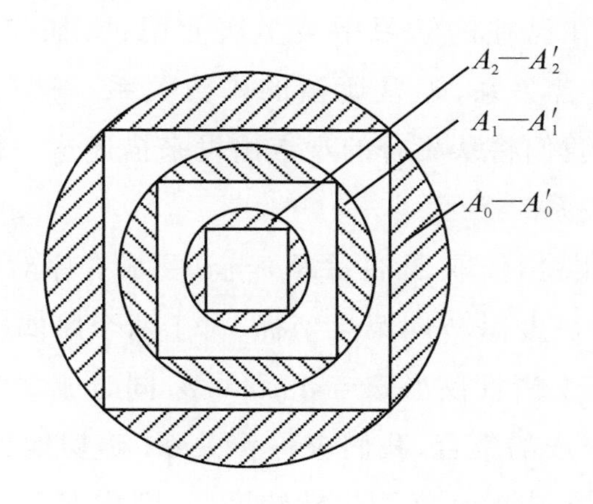

Bernstein 定理即是说由 $|A|\leqslant|B|$ 和 $|A|\geqslant|B|$ 推出 $|A|=|B|$.

上面我们对势的比较问题已经做了一些讨论,要使得这番讨论确有意义,应该证实不同的无限势是存在的.下面的定理不但告诉我们不同的无限势是存在的,而且告诉我们,对任意一个集合 X,都有势 $>|X|$ 的集合,即存在任意大的势.

定理 1.6 设 X 是任意一个集合,则 $|p(X)|>|X|$,其中 $p(X)$ 是 X 的所有子集组成的集合.

证明 由于单元素集合 $\{x\}$,$x\in X$,都是 $p(X)$ 的元素,所以 $|X|\leqslant|p(X)|$,为了证明 $|X|\neq|p(X)|$,我们采用反证法.

假设 $|X|=|p(X)|$,f 是 X 与 $p(X)$ 间的一一对应.令

$$M=\{x\in X:x\overline{\in}f(x)\}.$$

自然 M 应该是某个 $x^*\in X$ 的像,即 $f(x^*)=M$,于是 x^* 应该或者满足条件(ⅰ)$x^*\in M$,否则满足条件(ⅱ)$x^*\overline{\in}M$.但事实上由(ⅰ)推出 $x^*\overline{\in}f(x^*)$,矛盾;由(ⅱ)推出 $x^*\in M$,也矛盾.说明 $|X|=|p(X)|$ 不可能,故 $|X|<|p(X)|$.

(证完)

§5 关 系

"关系"二字在已往的学习中被多次使用过,如实数之间的大小关系、集合之间的包含关系、通常所谓的函数关系,等等.到底什么是"关系"?在这一节里,我们将从集合的观点出发来描述这一概念,同时着重地讨论几类常用的关系.

设 X 是一个集合,任取 X 的元素 a 与 b 配成有序对 (a,b),叫序偶.其中 a 叫 (a,b) 的第一坐标,b 叫第二坐标,对于两个序偶 (a,b) 与 (a',b) 来说,$(a,b)=(a',b')$ 当且仅当 $a=a',b=b'$ 同时成立时.

凡是由序偶组成的集合,我们统称作关系.确切地说,若 R 是一个集合,它的元素是以 X 中的元素为坐标的序偶,则称 R 是 X 中的一个关系.

令

$$X \times Y = \{(x,y): x \in X, y \in Y\}$$

叫作 X 与 Y 的直积. 那么所谓 R 是 X 中的一个关系，即指 $R \subset X \times X$.

(a,b) 是关系 R 的一个元素，除去通常的表示 $(a,b) \in R$ 外，我们也常常写成 aRb.

举例，设 X 是实数集，通常的 $\geqslant$ 就是 X 中的一个系. 若以图形来示意，那么图中有阴影的部分就代表了"关系 $\geqslant$"，而无阴影部分代表的是通常的"$<$ 关系"，对角线 $\triangle$ 代表"$=$ 关系". 此外，$E_1 = \{(x,y): x^2 + y^2 < 1\}$，$E_2 = \{(x,y): y = \sin x\}$ 也都各自是 X 中的、彼此不相同的关系. 特别 $X \times X$ 本身也是一个关系.

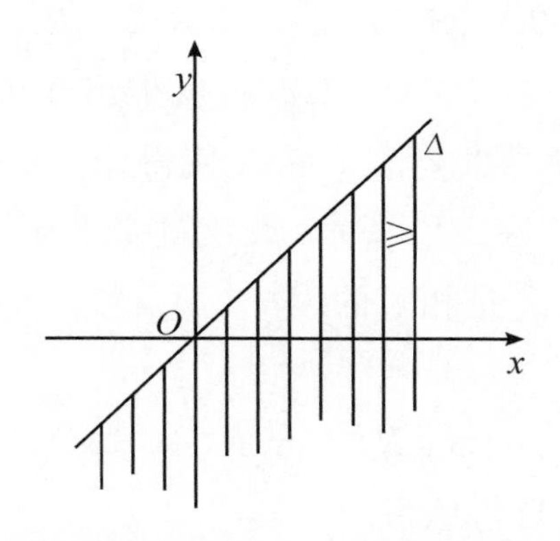

现在我们介绍关系的运算以及一些简单的运算法则：

一、逆关系

设 R 是集 X 中的一个关系. 我们把

$$R^{-1} = \{(b,a): (a,b) \in R\}$$

叫作 R 的逆.

容易看出，R^{-1} 是 X 中的一个关系. 如果我们把集合 $\{a: (a,b) \in R\}$ 叫作 R 的定义域，把 $\{b: (a,b) \in R\}$ 叫作 R 的值域，那么 R^{-1} 的定义域正好是 R 的值域，而 R^{-1} 的值域正是 R 的定义域. 从直观示意图上来看，因为 (a,b) 和 (b,a) 关于对角线是对称的，所以 R 与 R^{-1} 就是 $X \times X$ 中关于对角线呈对称的两个子集. 此外，也容易推出 $(R^{-1})^{-1} = R$；当 A, B 都是 X

的子集时,$(A\times B)^{-1}=B\times A$.

二、复合关系

设 R,S 都是 X 中的关系,我们把

$$S\cdot R=\{(a,c):\text{存在 } b\in X(a,b)\in R,(b,c)\in S\}$$

叫作 R 和 S 的复合.

$(a,c)\in S\circ R$,可以理解为 X 中的点 a 通过 R 的作用变到 X 中的某一点 b,而 b 又通过 S 的作用变到 c.

一般来说,$S\circ R\neq R\circ S$,即关系的复合运算不满足交换律. 例如,$R=\{(1,2)\}$,$S=\{(0,1)\}$,此时 $S\circ R=\varnothing$,而 $R\circ S=\{(0,2)\}$.

我们可以证明关系的复合运算满足结合律,即

$$T\circ(S\circ R)=(T\circ S)\circ R.$$

这是因为当 $(a,b)\in T\circ(S\circ R)$ 时,就推出存在 $d\in X$ 使得 $(a,d)\in S\circ R$,$(d,b)\in T$. 进而推出存在 $c\in X$ 使得 $(a,c)\in R$,$(c,d)\in S$,又有 $(d,b)\in T$,所以 $(a,b)\in(T\circ S)\circ R$. 反过来推导依然成立,从而说明 $T\circ(S\circ R)$ 和 $(T\circ S)\circ R$ 是相等的.

此外,等式

$$(S\circ R)^{-1}=R^{-1}\circ S^{-1}$$

成立,其证明留给读者自行练习.

三、设 R 是集合 X 中的一个关系,$a\in X$,$A\subset X$,我们令

$$R(a)=\{b:(a,b)\in R\}$$

叫作点 a 在关系 R 下的像.

令

$$R[A]=\{b:\text{存在 } a\in A,(a,b)\in R\}$$

叫作集 A 在关系 R 下的像.

显然

$$R[A]=\bigcup_{a\in A}R[a].$$

此外取像这种运算满足下列法则:

$$(S\circ R)[A]=S[R[A]]$$

$$R[\bigcup_{i\in I} A_i] = \bigcup_{i\in I} R[A_i]$$

$$R[\bigcap_{i\in I} A_i] \subset \bigcap_{i\in I} R[A_i]$$

证明从略,请读者自己补充.

最后我们来介绍几类常用的关系:

(一) 恒等关系

集 X 上的恒等关系 Δ 是指

$$\Delta = \{(x,x): x \in X\}$$

(二) 自反关系

如果 R 是 X 中的一个关系,并且满足条件 $R \supset \Delta$,那么 R 就叫作 X 上的一个自反关系.

(三) 对称关系

当关系 R 满足条件 $R = R^{-1}$,即对任意的 $(a,b) \in R$ 恒有 $(b,a) \in R$ 成立时,称 R 是对称的.

(四) 传递关系

当关系 R 满足条件 $R \circ R \subset R$,即对任意的 $(a,b),(b,c) \in R$,恒有 $(a,c) \in R$ 成立时,称 R 是传递的.

(五) 等价关系

如果 X 中的关系 R 同时具有自反性、对称性和传递性,那么 R 就叫作 X 上的一个等价关系.

等价关系是一类重要的、非常有用的关系. 当 R 是 X 上的等价关系时,我们把 X 中形如 $R(x)$ 的子集叫作等价类. 显见 $x \in R(x)$,$X = U\{R(x): x \in X\}$. 此外,我们不难证明:任意两个等价类 $R(x)$ 与 $R(y)$,或者 $R(x) = R(y)$,否则 $R(x) \cap R(y) = \varnothing$. 这是因为,若 $z \in R(x) \cap R(y)$,那么就有 $(x,z) \in R$,$(y,z) \in R$,根据 R 的对称性和传递性推出 $(x,y) \in R$,进而既能推出 $R(x) \subset R(y)$,又能推出 $R(y) \subset R(x)$,所以 $R(x) = R(y)$. 我们以等价类作元素,就构成了一个新的集合 $\mathscr{A}$. 此时 $\mathscr{A}$ 就是一个以 X 的、彼此不相交的、非空子集为元素的集族,并且使得 $X = U\{A: A \in \mathscr{A}\}$. 我们把这样的集族 $\mathscr{A}$ 叫作 X 的一个分解. 那么给定了 X 上

的一个等价关系R,就决定了X的一个分解.反之,若$\mathscr{A}$是X的一个分解,令

$$R=\bigcup\{A\times A:A\in\mathscr{A}\}.$$

容易证明R一定是X上的一个等价关系,并且$\mathscr{A}$的一个元素就正好是一个等价类.

(六) 函数关系

函数是我们熟悉的概念.设给定集A、集B以及某个对应法则f,使对每个$a\in A$有唯一确定的、B中的元素b与之对应的话,我们就称f是A到B的一个函数(或映射),记作

$$f:A\rightarrow B$$

其中b叫作点a在f下的像,表示为$b=f(a)$.

如果我们以$a\in A$为第一坐标、以相应的$b=f(a)$作第二坐标配成序偶(a,b),这样得到的序偶的集合f就是$X=A\cup B$中的一个关系.因此,我们可以把函数看成是一类特殊的关系:设f是集X中的一个关系,使得当$(a,b)\in f$与$(a,b')\in f$同时成立时就有$b=b'$,则称f是一个函数.这样去处理,使得函数与函数图形完全一致了,都是$X\times X$中的一个子集f,从而给我们的讨论带来许多方便,例如函数f^*是函数f的扩充(f是f^*的限制)就可以表示为$f^*\supset f$.

函数f作为关系,它满足关系的一般性质:

$$f[\bigcup_{i\in I}A_i]=\bigcup_{i\in I}f[A_i]$$

$$f[\bigcap_{i\in I}A_i]\subset\bigcap_{i\in I}f[A_i]$$

$$f^{-1}[\bigcup_{i\in I}B_i]=\bigcup_{i\in I}f^{-1}[B_i]$$

此外,它还具有如下性质:

$$f^{-1}[\bigcap_{i\in I}B_i]=\bigcap_{i\in I}f^{-1}[B_i]$$

$$f^{-1}[B_1-B_2]=f^{-1}[B_1]-f^{-1}[B_2]$$

$$f\circ f^{-1}[B]\subset B$$

在以后的讨论中,我们一般使用“映射”,仅在值域是数集时采用“函

数”，这只是一种习惯的说法，没有什么实质的不同. 上面所列的这些性质读者应该熟悉，并给出证明.

§6　序关系、序型

设 X 是一个集合，R 是 X 中的一个关系，当下列条件：

(1) 若$(x,y) \in R$，$(y,z) \in R$，则$(x,z) \in R$

(2) 对每一个 $x \in X$，$(x,x) \in R$

成立时，称 R 是 X 上的一个半序关系，并把具有半序关系的集合 X 叫作半序集，为了注明半序关系写作(X,R).

习惯上，半序关系常采用记号 $<$. 把 $x < y$ 读作 x 前于(小于)y，自然也可以说 y 后于(大于)x.

如果半序关系 $<$ 同时满足条件：

(3) 对任意的 $x, y \in X$，或 $x < y$ 或 $x = y$ 或 $y < x$，三式之中必有一式成立，则称$(X, <)$ 是一个全序集，也叫线性序集.

以后在讨论中凡是记号 $\leqslant$，都是指或 $<$ 或 $=$ 之意.

下面举几个半序集和全序集的例子：

(1) 设 X 是实数集合，$<$ 与 $>$ 就是通常的小于关系与大于关系，那么$(X, <)$与$(X, >)$就都是全序集，并且是不同的两个全序集，前者是较小的实数排在前，后者却是较大的实数排在前.

(2) 设 M 是一个集合，$P(M)$ 代表 M 的子集构成的集合 $\subset$ 是通常的包含关系，那么$(P(M), \subset)$ 就是一个半序集.

(3) 在实数坐标平面上，当两个点具有相同的第二坐标时，我们规定第一坐标小者在前. 这样定义的序关系使平面点集成为一个半序集. 此时，第二坐标不同的点就没有前后关系.

如果我们换一种定义：

$(x_1, y_1) < (x_2, y_2)$，当且仅当 $y_1 < y_2$ 或 $y_1 = y_2$ 且 $x_1 < x_2$.

那么平面点集就成全序集了.

(4) 自然数集合可以按自然顺序排成全序集

$$1,2,3,\cdots,n,\cdots$$

也可以先按递增顺序排出所有奇数再排所有偶数

$$1,3,5,\cdots,2,4,6,\cdots$$

这仍是一个全序集,甚至可以不拘用什么方式先把所有有理数排成一个序列

$$r_1,r_2,\cdots,r_n,\cdots$$

然后规定自然数的顺序如下:

$$n<n',\text{当且仅当 } r_n<r'_n.$$

此时 $<$ 仍使自然数集合成为一个全序集.

上面所列举的例子已告诉我们,同一个集合可以按多种方式排序,即使就线性序而言,也可以排得形式各异.

设$(X,<)$ 是一个半序集,$A\subset X$,$x_0\in X$.

如果对于每一个 $x\in A$,恒有 $x\leqslant x_0$ 成立,则称 A 是上方有界的,x_0 就是 A 的一个上界,特别当 $x_0\in A$,并且 x_0 是 A 的上界时,x_0 叫 A 的最大元. 类似地,我们可以定义下界与最小元.

如果 $x_0\in A$ 并且对任意的 $x\in A$ 不出现 $x_0<x$,则称 x_0 是 A 的一个极大元. 类似地,可以定义极小元.

最大元一定是极大元. 对全序集来说,极大元也必是最大元,但对半序集来说,极大元未必是最大元.

最后,我们介绍序型的概念. 为了叙述上的简便,我们只限于全序集来考虑.

定义 5 设 X、Y 都是全序集,f 是从 X 到 Y 上的一个一一对应,如果 f 保持顺序(即当 $x<x'$ 时,有 $f(x)<f(x')$),则称 f 是 X 到 Y 上的相似映射.

当存在 X 到 Y 上的相似映射时,称 X 与 Y 相似. 容易证明,相似是一种等价关系. 我们把彼此相似的全序集称作是具有相同序型的,或说它们是序同构的.

由 n（n 是自然数或 0）个元素构成的全序集彼此相似，它们的序型就记作 n；自然数集按自然顺序是一个全序集，它的序型记作 ω. 容易看出，在自然顺序下，实数集 $\mathbf{R}$ 与有理数集 $\mathbf{Q}$、自然数集 $\mathbf{N}$ 三者序型互不相同.

§7　实　数

在一般拓扑学中，实数是一个有用的工具，搞清实数的构造很有必要.

实数理论是在有理数理论的基础上建立的. 本节主要介绍无理数的引入，其基本思想是：有理数集合按自然顺序是一个线性序集，但这个线性序集有许多"孔隙"，我们引入无理数来填补这些孔隙. 由于刻画"孔隙"的方法是多种多样的，因此出现了定义实数的不同方法，有的采用 Cauchy 列、单调列，有的采用确界、区间套，等，但是所有这些方法都起了异曲同工的作用，各自在填补了"孔隙"之后所得到的线性序集都是序同构的. 我们只介绍 Dedekind 分割法.

设 X 是一个线性序集，所谓（A、B）是 X 的一个分割，乃指：A 和 B 是使得 $A \cup B = X$ 成立的、不相交的、非空子集，并且对任意的 $a \in A$ 与任意的 $b \in B$ 恒有 $a < b$ 成立. 其中 A 叫作分割的前段，B 叫后段.

对于有理数集合（按自然序）$\mathbf{Q}$ 来说，从逻辑上讲，$\mathbf{Q}$ 的分割（A、B）只有四种可能：

（1）A 无最大元，B 有最小元 r；

（2）A 无最大元，B 无最小元；

（3）A 有最大元 r，B 无最小元；

（4）A 有最大元 r_1，B 有最小元 r_2.

由于有理数集 $\mathbf{Q}$ 的稠密性，即对于任意的有理数 r_1，r_2，当 $r_1 < r_2$ 时，则存在有理数 r 使得 $r_1 < r < r_2$. 情形（4）事实上不可能发生.

情形（1）和（3），分割（A，B）都唯一决定了一个有理数 r. 我们约定今后凡遇有情形（3）时一律移 r 于 B 中. 换句话说，今后所说的有理数集合 $\mathbf{Q}$

的分割或者是形如(2)者,否则便是形如(1)者.

对于形如(1)的分割(A,B),我们说分割(A,B)对应于有理数r;对于形如(2)的分割(A,B),不存在相应的有理数,就叫一个孔隙.

我们定义分割之间的顺序如下:

$$(A_\alpha,B_\alpha)<(A_\beta,B_\beta),当且仅当 A_\alpha \subsetneqq A_\beta.$$

显然,$<$是线性序,并且当(A_α,B_α)与(A_β,B_β)各自对应于有理数α与β时,$(A_\alpha,B_\alpha)<(A_\beta,B_\beta)$和$\alpha<\beta$相一致.因此,我们定义:每一个分割$(A,B)$叫一个实数.当$(A,B)$对应于有理数$r$时,就认为$r=(A,B)$;当$(A,B)$是孔隙时,便认为$(A,B)$是填补上的一个无理数.

定理 1.7 有理数在实数中是稠密的(即对于任意二实数α和β,当$\alpha<\beta$时,则存在有理数r使得$\alpha<r<\beta$).

证明 设$\alpha=(A_\alpha,B_\alpha)$,$\beta=(A_\beta,B_\beta)$,于是当$\alpha<\beta$时,就有$A_\alpha \subsetneqq A_\beta$,任取$r\in A_\beta-A_\alpha$,且$r\neq\alpha$,则$r$即为所求.

(证完)

定理 1.8 设$\alpha=(A、B)$是无理数,ε是大于0的实数,则存在两个有理数r_1和r_2,使得$r_1<a<r_2$并且$r_2-r_1<\varepsilon$.

证明 不妨设ε是有理数(否则可以在0和ε之间取有理数ε'代之).任取$a_0\in A$,$b_0\in B$,并做一列有理数

$$a_0,a_1=a_0+\frac{\varepsilon}{2},\cdots,a_n=a_0+n\cdot\frac{\varepsilon}{2}.$$

由于当$n>\dfrac{2(b_0-a_0)}{\varepsilon}$时,$a_n>b_0$,从而$a_n\in B$.设$k$是第一个使$a_k\in B$的标号,从而$a_{k-1}\in A$,于是$r_1=a_{k-1}$,$r_2=a_k$即为所求.

(证完)

我们已经知道,有理数集合有许多孔隙,而且为了填补这些孔隙我们引入了无理数,组成实数集合.那么一个十分自然的问题出现了:实数集合还有孔隙吗?下面的定理完备性定理回答了这一问题.

定理 1.9 对实数集R的任意分割(X,Y),或者X无最大元而Y有

最小元，否则 X 有最大元而 Y 无最小元.

证明　设 A、B 分别是含于 X、Y 中的有理数集合，于是 (A,B) 构成有理数集合 $\mathbf{Q}$ 的一个分割. 因为有理数集 $\mathbf{Q}$ 自身的稠密性，只可能有三种情形出现：

(1) A 无最大元，B 有最小元 r；

(2) A 无最大元，B 无最小元；

(3) A 有最大元 r，B 无最小元.

在情形(1)，B 的最小元 r 必然也是 Y 的最小元，否则就有 $\beta \in Y$，使得 $\beta < r$，从而根据定理 1.7 推出存在有理数 r' 使得 $\beta < r' < r$，与 r 是 β 的最小元相矛盾. 同时由 r 是 Y 的最小元又推出 X 无最大元，否则与定理 1.7 相矛盾.

在情形(3)，证明方法类似，推出 X 以 r 为最大元而 Y 无最小元.

在情形(2)，(A,B) 便定义了一个无理数 ξ，若 $\xi \in X$，则 ξ 便是 X 的最大元，此时 Y 不再有最小元；否则 $\xi \in Y$，于是 ξ 便是 Y 的最小元，此时 X 不再有最大元.

归纳起来，无论是哪种情形，分割 (X,Y) 不外乎定理中所述两种情况之一.

(证完)

最后，我们讨论实数的二进小数展开.

线段 $[0,1]$ 叫作第 0 级的线段，记作 $\triangle$，线段 $\left[0,\frac{1}{2}\right]$，$\left[\frac{1}{2},1\right]$ 叫作第 1 级的线段，分别记作 $\triangle_0$，$\triangle_1$，将每个第 1 级线段二等分，得到第 2 级线段，分别记作 $\triangle_{00}$，$\triangle_{01}$、$\triangle_{10}$、$\triangle_{11}$，依次下去，将第 n 级线段 $\triangle i_1 i_2 \cdots i_n$ 二等分，得到第 $n+1$ 级线段 $\triangle i_1 i_2 \cdots i_n 0$ 与 $\triangle i_1 i_2 \cdots i_n 1$.

对 $[0,1]$ 中的任一实数 x，只有两种可能，或者 x 能表示为 $\frac{m}{2^n}$ 形状、或者不能表示为此种形状. 在后者情况下，x 必然唯一地属于某一个第 n $(n = 1,2,\cdots)$ 级线段，从而一意地决定了一个序列

$$\triangle i_1 \supset \triangle i_1 i_2 \supset \triangle i_1 i_2 i_3 \supset \cdots \supset \triangle i_1 i_2 i_3 \cdots i_n \supset \cdots$$

使列中线段以 x 为唯一的公共点. 此时 x 就可表示成二进小数

$$x = 0.\, i_1 i_2 \cdots i_n \cdots,$$

其中 i_n 取 0 或取 1.

在前一情形,x 是二进有理数$\frac{m}{2^n}$,不妨认为$\frac{m}{2^n}$是既约形式. 由于此时 x 是某两个第 n 级线段 $\triangle_*$ 与 $\triangle'_*$ 的共同端点,比如说,x 是 $\triangle_* = \triangle 1_i \cdots i_{n-10}$ 的右端点同时是 $\triangle'_{*i} = \triangle i_1 \cdots i_{n-1} 1$ 的左端点,于是 x 将是 $\triangle_{*1}$ 的右端点同时是 $\triangle'_{*0}$ 的左端点,…… 从而决定了两个序列

$\triangle i_1 \supset \triangle i_1 i_2 \supset \cdots \supset \triangle i_1 i_2 \cdots i_{n-1} 0 \supset \triangle i_1 \cdots i_{n-1} 01 \supset \triangle i_1 \cdots i_{n-1} 011 \supset \cdots$

与

$\triangle i_1 \supset \triangle i_1 i_2 \supset \cdots \supset \triangle i_1 i_2 \cdots i_{n-1} 1 \supset \triangle i_1 \cdots i_{n-1} 10 \supset \triangle i_1 \cdots i_{n-1} 100 \supset \cdots$

使每个列各自皆以 x 为公共点. 此时 x 就有两种二进小数表示

$$x = 0.\, i_1 i_2 \cdots i_{n-1} 011 \cdots$$

与

$$x = 0.\, i_1 i_2 \cdots i_{n-1} 100 \cdots.$$

给定一个二进小数表示式

$$0.\, i_1 i_2 \cdots i_n \cdots$$

就决定了一个单调上升的自然数(有限或无限)列

$$n_1 < n_2 < \cdots < n_k < \cdots,$$

使得当且仅当 $i_{n_k} = 1$. 这个对应是所有形如 $0.\, 1 i_1 i_2 \cdots i_n \cdots$ 的二进小数到 $P(\mathbf{N})$ 上的一一对应. 其中 $P(\mathbf{N})$ 的元素是自然数集 $\mathbf{N}$ 的子集. 由于除去二进有理数外,任何 $x \in [0,1]$ 的二进小数表示式是唯一的. 而二进有理数总共是可数多个,所以$[0,1]$ 与 $P(\mathbf{N})$ 有相同的势.

通常我们以 C(或 $S\backslash S$) 表示实数集合 $\mathbf{R}$ 的势叫连续统势. 上述讨论给出 $P(\mathbf{N})$ 的势是 c,所以 $c > \aleph_0$.

§8　线性序集、良序集、序数

有理数集 $\boldsymbol{Q}$ 和实数集 $\boldsymbol{R}$ 作为两个特殊的线性序集我们已有一些认识,在这一节里,我们要研究的是什么样的线性序集与 $\boldsymbol{Q}$ 序同构?什么样的线性序集与 $\boldsymbol{R}$ 序同构?

定理 1.10　设 D 是 $[0,1]$ 中一切二进有理数的集合,X 是可数线性序集,则

(1) X 与 D 的某子集序同构;

(2) 当 X 是稠密的(即对于任意的 $x,y\in X$,当 $x<y$ 时,存在 $z\in X$ 使得 $x<z<y$ 并且既无最大元又无最小元时,X 与 D 序同构.

证明　把 D 分解为

$$D=\bigcup_{n=1}^{\infty}D_n.$$

其中

$$D_1=\left\{\frac{1}{2}\right\}$$

$$D_2=\left\{\frac{1}{4},\frac{3}{3}\right\}$$

$$\cdots$$

$$D_n=\left\{\frac{1}{2^n},\frac{3}{2^n},\cdots,\frac{2^n-1}{2^n}\right\}$$

$$\cdots$$

同时把 X 随意排成一列

$$x_1,x_2,\cdots,x_n,\cdots. \tag{1}$$

现在来建立相似对应 f. 首先令 $f\left(\frac{1}{2}\right)=x_1$. 其次考虑 $\frac{1}{4}$,当序列(1)中不存在前于 x_1 者,舍掉 $\frac{1}{4}$;当序列(1) 中存在前于 x_1 者,取下标最小的、前于 x_1 的元素 x_n,令 $f\left(\frac{1}{4}\right)=x_n$. 转而考虑 $\frac{3}{4}$,当序列(1) 中不存在后于

x_1 者，舍掉$\frac{3}{4}$；当序列(1)中存在后于 x_1 者，取下标最小的，后于 x_1 的元素 x_n，令 $f\left(\frac{3}{4}\right)=x_n$. 依次转而考虑 D_3 中的数，从$\frac{1}{2^3}$开始 …. 总的原则是，当 D_{n-1} 中诸数考虑完以后，就考虑 D_n 中的数，依$\frac{1}{2^n}$，$\frac{3}{2^n}$，…，由小到大的次序进行. 当考虑 $d\in D_n$ 时，如果在已考虑的、未舍掉的诸数中，d_1，d_2 是与 d 紧相邻的数，$d_1<d<d_2$(有时紧相邻的只有 d_1 或 d_2 一个)，并且 $f(d_1)=x_{n1}$，$f(d_2)=x_{n2}$，那么当序列(1)中不存在合于条件 $x_{n1}<x_n<x_{n2}$ 的数 x_n 时，舍掉 d；否则取下标最小的，合于条件 $x_{n1}<x_n<x_{n2}$ 的 x_n，令 $f(d)=x_n$.

按照上述方法，对每一个 n，当 D_n 考虑完后转入 D_{n+1}，从小到大继续做下去. 于是得到未舍掉的二进有理数集 D' 到 X 的映射 f. 留下的是要证明 f 是 D' 到 X 上的映射，而 f 是相似映射则是显然的.

为证明 f 是到 X 上的映射，我们采用反证法，假设 X 中有元素不是任何 $d\in D$ 的像，取其下标最小者 x_n. 设 $f(d_i)=x_i$，$i=1,2,\cdots,n-1$，并设 $\{d_1,\cdots,d_{n-1}\}\subset\bigcup\limits_{j=1}^{k}D_j$. 将 $x_1,x_2,\cdots,x_{n-1}$ 按 X 原有序关系排列，那么不外乎下列三种情形：

(1)x_n 以 x_p、x_q($p,q\leqslant n-1$)为相邻二元素，$x_p<x_n<x_q$；

(2)x_n 在所有 x_p，$p\leqslant n-1$，之前；

(3)x_n 在所有 x_p，$p\leqslant n-1$，之后.

由于 D_{k+1} 中恒有数 d，使 d 合于条件：

(1′)$d_p<d<d_q$；

(2′)d 在所有 d_p，$p\leqslant n-1$，之前；

(3′)d 在所有 d_p，$p\leqslant n-1$，之后.

所以，无论是(1)(2)(3)哪种情形，总有分别合于条件(1′)(2′)(3′)的、D_{k+1} 中的最小的数 d，依据 f 的定义，有 $f(d)=x_n$，这与假设相矛盾. 说明 X 中每一个元素 x_n 都必是某个 $d\in D$ 的像，即 f 是 D' 到 X 上的映射，从而是相似映射.

特别，当 X 是稠密的且无最大、最小元时，因在 f 的建立过程中不会舍掉任何 $d \in D$，从而 f 是 D 到 X 上的相似映射，故 X 与 D 序同构.

（证完）

推论　设 X 是可数线性序集，并且既无最大、最小元，又是稠密的，则 X 与有理数集 R 序同构.

关于线性序集的分割，上节已有定义. 对于任何线性序集的分割(A, B) 来说，不外乎下列四种情形：

(1) 前段 A 有最大元，后段 B 无最小元；

(2) 前段 A 无最大元，后段 B 有最小元；

这两种形式的分割(A,B) 统称 Dedekind 分割.

(3) 前段 A 有最大元，后段 B 有最小元，这样的分割(A,B) 叫"间隔".

(4) 前段 A 无最大元，后段 B 无最小元，这样的分割(A,B) 叫"孔隙".

当线性序集 X 的所有分割都是 Dedekind 分割时，称 X 是连续的. 若 D 是 X 的子集，并且对于任意的 $x_1, x_2 \in X$，当 $x_1 < x_2$ 时，存在 $d \in D$ 使得 $x_1 < d < x$，则称 D 是 X 的稠密子集. 容易证明，若 X 存在间隔，则 X 没有稠密子集.

显然，实数集 R 是既无最大元又无最小元的、连续的线性序集，并且有可数的稠密子集. 那么，什么样的线性序集与 R 序同构呢？

定理 1.11　设 X 是既无最大元又无最小元的、连续的线性序集，则当 X 有可数的稠密子集时，X 与实数集 R 序同构.

设 D 是 X 的可数稠密子集，那么由于 X 没有最大元、没有最小元、没有间隔，就推出了 D 本身是既无最大元又无最小元的、稠密的可数线性序集. 根据定理 1.10 的推论，D 与有理集、诸 $A \cdot \{b\}$ 的有序和，序型是 $\sum\limits_{b \in B} \alpha_b$，此处 $\alpha_b = \alpha$ 是 A 的序型.

由此得出下列各式

$$\omega+\omega=\omega\cdot 2$$

$$\underbrace{\omega+\omega+\cdots+\omega}_{n\text{个}}=\omega\cdot n$$

$$\underbrace{\omega+\omega+\cdots+\omega+\cdots}_{\omega\text{型}}=\omega\cdot\omega$$

$$\underbrace{\omega+\omega+\cdots+\omega+\cdots+\omega}_{\omega+1\text{型}}=\omega(\omega+1).$$

序型的这种乘法运算不满足交换律,例如$\omega\cdot 2\neq 2\cdot\omega=\omega$;满足结合律,即$(\alpha\cdot\beta)\cdot\gamma=\alpha\cdot(\beta\cdot\gamma)$;此外,乘法对加法的左分配律成立,即$\gamma\cdot(\beta+\gamma)=\gamma\cdot\alpha+\gamma\cdot\beta$,但右分配律不成立,例如$(1+1)\cdot\omega\neq 1\cdot\omega+1\cdot\omega$.

一切负整数的集合$\{\cdots,-n,\cdots,-3,-2,-1\}$以及与其相似的集合,序型以$\omega^*$表示.$\omega^*$不是序数.

定理1.12 线性序集X是良序集的充要条件是X不包含ω^*型的子集.

证明 当X是良序集时,其一切子集都是良序集,当然没有ω^*型的子集.当X不是良序集时,X有子集A,A是非空的并且没有首元.任取$a_1\in A$,于是存在$a_2\in A$使得$a_2<a_1$.一般地,若$a_1,a_2\cdots,a_n\in A$,$a_n<a_{n-1}<\cdots<a_1$,因a_n不是A的首元,于是必有$a_{n+1}\in A$使得$a_{n+1}<a_n$,说明A包含(从而X包含)有ω^*型子集,故X不包含ω^*型子集时,X必是良序集.

(证完)

定理1.13 设W是良序集,映射$f:W\to W$是保持顺序的,则对一切的$x\in W$恒有$f(x)\geqslant x$成立.

证明 用反证法.假设W中有元素x不满足$f(x)\geqslant x$,于是由W是线性序集知$f(x)<x$,取这种元素的为首者x_0,记$x_1=f(x_0)$,那么$x_1<x_0$.从而$f(x_1)<f(x_0)=x_1$,与x_0是这种元素的首元素相矛盾.

(证完)

设W是良序集,$x\in W$.我们把W中所有前于x的元素组成之集合叫

作 x 决定的 W 的截片，记为 $W(x)$，即

$$W(x)=\{y:y\in W \text{ 并且 } y<x\}$$

这是一种特殊的子集. 当 $x'<x$ 时，两个截片 $W(x')$ 和 $W(x)$ 中，$W(x')$ 正好是良序集 $W(x)$ 的一个截片. 我们把 $W-W(x)$，即$\{y:y\in W$ 并且 $y\geqslant x\}$ 叫作 W 被 x 决定的尾部，显见 x 是尾部 $W-W(x)$ 的首元素.

应用定理 1.13，可得一系列的重要推论：

推论 1　设 W 是良序集，$A\subset W$，$x\in A$，则不存在任何由 W 到 $A(x)$ 中的、保持顺序的映射.

推论 2　良序集 W 与其截片 $W(x)$ 的任何子集不相似. 特别，W 与其截片 $W(x)$ 不相似，即 W 与 $W(x)$ 有不同的序型.

推论 3　设 W 是良序集，$x_1,x_2\in W$ 且 $x_1\neq x_2$，则 $W(x_1)$ 与 $W(x_2)$ 不相似，即 W 的不同截片有不同的序型.

推论 4　设 W_1、W_2 是良序集，则 W_1 到 W_2 上的相似映射不得多于一个.

证明　假设 $f:W_1\to W_2$，$g:W_1\to W_2$ 是两个不同的相似映射. 于是存在某个 $x_0\in W_1$，使得 $f(x_0)=a\neq g(x_0)=b$. 不妨认为 $a<b$. 因为 $f\circ g^{-1}(b)=f(x_0)=a<b$，与 $f\circ g^{-1}$ 是 W_2 到 W_2 上的相似映射相矛盾.

（证完）

推论 5　设 W 是良序集，则 W 到 W 上的相似映射唯一，就是恒同映射.

有了上述这些关于良序集的基本理论，我们已经有条件讨论“序数的大小”这一重要课题.

定义 7　设 A 和 B 是两个良序集，各自序型是 α 和 β. 当 B 与 A 的某个截片 $A(x)$ 相似时，我们就说 β 比 α 小，表示作 $\beta<\alpha$.

按此定义，$\beta<\alpha$ 乃指以 α 为型的良序集 A 有一个截片 $A(x)$，$A(x)$ 的序型是 β.

定理 1.14　设 α 是一个序数，$W(\alpha)$ 表示一切小于 α 的序数之集合，则 $W(\alpha)$ 是一个良序集，序型就是 α.

证明　取序型为 α 的良序集 A. 由于每一个 $x \in A$ 决定了 A 的一个截片 $A(x)$，记 $A(x)$ 的序型是 β_x，于是 $\beta_x \in W(\alpha)$，并且当 $x' < x$ 时，$A(x')$ 就是 $A(x)$ 的截片，所以 $\beta'_x < \beta_x$. 故把 x 映成 β_x 的映射是由 A 到 $W(\alpha)$ 上的相似映射. 说明 $W(\alpha)$ 是良序集，序型是 α.

（证完）

当 A 是型为 α 的良序集时，我们可以借助 A 与 $W(\alpha)$ 间的一个相似对应，将 A 中元素用 $W(\alpha)$ 中的序数为标号，保持 A 中原有顺序地排成

$$\alpha_0, \alpha_1, \alpha_2, \cdots, a_\xi, \cdots (\xi < \alpha).$$

特别当 A 的序型是 ω 时，就依次编号为

$$\alpha_0, \alpha_1, \alpha_2, \cdots, \alpha_n, \cdots (n < \omega).$$

定理 1.14 已经告诉我们，若 α 是一个序数，那么任何两个比 α 小的序数 β_1、β_2 总是可以比较的. 现在的问题是，随意给定的两个序数是否总是可以比较呢？

定理 1.15　（序数的可比较性定理）设 α 和 β 是任意给定的两个序数，则 α 与 β 总是可以比较的，即 $\alpha = \beta$、$\alpha < \beta$、$\alpha > \beta$ 三式中必有且仅有一式成立.

为了证明 $\alpha = \beta$、$\alpha < \beta$、$\alpha > \beta$ 三式中不得有二式同时成立，可以任取良序集 A 与 B、A 和 B 分别以 α、β 为序型. 证明下列三种情形不会有两种同时出现：

(1) A 与 B 相似；

(2) A 与 B 的某截片相似；

(3) B 与 A 的某截片相似.

事实上，当(1) 和(2) 同时出现时就导出 B 与 B 的某截片相似，这是不可能的. 同理，(1) 和(3) 不会同时出现. 当(2) 和(3) 同时出现时，A 与 B 的截片 $B(b)$ 相似，B 与 A 的截片 $A(a)$ 相似，导出 A 与 $A(a)$ 的某子集相似，这仍然是不可能的.

为了证明 $\alpha = \beta$、$\alpha < \beta$、$\alpha > \beta$ 三式中必有一式成立，我们不妨考虑两个特殊的良序集：$W(\alpha)$ 和 $W(\beta)$. 令 $D = W(\alpha) \cap W(\beta)$.

首先证明一个引理:若 $D \subsetneqq W(\alpha)$,则 D 是 $W(\alpha)$ 的一个截片.

证明　因为 $D \subsetneqq W(a)$,所以 $W(\alpha)\backslash D$ 非空,应有首元素,记为 δ_1. $W(\delta_1)$ 就是 $W(\alpha)$ 的一个截片.

比较 D 与 $W(\delta_1)$. 一方面,从 δ_1 是 $W(\alpha)\backslash D$ 的首元素推出 $\delta_1 \in D$ 并且 $W(\delta_1) \subset D$;另一方面,对于任何一个 $x \in D$,只可能是 $x < \delta_1$(否则就是 $\delta_1 < x$,从而由 $\delta_1 < x < \alpha\beta$ 和 $\delta_1 < x < \beta$ 推出 $\delta_1 \in D$,但这是不可能的),即 $x \in W(\delta_1)$. 说明 $D \subset W(\delta_1)$. 两方面结合起来,就证明了 $D = W(\delta_1)$.

有了这个引理,我们要证的结论是不难推出的.

从逻辑上讲,D 有四种可能:

(1)$D = W(\alpha), D = W(\beta)$;

(2)$D = W(\alpha), D \subsetneqq W(\beta)$;

(3)$D \subsetneqq W(\alpha), D = W(\beta)$;

(4)$D \subsetneqq W(\alpha), D \subsetneqq W(\beta)$.

但事实上(4) 的情形不可能出现. 这是由于当 $D \subsetneqq (\alpha)$ 和 $D \subsetneqq W(\beta)$ 同时成立时,就推出 $D = W(\delta_1), \delta_1 < \alpha$ 同时有 $D = W(\delta_2), \delta_2 < \beta$. 从而推出 $\delta_1 = \delta_2 < \alpha$ 和 $\beta, \delta_1 \in D = W(\delta_1)$,这一结果显然是不可能的.

因此只能是(1)(2)(3) 三种情况之一,即 $\alpha = \beta$、$\alpha < \beta$、$\beta < \alpha$ 三式之一成立.

(证完)

推论　设 A、B 是良序集,序型分别是 α、β,若 $B \subset A$,则 $\beta \leqslant \alpha$.

定理 1.16　凡由序数构成的集合都是良序集.

要证明此定理,只须证明:若 A 是非空的序数集,则 A 有首元素.

证明　任取一元 $\alpha \in A$,或 α 是 A 的首元;否则 $W(\alpha) \cap A$ 非空,这是一个良序集,应有首元 α',显然 α' 也是 A 的首元.

(证完)

定理 1.17　设 α 是一个序数,则 $\alpha < \alpha + 1$,并且不存在序数使 ξ 得 $\alpha < \xi < \alpha + 1$,即 $\alpha + 1$ 是大于 α 的最小序数.

证明 取α型的良序集A,另外再取$b \overline{\in} A$,令$B = A + \{b\}$,于是B的序型就是$\alpha + 1$.

因为A是B的截片(由尾元素b决定的),所以$\alpha < \alpha + 1$.

又因为B的截片或者是A,否则便是A的截片,所以小于$\alpha+1$的序数或者是α,否则便小于α,即不存在序数ξ使得$\alpha < \xi < \alpha + 1$.

(证完)

我们知道,对于给定的一个序数α来说,总有比α大的序数,并且$\alpha+1$就是比α大的最小者.那么当给定的序数不是一个,而是一个序数集,情况又怎么样呢?

定理 1.18 设M是一个序数集,则存在序数ξ^*比M中每一个数都大.

证明 由于M(按大小顺序)是良序集,设其序型是λ,于是M中诸元素可以用$\alpha < \lambda$作标号,保持顺序地排为

$$\xi_0 < \xi_1 < \cdots < \xi_\alpha < \cdots (\alpha < \lambda).$$

令

$$W = \bigcup_{\alpha < \lambda} W(\xi_\alpha),$$

并设其序型是ξ.由于$W(\xi_\alpha) \subset W$,所以$\xi_\alpha \leqslant \xi$.故$\xi^* = \xi + 1$即为所求.

(证完)

在上述证明中我们进一步看到,当M有最大元$\xi_{\alpha 0}$时,由于$W = W(\xi_{\alpha 0})$,所以$\xi = \xi_{\alpha 0}$,此时$\xi + 1$就是大于一切$\xi_\alpha \in M$的最小者;当M没有最大元时,ξ就是大于一切$\xi_\alpha \in M$的最小者.

在此,我们顺便引入序数的两个概念.当序数$\alpha = \beta + 1$时,称α为孤立数,此时β叫作α的前行元;我们把不是孤立数的序数称为极限数.当α是孤立数时,我们可以取其前行元β,此时区间$(\beta,\alpha) = \{\xi : \beta < \xi < \alpha\}$就是空的.而当$\alpha$是极限数时,对于任意的$\beta < \alpha$,区间$(\beta,\alpha)$一定包含着无限多个序数,反之亦然.

回到我们前面的讨论上去.当序数集M有最大元$\xi_{\alpha 0}$时,比M中每一数都大的第一个序数就是孤立数$\xi_{\alpha 0} + 1$;当M没有最大元时,比M中每一

个数都大的第一序数就是孤立的 $\xi_{\alpha 0+1}$；当 M 没有最大元时，比 M 中每一个数都大的第一个序数 ξ 一定是极限数，此时我们称序数集 M 向 ξ 收敛，或说 ξ 是 M 的极限，记作 $\xi = \lim M$，或 $\xi = \lim\limits_{\alpha<\lambda}\xi_\alpha$.

最后，我们介绍超限归纳法. 它是通常的数学归纳法的推广，很有用.

定理 1.19　设 $P(x)$ 是依赖于良序集 X（通常 X 可以取作某个 $W(\alpha)$）中元素 x 的命题，若满足条件：

(1) 对 X 的首元 x_0，$P(x_0)$ 成立；

(2) 设 $x' \in X$. 当 $P(x)$ 对一切 $x < x'$ 成立时，那么 $P(x')$ 成立；

则对所有的 $x \in X$，$P(x)$ 恒成立.

证明　用反证法. 假设对 X 中的某些元素 x，$P(x)$ 不成立. 取这种元素的首元，设为 x'. 显然 $x' \neq x_0$，并且对一切 $x < x'$，$P(x)$ 成立. 依据 (2)，$P(x')$ 成立，与 x' 的取法矛盾.

（证完）

特别，当 $X = W(\omega)$ 时，定理就是通常的数学归纳法.

§9　可数超限数

在有限场合，势为 n（n 是非负整数）的良序集的序型是唯一的. 就是 n，这种序数我们称之为第一级序数. 所有第一级序数按自然的大小顺序构成良序集，记作 W_0，$|W_0| = \aleph_0$.

在无限场合，情况就不一样了. 例如良序集

$$\{1,2,\cdots,n,\cdots\}$$

$$\{2,3,\cdots,n,\cdots,1\}$$

$$\{1,3,\cdots,2,4,\cdots\}$$

等，虽然它们的势都是 $\aleph_0$，但序型 ω、$\omega+1$、$\omega+\omega$ 却各不相同. 我们把势为 $\aleph_0$ 的良序集的序型称为第二级序数，或称为可数超限数. 所有可数超限数按自然顺序构成良序集，记作 Z_1.

定理 1.20　设 M 是可数个可数超限数的集合，则比 M 中一切序数都

大的最小序数仍是可数超限数.

证明 从定理1.18的证明已经知道,当M有最大数α时,$\alpha+1$就是比M中一切数都大的最小数.此时从α是可数超限数得知$\alpha+1$也是可数超限数.当M没有最大数时,比M中一切数都大的最小数$\lim M$就是良序集$\bigcup_{\xi\in M}W(\xi)$的序型.由于$\bigcup_{\xi\in M}W(\xi)$是可数集,所以$\lim M$是可数超限数.

(证完)

推论1 Z_1是非可数集.

我们用$\aleph_1$表示Z_1的势.容易知道,$W_1=W_0\cup Z_1$的势也是$\aleph_1$.

我们将大于W_1中一切数的最小序数记作ω_1,于是$\omega_1=W(\omega_1)$,由此可知ω_1是第一个非可数的序数,是W_1的序型,也是Z_1的序型,是W_1的任意一个非可数子集的序型.由此又推出W_1的任意一个非可数子集的势总是$\aleph_1$.

推论2 不存在势为m,$\aleph_0<m<\aleph_1$的集合.

证明 假设有这样的集合,那么由$m<\aleph_1$推出集合W_1有势为m的子集M,又由$m>\aleph_0$推出M的势$m=\aleph_1$,与$m<\aleph_1$矛盾.

(证完)

最后,我们引入敛尾子集的概念.

定义8 设W是良序集,$A\subset W$.A叫作W的敛尾子集是指对任意的$\xi\in W$,存在$\eta\in A$使得$\xi\leqslant\eta$.此时也说A在W中敛尾.

容易看出,对于良序集$W(\alpha+1)$来说,单元素集$\{\alpha\}$就在$W(\alpha+1)$中敛尾.

定理1.21 设λ是一个可数极限数,则存在递增的序数列

$$\eta_0<\eta_1<\cdots<\eta_k<\cdots(k<\omega)$$

在$W(\lambda)$中敛尾.

证明 把可数集$W(\lambda)$随意排成一列

$$\xi_0,\xi_1,\cdots,\xi_n,\cdots(n<\omega).$$

取$\eta_0=\xi_0$.因为λ是极限数,并且$\eta_0<\lambda$,所以列$\{\xi_n\}_n<\omega$中有数ξ_n比η_0大,取其下标最小者ξ_{n_1},令$\eta_1=\xi_{n_1}$,继而同理可取列$\{\xi_n\}_n<\omega$中比

η_1 大的、下标最小者是 ξ_{n_2} 作 η_2，依次进行，得到递增的序数列

$$\eta_0 < \eta_1 < \cdots < \eta_k < \cdots (k < \omega).$$

显见每一个 $\eta_k = \xi_{n_k} < \lambda$，并且 ξ_{n_k} 的下标 n_k 是递增的，即 $n_k < \eta_{k+1}$. 留下的只须证明 $\{\eta_k\}_k < \omega$ 在 $W(\lambda)$ 中敛尾. 事实上，设 $\xi \in W(\lambda)$，于是 ξ 即某个 ξ_n 由于 $\{n_k, k < \omega\}$ 是递增的，必有某个 $n_k > n$，依据 ξ_{n_k} 的取法，必然是 $\xi_{n_k} \geqslant \xi_n$，即 $\eta_k \geqslant \xi$. 说明 $\{\eta_k\}_k < \omega$ 在 $W(\lambda)$ 中敛尾.

（证完）

定理 1.22　设 λ 是极限数，$A \subset W(\lambda)$. 若 A 在 $W(\lambda)$ 中敛尾，则 $\lim A = \lambda$.

证明　假设 $\lim A \neq \lambda$，于是 $\lim A < \lambda$，因 λ 是极限数，所以存在序数 ξ 使得

$$\lim A < \xi < \lambda.$$

此时 $\xi \in W(\lambda)$，但 A 中一切数都比 ξ 小，由此得出 A 在 $W(\lambda)$ 中不敛尾，与题设条件矛盾.

（证完）

按照敛尾这一术语，定理 1.20 即是：W_1 的任何可数子集在 W_1 中不敛尾.

§10　选择公理

1904 年 Zermelo 首次提出了选择公理，并用它来证明良序定理. 虽然这一公理曾一度在数学界引起激烈的争议，但毕竟应当承认，选择公理的提出对整个近代数学理论的发展，特别是对许多重要定理的严格论证，起了巨大的推进作用. 事实上，我们早已不只一次地使用过选择公理，只是未曾明确指出罢了. 本节介绍选择公理，同时列举了几个常用的和选择公理等价的命题.

选择公理　设 $\mathscr{A}$ 是一族非空集合，则存在函数 $f: \mathscr{A} \to \bigcup \{A: A \in \mathscr{A}\}$，使得 $f(A) \in A$ 对一切 $A \in \mathscr{A}$ 成立. 此处的 f 叫作选择函数.

相等价的命题是，若 $\mathscr{A}$ 是一族彼此不相交的非空集合，则存在集合 M，使得对于每一个 $A \in \mathscr{A}$，$M \cap A$ 是单元素集合. 此处 $M \cap A$ 中的唯一的元素就叫作 A 的代表元.

如果将 $\mathscr{A}$ 中诸 A 皆各自赋以标号，记作 A_i，$i \in I$. 并以 $\times\{A_i : i \in EI\}$ 表示所有选择函数 f 的集合，称 $\times\{A_i : i \in I\}$ 为集族 $\mathscr{A} = \{A_i : i \in I\}$ 的直积，那么选择公理即是说：当每一个 $A_i(i \in I)$ 都是非空集合时，直积 $\times\{A_i : i \in I\}$ 非空.

下面我们由选择公理推证著名的良序定理. 所用方法是最基本的，无须借助更多的序数理论.

定理 1.23 (Zermelo) 每一个集合都可以良序化(即成为良序集).

证明 设 X 是任意给定的集合.

由于对 X 的每一个真子集 A 来说，余集 $X \backslash A$ 总是非空的，根据选择公理，对每一个真子集 A 就有唯一确定的 $f(A) \in X \backslash A$. $f(A)$ 是 $X \backslash A$ 的代表元，现在叫作 A 的随行元. 此外，我们还把集

$$A_+ = A \cup \{f(A)\}$$

叫作集 A 的后继者.

为了整个证明条理清楚，我们给出下列一些定义与引理.

定义 如果 T 是 X 的一族子集，并且满足下列条件：

(1) $\varnothing \in T$；

(2) T 中任意多个元素之并仍属于 T；

(3) 当 $A \in T$ 并且 A 是真子集时，$A_+ \in T$. 那么我们就称集族 T 是一个链.

显见，X 的所有子集之族 $P(X)$ 是一个链. 同时容易验证任意多个链的交是一个链，所以存在最小链.

我们现在集中力量来讨论这个最小链，不妨仍用 T 记之. 重要的是要证明最小链 T 是个线性序集.

设 P 是 T 的元，当 P 与 T 中的每一个元都可以(按集合的包含关系)比较时，称 P 是正规元.

引理 A 设 P 是正规元,则对于任意一个 $A \in T$,或有 $A \subset P$ 或有 $P^{+} \subset A$ 成立.

引理 A 的证明 令 $T_0 = \{A: A \in T$ 并且或有 $A \subset P$ 或有 $P^{+} \subset A$ 成立$\}$,我们来验证 T_0 是一个链.

(1) $\varnothing \in T_0$,这是显然的;

(2) 设 $A_i \in T_0, i \in I$.

当每一个 $A_i \subset P$ 时,推出 $\bigcup_{i \in I} A_i \subset P$;否则有某一个 $A_{i0} \supset P_{+}$,于是推出 $P_{+} \subset \bigcup_{i \in I} A_i$.无论哪种情况,恒有 $\bigcup_{i \in I} A_i \in T_0$.

(3) 设 $A \in T_0$ 并且 A 是 X 的真子集.

当 $A \supset P_{+}$ 时,推出 $P_{+} \subset A_{+}$;

当 $A = P$ 时,推出 $P_{+} = A_{+}$,所以 $P_{+} \subset A_{+}$;

当 $A \subsetneqq P$ 时,一定有 $A_{+} \subset P$ 成立.(否则,由于 A_{+} 与 P 是可以比较的,就有 $A_{+} \supsetneqq P$,从而 $A_{+} \backslash A = (A_{+} \backslash P) \cup (P \backslash A)$,其左端只含一个元素 $f(A)$,而右端至少含有两个元素,显然是不能成立的)

归结起来,无论哪种情形,恒有 $A_{+} \in T_0$.

至此证明了 T_0 是一个链,所以 $T = T_0$,引理 A 得证.

引理 B T 中每一个元都是正规元.

引理 B 的证明 令 $T_1 = \{P: P$ 是正规元$\}$.我们来验证 T_1 是一个链.

(1) $\varnothing$ 是正规元;

(2) 设 P_i 是正规元,$i \in I$.

若 $A \in T$.当每一个 $P_i \subset A$ 时,推出 $\bigcup_{i \in I} P_i \subset A$,否则,有某一个 $P_{i0} \supset A$,此时又推出 $\bigcup_{i \in I} P_i \supset A$,说明 $\bigcup_{i \in I} A_i$ 与 A 可以比较,从而 $\bigcup_{i \in I} A_i$ 是正规元;

(3) 设 P 是正规元并且 P 是 X 的真子集.

根据引理 A,P_{+} 是正规元.

至此证明了 T_1 是一个链,所以 $T = T_1$,即最小链 T 中的每一个元都是正规元.故最小链 T 是一个线性序集.

引理 C 最小链 T 是一个良序集.

引理 C 的证明 显见 $\varnothing$ 是 T 的首元素,要证明 T 是良序集,只须证明 T 的每一个分割(T_1, T_2)的后段 T_2 总有最小元.

令 P 是 T_1 中所有元素的并,于是 $P \in T$,并且对任意的 $A_1 \in T_1$ 和任意的 $A_2 \in T_2$,恒有 $A_1 \subset P \subset A_2$. 因此 P 或者是 T_1 的最大元,此时 P_+ 就是后段 T_2 的最小元;否则 P 就是 T_2 的最小元. 至此证明了 T 是良序集.

引理 D f 是 $T-\{X\}$ 到 X 上的一一对应.

引理 D 的证明 设 A_1 与 A_2 是 $T-\{X\}$ 中不相同的两个元素,不妨设 $A_1 \subsetneqq A_2$,显然 $f(A_1) \in A_2$,而 $f(A_2) \overline{\in} A_2$,所以 $f(A_1) \neq f(A_2)$. 说明 f 是一对一的.

设 $x \in X$,令 $P = \bigcup \{A : A \in T$ 并且 $x \overline{\in} A\}$,显然 $P \in T-\{X\}$,并且有 $x = f(P)$ 成立(否则将推出 P_+ 也不含有 x,从而得出 $P^+ \subset P$ 的错误结果). 说明 f 是 $T-\{X\}$ 到 X 上的映射. 至此引理证完.

$T-\{X\}$ 是良序集,f 是 $T-\{X\}$ 到 X 上的一一对应,所以 X 就被良序化了.

(证完)

选择公理与良序定理实际上是等价的. 由后者推前者这一简单的推证留给读者自行练习.

最后,我们再列举几个与选择公理等价的命题. 它们是以后经常要用的,但证明从略.

引理 Zorn 设$(P, <)$是一个非空的半序集,并且 P 中的每一个链都有上界,则对于任意的 $x \in P$,P 中有极大元 $x_0 \geqslant x$.

此处,所谓半序集 P 中的链,乃指 P 的线性子集.

引理 Tukey 设 $\mathscr{A}$ 是一个集族$(\neq \varnothing)$,若 $\mathscr{A}$ 具有有限特征,则对于任意的 $A \in \mathscr{A}$,$\mathscr{A}$ 中(按照集合的包含关系 $\subset$)有极大元 $A_0 \supset A$.

此处,所谓集族 $\mathscr{A}$ 具有有限特征,乃指 $\mathscr{A}$ 满足下列两个条件:

(1) 若 $A \in \mathscr{A}$,则 A 的每一个有限子集也属于 $\mathscr{A}$;

(2) 当集 A 的每一个有限子集都属于 $\mathscr{A}$ 时,$A \in \mathscr{A}$.

§11　势的运算

在第四节关于势的比较我们曾遗留了一个问题,有了良序定理与序数的可比较性定理,这个问题现在可以填补起来了.因为任何两个基数 a 与 b 都可以理解为两个良序集 A 与 B 的势,设 A 的序型是 α,B 的序型是 β,那么依据序数 α 与 β 的大小关系:

$$\alpha < \beta,\quad \alpha = \beta,\quad \alpha > \beta,$$

即可知道或者 A 与 B 的某子集对等,此时 $a \leqslant b$,否则 A 有子集与 B 对等,从而 $a \geqslant b$,至于"A 不与 B 的任何子集对等,同时 B 不与 A 的任何子集对等"的情形是不存在的,所以任何两个基数总是可以比较的.这就是势的可比较性.

回过来再看定理 1.3 与定理 1.20 的推论,我们就可以知道,在无限基数中,$\aleph_0$ 是最小者,其次就是 $\aleph_1$.此外,由 §7 的讨论我们已经知道,连续统势 $c > \aleph_0$,现在自然可以推出 $c \geqslant \aleph_1$.但究竟是 $c = \aleph_1$ 还是 $c > \aleph_1$ 呢?这就是著名的连续统问题.近代集论的研究指出,承认连续统假设($c = \aleph_1$)与否定连续统假设二者各自既不能由其他公理推出又与其他公理无矛盾.在文献中,常以 CH 表示承认连续统假设,即 $c = \aleph_1$,而以 $\neg CH$ 表示连续统假设的否定.

我们把势为 a 的所有序数 α 组成的集合记为 $Z(a)$,把 $Z(a)$ 中的最小元叫作 a 的初始数.例如 $\aleph_1$ 的初始数就是 ω(以后也写作 ω_0),$\aleph_1$ 的初始数就是 ω_1.因为基数与其初始数的对应是保序的,由此得结论:每一个基数集(按大小顺序)都是良序的.

鉴于基数集的良序性,我们可以用序数作标号将无限基数依大小顺序记作

$$\aleph_0, \aleph_1, \aleph_2, \aleph_\alpha, \cdots,$$

而将相应的初始数记作

$$\omega_0, \omega_1, \omega_2, \cdots, \omega_\alpha, \cdots.$$

容易看出

$$Z(\aleph_\alpha) = \{\xi : \omega_\alpha \leqslant \xi < \omega_{\alpha+1}\} = W(\omega_{\alpha+1}) - W(\omega_\alpha)$$

$$W(\omega_\alpha) = \{\xi : \xi < \omega_\alpha\} = W(\omega_0) + \sum_{\beta<\alpha} Z(\aleph_\beta),$$

并且由定理 1.14 知道，ω_α 是 $W(\omega_\alpha)$ 的序型，因而 $\aleph_\alpha$ 就是 $W(\omega_\alpha)$ 的势.

定理 1.24 设 $\lambda \in Z(\aleph_\alpha)$，则存在递增的(有限或超限)列

$$\eta_0 < \eta_1 < \cdots < \eta_\beta < \cdots \quad (\beta < \alpha < \omega_\alpha)$$

在 $W(\lambda)$ 中敛尾.

证明 当 $\lambda = \omega_\alpha$ 以及 λ 是孤立序数时，结论是显然的，我们只须对 λ 是极限序数且 $\lambda < \omega_\alpha$ 的情形给出证明.

因为 $|W(\lambda)| = \aleph_\alpha$，所以可将 $W(\lambda)$ 排成型为 ω_α 的超限列

$$\xi_0, \xi_1, \cdots, \xi_r, \cdots \quad (r < W_\alpha).$$

首先取 $\eta_0 = \xi_0$，继而，当已取定了

$$\eta_0 < \eta_1 < \cdots < \eta_\beta < \cdots \quad (\beta < \sigma')$$

之时，若列 $\{\xi_r\}_r < \omega_\alpha$ 中有数 ξ_r 比一切 $\eta_\beta, \beta < \sigma'$ 都大，此时取这种数 ξ_r 的下标最小者作 η_σ. 进而再取 $\eta_{\sigma+1}$. 直至已取

$$\eta_0 < \eta_1 < \cdots < \eta_\sigma < \cdots \quad (\beta < \sigma'),$$

而列 $\{\xi_r\}_{r<\omega_\alpha}$ 中不再有数 ξ_r 比一切 $\eta_\beta, \beta < \sigma'$ 都大为止. 此时列 $\{\eta_\beta\}_{\beta<\sigma'}$ 即为所求.

（证完）

我们把合乎上述定理要求的递增列 $\{\eta_\beta\}_{\beta<\sigma}$ 的序型 σ 叫作 λ 的敛尾数，把 λ 的最小敛尾数记作 $cf\lambda$. 不难看出，对于任意给定的 $\lambda \in Z(\aleph_\alpha)$，$cf\lambda$ 或者是 1(当 λ 是孤立序数时)，否则便是某个初始数 ω_α，其中 $\alpha' \leqslant \alpha$. 前面的定理 1.21 就是定理 1.24 的特殊情形($\alpha = 0$).

最后，关于势的运算，我们只就本书所用到的内容作出简单介绍.

任意两个基数 a 与 b 的和定义为

$a + b = |A \cup B|$，其中 $|A| = a$，$|B| = b$，$A \cap B = \varnothing$.

基数 a 与 b 的积定义为

$$a \cdot b = | A \times B |，其中 | A | = | a |，| B | = b.$$

显然，如上定义的和与积两种运算满足交换律、结合律，以及积对和的分配律.

（我们用 B^A 来表示直积 $\times\{B_a : a \in A\}$，其中一切 $B_a = B$，即 B^A 是所有映射 $f : A \to B$ 的集合.

基数的幂定义如下：

$$b^a = | B^A |，其中 | A | = a，| B | = b.$$

关于幂运算，有下列运算法则：

$$(b \cdot c)^a = b^a \cdot c^a$$

$$c^{a+b} = b^a \cdot c^a$$

$$(c^a)^b = c^{a \cdot b}$$

请读者自己证明.

下面两个定理是重要的，我们给出证明.

定理 1.25　设 $| A | = a$，则 $| P(A) | = 2^a$.

证明　取 $B = \{0,1\}$，于是 $| B | = 2$. 对每一个 $M \subset A$，令 $f_M \in B^A$ 与其对应，其中 f_M 定义如下：

$$f_M(x) = \begin{cases} 1, & a \in M, \\ 0, & a \in A \backslash M. \end{cases}$$

f_M 叫作 M 的特征函数. 因为 $M \subset A$ 与其特征函数 f_M 的对应是 $P(A)$ 与 B^A 间的一对一的满对应，所以 $| P(A) | = | B^A | = 2^a$.

（证完）

特别，当 A 是可数无限集时，得 $| P(A) | = 2\aleph$，即 $c = 2\aleph$.

定理 1.26　(Hessenberg) $\aleph_\alpha \cdot \aleph s_\alpha = \aleph_\alpha$.

证明　对 α 作超限归纳法.

$\alpha = 0$ 时，$\aleph_0 \circ \aleph_0 = \aleph_0$ 的成立是早已知道的.

现在假设对一切 $\beta < \alpha$，$\aleph_\beta \circ \aleph_\beta = \aleph_\beta$ 成立，来推证 $\aleph_\alpha \circ \aleph_\alpha = \aleph_\alpha$ 成立. 因为 $| W(\omega_\alpha) | = \aleph_\alpha$，所以只须证明 $| W(\omega_\alpha) \times W(\omega_\alpha) | = S \backslash S_\alpha$

即可.

在 $W(\omega_\alpha)\times W(\omega_\alpha)$ 上定义规范序 $<$:

$(r_1,\delta_1)<(r_2,\delta_2)$ 当且仅当 $\max\{r_1,\delta_1\}<\max\{r_2,\delta_2\}$,

或者 $\max\{\gamma_1,\delta_1\}=\max\{\gamma_2,\delta_2\},\gamma_1<\gamma_2$,

或者 $\max\{\gamma_1,\delta_1\}=\max\{\gamma_2,\delta_2\},\gamma_1=\gamma_2,\delta_1<\delta_2$. 容易知道,在规范序下,$W(\omega_\alpha)\times W(\omega_\alpha)$ 是一个良序集,设其序型是 σ. 一方面,因为良序集 $W(\omega_\alpha)\times W(\omega_\alpha)$ 有型为 ω_α 的子集,例如 $\{0\}\times W(\omega_\alpha)$,所以 $\sigma\geqslant\omega_\alpha$;另一方面,对任意的 $(\gamma,\delta)\in W(\omega_\alpha)\times W(\omega_\alpha)$,考虑由 (γ,δ) 决定的良序集 $W=W(\omega_\alpha)\times W(\omega_\alpha)$ 的截片 $W(\gamma,\delta)$,我们取

$$\lambda=\max\{\gamma,\delta\}.$$

于是

$$W(\gamma,\delta)\subset W(\lambda+1)\times W(\lambda+1).$$

又因为 ω_α 是初始数,$\lambda+1<\omega_\alpha$,所以

$$|W(\lambda+1)|<|W(\omega_\alpha)|=\aleph_\alpha.$$

令

$$|W(\lambda+1)|=\aleph_\beta,$$

就推出

$$|W(\gamma,\delta)|\leqslant|W(\lambda+1)\times W(\lambda+1)|=\aleph_\beta\cdot\aleph_\beta=\aleph_\beta<\aleph_\alpha.$$

说明良序集 $W=W(\omega_\alpha)\times W(\omega_\alpha)$ 的任何截片 $W(\gamma,\delta)$ 都不与 $W(\omega_\alpha)$ 相似. 从而 $\sigma>\omega_\alpha$ 是不可能的. 归结两个方面,得 $\sigma=\omega_\alpha$,所以

$$|W(\omega_\alpha)\times W(\omega_\alpha)|=\aleph_\alpha.$$

从上述超限归纳的证明情况得知,对任何无限势 $\aleph_\alpha$,恒有 $\aleph_\alpha\cdot\aleph_\alpha=\aleph_\alpha$ 成立.

(证完)

推论 $\aleph_\alpha+\aleph_\beta=\aleph_\alpha\cdot\aleph_\beta=\max\{\aleph_\alpha,\aleph_\beta\}$.

第 1 章　习　题

1. 设 A、B、C 是任意集合,证明

$A-(B-C)=(A-B)\cup(A\cap C)$;

$A\cap(B-C)=(A\cap B)-(A\cap C)$.

2. 已知对任意的集合 M 都有 $A\cup M\subset B\cup M$ 成立,推证 $A\subset B$.

3. 已知对任意的集合 M 都有 $A\cap M\subset B\cap M$ 成立,推证 $A\subset B$.

4. 已知存在某集合 C 使得 $A\cup C=B\cup C$ 和 $A\cap C=B\cap C$ 同时成立,推证 $A=B$.

5. 若对于某个集合 M,$A\cup M\subset B\cup M$ 成立,可否断言 $A\subset B$?

6. 若 $A-B=C-D$,是否一定有 $A\cup D=B\cup C$ 成立?

7. 若 $A\supset B$,$C\supset D$,$|A|=|C|$,$|B|=|D|$,是否一定有 $|A-B|=|C-D|$?

8. 已知 $A=\{x:0<x\leqslant 1\}$,$B=\{x:0<x<1\}$,请具体给出一个由 A 到 B 上的一一映射.

9. 已知 $A=\{(x,y):0<x<1,0<y<1\}$,

$B=\{(x,y):0\leqslant x<1,0\leqslant y<1\}$,

请具体给出一个由 A 到 B 上的一一映射.

*10. 已知 $A=\{(x,y):0<x\leqslant 1,0<y\leqslant 1\}$,

$B=\{z:0<z\leqslant 1\}$,

请具体给出一个由 A 到 B 上的一一映射.

11. 已知 $A\cup B=(0,1)$,证明 A 和 B 二者中至少有一个与区间 $(0,1)$ 等势.

12. 分别举出满足反身、对称、传递三性质中的两条而不满足第三条的关系的例子.

13. 就自然顺序而言,实数集 R 是一个线性序集. 请进一步回答:

(1) R 是良序集吗?

(2) R 有良序的可数无限子集吗?

(3) R 有良序的非可数子集吗?

(4) 若 α 代表任意给定的一个可数超限数,试问 R 一定是有序型是 α 的良序子集吗?

(5) 请举出 R 的四个良序子集,其序型分别是 $\omega,\omega+n,\omega\cdot n,\omega\cdot\omega$.

14. 就自然顺序而言,区间$(0,1)$ 是一个线性序集,请举出$(0,1)$ 的一个可数敛尾子集.

15. 设 A 与 B 分别代表所有的可数孤立数与所有的可数极限数,证明 A 与 B 都是 $W(\omega_1)$ 的敛尾子集.

* 16. 由良序定理证明 Tukey 引理.

第 2 章　拓扑空间

本章将介绍一般拓扑空间的基本概念以及在给定集合上建立拓扑结构的各种方法.这些概念是非常抽象的,为了使初学者在接受这些抽象概念时不至于感到过于突然与困难,我们首先安排了欧几里得平面这一节,对平面上的点列收敛与各类重要点集作一番复习,其目的在于为新的理论提供一个背景.选欧几里得平面作背景,优点在于它简单、直观.十九世纪末,G. Cantor 开创的集合论,为现代数学开辟了广阔的舞台,事实上,Cantor 的工作其主要发源地就是欧氏空间,不仅包括这种空间上的集合理论,而且包括了这种空间的拓扑结构.二十世纪初,由于 M. Frechet、F. Riesz、F. Hausdorff 以及 C. Kuratowski、R. L. Moore 等数学家的共同工作,创造性地把拓扑结构推广引入到抽象的集合上来,建立了拓扑空间理论,其中 F. Hausdorff 的工作尤为出众.本章的最后几节,将从不同的方面给空间提出一些限制性条件,这是因为空间越广泛内容就越贫乏.当我们对一般拓扑空间加上某些限制之后,它就与数学中已经出现且为我们所熟悉的各种具体空间更接近了,从而使我们能够对这些空间以及它们的各种性质从本质上有更深刻的理解.

§1　欧几里得平面

我们按习惯把欧几里得平面记作 E^2,E^2 的点是以实数作坐标的二元

序偶.设 $p=(x,y)$ 与 $q=(x',y')$ 是 E^2 的两点,于是有唯一确定的非负实数

$$\sqrt{(x-x')^2+(y-y')^2}$$

叫作 p 到 q 的距离,记作

$$\rho(p,q)=\sqrt{(x-x')^2+(y-y')^2}.$$

在这里 ρ 是以二元序偶 (p,q) 为变元的非负实值函数,并且满足下列三条性质:

(1) $\rho(p,q)=0$ 的充要条件是 $p=q$;

(2) $\rho(p,q)=\rho(q,p)$;

(3) $\rho(p,q)\leqslant\rho(p,t)+\rho(t,q)$.

在数学分析中,点列的收敛是一个极重要的基本概念,点列 $\{p_i\}$ 收敛于点 p,就其直观的通俗的含义来说,就是 p_i 距 p 可以无限地接近,要多近可以有多近,只需 i 充分地大. E^2 上具有距离结构,自然就有了远近关系,从而借助距离概念定义了收敛:

点列 $\{p_i\}$ 收敛于点 p 是指对于任意给定的 $\varepsilon>0$,存在 N,使得 $\rho(p_i,p)<\varepsilon$ 对一切 $i\geqslant N$ 恒成立.

关于收敛,有一系列的重要性质,例如:常列收敛;收敛序列必是基本列(Cauchy 列);等.回顾一下这些性质的证明,我们就会发现证明中涉及到的不外乎是距离 ρ 的三条基本性质.

设 p 是 E^2 的一点, ε 是任意正数,用 $S(p;\varepsilon)$ 表示中心在 p 半径是 ε 的圆形区域,即

$$S(p;\varepsilon)=\{q:\rho(p,q)<\varepsilon\},$$

称做 p 的 ε 一邻域.平面上的集合 U 如果包含了 p 的某个 ε 一邻域,那么我们就称 U 是 p 的邻域.把的所有的邻域记作 $\mathscr{U}(p)$,叫做 p 的邻域系,容易证明 $\mathscr{U}(p)$ 具有下列基本性质:

(1) $E^2\in\mathscr{U}(p)$;

(2) 若 $U\in\mathscr{U}(p)$,则 $p\in U$;

(3) 若 $U\in\mathscr{U}(p)$, $U\subset W$,则 $W\in\mathscr{U}(p)$;

(4) 若 $U,V \in \mathscr{U}(p)$，则 $U \cap V \in \mathscr{U}(p)$；

(5) 若 $U \in \mathscr{U}(p)$，则存在 V，使得 $p \in V \subset U$，并且对于任意的 $q \in V$，恒有 $V \in \mathscr{U}(q)$.

我们可以用邻域的概念来刻划收敛，同时也可以用收敛概念来刻划邻域，就这个意义上来说，邻域与收敛所起的作用是等价的. 我们不难得到以下结果：(请读者作为练习证明一下)

结果 1　点列 $\{p_i\}$ 收敛于 p 的充要条件是：对于任意一个 $U \in \mathscr{U}(p)$，存在 N，使 $p_i \in U$ 对一切 $i \geqslant N$ 恒成立.

结果 2　集 U 是 p 的邻域的充要条件是对于每一个收敛于的点列 $\{p_i\}$，都存在自然数 N，使得 $i \geqslant N$ 时，$p_i \in U$.

若 U 是 p 的邻域，我们称 p 是 U 的内点. 若 U 是其每一点的邻域，那么 U 称作开集. 换言之，每一点都是其内点的集叫开集. 注意到邻域系 $\mathscr{U}(p)$ 的基本性质(5)，我们可以借助开集的概念来刻划邻域，从而说明开集与邻域所起的作用也是等价的.

结果 3　集 U 是 p 的邻域，其充要条件是存在开集 V，使得 $p \in V \subset U$.

我们再介绍几种起同样作用的重要点集.

若集 F 的余集是开集，则称 F 是闭集. 那么，开集的余集是闭集，而闭集的余集是开集，开集与闭集有互余关系. 开集有如下基本性质：

(1) $\varnothing$ 与 E^2 本身是开集；

(2) 有限多个开集的交是开集；

(3) 任意多个开集之并是开集.

根据 De Morgan 公式容易得到闭集的基本性质：

(1) $\varnothing$ 与 E^2 是闭集；

(2) 有限多个闭集之并是闭集；

(3) 任意多个闭集之交是闭集.

对于 E^2 的一点 p 和集 A，我们定义：

$$\rho(p,A) = \inf\{\rho(p,q) : q \in A\}$$

叫做 p 到 A 的距离，显见，若 $p\in A$，自然有 $\rho(p,A)=0$，但反之不真.

我们把集 $\overline{A}=\{p:\rho(p,A)=0\}$ 叫做 A 的闭包，而 $\overline{A}$ 中的每个点 p 都叫做 A 的附贴点. 于是，$p\in\overline{A}$ 的充要条件是对每一个 n 存在 $p_n\in A$，使得 $\rho(p,p_n)<\dfrac{1}{n}$，换言之，p 是 A 的附贴点，其充要条件是 A 中有点列 $\{p_i\}$ 收敛于 p.

特别，若 $\overline{A}=E^2$，则称 A 是 E^2 的稠密子集.

以下事实是显然的.

开圆 $A=\{(x,y):x^2+y^2<1\}$ 是开集，但不是闭集；

闭圆 $B=\{(x,y):x^2+y^2\leqslant 1\}$ 是闭集，但不是开集；

但是有：$\overline{A}=\overline{B}=B$

平面 E^2 中开线段 $L=\{(x,0):|x|<1\}$ 既不开又不闭，$\overline{L}=\{(x,0):|x|\leqslant 1\}$.

有理点集 $D=\{(x,y):x$ 与 y 皆是有理数$\}$ 既不开又不闭，但 D 是 E^2 的可数稠密子集.

我们把集合 A 与其闭包 $\overline{A}$ 的这一对应可以看成是 $P(E^2)$ 到其自身中的一个映射，叫做闭包算子，其中 $P(E^2)$ 表示 E^2 的全体子集. 显然，这个算子是单调递增的，即 $A\subset B$，必有 $\overline{A}\subset B$ 应该注意，$\overline{A}\subset\overline{B}$ 并不能保证 $A\subset B$.

闭包算子有如下基本性质：

(1)$\overline{\varnothing}=\varnothing$；

(2)$A\subset\overline{A}$；

(3) $\overline{A\cup B}=\overline{A}\cup\overline{B}$；

(4)$\overline{\overline{A}}=\overline{A}$.

(1) ~ (3) 的证明都是显然的，我们这里特别给出 $\overline{\overline{A}}\subset\overline{A}$ 的一种证明方法：

设 $p\in\overline{\overline{A}}$，于是存在 $p_n\in\overline{A}$，$\rho(p,p_n)<\dfrac{1}{n}$，而对于每一个 $p_n\in\overline{A}$，又

存在 $q_m^{(n)} \in A$，使 $\rho(p_n, q_m^{(n)}) < \dfrac{1}{m}$，可以看出：$q_n^{(n)} \in A$ 且

$$\rho(p, q_n^{(n)}) \leqslant \rho(p, p_n) + \rho(p_n, q_n^{(n)}) < \frac{1}{n} + \frac{1}{n} = \frac{2}{n}.$$

这说明 A 中有点列 $\{q_n^{(n)}\}$ 收敛于 p，所以，$p \in \overline{A}$，这就证明了 $\overline{\overline{A}} \subset \overline{A}$.

这里用到的方法，叫做“对角线法”，应该引起注意的是在这个例子里，不同的 n，点列 $\{q_m^{(n)}\}$ 各自向 p_n 收敛的速度是一致的，统统是

$$\rho(p_n, q_m^{(n)}) < \frac{1}{m}(n = 1, 2, \cdots).$$

这种一致性是非常重要的，破坏了这一点，就不足以保证 $\{q_n^{(n)}\}$ 向 p 收敛. 例如：第 n 列 $\{q_m^{(n)}\}$ 按 $\rho(p_n, q_m^{(n)}) < \dfrac{n}{m+n}$ 收敛，显然有：$\{q_m^{(n)}\} \to p_n$，但是，不能保证 $\{q_n^{(n)}\}$ 收敛于 p. 因为

$$\rho(p, q_n^{(n)}) \leqslant \rho(p, p_n) + \rho(p_n, q_n^{(n)}) < \frac{1}{n} + \frac{n}{n+n} = \frac{1}{n} + \frac{1}{2}.$$

E^2 中还有许多类型的重要的点与集，我们不再一一介绍了，对已介绍的收敛、邻域、开集、闭集、闭包之间，如何以一个去刻划另一个，也不再赘述，因为在以后几节中这些术语又将再次登场，不同的是，舞台不再是 E^2，而是在更广泛的舞台 —— 拓扑空间.

E^2 本身有两个特殊性，其一是 E^2 的点虽不是实数，但却是以实数为坐标的二元序对；其二是 E^2 的两个点 $p = (x, y)$、$q = (x', y')$ 间的距离 $\rho(p, q)$ 的规定也是过于特殊

$$\rho(p, q) = \sqrt{(x - x')^2 + (y - y')^2}.$$

为了概括数学中的很多具体对象，可作如下推广.

设 X 是一个集合，ρ 是定义在 $X \times X$ 上的一个非负实值函数，并且满足下列条件，对于任意的 x、y 和 $z \in X$

(1) $\rho(x, y) = 0$ 当且仅当 $x = y$；

(2) $\rho(x, y) = \rho(y, x)$；

(3) $\rho(x, y) \leqslant \rho(x, z) + \rho(z, y)$.（三角形不等式）

其中 $X\times X=\{(x,y):x,y\in X\}$ 是 X 与自身的直积，条件(1)～(3)叫做度量三公理，ρ 叫做 X 上的度量或距离函数，$\rho(x,y)$ 叫做 x 到 y 的距离，具有距离结构的集合叫做度量空间，记作 (X,ρ).

在上述定义中，若把条件(1)

$$\rho(x,y)=0\leftrightarrow x=y$$

换成条件(1)′

$$x=y\rightarrow\rho(x,y)=0,$$

那么相应的 ρ 就叫做伪度量，(X,ρ) 叫做伪度量空间.

举以下几个例子.

例 1 n 维欧几里得空间 E^n 是度量空间.

E^n 中的点是有序的 n 元实数组，对于任意点 $x=(x_1,x_2,\cdots,x_n)$ 和 $y=(y_1,y_2,\cdots,y_n)$，距离定义为

$$\rho(a,y)=\Big(\sum_{i=1}^{n}(x_i-y_i)^2\Big)^{\frac{1}{2}}.$$

(1)、(2) 成立是显然的. (3) 成立即要证明：

$$\Big(\sum_{i=1}^{n}(x_i-y_i)^2\Big)^{\frac{1}{2}}\leqslant\Big(\sum_{i=1}^{n}(x_i-z_i)^2\Big)^{\frac{1}{2}}+\Big(\sum_{i=1}^{n}(z_i-y_i)^2\Big)^{\frac{1}{2}}.$$

若令 $a_i=x_i-z_i,b_i=z_i-y_i$，则上式为

$$\Big(\sum_{i=1}^{n}(a_i+b_i)^2\Big)^{\frac{1}{2}}\leqslant\Big(\sum_{i=1}^{n}a_i^2\Big)^{\frac{1}{2}}+\Big(\sum_{i=1}^{n}b_i^2\Big)^{\frac{1}{2}}.$$

为此只须证明

$$\begin{aligned}\sum_{i=1}^{n}(a_i+b_i)^2&=\sum_{i=1}^{n}a_i^2+2\sum_{i=1}^{n}a_ib_i+\sum_{i=1}^{n}b_i^2\\&\leqslant\sum_{i=1}^{n}a_i^2+2\Big(\sum_{i=1}^{n}a_i^2\Big)^{\frac{1}{2}}\Big(\sum_{i=1}^{n}b_i^2\Big)^{\frac{1}{2}}+\sum_{i=1}^{n}b_i^2,\end{aligned}$$

也就是要证明 Cauchy 不等式

$$\sum_{i=1}^{n}a_ib_i\leqslant\Big(\sum_{i=1}^{n}a_i^2\Big)^{\frac{1}{2}}\Big(\sum_{i=1}^{n}b_i^2\Big)^{\frac{1}{2}},$$

为此，考虑二次多项式

$$P(\lambda) = \sum_{i=1}^{n} (a_i\lambda + b_i)^2 = \lambda^2 \sum_{i=1}^{n} a_i^2 + 2\lambda \sum_{i=1}^{n} a_i b_i + \sum_{i=1}^{n} b_i^2.$$

由于 $P(\lambda) \geqslant 0$，于是判别式满足

$$\triangle = 4\left(\sum_{i=1}^{n} a_i b_i\right)^2 - 4\left(\sum_{i=1}^{n} a_i^2\right)\left(\sum_{i=1}^{n} b_i^2\right) \leqslant 0.$$

由此就推出了 Cauchy 不等式. 这样就完成了 ρ 是度量的证明.

例 2　Hilbert 空间 E^{ω}

E^{ω} 中的点是实数序列 $x = \{x_n\}$，其中 $\sum_{n=1}^{\infty} x_n^2$ 是收敛的. 点 $x = \{x_n\}$ 与点 $y = \{y_n\}$ 的距离定义为

$$\rho(x, y) = \left(\sum_{i=1}^{\infty} (x_i - y_i)^2\right)^{\frac{1}{2}}.$$

以下只验证一下三角形不等式，其他两个条件是明显的. 首先说明一下 $\rho(x, y)$ 是非负实值函数.

事实上，从 E^n 中三角形不等式知道，对于点 $(x_1, \cdots, x_n)$、$(0, \cdots, 0)$，$(y_1, \cdots, y_n)$ 有

$$\left(\sum_{i=1}^{n} (x_i - y_i)^{\frac{1}{2}}\right) \leqslant \left(\sum_{i=1}^{n} x_i^2\right)^{\frac{1}{2}} + \left(\sum_{i=1}^{n} y_i^2\right)^{\frac{1}{2}}.$$

这个不等式对任意自然数 n 都是成立的，那么令 $n \to \infty$ 时，由于 $\sum_{i=1}^{\infty} x_i^2$ 和 $\sum_{i=1}^{\infty} y_i^2$ 是收敛的，就能推出 $\left(\sum_{i=1}^{\infty} (x_i - y_i)^2\right)^{\frac{1}{2}}$ 收敛，这就说明了 $\rho(x, y)$ 是一个非负实值函数.

其次，由不等式

$$\left(\sum_{i=1}^{n} (x_i - y_i)^2\right)^{\frac{1}{2}} \leqslant \left(\sum_{i=1}^{n} (x - z_i)^2\right)^{\frac{1}{2}} + \left(\sum_{i=1}^{n} (z_i - y_i)^2\right)^{\frac{1}{2}}.$$

当 $n \to \infty$ 时，取极限即得到(3)，这就说明 Hilbert 空间 E^{ω} 是一个度量空间.

例 3　为了便于研究连续函数序列的一致收敛性，我们可以建立这样的函数空间：

$$X = \{x(t) : x(t) \text{ 是 } a \leqslant t \leqslant b \text{ 上的实值连续函数}\}$$

其上两点 $x(t)$ 与 $y(t)$ 间的距离为

$$\rho(x,y)=\max_{a\leqslant t\leqslant b}|x(t)-y(t)|.$$

不难验证(X,ρ)是一个度量空间.

这个例子说明对函数序列的一致收敛的研究可以纳入到度量空间中去.

例 4 散度量空间

设 X 是任意集合,X 中任意两点 x,y 的距离规定为

$$\rho(x,y)=\begin{cases}0,\text{当 } x=y \text{ 时},\\1,\text{当 } x\neq y \text{ 时}.\end{cases}$$

上式显然满足距离三条件,从而使 X 成为度量空间,这个空间叫做散空间.

从上边的例子可以看到,推广 E^2 以后得到的度量空间比 E^2 已广泛得多了,而且令人欣慰的是,在 E^2 上所设立的收敛、邻域、开集、闭集、闭包等概念以及有关的种种结论,几乎可以不加改动地完全照搬到度量空间上来(读者可以作为一个练习做一下,是很有意义的).但是,我们的目标是建立比度量空间更广泛的一类空间——拓扑空间.度量空间对我们依然是过于局限和特殊,其特殊之处在于它具有距离结构.距离固然是刻划远近的一种非常好的手段,但它并非必需,不久我们就会看到,确有许多空间其上的远近关系不必要甚至根本不可能用距离来刻划.

§2 拓扑空间的基本概念

定义 1 设 X 是一个集合,$\mathscr{T}$是 X 的一个子集族,它满足以下条件:

(1)$\varnothing$ 与 $X\in\mathscr{T}$;

(2) 若 $U_1,U_2\in\mathscr{T}$,则 $U_1\cap U_2\in\mathscr{T}$;

(3) 若 $U_i\in\mathscr{T},i\in I$ 其中指标集 I 有限或无限,则 $\bigcup_{i\in 1}U_i\in\mathscr{T}$.

此时我们称$\mathscr{T}$是 X 上的一个拓扑(Topology),并把$\mathscr{T}$中的元素称做开集(open set),把具有拓扑结构的集 X 叫做拓扑空间(Topological space),记为$(X,\mathscr{T})$或简记作空间 X.

例 5　在度量空间(X,ρ)中，由度量ρ诱导出的集族$\mathscr{T}=\{U:U\subseteq X$，当$p\in U$时，存在$S(p;\varepsilon)$，使$p\in S(p;\varepsilon)\subset U\}$（其中$S(p;\varepsilon)=\{x\in X:\rho(x,p)<\varepsilon\}$）就是$X$上的一个拓扑，我们通常说度量空间是拓扑空间，即是指上述意义.

例 6　对任意一个集合X，可以取$\varnothing$与X组成拓扑，它所含开集最少，叫做粘拓扑；也可以取一切子集组成拓扑，它所含开集最多，叫做散拓扑.

对同一集合，可以赋予不同的拓扑以构成不同的拓扑空间. 两个不同的拓扑并不一定可以按包含关系比较大小，特别当$\mathscr{T}_1\subset\mathscr{T}_2$时，说$\mathscr{T}_1$比$\mathscr{T}_2$粗（小），或说$\mathscr{T}_2$比$\mathscr{T}_1$细（大），这就是说，集合$X$上的所有拓扑，按“$\subset$”形成半序关系，粘拓扑、散拓扑分别是最小元、最大元.

定义 2　设$(X,\mathscr{T})$是拓扑空间，x是X中的点，而$U\subset X$，若存在$V\in\mathscr{T}$，使得$x\in V\subset U$时，则称U是x的邻域(neighborhood).

由定义可知，开集是其自身每一点的邻域，叫做开邻域. 一点的邻域未必是开邻域，但必须包含该点的一个开邻域.

在粘空间中，一个点x仅有一个邻域，即X本身；在散空间中，含点x的任意集合都是x的开邻域，特别单点集$\{x\}$是x的开邻域；在实数空间中，U是x的邻域的充要条件是U包含着某个开区间$(x-\varepsilon,x+\varepsilon)$作为它的子集，这时$x$的邻域未必全是开的.

以后用$\mathscr{U}(x)$表示点x的所有邻域，叫做x的邻域系.

定理 2.1　设$(X,\mathscr{T})$是拓扑空间，x是其任意一点，则邻域系$\mathscr{U}(x)$具有如下性质：

(1) $X\in\mathscr{U}(x)$；

(2) 若$U\in\mathscr{U}(x)$，$U\subset W$，则$W\in\mathscr{U}(x)$；

(3) 若$U,V\in\mathscr{U}(x)$，则$U\cap V\in\mathscr{U}(x)$；

(4) 若$U\in\mathscr{U}(x)$，则存在V，使$x\in V\subset U$，且对于每一个$y\in V$，有$V\in\mathscr{U}(y)$.

证明　(1) 与(2) 可直接由邻域的定义推出. (3) 的证明主要是利用

开集的性质(2). 事实上,假设 U 与 $V \in \mathscr{U}(x)$,那么存在开集 U^*、V^*,使

$$x \in U^* \subset U; x \in V^* \subset V.$$

根据开集性质(2),$U^* \cap V^*$ 是开集,有

$$x \in U^* \cap V^* \subset U \cap V,$$

所以 $U \cap V$ 便是 x 的邻域.

最后,我们来证明(4):

由于 $U \in \mathscr{U}(x)$,可知存在开集 V,使

$$x \in V \subset U.$$

由于 V 是开集,故对于每一个 $y \in V$,V 是 y 的邻域,即 $V \in \mathscr{U}(y)$. 从而(4) 成立.

(证完)

定理 2.2 设$(X,\mathscr{T})$是拓扑空间,而 A 是 X 的子集,则 A 是开集的充要条件是 A 是其所含的每一点的邻域.

证明 关于必要性前边已经讲过了,现在来证明充分性. 由于对 $x \in A$,A 是 x 的邻域,则存在开集 V_x,使 $x \in V_x \subset A$,故 $A = \bigcup_{x \in A} V_x$. 所以 A 是开集.

(证完)

定义 3 设$(X,\mathscr{T})$是拓扑空间,而 $A \subset X$,当 A 的余集是开集时,称 A 为闭集(closed set).

由定义可知,一个集合是开集,其充要条件是该集的余集是闭的. 应用 De Morgan 公式容易证明关于闭集的三条基本性质. 这些性质是与开集的性质相呼应的.

定理 2.3 设 $\mathscr{F}$ 是拓扑空间的闭集族,则

(1) $\varnothing, X \in \mathscr{F}$;

(2) 若 $F_1, F_2 \in \mathscr{F}$,则 $F_1 \cup F_2 \in \mathscr{F}$;

(3) 若 $F_i \in \mathscr{F}, i \in I$,则 $\bigcap_{i \in I} F_i \in \mathscr{F}$.

定义 4 设$(X,\mathscr{T})$是拓扑空间,而 $A \subset X$,我们把包含 A 的所有闭集之交称作 A 的闭包(closure),记作 $\overline{A}$,即 $\overline{A} = \bigcap \{F: F \text{ 是闭集}, A \subset F\}$. $\overline{A}$

中的点叫做 A 的附贴点(或接触点).

由定义可知,$\overline{A}$ 是闭集,且是包含 A 的最小闭集. 不难证明,拓扑空间的一个子集 F 是闭集的充要条件是 $\overline{F} = F$. 于是又可推出 U 是开集的充要条件是 $\overline{X - U} = X - U$.

集与集的闭包可以看作是一种对应关系. 即设 $(X, \mathscr{T})$ 是拓扑空间,而 $P(X)$ 表 X 的一切子集,那么对任意的 $A \in P(X)$ 都有唯一的集 $\overline{A} \in P(X)$ 与之对应,此对应称之为闭包算子.

定理 2.4　对任意一个拓扑空间来说,集和集的闭包的对应"$-$": $P(X) \to P(X)$ 具有下列性质:

(1) $\overline{\varnothing} = \varnothing$;

(2) $A \subset \overline{A}$;

(3) $\overline{A \cup B} = \overline{A} \cup \overline{B}$;

(4) $\overline{\overline{A}} = \overline{A}$.

证明　因 $\varnothing$ 是闭集,故(1) 成立.

(2) 由定义可知.

关于(3) 的证明,首先证明闭包算子具有单调递增性质,即

$$A \subset B \to \overline{A} \subset \overline{B}$$

事实上,因为 $\overline{A}$ 是包含 A 的最小闭集,由 $A \subset B \subset \overline{B}$,知 $\overline{B}$ 是包含 A 的闭集,故

$$\overline{A} \subset \overline{B}$$

应用单调性,因为

$$A \subset A \cup B; B \subseteq A \cup B,$$

所以

$$\overline{A} \subset \overline{A \cup B}; \overline{B} \subset \overline{A \cup B},$$

从而

$$\overline{A} \cup \overline{B} \subset \overline{A \cup B}.$$

另一方面,由(2) 有

$$A \subset \overline{A}; B \subset \overline{B},$$

$$A \cup B \subset A \cup B.$$

而 $\overline{A} \cup \overline{B}$ 是闭集，且包含 $A \cup B$，故

$$\overline{A \cup B} \subset \overline{A} \cup \overline{B}.$$

综合上述得

$$A \cup B = \overline{A} \cup \overline{B}.$$

关于(4)，因为 $\overline{A}$ 是闭集，所以 $\overline{\overline{A}} = \overline{A}$.

（证完）

定理 2.5 设$(X,\mathscr{T})$是拓扑空间，$x \in X$，$A \subset X$，则 x 是 A 的附贴点的充要条件是 x 的每一个邻域与 A 相交.

证明 必要性. 若不然，即存在开集 $U \in \mathscr{U}(x)$，使 $U \cap A = \varnothing$. 于是有

$$A \subset X - U.$$

由于 $X - U$ 是闭集，则

$$\overline{A} \subset X - U,$$

从而 $x \in U$ 不是 A 的附贴点，矛盾.

充分性. 若不然，$x \overline{\in} \overline{A}$. 于是 $x \in X - \overline{A}$，而 $X - \overline{A}$ 是开集，它便成为 x 的一个与 A 不相交的开邻域. 矛盾.

（证完）

定义 5 设$(X,\mathscr{T})$是拓扑空间，$A \subset X$，若点 x 的每一个邻域都含有 $A - \{x\}$ 中的点，则称 x 是 A 的聚点(accumulation point). A 的所有聚点之集叫做 A 的导集(derived set)，记作 A'(或 A^d).

我们把聚点与附贴点做一个比较：

$X \in \overline{A} \Leftrightarrow x$ 的每个邻域都含有 A 的点，

$X \in \overline{A} \Leftrightarrow x$ 的每个邻域都含有 $A - \{x\}$ 的点.

显然，$A' \subset A$.

定理 2.6 $\overline{A} = A \cup A'$

证明 根据上面的讨论，有

$$A \cup A' \subset \overline{A}.$$

为了证明 $\overline{A} \subset A \cup A'$，设 $x \in \overline{A}$，于是 x 的每一个邻域 U_x 都与 A 相交. 因为 $A = (A - \{x\}) \cup \{x\}$，所以或者有 $x \in A$，否则每个 U_x 中含有 $A - \{x\}$ 的点，后者即 $x \in A'$，从而 $x \in A \cup A'$，即 $\overline{A} \subset A \cup A'$.

（证完）

此外还有许多明显的结论，留待读者自己证明，它们是：

(1)$A \cup A'$ 是闭的；

(2)A 是闭集的充要条件是 $A' \subset A$；

(3)$\varnothing' = \varnothing$；

(4)$x \overline{\in} \{x\}'$；

(5) 若 $A \subset B$，则 $A' \subset B'$；

(6)$(A \cup B)' = A' \cup B'$.

我们不难看出，粘空间中的任意一点 x 是除了 $\varnothing$ 和 $\{x\}$ 外每一个集的聚点，同时又是每一个非空子集的附贴点，散空间中每一点不是任何一个集的聚点. 在实数空间中，情况比较复杂，要随集而异，这是我们在数学分析中就已熟悉的.

定义 6　在拓扑空间中，若 A 是 x 的邻域，则称 x 是 A 的内点(interior point)，集 A 的所有内点之集叫做 A 的内部(interior)，记作 A°(或 A^{i}).

由于对每一点 $x \in A^{\circ}$ 来说，A 是 x 的邻域，故存在着开集 V，使 $x \in V \subset A$，集 A 便是 V 中每一点的邻域，所以 V 中每一点都是 A 的内点，即 $x \in V \subset A^{\circ}$，这样就说明了 A° 是其自身每一点的邻域，故 A° 是开集. 因为包含于 A 的每一开集中的点都是 A 的内点，故 A° 是包含于 A 的最大开集. 进而可以推出：A 为开集的充要条件是 $A = A^{\circ}$.

除去上述基本概念之外，其他的我们只作如下罗列. 关于它们的性质以及相互间的联系我们不再讨论.

定义 7　集 A 的外点(exterior point) 是指 $X - A$ 的内点，集 A 的外点全体叫作 A 的外部(exterior)，记作 A°.

定义 8　一个点 x，当它既不是 A 的内点，又不是 A 的外点时，则称 x 是 A 的边界点，集 A 的边界点的全体叫作 A 的边界(boundary)，记作 A^{b}.

显然,$A^b = (X - A)^b$.

在拓扑空间 X 中,对于每一集合 A,都可以将 X 分成互不相交的三部分

$$X = A^\circ \cap A^b \cup A^\circ.$$

若 X 是个粘空间,我们容易看出:

$$X^\circ = X;\text{若 } A \subset X、A \neq X,\text{则 } A^\circ = \varnothing.$$

若 $A \subset X、A \neq \varnothing$,则 $\overline{A} = X$. 此外,$\varnothing^b = X^b = \varnothing$,而当 $A \subset X$,$A \neq \varnothing$,$A \neq X$ 时,则 $A^b = X$.

若 X 是个散空间,我们容易看出:

$$A^\circ = \overline{A} = A;A^b = \varnothing.$$

若 X 是实数空间,则又随集而异了. 例如当 A 为整数集时,则有 $A^\circ = \varnothing$,$\overline{A} = A$,而 $A^b = A$;当 $A = [a,b]$,则有 $A^\circ = (a,b)$,$\overline{A} = A$,而 $A^b = \{a,b\}$;当 A 为有理数集,则有 $A = \varnothing$,$(A^\circ)^- = \varnothing$,$\overline{A} = X$,$(A^-)^\circ = X$,$A^b = X$.

从上面的叙述中,我们可以发现闭包运算与内部运算二者相互是不可以交换运算顺序的.

至此,我们对于拓扑空间的诸多基本概念已经作了初步介绍,这里不妨把我们引入这些概念的路线综合成下面这样一个示意图:

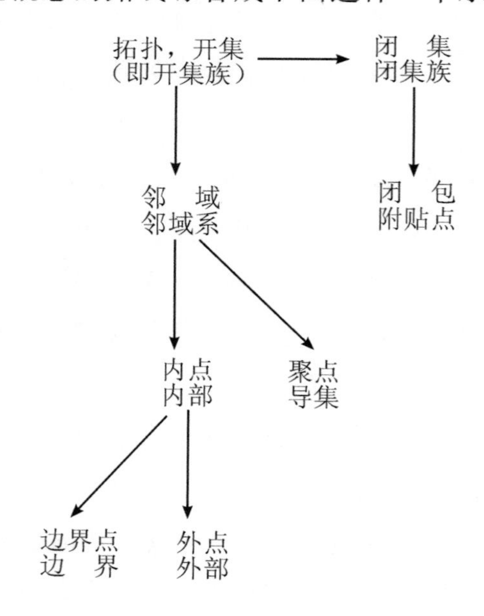

如果我们再把上面介绍过的用一个概念去刻划另一个概念的有关定理(如定理 2、定理 5 等) 以及明显的事实都用箭头"→"表示在这个示意图中,细心的读者将会发现,这是一张"四通八达"的线路图,即任何两个概念之间都会有一往一返的箭头,这一事实告诉我们,如果任意选定一个概念作为出发点,则其余的概念就随之而定了,换句话说,即在一个集合上建立拓扑结构的方法是多种多样的,在下一节我们将详细地讨论.

§3　建立拓扑的基本方法

在上节,我们介绍了在集合上建立拓扑结构的一种方法,即指定开集族(满足条件(1) ～ (3)). 当开集族确定了之后,那么邻域、闭集、闭包 …… 也就全都确定了. 在这一节里我们将介绍一些其他方法,例如指定邻域系的方法、指定闭包算子的方法 …… 正像上一节末尾指出的那样,我们可以将 §2 的中介绍过的无论哪一个基本概念取作出发点,都能照示意图(§2) 中四通八达的路线走下去,使这个出发点决定一切并且不会引起概念上的混乱.

以下首先从邻域概念开始,Hausdorff 定义拓扑空间就是用的邻域概念.

(一) 设 X 是一个集合,若对每一点 $x \in X$,都有一个子集族 $\mathscr{U}(x)$ 与 x 对应,并且满足以下条件:

①$X \in \mathscr{U}(x)$;

② 若 $U \in \mathscr{U}(x)$,$U \subset W$,则 $W \in \mathscr{U}(x)$;

③ 若 $U, V \in \mathscr{U}(x)$,则 $U \cap V \in \mathscr{U}(x)$.

④ 若 $U \in \mathscr{U}(x)$,则存在 V,使 $x \in V \subset \bigcup$,并且对于 V 中每一点 y,有 $V \in (y)$.

那么集族

$$\mathscr{T} = \{A : A \subset X \text{ 且对每一个 } x \in A, A \in \mathscr{U}(x)\}$$

便是 X 上的一个拓扑(即 $\mathscr{T}$满足开集族条件(1) ～ (3)),并且 $\mathscr{T}(x)$ 恰好是

拓扑空间$(X,\mathscr{T})$中点x的邻域系.

证明　首先验证$\mathscr{T}$满足开集族条件(1)～(3).

(1) 显然,$\varnothing \in \mathscr{T}$,又由①知$X \in \mathscr{T}$.

(2) 设$U,V \in \mathscr{T}$,当$x \in U \cap V$时,那么由于$x \in U, x \in V$,便知$U \in \mathscr{U}(x), V \in \mathscr{U}(x)$,于是根据③,$U \cap V \in \mathscr{U}(x)$,从而$U \cap V \in \mathscr{T}$.

(3) 设$U_i \in \mathscr{T}$,其中$i \in I$,那么当$x \in \bigcup\limits_{x \in I} U_i$时,$x$属于某个$U_{i_0}$($i_0 \in I$).因此按照$\mathscr{T}$的取法便知$U_{i_0} \in \mathscr{U}(x)$,又根据②,$\bigcup\limits_{x \in I} U_i \in \mathscr{U}(x)$.故$\bigcup\limits_{i \in I} U_i \in \mathscr{T}$.

其次再证明$\mathscr{U}(x)$恰好是拓扑空间$(X,\mathscr{T})$中点x的邻域系.我们以$\mathscr{U}^*(x)$表示由拓扑$\mathscr{T}$决定的x的邻域系,即$\mathscr{U}^*(x) = \{U$:存在$V \in \mathscr{T}$,使$x \in V \subset U\}$.就要证明$\mathscr{U}(x) = \mathscr{U}^*(x)$.

事实上,对每一个$U \in \mathscr{U}^*(x)$,由定义可知,存在$V \in \mathscr{T}$,使$x \in V \subset U$,又根据$\mathscr{T}$的取法,$V \in \mathscr{U}(x)$.于是再依②,可知$U \in \mathscr{U}(x)$.另一方面,对每一个$U \in \mathscr{U}(x)$,则根据④,存在V,使$x \in V \subset U$,且对于每一个$y \in V$,$V \in \mathscr{U}(y)$,于是,$V \in \mathscr{T}$,从而$U \in \mathscr{U}^*(x)$

综上述,$\mathscr{U}(x) = \mathscr{U}^*(x)$.

（证完）

下面由闭集概念出发.

(二) 设X是一个集合,若$\mathscr{F}$是X的一个子集族,且满足条件:

①$\varnothing, X \in \mathscr{F}$;

① 若$F_1, F_2 \in \mathscr{F}$,则$F_1 \cup F_2 \in \mathscr{F}$;

③ 若$F_i \in \mathscr{F}$,其中$i \in I$,则$\bigcap\limits_{i \in 1} F_i \in \mathscr{F}$.

那么由$\mathscr{F}$得到的集族:

$$\mathscr{T} = \{\cup : X - \cup \in \mathscr{F}\}$$

便是X上的一个拓扑,并且$\mathscr{F}$恰好是空间$(X,\mathscr{T})$的闭集族.

证明　从略.

我们还可以从闭包算子概念出发引入拓扑.这是 Kuratowski 的方法.

（三）设 X 是一个集合，$P(X)$ 表示 X 的一切子集，若算子 $c: P(X) \to P(X)$ 满足以下条件：

①$\varnothing^c = \varnothing$；

②$A \subset A^c$；

③$(A \cup B)^c = A^c \cup B^c$；

④$A^{cc} = A^c$.

则由 c 确定的集族

$$\mathscr{T} = \{U: (X-U)^c = X-U\}$$

是 X 上的一个拓扑，并且，对 $A \subset X$，A^c 恰好是空间 $(X, \mathscr{T})$ 中集 A 的闭包 $\overline{A}$.

注　条件 ① ～ ④ 叫做 kuratowskil 闭包公理，满足公理的算子 c 则叫 kuratowskil 闭包算子.

证明　首先证明 $\mathscr{T}$ 是拓扑.

ⅰ）根据 ②，有

$$(X-\varnothing)^c = X^c = X = X-\varnothing,$$

就说明了 $\varnothing \in \mathscr{T}$.

又根据 ①，有

$$(X-X)^c = \varnothing^c = \varnothing = X-X,$$

又说明 $X \in \mathscr{T}$.

ⅱ）设 $U_1 \in \mathscr{T}, U_2 \in \mathscr{T}$，于是有

$$(X-U_1)^c = X-U_1;(X-U_2)^c = X-U_2.$$

根据 ③，有

$$\begin{aligned}(X-U_1 \cap U_2)^c &= [(X-U_1) \cup (X-U_2)]^c \\ &= (X-U_1)^c \cup (X-U_2)^c \\ &= (X-U_1) \cup (X-U_2) \\ &= X-U_1 \cap U_2.\end{aligned}$$

这就说明了 $U_1 \cap U_2 \in \mathscr{T}$.

ⅲ）由 ③ 推出算子 c 是单调递增的，事实上，设 $B \subset A$，于是 $A = A \cup$

B,依 ③

$$B^c \subset A^c \cup B^c = (A \cup B)^c = A^c.$$

再设 $U_i \in \mathscr{T}$,其中 $i \in I$,I 是任意一个标号集.由定义有

$$(X - U_i)^c = X - U_i \quad (i \in I).$$

于是由于

$$X - \bigcup_{i \in I} U_i \subset X - U_i,$$

则有

$$(X - \bigcup_{i \in I} U_i)^c \subset (X - U_i)^c = X - U_i,$$

进而有

$$(X - \bigcup_{i \in I} U_i)^c \subset \bigcap_{i \in I} (X - U_i) = X - \bigcup_{i \in I} U_i.$$

另外,由于

$$X - \bigcup_{i \in I} U_i \subset (X - \bigcup_{i \in I} U_i)^c,$$

故有

$$(X - \bigcup_{i \in I} U_i)^c = X - \bigcup_{i \in I} U_i,$$

这样就说明了 $\bigcup_{i \in I} U_i \in \mathscr{T}$.

其次,再证明 $A^c = \overline{A}$.我们知道:

$$\begin{aligned}\overline{A} &= \bigcap \{F : X - F \in \mathscr{T}, A \subset F\} \\ &= \bigcap \{F : F^c = F, A \subset F\} \\ &= \bigcap \{F : F^c = F, A^c \subset F\}\end{aligned}$$

显然,有 $A^c \subset \overline{A}$.

另一方面,依 $A^{cc} = A^c$ 及 $A \subset A^c$,则

$$A^c \in \{F : F^c = F, A \subset F\},$$

因此有

$$\overline{A} = \bigcap \{F : F^c = F, A \subset F\} \subset A^c$$

故

$$A^c = \overline{A}$$

(证完)

（四）设 X 是一个集合，若算子 $i:P(X) \to P(X)$ 满足下列条件：

①$X^i = X$；

②$A^i \subset A$；

③$(A \cap B)^i = A^i \cap B^i$；

④$A^{ii} = A^i$.

则族 $\mathscr{T} = \{U : U^i = U\}$ 是 X 上的一个拓扑，并且对任意的 $A \subset X$，A^i 恰好是空间 $(X, \mathscr{T})$ 中集 A 的内部 A°.

证明　从略.

还有建立拓扑结构的一些其他方法（例如从导集出发的 FRiesz 方法），我们不再赘述，留待读者自行思考. 在我们介绍了基底、子基底、邻域基以及 Moore-Smith 收敛等基本概念之后，还会再遇到一些确定拓扑的方法.

以上的讨论说明了开集、闭集、闭包、内部、收敛等各概念对于拓扑空间的作用是相互等价的，凡上述某一类基本点集给定了之后，空间的全部结构也就随之一意地确定了，只是在不同的情况下，为了方便起见，我们选取适当的一种作为工具来刻划空间的拓扑结构.

下边给出几个用不同的方法构造拓扑空间的例子.

例 7　设 X 是一无限集，$\mathscr{F}$ 是由 X 的一切有限子集与 X 本身组成的集族，容易验证以 $\mathscr{F}$ 作闭集族便确定了 X 上的一个拓扑 $\mathscr{J}$.

例 8　X 是一无限集，x_0 是 X 中确定的一点，令

$$\overline{A} = \begin{cases} A, & A \text{ 是有限集}, \\ A \cup \{x_0\}, & A \text{ 是无限集}. \end{cases}$$

这样确定的拓扑 $\mathscr{T}$ 是由下列子集组成的：所有有限集的集以及所有不含 x_0 的子集. 在这个拓扑空间中，单点集都是闭集，而除 $\{x_0\}$ 外的所有单点集又都是开集.

当然，我们还可以通过别的方法构造上述拓扑：

$$A^\circ = \begin{cases} A, & X - A \text{ 是有限集}, \\ A - \{x_0\}, & X - A \text{ 是无限集}. \end{cases}$$

例 9 X 是一个势大于 1 的集合,令

$$\overline{A}=\begin{cases}A, & A=\varnothing,\\ A\cup\{x_0\}, & A\neq\varnothing.\end{cases}$$

(其中 x_0 是 X 中确定的一点)

这样也可以确定一个拓扑 $\mathscr{J}$:X 以及不含 x_0 的所有子集. 在这个拓扑空间中单点集 $\{x_0\}$ 是闭的但不是开的,而其他单点集都是开的但非闭的,且 x_0 是每个非空子集的附贴点.

例 10 X 是一个势大于 1 的集,M 是给定的一个子集,

$$\overline{A}=\begin{cases}A, & A=X,\\ A\cap M, & A\neq X.\end{cases}$$

这样确定的拓扑包含 X 以及 M 的所有子集. 显然,当 $M=\varnothing$ 时,得到粘拓扑,当 $M=X$ 时,得到散拓扑.

§4 基、子基、邻域基与可数公理

我们曾说过,拓扑空间理论建立的发源地之一就是欧氏空间,因此,我们应该经常回到这块发源地上去寻找背景,接受启发.

回顾一下欧几里得平面的拓扑结构就容易看到开圆 $S(p;\varepsilon)$ 的作用:对 E^2 中的任意点 p 及 p 的邻域 U,都存在开圆 $S(p;\varepsilon)$ 使得

$$p\in S(p;\varepsilon)\subset U$$

从而,E^2 中的每一开集都是某些开圆之并. 同时,我们还可以把这种开圆的半径限制在 $\frac{1}{n}$,其中 n 是正整数,这样一来集族

$$\left\{S\left(p;\frac{1}{n}\right):p\in E^2,n\text{ 为正整数}\right\}$$

就成了决定 E^2 拓扑结构的"基本开集族",我们甚至还可以把基本开集族取成:

$$\left\{S\left(p;\frac{1}{n}\right):p\text{ 是 }E^2\text{ 中的有理点},n\text{ 是正整数}\right\}.$$

这样的开集虽只有可数多个，但是已经足以决定 E^2 的拓扑结构了.

由此，我们可以抽象出一般拓扑空间的基本开集族的概念.

定义 9　设$(X,\mathscr{T})$是一个拓扑空间，$\mathscr{B}$是$\mathscr{T}$的一个子族，如果对 X 中每一点 x 及 x 的每一个邻域 U，都存在某个 $B\in\mathscr{B}$，使得

$$x\in B\subset U,$$

那么我们称 $\mathscr{B}$ 是 $\mathscr{T}$ 的一个基底，简称基(base).

显然，$\mathscr{T}$本身就是一个基. 对 E^2 来说，集族

$$\{S(p;\varepsilon):p\in E^2,\varepsilon>0\}$$

$$\left\{S\left(p;\frac{1}{n}\right):p\in E^2\text{ 是有理点},n\text{ 为正整数}\right\}$$

都是拓扑基.

定理 2.7　在拓扑空间$(X,\mathscr{T})$中，集族$\mathscr{B}\subset\mathscr{T}$是基的充要条件是$\mathscr{T}$中每一元素都是 $\mathscr{B}$ 中某些元素之并.

证明　必要性.

首先，$\varnothing$ 可以看作 $\mathscr{B}$ 中 0 个元素之并. 其次，设 $U\in\mathscr{T}$，那么对每一个 $x\in U$，存在 $B_x\in\mathscr{B}$，使得

$$x\in B_x\subset U,$$

于是有

$$U=\bigcup_{x\in U}B_x.$$

充分性.

设 $x\in X$ 及 $U\in\mathscr{U}(x)$，于是存在开集 V，使得

$$x\in V\subset U.$$

由条件有

$$V=\bigcup_{i\in I}B_i\quad(B_i\in\mathscr{B},i\in I),$$

就存在 $i_0\in I$，使得

$$x\in B_{i_0}\subset V\subset U.$$

这就证明了 $\mathscr{B}$ 是 $\mathscr{T}$ 的基.

（证完）

当给定空间的一个拓扑基 $\mathscr{B}$ 时，那么 $\mathscr{T}$ 就被唯一地确定了：

$$\mathscr{T}=\{U:U\text{ 是 }\mathscr{B}\text{ 中某些元素之并}\}$$

用这种方法来确定拓扑是十分简单的，但是应该看到，并不是 X 中任意子集族都可以充当某个拓扑的基底. 例如 $X=\{a,b,c\}$，而子集族 $S=\{\varnothing,\{a,b\},\{a,c\},X\}$ 就不可能做 X 的任何拓扑的基. 原因在于 $\{a,b\}$ 与 $\{a,c\}$ 的交 $\{a\}$ 不能表示为 S 中某些元素之并.

那么，集 X 的一族子集 $\mathscr{B}$ 要具备哪些条件才可以做为 X 上的某个拓扑的拓扑基呢?

定理 2.8 设 $\mathscr{B}$ 是 X 的一个子集族，并且 $X=\bigcup\{B:B\in\mathscr{B}$ 则 $\mathscr{B}$ 是 X 上某个拓扑的基的充要条件是：对任意的 $U,V\in\mathscr{B}$，若 $x\in U\cap V$，则存在 $W\in\mathscr{B}$，使得 $x\in W\subset U\cap V$.

证明 必要性.

设 $\mathscr{B}$ 是某个拓扑 $\mathscr{T}$ 的基，若 $U,V\in\mathscr{B}$，$x\in U\cap V$，于是 $U\cap V\in\mathscr{T}$，由基的定义，存在 $W\in\mathscr{B}$，使 $x\in W\subset U\cap V$.

充分性.

设 $\mathscr{B}$ 满足题设条件. 我们令

$$\mathscr{T}=\{U:U\text{ 为 }\mathscr{B}\text{ 中某些元素之并}\}.$$

我们不难知道，$\mathscr{T}$ 就是所要求的拓扑，故条件是充分的.

（证完）

推论 若 $X=\bigcup\{B:B\in\mathscr{B}\}$，且 $\mathscr{B}$ 中任意二元之交仍是 $\mathscr{B}$ 中元素，则 $\mathscr{B}$ 是一个拓扑基.

这里我们再降低一下要求，给定 X 的一个子集族 $\mathscr{A}$(不妨认为 $\mathscr{A}$ 满足条件 $X=\bigcup\{A:A\in\mathscr{A}\}$，否则给 $\mathscr{A}$ 添一个元素 X)，是否存在 X 上的一个拓扑，使之包含 $\mathscr{A}$ 呢?换言之，是否存在一个拓扑，使得 $\mathscr{A}$ 中元素都是开集呢?如果不加任何限制，结论是显然的，散拓扑就是这样的. 但是这样的拓扑太平凡了，它包含的开集太多!我们希望得到包含 $\mathscr{A}$ 的、X 上的最小拓扑. 这样的拓扑存在吗?其结构如何?

为了证明这种拓扑是存在的，我们考虑所有包含 $\mathscr{A}$ 的、X 上的拓扑 $\mathscr{T}_a$

之族：

$$\{\mathscr{T}_a : a \in A\}.$$

显然，散拓扑是其中之一. 只要我们可以证明 $\mathscr{T} = \bigcap \{\mathscr{T}_a : a \in A\}$ 仍是 X 上的拓扑，显然 $\mathscr{T}$ 就是包含 $\mathscr{A}$ 的最小拓扑了. 事实上，$\mathscr{T}$ 满足拓扑三条件可以这样验证：

(1) 由于对每一个 $\alpha \in A$，$\varnothing, X \in \mathscr{T}_a$，因此，$\varnothing, X \in \mathscr{T}$；

(2) 设 $U, V \in \mathscr{T}$，显然 U、V 属于每一个 $\mathscr{T}_a$. 故 $U \cap V$ 属于每一个 $\mathscr{T}_a$，则 $U \cap \mathscr{T}, V$ 属于 $0 = \mathscr{T}$.

(3) 设 $U_i \in \mathscr{T}(i \in I)$，可知对每一个 $i \in I$，U_i 属于每一个 $\mathscr{T}_a$，所以 $\bigcup_{i \in I} U_i$ 属于每一个 $\mathscr{T}_a$，则 $\bigcup_{i \in I} U_i$ 属于 $\mathscr{T}$.

由上述可知，对 X 的任意一个子集 $\mathscr{Q}$ 族，则包含 $\mathscr{J}$ 的 X 上最小的拓扑 $\mathscr{J}$ 是由 $\mathscr{J}$ 唯一决定的. 下面我们要进一步用构造的方法得到 $\mathscr{T}$.

定理 2.9　设 $\mathscr{S}$ 是 X 的一个子集族，且 $X = \bigcup \{S : S \in \mathscr{S}\}$，则

$$\mathscr{B} = \{B : B \text{ 是 } \mathscr{S} \text{ 中有限个元素之交}\}$$

就是 X 上的某个拓扑的基. 该拓扑是包含 $\mathscr{S}$ 的最小拓扑.

证明　因为 $\mathscr{B}$ 中任意二元素之交仍属于 $\mathscr{B}$，按定理 2.8 推论可知 $\mathscr{B}$ 是某个拓扑 $\mathscr{T}$ 的基，并且这个拓扑 $\mathscr{T}$ 是通过先取 $\mathscr{S}$ 中有限个元素之交，然后再取这种交的任意并所获得的. 因此必是包含 $\mathscr{S}$ 的最小拓扑.

定义 10　设 $\mathscr{S}$ 是拓扑空间 $(X, \mathscr{T})$ 的一个子集族，如果 $\mathscr{S}$ 的有限个元素之交的全体 $\mathscr{B}$ 正好是 $\mathscr{T}$ 的基底，则称 $\mathscr{T}$ 是 $\mathscr{T}$ 的子基底或简称子基(Subbase).

定理 2.9 告诉我们，X 上的任意子集族 $\mathscr{S}$，只要有 $X = \bigcup \{S : S \in \mathscr{S}\}$，那么便是 X 的某个拓扑的子基.

实数空间的一个子基是

$$\mathscr{S} = \{(-\infty, b) : b \text{ 是有理数}\} \cup \{(a, +\infty) : e \text{ 是有理数}\}.$$

而 $\mathscr{B} = \{(a, b) : a, b \text{ 是有理数}\}$ 是一个基底，族 $\mathscr{S}$ 与 $\mathscr{B}$ 的势都是可数的. 请读者证明一下实数空间不存在有限基.

设 X 是拓扑空间，我们把

$$w(X)=\min\{|\mathscr{B}|:\mathscr{B}\text{ 是 }X\text{ 的基}\}$$

叫做空间 X 的权(weight).

任氏空间的权都是 $\aleph_0$.

例 11　设 K 是所有实数之集.

以 $\mathscr{B}=\{(x,r):x,r\in K,r>x,r$ 是有理数$\}$ 为拓扑基所生成的拓扑空间 K 称做 Sorgenfrey 直线.

容易看出 $|\mathscr{B}|=c$,同时还可以证明 $w(K)=c$.

事实上,若 $\mathscr{A}$ 是由某些开集组成的,并且 $|\mathscr{A}|<c$,那么一定有点 $x_0\in k$ 不是 $\mathscr{A}$ 中任何元素的下确界. 任取有理数 $r>x_0$,于是 (x_0,r) 是开集,但却不能表示成 $\mathscr{A}$ 中某些元素的并. 说明 $|\mathscr{A}|<c$ 的开集族 $\mathscr{A}$ 不可能成为空间 K 的拓扑基,从而 $\omega(K)=c$.

定义 11　设$(X,\mathscr{T})$ 是拓扑空间,$\mathscr{U}(x)$ 是点 x 的邻域系,如果 $\mathscr{U}(x)$ 的子族 $\mathscr{B}_x$ 满足条件:

对任意给定的 $U\in\mathscr{U}(x)$,存在 $B\in\mathscr{B}_x$ 使 $B\subset U$,则称 $\mathscr{B}_x$ 为 x 的邻域基(或局部基). 特别,当邻域基 $\mathscr{B}_x$ 中的元素全是开集时,称作开邻域基.

例如 $\mathscr{U}(x)$ 本身就是 x 的一个邻域基. 点 x 的所有开邻域就构成一个邻域基. 再如对每一个拓扑基 $\mathscr{B}$,则所有含有 x 的 $\mathscr{B}$ 中的元素亦构成 x 的一个邻域基. 另一方面,若 $\mathscr{B}_x$ 是开邻域基,则 $\bigcup_{x\in x}\mathscr{B}_x$ 就是一个拓扑基.

在粘空间中,对每一点 x,$\mathscr{U}(x)=\mathscr{B}_x=\{X\}$;在散空间中,对每一点 x,开邻域基 $\mathscr{B}_x$ 可由单点集$\{x\}$ 这一个元素组成. 在实数空间中,x 的开邻域基可以取集族

$$\{(x-\varepsilon,x+\varepsilon:\varepsilon>0)\}\text{ 或}\{(x-\frac{1}{n},x+\frac{1}{n}):n\text{ 是正整数}\}.$$

我们容易证明开邻域基 $\mathscr{B}_x$ 具有如下性质:

①$\mathscr{B}_x\neq\varnothing$,且对任意的 $U\in\mathscr{B}_x$,有 $x\in U$;

② 对任意的 $U_1,U_2\in\mathscr{B}_x$,存在 $U\in\mathscr{B}_x$ 使 $x\in U\subset U_1\cap U_2$;

③ 若 $y\in U\in\mathscr{B}_x$,则存在 $V\in\mathscr{B}_y$,使 $V\subset U$.

我们也不难看出，若对每一点 $x \in X$，都给定 $\mathscr{B}_x$，且满足上述条件 ①～③，那么同样可以唯一地确定 X 上的拓扑 $\mathscr{T}$，使得 $\mathscr{B}_x$ 正好是 $(X,\mathscr{T})$ 中点 x 的开邻域基.

例 12　设 $L = \{(x,y): y \geqslant 0\}$ 是上半平面的点集，记子集 $L_1 = \{(x,y): y = 0\}$，L_1 的余集 $L_2 = \{(x,y): y > 0\}$.

当 $p \in L_1$，我们用 $K(p;\varepsilon)$ 表示半径为 $\varepsilon > 0$，中心取在 L_2 中且与 L_1 相切于 p 的开圆. 把集族 $\mathscr{B}_p = \{K\left(p;\dfrac{1}{n}\right) \cup \{p\}: n = 1,2,\cdots\}$ 取做 p 的开邻域基.

当 $p \in L_2$，我们用 $S(p;\varepsilon)$ 表示中心为 p、半径为 ε 的开圆，集族 $\{S\left(p;\dfrac{1}{n}\right) \cap L: n = 1,2,\cdots\}$ 做 p 的开邻域基.

这样确定的拓扑空间 L 叫 Niemytzki 平面，在此空间中，集 L_1 是闭的.

我们把基数

$$\chi(x,X) = \min\{|\mathscr{B}_x|: \mathscr{B}_x \text{ 是 } x \text{ 的邻域基}\}$$

称之为空间 X 在点 x 处的特征数(character). 把基数

$$\chi(X) = \sup\{\chi(x,X): x \in X\}$$

叫作空间 X 的特征数.

显然，$\chi(X) \leqslant w(X)$.

当空间 $\chi(X) \leqslant \aleph_0$ 时，就说空间 X 满足第一可数公理，或说 X 是 A_1 型的，其含义是指 X 的每一点都有可数邻域基. 容易看到，如果 $\{U_n\}$ 是 x 处的可数邻域基，那么令 $V_n = \bigcap\limits_{i=I}^{n} U_i$ 时，就得到 X 的单调递减的可数邻域基 $V_1 \supset V_2 \supset \cdots \supset V_n \supset \cdots$.

散空间、粘空间、一切度量空间与伪度量空间都满足第一可数公理.

下面举一个不满足第一可数公理的例子.

例 13　X 是非可数集.

空集和所有有限集之余集.

我们要证明$(X,\mathscr{T})$,不满足第一可数公理.

事实上,假设在点 x 有可数邻域基 $\mathscr{B}_x=\{B_i:i=1,2,\cdots\}$,不妨设每一个 B_i 是开的,注意到

$$X-\bigcap_{i=1}^{\infty}B_i=\bigcup_{i=1}^{\infty}(X-B_i).$$

其中每一个 $X-B_i$ 都是有限集,那么 $\bigcup_{i=1}^{\infty}(X-B_i)$ 就是可数集,因此 $\bigcap_{i=1}^{\infty}B_i$ 是非可数集. 任取 $a\in\bigcap_{i=1}^{\infty}$ 且 $a\neq x$,那么 $X-\{a\}$ 是 x 的一个开邻域,但是它不包含任意一个 B_i,这与 $\mathscr{B}_x$,是邻域基相矛盾. 即知$(X,\mathscr{T})$不满足第一可数定理.

当 $w(X)\leqslant\aleph_0$ 时,我们说空间满足第二可数公理,或说是 A_2 型的,其含义是 X 具有可数基底.

粘空间、欧氏空间都满足第二可数公理. 显然,当一个空间满足第二可数公理时也满足第一可数公理. 反之不然,非可数的散空间即是满足第一可数公理而不满足第二可数公理.

第二可数公理是就基本开集的多少这一个例面对空间提出的一个限制条件,一个空间受到这个条件的限制必然就有相应的特殊性. 下面我们就来讨论 A_2 型空间的一些特殊性.

定理 2.10 若$(X,\mathscr{T})$是 A_2 型的,则 X 具有可数稠密子集.

证明 设 $\mathscr{B}$ 是一个可数基,对每一个 $B\in\mathscr{B}$ 选取一点 $a_B\in B$,则

$$\{a_B:B\in\mathscr{B}\}$$

就是 X 的一个可数稠密子集.

事实上,可数是显然的,只须证:$\overline{A}=X$.

对 $x\in X$,及 x 的任意一个邻域 U,由于 $\mathscr{B}$ 是基,故存在 $B\in\mathscr{B}$,使得

$$x\in B\subset U.$$

由此可知

$$a_B\in A\cap B\subset A\cap U.$$

从而,$x\in\overline{A}$. 这样,$\overline{A}=X$.

(证完)

应注意的是，具有可数稠密子集的空间并不一定具有可数基，如前述的例 13.

这一定理的实质是什么?要取 X 的稠密子集，自然每一开集都得至少取一个点，但实际上并不要求到每个开集中去取，而只需从某个基的每个开集中各取一点就足够了.

我们通常把 $d(X)=\min\{|A|:A$ 是空间 X 的稠密子集$\}$ 叫做空间 X 的密度. 上述讨论证明了 $d(X)\leqslant w(X)$.

定理 2.11　设$(X,\mathscr{T})$是 A_2 型的，若 $A\subset X$，且 A 是非可数集合，则 A 中必有一点是 A 的聚点.

证明　设 $\mathscr{B}$ 是可数基. 用反证法. 设 A 中每一点都不是 A 的聚点，那么，对于任意一点 $x\in A$，存在某个 $U_x\in\mathscr{V}(x)$，使得

$$U_x\cap(A-\{x\})=\varnothing.$$

又由 $\mathscr{B}$ 是基，故存在 $B_x\in\mathscr{B}$，使得

$$B_x\cap A=\{x\}.$$

这样就得到了从集 A 到集族$\{B_x:\in A,B_x\in\mathscr{B}\}$ 的一个一一对应，后者的可数性决定 A 是可数的. 矛盾.

（证完）

定理 2.12　(Lindelöf) 若$(X,\mathscr{T})$是 A_2 型的，M 是 X 的子集，则 M 的每一个开覆盖必有可数子覆盖.

在证明之前，先把有关术语解释一下. 集族 $\mathscr{A}$ 叫做 M 的覆盖，是指

$$M\subset\bigcup\{A:A\in\mathscr{A}\}.$$

若 $\mathscr{A}$ 是 M 的覆盖，且 $\mathscr{A}$ 中每一元素是开集，则 $\mathscr{A}$ 叫做 M 的开覆盖. 若 $\mathscr{A}_1\subset\mathscr{A}$，且 $\mathscr{A}_1$ 也是 M 的覆盖，则称 $\mathscr{A}_1$ 为 $\mathscr{A}$ 的子覆盖. 随着覆盖本身的势为有限或可数，分别称为有限覆盖或可数覆盖.

证明　设 $\mathscr{B}=\{B_i:i=1,2,\cdots\}$ 是可数基. 又设 $\mathscr{A}=\{U_a:a\in A\}$ 是 M 的开覆盖，那么，$\mathscr{A}$ 中的每一个元 U_a，都可以表示为 $\mathscr{B}$ 中某些元素之并

$$U_x=\bigcup_{i\in I_a}B_i,$$

从而 $M \subset \bigcup_{a \in A} \bigcup_{i \in I_a} B_i$.

注意上式右端至多是可数个元,记作

$$\{B_{nk}: k = 1, 2, \cdots\}.$$

对每个 B_{mk},取一个 U_k 使得

$$B_{ik} \subset U_k.$$

这样 $\{U_k: k = 1, 2, \cdots\}$ 就是 $\mathscr{A}$ 的一个可数子覆盖.

(证完)

此证明的实质是这样的:要从 $\mathscr{Q}$ 中选子覆盖,由于 $\mathscr{A}$ 中元素可以表示为 $\mathscr{B}$ 中元素之并,$\mathscr{B}$ 的这些元素就构成了 M 的覆盖 $\mathscr{B}' \subset \mathscr{B}$,再把 $\mathscr{B}'$ 中元素一一放大成 $\mathscr{A}$ 中元素. 因此,基 $\mathscr{B}$ 的势就控制了 $\mathscr{A}$ 的子覆盖的势. 特别当 $|\mathscr{B}| = \aleph_0$ 时,就是上述定理.

定义 12 $(X, \mathscr{T})$ 叫 Lindelöf 空间,是指 X 的每一个开覆盖都有可数子覆盖.

从定理 2.12 容易得出如下推论:

推论 满足第二可数公理的空间一定是 Lindelöf 空间.

注意,例 13 告诉我们,上述推论不可逆. 事实上,例 13 中拓扑空间的任何开覆盖都有有限子覆盖,当然是 Lindelöf 空间,但是该空间连第一可数公理都不满足,当然更不满足第二可数公理了.

§5 网

在本章第一节我们已说过,对于 E^2 这样的拓扑空间,其拓扑结构完全可以用"收敛"来描述,此处的"收敛"是指"点列的收敛". 点列 $\{P_i\}$ 收敛于点 P 当且仅当对 P 的每一个邻域 U,都存在自然数 $\mathbf{N}$,使得 $P_i \in U$ 对一切 $i \geqslant \mathbf{N}$ 成立. 对一般拓扑空间,沿用这个特征做为点列收敛的定义是很自然的,但困难在于一般拓扑空间的拓扑结构是否照旧可以用"点列收敛"来描述呢?以下几个有趣的例子将给出否定的回答.

例 14 X 是非可数集,其闭集规定为 X 本身以及一切可数子集. 任取

一点 $x_0 \in X$，令 $A = X - \{x_0\}$，显见 x_0 是 A 的附贴点，但是 A 中没有点列向 x_0 收敛.

例 15　在具有序拓扑的序数空间 $[0,w_1]$ 中，点 w_1 是集 $[0,w_1]$ 的聚点，但是 $[0,w_1]$ 中任何点列都不收敛于 w_1.

（注：线性序集 X 上的序拓扑是以形如

$$\{x \in X : x < a\}; \{x \in X : a < x\} \quad (a \in X)$$

的集合全体为子基构成的拓扑）.

例 16　设 π 是平面上所有的点，按下列方法给定点 $P \in \pi$ 处的开邻域基 $\mathscr{B}_p$：

当 $P \neq (0,0)$ 时，令 $\mathscr{B}_p = \{S\left(P; \dfrac{1}{n}\right) : n \text{ 是自然数}\}$.（其中 $S\left(P; \dfrac{1}{n}\right)$ 表示以 P 为中心，$\dfrac{1}{n}$ 为半径的开圆）

当 $P = (0,0)$ 时，令 $\mathscr{B}_p = \{\{P_0\} \cup H(i; k_1, k_2, \cdots) : i, k_1, \cdots$ 都是自然数$\}$，其中

$$H(i; k_1, k_2, \cdots) = \bigcup \{S\left(P_n; \frac{1}{k_n}\right) : n \geqslant i\} \quad (\text{其中 } P_n = \left(\frac{1}{n}; 0\right)).$$

这样确定的拓扑 $\mathscr{T}$ 自然比通常欧氏拓扑要细一些.

用 $P_{n,m}$ 代表点 $\left(\dfrac{1}{n}, \dfrac{1}{m}\right)$，令 $A = \{P_{n,m} : n, m \text{ 是自然数}\}$，显然，对每个自然数 n，点列 $\{P_{n,m}\}_{n=1,2,\cdots}$ 向点 P_n 收敛，而点列 $\{P_n\}_{n=1,2,\cdots}$ 又向 $P_0 = (0,0)$ 收敛.

我们容易验证 $P_0 \in A$，这是由于 P_0 的每个邻域都含有 A 的点；另一方面我们又可以证明 A 中不存在点列向 P_0 收敛. 实际上，假设 A 中有点列 $\{Q_i\}_{i=1,2,\cdots}$ 向 P_0 收敛，那么在每一条竖直 $\left(x = \dfrac{1}{n}\right)$ 上至多有有限个 $P_{n,m}$ 是 $\{Q_i\}_{i=1,2}$，的项，所以适当地选取自然数 k_n，就可以使得 $S\left(P_n; \dfrac{1}{k_n}\right)$ 中不含 $\{Q_i\}_{i=1,2,\cdots}$ 的点，这样得到的 P_0 的邻域 $U = \{P_0\} \cup H(i; k_1, k_2, \cdots)$ 就与 $\{Q_i\}_{i=1,2,\cdots}$ 不相交，这与 $\{Q_i\}_{i=1,2,\cdots}$ 向 P_0 收敛相

矛盾.

如上所列举的三个拓扑空间,附贴性都不能用"点列收敛"来描述,换句话说,"点列收敛"对描述一般空间的拓扑结构是不够用的.为了弥补点列收敛的不足,我们引入网和网的收敛(或称 Moore-Smith 收敛).

定义 13 若 $>$ 是定义在非空集合 D 上的二元关系,并且满足条件:

(1) 若 $m > n, n > p$ 则 $m > p$;(传递性)

(2) 若对任意的 $m, n \in D$,存在 $p \in D$,使得

$$p \geqslant m \text{ 与 } p \geqslant n$$

同时成立.(定向性)

则称 $>$ 是 D 上的一个定向,并把$(D, >)$叫作定向集.

定义 14 设$(D, >)$是一个定向集,X 是任意一个非空集合,我们把每一个映射 $S: D \to X$ 叫做 X 中的一个网(net),常常记作

$$S = \{x_n、n \in D, >\}$$

或者简记为

$$S = \{x_n、n \in D\}.$$

定义 15 设$(X, \mathscr{T})$是拓扑空间,$s \in X$,$S = \{x_n、n \in D\}$ 是 X 中的一个网,若对 s 的任何邻域 U,存在 $d \in D$,使得 $x_n \in U$ 对满足 $n \geqslant d$ 的一切 $n \in D$ 都成立,则称 S 收敛于 s,而点 s 叫做网 S 的一个极限.

一个网可以有许多极限,用 $\lim S$ 或者 $\lim x_n$ 表示 S 的所有极限组成之集合,特别当 S 有唯一极限 s 时,记作$\lim\limits_{n \in D} x_n = s$.

我们可以举出许许多多定向集以及网的例子,例如$(\mathbf{N}, >)$就是一个定向集(其中 $\mathbf{N}$ 是自然数集合).集 X 上的每一个点列都是 X 中的一个网.又如,设 X 是一个拓扑空间,$x \in X$,$\mathscr{B}_x$ 表示点 x 的一个邻域基,显然,$\mathscr{B}_x$ 依"$\subset$"关系是一个定向集,若从 $\mathscr{B}_x$ 的每个元素 U 中选取一点 $x_U \in U$,于是$\{x_U, U \in \mathscr{B}_x, \subset\}$就是 X 中的一个网,并且向 x 收敛.特别,若 $\mathscr{B}_x$ 是 x 的一个单调下降的可数邻域基时,这样构造的网就是一个向点 x 收敛的点列.

为了叙述上的方便,我们约定今后凡说网$\{x_n: n \in D\}$在 A 中,皆指

$x_n \in A$ 对一切 $n \in D$ 均成立;$\{x_n : n \in D\}$ 终于在 A 中,皆指 $x_n \in A$ 自某个 $d \in D$ 起对一切 $n \geqslant d$ 均成立;$\{X_n : n \in D\}$ 经常在 A 中,是指对于任意的 $d \in D$ 都存在 $n \geqslant d$ 使得 $x_n \in A$ 成立. 按照这些约定显然有拓扑空间中网 $\{x_n : n \in D\}$ 收敛于 s 当且仅当网终于在 s 的每一个邻域中.

另外,若网 $\{x_n : n \in D\}$ 经常在点 s 的每一个邻域中,我们则称 s 是网 $\{x_n : n \in D\}$ 的一个聚点(或极限点). 显然,网的极限必是极限点,但反之不一定成立.

定理 2.13　设 X 是拓扑空间,$A \subset X$,$x_0 \in X$,则

(1)x_0 是 A 的附贴点当且仅当 A 中存在一个网收敛于 x_0;

(2)x_0 是 A 的聚点当且仅当 $A - \{x_0\}$ 中存在一个网收敛于 x_0;

(3)A 是闭的当且仅当 A 中的收敛网只向 A 中的点收敛;

(4)A 是开的当且仅当向 A 中的点收敛的网终于在 A 中.

证明请读者完成.

从以上讨论我们已经看出,在拓扑空间中,网的收敛性是靠拓扑来定义的,反过来,又可以用网的收敛性来描述拓扑,这说明在拓扑空间中网的收敛与开集、闭集、闭包 …… 概念起着同等的作用. 因此,我们自然又会联想到一个问题:对于一个集合 X,如果我们指定 X 中的某些网为收敛网,并指定这些网各自以哪些点为极限,那么可否确定 X 上的一个拓扑 $\mathscr{T}$,使得空间 $(X,\mathscr{T})$ 中网的收敛正好与指定的这种收敛相一致呢?为解决这个问题,有必要对网的收敛性质作进一步地讨论.

我们不妨再回到 E^2 中去,数学分析中一个熟知而重要的事实是:若点列 $\{P_n\}$ 以 P 为聚点,则点列 $\{P_n\}$ 有子列 $\{P_{n_i}\}$ 向 P 收敛,遗憾得很,E^2 中的这一事实,对一般拓扑空间却未必正确. 例 16 所举的空间 π 即是一例,我们把可数集 $A = \{P_{n,m} : n, m$ 是自然数$\}$ 随意地排成一列 $\{Q_i\}$,P_0 总是 $\{Q_i\}$ 的聚点,但是 $\{Q_i\}$ 中不会有向 P_0 收敛的子列. 可以想到,随着列推广到网,旧有的子列概念也应该有相应的推广.

定义 16　设 $S = \{S_n : n \in D\}$ 与 $T = \{T_m : m \in E\}$ 都是集 X 中的网,我们称 T 是 S 的子网,是指存在着一个映射 $N : E \to D$,使得

(1)$T = S \circ N$,即 $T_m = S_{N(m)}$ 对一切 $m \in E$ 成立;

(2) 对任意给定的 $n \in D$,存在 $e \in E$,使得当 $m \geqslant e$ 时有 $N_m \geqslant n$.

条件(1) 使得每个 T_m 都是某个 $S_{N(m)}$. 条件(2) 的直观意思是:当 $m \in E$ 充分大时,N_m 可以任意大. 它们保证了当网 S 终于在集合 A 中时,其子网 T 也终于在 A 中,从而保证了网的极限一定也是子网的极限.

定理 2.14 若网 $S = \{S_n : n \in D\}$ 的聚点是 x,则 S 有子网向 x 收敛. 反之亦真.

证明 因为 x 是网 $S = \{S_n : n \in D\}$ 的聚点,所以对每一个 $U \in \mathscr{U}(x)$ 以及每一个 $d \in D$,都有

$$U \cap \{S_n : n \geqslant d\} \neq \varnothing$$

取点 $T_{(u,d)} = S_{N(u,d)} \in U \cap \{S_n : n \geqslant d\}$,并在直积 $\mathscr{U}(x) \times D$ 上定义如下定向:

$$(U_2, d_2) > (U_1, d_1) \text{ 当且仅当 } U_2 \subset U_1 \text{ 及 } d_2 > d_1.$$

如此得到的网 $T = \{T_{(u,d)} : (U,d) \in \mathscr{U}(x) \times D, >\}$ 便是 S 的一个子网,并向 x 收敛. 这样就证明了必要性.

充分性. 设 T 是 S 的子网,T 的极限一定是 S 的聚点. 这是因为当 T 终于在 $U \in \mathscr{U}(x)$ 中时,S 就经常在 U 中.

(证完)

在定理 2.14 的证明中,我们曾由两个定向集($\mathscr{U}(x)$, $\subset$) 与(D, $>$) 出发,给直积 $\mathscr{U}(x) \times D$ 引入了定向 $>$,一般情况是,设$\{(D_i > i) : i \in I\}$ 是一族定向集,对于 $f, g \in \underset{i \in I}{\times} D_i$ 规定 $f > g$,当且仅当对每一个 $i \in I$,$f(i) > ig(i)$ 直积 $\underset{i \in I}{\times} D_i$ 上规定的这种定向通常称做积定向.

定理 2.15 (累次极限定理) 设 D 是定向集,对每一个 $n \in D$,E_n 也是定向集,$Q = D \times (\underset{n \in D}{X} E_n)$ 有积定向,且对每一个$(n, f) \in Q$,令 $R(n, f) = (n, f(n))$,又设对于所有 $n \in D$ 以及所有 $m \in E_n$,$S(n, m)$ 都是某个拓扑空间$(X, \mathscr{T})$ 中的点. 则当累次极限$\lim\limits_{n} \lim\limits_{m} S(n, m)$ 存在时网 $S \cdot R$ 收敛,并且收敛于$\lim\limits_{n} \lim\limits_{m} S(n, m)$ 中的每一点.

注　$\lim\limits_{n}\lim\limits_{m}S(n,m)$ 存在，即 $\lim\limits_{n}\lim\limits_{m}S(n,m)$ 非空但可能是许多点，为了避免烦杂的陈述，我们只对极限唯一的情况证明。

证明　设 $\lim\limits_{n}\lim\limits_{m}S(n,m)=x$

对 x 的任意一个开邻域 U，存在 $n_0\in D$，使得当标号 $n\in D$ 满足 $n\geqslant n_0$ 时

$$x_n=\lim_{m}S(n,m)\in U,$$

即 U 是 $x_n(n\geqslant n_0)$ 的邻域.

于是存在 $e_n\in E_n(n\geqslant n_0)$，使 $m\geqslant e_n, m\in E_n(n\geqslant n_0)$ 时有

$$S(n,m)\in U.$$

定义 $f_0\in\underset{n\in d}{\times}E_n$ 如下：

$$f_0(n)=\begin{cases}e_n, & n\geqslant n_0, n\in D,\\ \text{任取 } E_n \text{ 的一元}, & \text{其他的 } n\in D.\end{cases}$$

于是 $(n_0,f_0)\in Q$，且 $(n,f)>(n_0,f_0)$ 时

$$S\circ R(n,f)=S(n,f(n))\in U.$$

这样就说明了 $S\circ R$ 收敛于 x.

（证完）

归纳一下，拓扑空间中的收敛网有如下性质：

(1) 设 $S=\{S_n,n\in D\}$ 是常网，即对每个 $n\in D$，恒有 $S_n=x_0$，则 S 收敛于 x_0；

(2) 若网 S 收敛于 x_0，则 S 的每个子网也收敛于 x_0；

(3) 若网 S 不收敛于 x_0，则 S 有子网 T，T 的任何子网都不收敛于 x_0；

(4) 累次极限定理成立.

上面归纳的(1) ～ (4) 是收敛网的基本性质. 我们还可以证明：

对于任意集合 X，如果我们指定了 X 中的某些网是收敛网，以及这些网各自的收敛点，并且这些收敛网满足上述性质(1) ～ (4)，则可以由它们确定集 X 上的一个拓扑 $\mathscr{T}$，使得空间 $(X,\mathscr{T})$ 中的每一个收敛网恰好就是我们开始指定的收敛网，并且它们收敛的点完全一致.

有关这一问题的论证，读者可以参阅 J. Kelley 的“General Topology”(有中译本),此处不再赘述.

§6 连续映射、同胚映射

定义 17 设$(X,\mathscr{T}_x)$与$(Y,\mathscr{T}_y)$是两个拓扑空间,$f:X\to Y$,如果对每一个$V\in\mathscr{T}_y$,恒有$f^{-1}(V)\in\mathscr{T}_x$成立,即开集的原象是开集,则称映射$f:X\to Y$是连续的.

空间的拓扑结构,除了用开集确定外,尚有多种确定方法,同样地,连续性除了用开集描述外,亦可以用其他概念来描述,了解并熟悉连续性的各种等价命题是十分必要的,它会给我们以后的讨论带来方便.

定理 2.16 设X,Y是拓扑空间,$f:X\to Y$是映射,则下列各条件等价:

(1)f连续;

(2)设$\mathscr{B}$是Y的一个基,对任意的$V\in\mathscr{B}$,$f^{-1}(V)$是开集;

(3)设$\mathscr{S}$是Y的一个子基,对任意的$V\in\mathscr{S}$,$f^{-1}(V)$是开集;

(4)设$F\subset Y$是闭集,则$f^{-1}(F)$是闭集;

(5)设$A\subset X$,则$f[\overline{A}]\subset\overline{f[A]}$;

(6)设$B\subset Y$,则$\overline{f^{-1}[B]}\subset f^{-1}[\overline{B}]$;

(7)设$x\in X$,$y=f(x)$,则对于y的每一个邻域V,存在x的邻域U使得$f[U]\subset V$;

(8)设$\{S_n:n\in D\}$是X中的网,向x收敛,则$\{f(S_n),n\in D\}$向$f(x)$收敛.

证明 因为对Y中的任意集族$\{B_i:i\in I\}$有

$$f^{-1}[\bigcup_{i\in I}B_i]=\bigcup_{i\in I}f^{-1}[B_i],$$

$$f^{-1}[\bigcap_{i\in I}B_i]=\bigcap_{i\in I}f^{-1}[B_i].$$

所以(1)(2)(3)彼此等价是显然的.

又因为对$B\subset Y$,有

$$f^{-1}[Y-B]=X-f^{-1}[B],$$

所以(1) 与(4) 是彼此等价的.

下面我们先证明(4) 与(5) 等价.

(4) → (5)　因为

$$A\subset f^{-1}[f[A]]\subset f^{-1}[\overline{f[A]}],$$

依据(4)　$f^{-1}[\overline{f[A]}]$ 是闭集,

故　$\overline{A}\subset f^{-1}[\overline{f[A]}]$,

即　$f[\overline{A}]\subset\overline{f[A]}$.

(5) → (4)　设 F 是 Y 中任一闭集,要证明 $A=f^{-1}[F]$ 是闭集. 由(5) 可知

$$f[\overline{A}]\subset\overline{f[A]}=\overline{f(f^{-1}[F])}\subset\overline{F}=F,$$

故　$\overline{A}\subset f^{-1}[F]=A$,

从而　$f^{-1}[F]=A$ 是闭集.

其次,再证明(4) 与(6) 等价.

(4) → (6)　因为 $f^{-1}[B]\subset f^{-1}[\overline{B}]$,而由(4) 知 $f^{-1}[\overline{B}]$ 是闭集,故 $\overline{f^{-1}[B]}\subset f^{-1}[\overline{B}]$.

(6) → (4)　当 F 是 Y 中闭集时,依据(6)

$$\overline{f^{-1}[F]}\subset f^{-1}[\overline{F}]=f^{-1}[F].$$

从而说明 $f^{-1}[F]$ 是闭集.

最后证明(1) → (7) → (8) → (4).

(1) → (7)　对 $y=f(x)$ 的邻域 V 取 y 的开邻域 $V^{*}\subset V$,依据(1) $f^{-1}[V^{*}]$ 是开集,故是 x 的开邻域,取 $U=f^{-1}[V^{*}]$,显然有

$$f[U]\subset V^{x}\subset V$$

成立.

(7) → (8)　设 V 是 $f(x)$ 的任一开邻域,依据(7),存在 x 的开邻域 U,使得 $f[U]\subset V$,而网 S_n 终于在 U 中,所以网 $f(S_n)$ 终于在 V 中,故 $f(S_n)$ 向 $f(x)$ 收敛.

(8) → (4)　设 F 是 Y 中闭集,要证明 $f^{-1}[F]$ 是闭集,只需证明当

$f^{-1}[F]$ 中有网 $\{S_n : n \in D\}$ 向点 $x \in X$ 收敛时，$x \in f^{-1}[F]$ 即可. 实际上，依据(8)，S_n 向 x 收敛时，$f(S_n)$ 就向 $f(x)$ 收敛，而 $f(S_n)$ 是闭集 F 中的网，所以 $f(x) \in F$，$x \in f^{-1}[F]$.

（证完）

由连续性定义知道，若 $f: X \to Y$ 连续，同时 $g: Y \to Z$ 连续，则复合映射 $g \circ f: X \to Z$ 连续.

以后，我们还要用到 $f: X \to Y$ 在一点的连续性. f 在 $x \in X$ 连续，是指对该点 x 定理 2.16 中条件(7) 成立. 映射 f 连续当且仅当 f 在每一点 $x \in X$ 连续.

现在我们转而考虑这样一个问题：设 X 是一个集合，$\mathscr{F} = \{f_i : i \in I\}$ 是给定的一族映射，其中 f_i 是由 X 到拓扑空间$(Y_i, \mathscr{U}_i)$ 的映射. 那么是否存在 X 上的拓扑，使得每一个映射 f_i 都连续呢？显然，X 上的散拓扑合乎条件. 我们着眼于符合拓扑 $\mathscr{T}$，不难看出，这个最小拓扑 $\mathscr{T}$ 应以集族 $\mathscr{S} = \{f^{-1}[V] : V \in \mathscr{U}_i, i \in I\}$ 为子基. 这种拓扑 $\mathscr{T}$ 称作由映射族 $\mathscr{F}$ 诱导的拓扑.

定理 2.17 设拓扑空间$(X, \mathscr{U})$、$(Y, \mathscr{V})$，其中 $\mathscr{V}$ 是由映射族$\{g_i : i \in I\}$ 诱导的拓扑，g_i 是由 Y 向$(Y_i, \mathscr{J}_i)$ 的映射. 则映射 $f: X \to Y$ 连续的充要条件是每一个 $g_i \circ f$ 连续.

证明 必要性显然. 欲证充分性，可取 $\mathscr{V}$ 的子基 $\mathscr{T} = \{g_i^{-1}(V) : V \in \mathscr{T}_i, i \in I\}$，只须证明每一个 $g_i^{-1}[V]$ 在 f 下的原像 $f^{-1}[g_i^{-1}[V]]$ 是开的.

我们知道：

$$f^{-1}[g_i^{-1}[V]] = (g_i \cdot f)^{-1}[V]$$

由 $g_i \circ f$ 的连续性便可推出$(g_i \circ f)^{-1}[V]$ 是开集，即 $f^{-1}[g_i^{-1}[V]]$ 是开集.

（证完）

定义 18 设 X 与 Y 是两个拓扑空间，若 f 是由 X 到 Y 上的映射，并满足条件：

(1) f 是一一映射(从而逆映射 $f^{-1}: Y \to X$ 存在)；

(2) f 与 f^{-1} 都是连续的.

则称 f 是 X 到 Y 上的一个同胚映射(或称 X 到 Y 的拓扑变换),同时称 X 与 Y 同胚.

设 P 代表拓扑空间的某种性质,$\mathscr{H}$ 代表同胚映射类.如果对 $\mathscr{H}$ 中的每一元 $f:X \to Y$,当 X 具有性质 P 时,Y 也具有性质 P,我们就说 P 是一种同胚不变性,也叫做拓扑不变性或拓扑性质.注意到同胚是拓扑空间类上的等价关系,可以说同胚不变性是这样一种性质:当空间 X 具备此性质时,凡与 X 同胚的空间就都具有此性质.从同胚映射的定义可知,$f:X \to Y$ 是同胚映射当且仅当 f 是 X 到 Y 上的一一映射,同时又可诱导出空间 X 的开集族 $\mathscr{T}_x$ 与 Y 的开集族 $\mathscr{T}_y$ 之间的一一映射.所以,如果性质 P 是仅仅依赖集论的术语与开集(或与开集概念等价的概念)来描述的,那么 P 自然是一种拓扑性质.我们学过的拓扑性质已经不少了,例如"拓扑空间的权 $\leqslant m$""空间的特征数 $\leqslant m$""空间的密度 $\leqslant m$"等,特别当 $m = \aleph_0$ 时,即是"第二可数性""第一可数性"与"可分性".

拓扑学的主要内容就是研究拓扑不变性.当研究一个具体的空间时,着眼于研究它有哪些拓扑不变性,当研究一个具体性质时,着眼于研究它与其他拓扑性质的关系、在拓扑空间的哪些运算下它依然保持以及对于怎样的映射类它是保持的,各类拓扑空间的划分就是借助拓扑性质来进行的.

§7　分离性 T_0、T_1 与 T_2

定义 19　设 X 是拓扑空间.

(1)X 称为 T_0 型的,是指 X 满足条件:任意两个不同的点,至少有一点有一个不含另一点的邻域.(T_0 分离公理)

(2)X 称为 T_1 型的,是指 X 满足条件:任意两个不同的点,其每一点都有一个不含另一点的邻域.(T_1 分离公理)

(3)X 称为 Hausdorff 空间(或 T_2 型的),是指 X 满足条件:对任意的 $x,y \in X, x \neq y$,存在 x 的邻域 U 和 y 的邻域 V,使得 $U \cap V = \varnothing$.(T_2

分离公理)

定义中的邻域改为开邻域,定义不受影响.

明显地,这三种分离性之间的强弱关系如下:

$$T_2 \to T_1 \to T_0.$$

取 $X=\{a,b\}$,显然,粘拓扑不是 T_0 型的,而 $\mathscr{T}=\{\varnothing,\{a\},X\}$ 虽是 T_0 型的却不是 T_1 型的. 例 7 所列的空间(X 是无限集,以 X 本身以及一切有限集为闭集)是 T_1 型而非 T_2 型的.

下面讨论与这三种分离性有关的拓扑空间的一些初等性质.

定理 2.18 设 X 是 T_0 型拓扑空间,则有

$$|X| \leqslant \exp w(X),$$

其中 $\exp a = 2^a$,$w(X)$ 表示空间的权.

这个定理说明了一个 T_0 型空间中的拓扑基所必须满足的关系式. 实际上,若空间的点很多而开集过少必然不会是 T_0 型的.

证明 设空间 X 的拓扑权数 $w(X)=a$,于是存在一个基 $\mathscr{B}$ 使得 $|\mathscr{B}|=a$. 对于 X 中任意点 x 都能按下法定义一个集族:

$$\mathscr{B}(x)=\{B: B\in\mathscr{B}, x\in B\}.$$

这种由 x 决定的 $\mathscr{B}(x)$ 显然是一意的,这是由于 X 是 T_0 型的,则 $x\neq y$ 时,必有 $\mathscr{B}(x)\neq\mathscr{B}(y)$,因此集 X 与族

$$\mathscr{B}^* = \{\mathscr{B}(x): x\in X\}$$

有相同的势,而 $\mathscr{B}^* \subset p(\mathscr{B})$ 从而 $|\mathscr{B}^*| \leqslant P(\mathscr{B}) = 2^a$.

这样就证明了

$$|X| \leqslant \exp w(X).$$

(证完)

定理 2.19 拓扑空间 $(X,\mathscr{T})$ 是 T_1 型空间,当且仅当 X 中每个点 x 均有

$$\{x\} = \bigcap \{U\in\mathscr{T}: x\in U\} \quad (※)$$

成立.

证明 必要性. 设 $(X,\mathscr{T})$ 是 T_1 型空间而 $x\in X$,那么当 $y\neq x$ 时,

必存在 $U \in \mathscr{T}$,使 $x \in U$ 而 $y \overline{\in} U$,由此即证明条件(※)是必要的.

充分性. 设拓扑空间中每一点满足(※),于是,当 $y \neq x$ 时,必存在 $U \in \mathscr{T}$,使之合于 $x \in U$,而 $y \in U$. 同样地,存在 $V \in \mathscr{T}$,使之合于 $y \in V$,而 $x \in V$,这就说明了空间 X 是 T_1 型.

(证完)

定理 2.20　拓扑空间$(X,\mathscr{T})$是 T_1 型的,当且仅当每个单点集都是闭集.

证明　(*)式对每一点都成立的充要条件是:当 $y \neq x$ 时,存在 $V \in \mathscr{T}$,使之合于 $y \in V$ 而 $x \overline{\in} V$,这即说明了 y 不是$\{x\}$的聚点,即$\{x\}$是闭集.

(证完)

推论　设$(X,\mathscr{T})$是拓扑空间而且 X 是有限集,那么$(X,\mathscr{T})$是 T_1 型拓扑空间当且仅当它是散空间.

定理 2.21　设 A 是 T_1 型空间$(X,\mathscr{T})$的任意子集,而 $x \in X$. 那么 x 是 A 的聚点当且仅当 x 的每一个邻域都有集 A 的无限多个点.

证明　只须证明必要性就行了. 用反证法.

设 x 的某个邻域 U 中仅含有 A 的有限多个点不妨设

$$U \cap \{A\} - \{x\} = \{x_1, \cdots, x_n\}.$$

由于$(X,\mathscr{T})$是 T_1 型的,所以 $V = X - \{x_1, \cdots, x_n\}$ 是 x 的开邻域,从而 $U \cap V$ 也是 X 的邻域,但是$(U \cap V) \cap A - \{x\} = \varnothing$. 这与 x 是 A 的聚点矛盾.

(证完)

定理 2.21 反映的事实是读者在实变函数论中所熟知的,因为实数直线是 T_2 型空间,更是 T_1 型空间.

推论　设 X 是 T_1 型拓扑空间,$A \subset X$,则 A 的导集 A' 是闭集. 反之不真.(请读者举一反例).

定理 2.22　拓扑空间 X 是 Huasdorff 空间,当且仅当每个收敛网的极限都是唯一的.

证明 设 X 是 Huasdorff 空间，$S=\{S_n: n\in D\}$ 是 X 中向 x 收敛的网. 以下证明当 $y\neq x$ 时，则 S 不收敛于 y. 这里仍用反证法. 设 S 也收敛于 y，由 X 是 Hausdorff 空间，故存在 x 的开邻域 U 和 y 的开邻域 V，而 $U\cap V=\varnothing$. 由于 S 同时收敛于 x 和 y，故存在 $d_1,d_2\in D$，使 $n\geqslant d_1$ 时 $x_n\in U$，$n\geqslant d_2$ 时 $x_n\in V$，因为 D 是定向集，则存在 $d\in D$，满足 $d\geqslant d_1$，$d\geqslant d_2$，于是 $x_d\in U$，$x_d\in V$，这与 $U\cap V=\varnothing$ 矛盾.

充分性. 设 X 不是 Hausdorff 空间，则存在 x、y，满足 x 的每个邻域与 y 的每个邻域都相交.

设 U,V 分别是 x 与 y 的邻域，因为 $U\cap V\neq\varnothing$，可取点 $x_{(U,V)}\in U\cap V$，注意 $x_{(U,V)}$ 的标号是两个标号 U 与 V 组成的序对 $(U,V)\in\mathscr{U}(x)\times\mathscr{U}(y)$. 我们对 $\mathscr{U}(x)\times\mathscr{U}(y)$ 引入积定向：

$$(U_1,V_1)\leqslant(U_2,V_2),$$

当且仅当

$$U_2\subset U_1, V_2\subset V_1.$$

于是 $\{x_{(U,V)}:(U,V)\in\mathscr{U}(x)\times\mathscr{U}(y)\}$ 便是分别向 x 与 y 收敛的网. 矛盾.

（证完）

我们已经知道，对拓扑 X 而言，密度与权数总满足不等式 $d(X)\leqslant w(X)$，但二者有可能相差很大.

例 17 取非可数集 Y 以及 Y 之外的一点 Ω，令 $X=Y\cup\{\Omega\}$ 在 X 上引入拓扑 $\mathscr{T}$ 如下：

$U(\neq\varnothing)\in\mathscr{T}$ 当且仅当 $X-U$ 是 Y 的可数子集.

不难看出，空间 $(X,\mathscr{T})$ 的密度 $d(X)=1$，权 $w(X)>\aleph$.

下面的定理说明 T_2 型空间中，空间含点的多少与密度的大小之间有着密切关系.

定理 2.23 设 $(X,\mathscr{T})$ 是 T_2 型拓扑空间，则

$$|X|\leqslant \exp\exp d(X)$$

证明 设 A 是 X 的稠密子集，且 $|A|=d(X)$，当 $x\in X$ 时，定义集

族

$$\mathscr{A}(x)=\{U\cap A:x\in U\in\mathscr{T}\}.$$

因为 X 是 T_2 型的，所以 $x\neq y$ 时，必有 $\mathscr{A}(x)\neq\mathscr{A}(y)$，这样 X 便与 $\{\mathscr{A}(x):x\in X\}$ 是一一对应的.

由于 $U\cap A\subset A$，故 $U\cap A\in P(A)$.

所以

$$\mathscr{A}(x)\subset P(A)$$

$$\mathscr{A}(x)\in P(P(A)),$$

所以

$$\{\mathscr{A}(x):x\in X\}\subset P(P(A)).$$

这样就有

$$\begin{aligned}|X|&=|\{\mathscr{A}(x):x\in X\}|\leqslant \exp\exp|A|\\&=\exp\exp d(X).\end{aligned}$$

（证完）

§8　子空间

设$(X,\mathscr{T}_x)$ 是拓扑空间，Y 是 X 的子集. 取 $\mathscr{T}_x=\{U\cap Y:U\in\mathscr{T}_x\}$，那么下面定理成立.

定理 2.24　$(Y,\mathscr{T}_Y)$ 是拓扑空间

证明留待读者完成.

上述定理中的空间$(X,\mathscr{T}_Y)$ 叫做$(X,\mathscr{T}_X)$ 的子空间，$\mathscr{T}_Y$ 叫做 $\mathscr{T}_X$ 关于 Y 的相对拓扑或诱导拓扑.

如果把 Y 到 X 的恒同映射记为 $i:Y\rightarrow X$，即对每一点 $x\in Y$，$i(x)=x$，那么不难看出 $\mathscr{T}_X$ 关于 Y 的相对拓扑 $\mathscr{T}_Y$ 恰好是使得映射 i 保持连续的 Y 上的最小拓扑.

若 Y 是 X 的子空间，Z 又是 Y 的子空间，我们不难验证 Z 也是 X 的子空间.

当 Y 是 X 的子空间时,Y 中的点 x 和 Y 中的子集 A 就一身处于两个空间之中了,很自然地会提问:若 x 与 A 在 X 中有附贴关系,那么在 Y 中是否也有附贴关系?类似的问题很多.为此,我们就几个主要方面来进一步讨论一下拓扑空间与子空间的关系.

定理 2.25 设$(Y,\mathscr{T}_Y)$,是$(X,\mathscr{T}_X)$ 的子空间,$x \in Y, A \subset Y$,则

(1)A 在 Y 中是闭集当且仅当存在 X 中的闭集 F,使得 $A = F \cap Y$.

(2)x 就空间 Y 而言是 A 的聚点当且仅当 x 就空间 X 而言是 A 的聚点.

(3)$\overline{A}^Y = \overline{A} \cap Y$,其中 $\overline{A}^Y$ 代表就空间 Y 而言 A 的闭包,而 $\overline{A}$ 表示 A 在 X 中的闭包.

证明 (1) 由下列逻辑关系可以明显地看出.

A 是 Y 中闭集 $\Leftrightarrow Y-A$ 是 Y 中开集 $\Leftrightarrow$ 存在 X 中开集 U,使 $Y-A = U \cap Y \Leftrightarrow$ 存在 X 中开集 U,使 $A = (X-U) \cap Y \Leftrightarrow$ 存在 X 中闭集 F,使 $A = F \cap Y$.

又因为就空间 Y 而言,x 的开邻域形如 $U \cap Y$,其中 U 是 X 中开集,即 U 是 x 在 X 中的开邻域,注意到

$$(U \cap Y) \cap A = U \cap A$$

所以,x 在 Y 中是 A 的附贴点(聚点)当且仅当 x 在 X 中是 A 的附贴点(聚点).由此(2)(3) 得证.

(证完)

有一些性质,当空间具有此性质时,其子空间(闭子空间、开子空间)也就具有此种性质,这类性质叫做继承性(对闭子空间的继承性、对开子空间的继承性).

例如第一可数性,第二可数性,T_0、T_1 与 T_2 分离性都是继承性的拓扑性质,但是"密度 $\leqslant \aleph_0$"虽是拓扑性质但不是继承性的.例如例 17 中 $d(X) = 1$,而 $d(Y) = |Y|$.

下边讨论一下 Lindelöf 性质,Lindelöf 性质不具有继承性,然而对闭子空间却有继承性.

定理 2.26 设$(X,\mathscr{T}_x)$是 Lindelöf 空间,$(Y,\mathscr{T}_y)$是其闭子空间,则$(Y,\mathscr{T}_y)$也是 Lindelöf 空间.

证明 设$\{V_i:i\in I\}$是空间Y的一个开覆盖,只须证明它有可数子覆盖就行了.事实上,对于每个V_i;,都存在x中的开集U_i,使$V_i = Y \cap U_i$.

由于Y是闭集,$X-Y$就是开集.故集族

$$\{U_i:i\in I\}\cup\{X-Y\}$$

便是X的一个开覆盖.根据X的 Lindelöf 性质,可知存在一个可数子覆盖:

$$\{U_{i1},U_{i2},\cdots,U_{in},\cdots\}\cup\{X-Y\}$$

从而$\{V_{i1},V_{i2},\cdots\}$便是Y的可数覆盖.

(证完)

定理 2.27 若$(Y,\mathscr{T}_y)$是$(X,\mathscr{T})$的闭子空间,那么Y中闭集亦是X中闭集;若$(Y,\mathscr{T}_y)$是$(X,\mathscr{T})$的开子空间(Y是X中开集).那么Y中开集亦是X中的开集.

证明是显然的.

§9 分离性 T_3、T_4 与 $T_{3\frac{1}{2}}$

在§7中,我们已介绍了三种较弱的分离性,本节是§7的继续.在这里我们不但要介绍几种较强的分离性,而且着手研究它们与连续函数的关系.

定义 20 设X是拓扑空间.

(1)X叫做正则空间,是指对X中的任意一点与任意一个闭集F,当$x\in F$时,存在x的开邻域与F的开邻域V,使得$U\cap V=\varnothing$.

注 集合F以V为邻域,是指F的点都是V的内点.

(2)X叫做正规空间,是指对于X中任意两个不相交的闭集F_1与F_2,存在不相交的开集U_1与U_2,使得$F_1\subset U_1$,$F_2\subset U_2$.

容易推证. 空间 X 是正则的,当且仅当对于 X 的任意一点 x 以及 x 的任一邻域 U,都存在 x 的邻域 V 使得 $\overline{V}\subset U$. 换言之,x 的闭邻域族是邻域基. 空间 X 是正规的,当且仅当对 X 的任意闭集 F,当开集 $U\supset F$ 时,则存在开集 V,使得 $F\subset V\subset\overline{V}\subset U$ 成立.

我们把正则的 T_1 型空间叫做 T_3 的,把正规的 T_1 型空间叫做 T_4 的. 显然

$$T_4\rightarrow T_3\rightarrow T_2.$$

例 18 设 X 是实数集合,令 $\mathbf{N}$ 表示自然数集,$Z=\left\{\frac{1}{n}:n\in\mathbf{N}\right\}$,$U_k(x)=\left(x-\frac{1}{k},x+\frac{1}{k}\right)$.

对 $x\in X$,定义开邻域基如下:

$$\mathscr{B}(x)\begin{cases}\{U_k(x):k=1,2,\cdots\}, & x\neq 0,\\ \{U_k(x)-Z:k=1,2,\cdots\}, & x=0.\end{cases}$$

由 $\mathscr{B}(x)$ 决定的拓扑 $\mathscr{T}$ 是 T_2 的但非正则的. 这是由于 Z 是 $(X,\mathscr{T})$ 的闭集,$0\overline{\in}Z$,但是 0 与 Z 不能用开集分离.

下面介绍一个很有用的引理,我们由它可以推出许多重要结果.

引理 2.28 设 x 是一个拓扑空间,如果对 X 中任一闭集 F,以及包含 F 的任一开集 U,存在可数个开集 $U_n,n=1,2,\cdots$ 使得 $F\subset\bigcup\limits_{n=1}^{\infty}U_n$,且对于每一个 n,$\overline{U}_n\subset U$,则空间是正规的.

证明 设 A 与 B 是 X 中不相交的二闭集. 由于 $U=X-B$ 是包含 A 的开集,又由题设条件,存在一列开集 $U_n,n=1,2,\cdots$ 使得

$$A\subset\bigcup_{n=1}^{\infty}U_n \text{ 且 } \overline{U}_n\cap B=\varnothing.$$

同理,存在一列开集 $V_n,n=1,2,\cdots$ 使得

$$B\subset\bigcup_{n=1}^{\infty} \text{ 且 } \overline{V}_n\cap A=\varnothing.$$

我们令

$$U_n^*=\bigcup U_n-\bigcup_{i=1}^{n}\overline{V}_i,$$

$$V_n^* = V_n - \bigcup_{i=1}^{n} \overline{U}_i.$$

显然,U_n^*,V_n^* 都是开集,且对于任意的 m、$n = 1,2,\cdots U_m \cap V_n^* = \varnothing$.

从而 $U^* = \bigcup_{n=1}^{\infty} U_n^*$ 与 $V^* = \bigcup_{n=1}^{\infty} V_n^*$ 是两个不相交的开集.

又因为 $\forall x \in A$,$x \in$ 某个 U_{n0},但 $x \overline{\in} \overline{V}_n$,故 $x \in U_{n0}^*$,于是 $A \subset U^*$,同理 $B \subset V^*$. 这样 A 与 B 被开集 U^* 与 V^* 分离.

（证完）

定理 2.29　正则的 Lindelöf 空间是正规的.

证明　为了明证正则的 Lindelöf 空间 X 是正规的,只须证明 X 满足引理 2.28 的条件.

设 F 是任一闭集,开集 $U \supset F$. 因为 X 是正则的,对每一个 $x \in F$,存在 x 的开邻域 U_x,使得

$$x \in U_x \subset \overline{U}_x \subset U.$$

这样得到了 F 的一个开覆盖 $\{U_x : x \in F\}$,由定理 2.26,闭集 F 也是 Lindelöf 空间,就有某个可数子覆盖 $\{U_n : n = 1,2,\cdots\}$,显然,$\{U_n : n = 1, 2,\cdots\}$ 满足引理 2.28 的条件.

（证完）

由此可以推出一个重要的结论:

满足第二可数公理的正则空间是正规空间.

根据定理 2.28,我们还可以推出:势为可数的正则空间必然是正规的.

为了熟悉引理 2.28 并学会使用这个引理我们再做一个练习:证明 Sorgenfrey 直线 K 是正规的. 读者不难证明 Sorgenfrey 直线也是 Lingelöf 的.

设 F 是 K 中任意一个闭集,开集 $U \supset F$. 因为 F 的每一点都是 U 的内点,所以 F 的点不外两种.

(1)$x \in F$,并且存在区间(a,b),使得

$$x \in (a,b) \subset U.$$

对这样的点可以选取一对有理数 r、r'，使

$$x \in (r,r') \subset [r,r') \subset U.$$

(2) $x \in F$，但不存在上述形式的区间 (a,b). 此时可以选取有理数 $r_x > x$，使得

$$x \in [x,r_x) \subset U,$$

并且当 $x,y \in F$，$x \neq y$ 时，相应的 (x,r_x) 与 (y,r_y) 必然互不相交，从而可知第(2)类点至多可数个.

由于(1)(2)两类点各自对应的区间 $[r,r')$ 与 $[x,r_x)$ 总共是可数个，它们就形成了符合引理 2.28 条件的 $\{U_n : n = 2,\cdots\}$，从而 K 是正规空间.

连续映射在拓扑学研究中起着重要作用，特别是由拓扑空间到实数空间 R(或 I)的映射. 显然，当 X 是粘空间时，一切实值连续函数都是常值函数. 更有趣的是，确实存在这样的空间，它是 T_3 的，但是其上的每一个实值连续函数也都是常值函数.

定义 21 设 X 是拓扑空间，若对 X 中的任意一点 x 以及不含此点的任意闭集 F，都存在一连续函数 $f: X \to I$，使得 $f(x) = 0$，而 $y \in F$ 时，$f(y) = 1$，则称 X 是完全正则的. 此时，也说点 x 与闭集 F 是函数分离的. 若将 $I = [0,1]$ 换成任意闭区间 $[a,b]$，要求 $f(x) = a$，而 $y \in F$ 时，$f(y) = b$，并不影响定义.

完全正则的 T_1 型空间叫做 $T_{3\frac{1}{2}}$ 的，也叫做 Tychonoff 空间. 显然，$T_{3\frac{1}{2}} \to T_3$.

下面将证明：T_4 空间一定是 $T_{3\frac{1}{2}}$ 空间.(但反之不真. 例 12 中的 Niemytzki 平面就是一个反例，此处不详述).

定理 2.30 设 X 是正规空间，如果 F_1 与 F_2 是 X 中的闭集，合于条件 $F_1 \cap F_2 = \varnothing$，则存在连续函数 $f: X \to [0,1]$，当 $x \in F_1$ 时，$f(x) = 0$，当 $x \in F_2$ 时，$f(x) = 1$. 换言之，二不相交闭集可以用函数分离.

上述定理以“Urysohn 引理”命名而著称于世. 下边给出它的证明.

证明 首先应注意，X 是正规空间与下述条件等价：对任意闭集 F

及开集 U,当 $F \subset U$ 时,存在开集 V,满足 $F \subset V \subset \bar{V} \subset U$.

因为 F_1、F_2 为不相交闭集,若取 $U_1 = X - F_2$,则 $F_1 \subset U_1$. 利用 X 的正规性,根据上边所述,存在开集 $U_{\frac{1}{2}}$,使之满足条件:

$$F_1 \subset U_{\frac{1}{2}} \subset \overline{U}_{\frac{1}{2}} \subset U_1$$

再由 X 的正规性,又存在开集 $U_{\frac{1}{4}}$ 与 $U_{\frac{3}{4}}$,满足下列条件:

$$F_1 \subset U_{\frac{1}{4}} \subset U_{\frac{3}{4}} \subset U_{\frac{1}{2}} \text{ 与} \subset \overline{U}_{\frac{1}{4}} \subset \overline{U}_{\frac{3}{4}} \subset U_1$$

一般地说,假若对于所有形为 $k/2^n$ 的二进有理数 γ 均已定出了 U_r,其中 $k \leqslant 2^n, n \leqslant n_o$,满足条件:

当二进有理数 $r_1 < r_2$ 时

$$\overline{U}_{r_1} \subset U_{r_2}.$$

现在可按下述方法对形如 $k/2^{n_o+1}$ 的既约二进有理数定出相应的 U_r:

设在形为 $k/2^n, k \leqslant 2^n, n \leqslant n_0$ 的诸数中 r_1 是比 $k/2^{n_o+1}$ 小的最大者,r_2 是比 $k/2^{n_o+1}$ 大的最小者,因为此时有

$$\overline{U}_{r_1} \subset U_{r_o}.$$

根据 X 的正规性,就可以取得开集 U_r,使之合于

$$\overline{U}_{r_1} \subset U \subset \overline{U}_r \subset U_{r_2}.$$

这样,对一切二进有理数 $r \in (0,1)$ 都可以归纳地定义相应的开集 U_r,使其满足条件:

(1) 当 $r_1 < r_2$ 时,$U_{r_1} \subset U_{r_2}$;

(2) 对一切二进有理数 $r \in (0,1)$

$$F_1 \subset U_r \subset \overline{U}_r \subset U_1 = X - F_2.$$

今定义函数 $f: X \to [0,1]$ 如下:

$$f(x) = \begin{cases} \inf\{r: x \in U_r\}, & x \in X - F_2, \\ 1, & x \in F_2. \end{cases}$$

显然,当 $x \in F_1$ 时,$f(x) = 0$,余下的问题是证明 f 是连续的,这只须证明形如 $[0,a)$,$(b,1]$ 的区间在映射 f 下的原象是开集就行了.

设 $x_o \in f^{-1}([0,a))$,于是 $f(x_0) = \inf\{r: x_0 \in U_r\} < a$,取二进有理数 r_1,使 $f(x_0) < r_1 < a$,那么就有

$$x_0 \in U_{r_1} \subset f^{-1}([0,a)).$$

这就说明 $f^{-1}([0,a))$ 是其自身每一点的邻域,即是开集.

设 $x_o \in f^{-1}((b,1])$,于是 $f(x_0) = \inf\{r : x_o \in U_r\} > b$ 取二进有理数 r_1、r_2 使 $f(x_o) > r_2 > r_1 > b$,那么就有 $x_0 \overline{\in} Ur_2$,更有 $x_0 \overline{\in} \overline{U}_{r1}$,从而

$$x_0 \in X - \overline{U}_{r1} \subset f^{-1}((b,1]),$$

说明 $f^{-1}([b,1])$ 是开集.

(证完)

由 YpblcoH 引理容易得到

$$T_4 \rightarrow T_{3\frac{1}{2}}.$$

对于正规空间,下述 Tietze 关于连续函数的扩张定理也是极为重要而且有用的.

定理 2.31 (Tietze 定理)设 X 是正规空间,Y 是 X 的闭子空间,若 f 是 Y 上的实值连续函数,则存在 X 上的实值连续函数 $\widetilde{f}$,使得当 $x \in Y$ 时,$\widetilde{f}(x) - f(x)$.($\widetilde{f}$ 称作 f 在 X 上的连续扩张,而 f 也叫做 $\widetilde{f}$ 在 Y 上的限制,记作 $\widetilde{f}\,|_r = f$).

证明 首先就 f 是 Y 上的实值有界连续函数给出证明.不妨设 $f: Y \rightarrow [-a,a]$.令

$$F_1 = f^{-1}([-a, -\frac{1}{3}a]), F_2 = f^{-1}\left(\left[\frac{1}{3}a, a\right]\right).$$

由于 f 是 Y 上的连续函数,而 Y 又是空间 X 的闭子集,便知 F_1、F_2 都是 X 中的闭集,并且不相交.据 Urysohn 引理,便有连续函数 $g_1: X \rightarrow \left[-\frac{1}{3}a, \frac{1}{3}a\right]$,使得 $x \in F_1$ 时,$g_1(x) = -\frac{1}{3}a$,$x \in F_2$ 时,$g_1(x) = \frac{1}{3}a$.从而,当 $x \in Y$ 时,有

$$| f(x) - g_1(x) | \leqslant \frac{2}{3}a.$$

我们取 $f_1(x) = f(x) - g_1(x)$.则 $f_1(x)$ 亦是 Y 上的实值连续函数,且 $f_1: Y \rightarrow \left[-\frac{2}{3}a, \frac{2}{3}a\right]$,重复前面的步骤,便可得 $g_2: X \rightarrow$

$\left[-\frac{1}{3}\left(\frac{2}{3}a\right),\frac{1}{3}\left(\frac{2}{3}a\right)\right]$，使得当 $x\in Y$ 时，有

$$|f_1(x)-g_2(x)|\leqslant\frac{2}{3}\left(\frac{2}{3}a\right),$$

即

$$|f(x)-g_1(x)-g_2(x)|\leqslant\left(\frac{2}{3}\right)^2a.$$

一般地，假设已求出 X 上的连续函数 $g_1,g_2,\cdots,g_n$，使得

(1) $|g_k(x)|\leqslant\frac{1}{3}\left(\frac{2}{3}\right)^{k-1}a, x\in X, k=1,2,\cdots,$

(2) $|f(x)-(g_1(x)+\cdots+g_n(x))|\leqslant\left(\frac{2}{3}\right)^ka, x\in Y, k=1,2,\cdots$

若令 $f_n(x)=f(x)-(g_1(x)+\cdots+g_n(x))$，则 f_n 是一实值连续函数(有界)：

$$f_n:Y\to\left[-\left(\frac{2}{3}\right)^na,\left(\frac{2}{3}\right)^na\right].$$

再重复开始的处理步骤，便得到 X 上一个实值连续函数：$g_{n+1}:X\to\left[-\frac{1}{3}\left(\frac{2}{3}\right)^na,\frac{1}{3}\left(\frac{2}{3}\right)^na\right]$，使得当 $x\in Y$ 时，有

$$\left|f(x)-\sum_{k=1}^{n+1}g_k(x)\right|\leqslant\left(\frac{2}{3}\right)^{n+1}a.$$

由此得到函数列 $\{g_k\}$，其中 g_k 是 X 上满足上面条件(1)(2) 的实值连续函数. 由(1) 可知级数 $\sum\limits_{k=1}^{\infty}g_k(x)$ 在 X 上一致收敛. 令

$$\widetilde{f}(x)=\sum_{k=1}^{\infty}g_k(x).$$

故 $\widetilde{f}$ 在 X 上连续，且

$$|\widetilde{f}(x)|\leqslant\sum_{k=1}^{\infty}\frac{1}{3}\left(\frac{2}{3}\right)^{k-1}a=a.$$

又由(2) 可知

$$|f(x)-\widetilde{f}(x)|\leqslant\left|f(x)-\lim_{n\to\infty}\sum_{k=1}^{n}g_k(x)\right|$$

$$= \lim_{n\to\infty}\left|f(x) - \sum_{k=1}^{n} g_k(x)\right| = 0,$$

即
$$\widetilde{f}\Big|_{Y} = f.$$

这样就证明了 $f:Y\to[-a,a]$ 连续时，有连续扩张 $\widetilde{f}:X\to[-a,a]$.

当 f 在 Y 上无界时，可取一个同胚映射

$$i:(-\infty,+\infty)\to(-1,1).$$

于是，根据前面结果，连续函数 $i\circ f:Y\to[-1,1]$ 有连续扩张 $\widetilde{f}_1:X\to[-1,1]$，注意到 $A=\widetilde{f}_1^{-1}[\{-1,1\}]$ 是 X 中的闭集，且与 Y 不相交，故存在连续函数 $h:X\to[0,1]$，使得当 $x\in A$ 时 $h(x)=0$，当 $x\in Y$ 时 $h(x)=1$. 令

$$\widetilde{f}=i^{-1}\circ(\widetilde{f}_1\cdot h).$$

显然，$\widetilde{f}$ 是 X 到 R 的连续函数，且 $\widetilde{f}\Big|_{Y}=f$.

（证完）

在 Tietze 定理中，X 的正规性是重要的，否则 X 将有不相交的闭集 A、B，不能被开集分离，令 $Y=A\cup B$

$$f(x)=\begin{cases}0, & x\in A,\\ 1, & x\in B.\end{cases}$$

显然，f 是 Y 上的实值连续函数，但不存在 X 上的连续扩充.

§10 连通性

设 A 与 B 是拓扑空间 $(X,\mathscr{T})$ 的两个子集，当 $A\cap\overline{B}=\varnothing=\overline{A}\cap B$ 时，我们便说 A 与 B 是隔离的. 换句话说，A 与 B 任一个都不含另一个的附贴点. 例如实数空间中 $(0,1)$ 与 $(1,2)$ 就是隔离的，但是 $(0,1)$ 与 $[1,2)$ 不是隔离的. A 与 B 隔离，有几种等价的说法. 其一，A 与 B 不相交并且同是子空间 $A\cup B$ 中的开集. 或者，A 与 B 不相交且同是子空间 $A\cup B$ 的闭集. 或者 A 与 B 不相交且其一是子空间 $A\cup B$ 的既开且闭集. 显然，若 A

与 B 隔离，则 $A_1 \subset A$ 与 $B_1 \subset B$ 亦是隔离的.

关于隔离集我们提出如下几条性质.

定理 2.32　设 Y、Z 是拓扑空间中的两个闭集，则 $Y-Z$ 与 $Z-Y$ 便是隔离的.

证明　显然，$Y-Z$ 的附贴点必属于闭集 Y，从而不属于 $Z-Y$，对 $Z-Y$ 亦是一样，故 $Y-Z$ 与 $Z-Y$ 是隔离的.

（证完）

定理 2.33　设 X 是拓扑空间，$X=Y\cup Z$，若 $Y-Z$ 与 $Z-Y$ 是隔离的，那么对于任意的 $A\subset X$，有以下关系成立：

$$\overline{A}=(\overline{A\cap Y}^y)\cup(\overline{A\cap Z}^z).$$

其中 $\overline{A\cap Y}^y$，$\overline{A\cap Z}^z$ 分别表示集合 $A\cap Y$，$A\cap Z$ 于子空间 Y 及 Z 中取的闭包.

证明　因为 $\overline{A}=\overline{A\cap Y}\cap\overline{A\cap Z}$，于是有 $\overline{A}\supset\overline{A\cap Y}^y\cup\overline{A\cap Z}^z$.

以下证明 $\overline{A}\subset\overline{A\cap Y}^y\cup\overline{A\cap Z}^z$.

若 $x\in\overline{A}$，不妨设 $x\in\overline{A\cap Y}=\overline{A\cap(Y\cap Z)}\cup\overline{A\cap(Y-Z)}$，于是，当 $x\in Y$ 时，有

$$x\in\overline{A\cap Y}^y.$$

否则 $x\overline{\in}Y$，有

$$x\in Z-Y.$$

因为 $Z-Y$ 与 $Y-Z$ 是隔离的，故有

$$x\overline{\in}\overline{Y-Z},$$

即

$$x\in\overline{A\cap(Y\cap Z)}\subset\overline{A\cap Z}.$$

从而

$$x\in\overline{A\cap Z}^z.$$

（证完）

下列定理是显然的.

定理 2.34　若 X 是拓扑空间，$X=Y\cup Z$，而且 $Y-Z$ 与 $Z-Y$ 是隔

离集,若 A 满足:

$$A \cap Y \text{ 在 } Y \text{ 中开(闭)}, A \cap Z \text{ 在 } Z \text{ 中开(闭)},$$

则 A 便是开(闭)集.

证明 "闭"的情况是上一定理的推论,"开"的情况只须考虑余集即可.

(证完)

现在引入拓扑空间的另一重要概念 —— 连通集的概念.

定义 22 设 A 是拓扑空间 $(X,\mathscr{T})$ 中的非空集合,若 A 不能表示成两个非空隔离集之并,则称 A 是连通集,若 X 本身是连通集,则称 $(X,\mathscr{T})$ 是连通空间.若拓扑空间的每一点存在着由连通集组成的邻域基,则称空间是局部连通空间.

我们不难证明实数空间 R 及其每一区间都是连通的.实际上,设 R 是不连通的,于是 $R = R_1 \cup R_2$,其中 R_1, R_2 都是既开且闭的非空集,且不相交,任取点 $x_1 \in R_1, x_2 \in R_2$,不妨设 $x_1 < x_2$.令 $a = \inf\{x: x \in R_2, x > x_1\}$,以下可以说明不论 $a \in R_1$ 或 $a \in R_2$ 都将导致矛盾.

(1) 若 $a \in R_2$,因 R_2 是开集,故存在 R_2 中点 x,使 $x_1 < x < a$,与"a 是下确界"矛盾;

(2) 若 $a \in R_1$,因 R_1 是开集,故存在 b,使 $[a,b) \subset R_1$,又与"a 是下确界"矛盾.

从而 R 是连通的.

以下介绍的关于连通集的结果是很有用的.

定理 2.35 若 A 是空间 X 中的连通集,B 满足条件

$$A \subset B \subset \overline{A},$$

则 B 亦是连通集.

证明 用反证法.假设 B 不是连通集,则 $B = B_1 \cup B_2$,其中 B_1、B_2 非空,且 $\overline{B}_1 \cap B_2 = B_1 \cap \overline{B}_2 = \varnothing$.

由于 $A \subset B$,可知 $A = (A \cap B_1) \cup (A \cap B_2)$,因为 B_1、B_2 是隔离的,而 A 是连通集,则 $A \cap B_1$ 与 $A \cap B_2$ 至少一项是空集.

不妨设$A \cap B_2 = \varnothing$，从而 $A \subset B_1$，$\overline{A} \cap B_2 \subset \overline{B}_1 \cap B_2 = \varnothing$ 而 $B_2 \subset B \subset \overline{A}$，$B_2 = \overline{A} \cap B_2 = \varnothing$.

这样与 $B_2 \neq \varnothing$ 矛盾.

（证完）

定理 2.36　设$\{A_i : i \in I\}$是一族连通集，B 也是一个连通集，而且 B 与每个 A_i 均不隔离，那么，$B \cup (\bigcup \{A_i : i \in I\})$ 也是连通集.

证明　为着书写简单起见，令 $C = B \cup (\bigcup \{A_i : i \in I\})$，仍用反证法.

假设C不是连通集，则 $C = C_1 \cup C_2$，其中 C_1，C_2 是二非空隔离集. 由 B 连通，故 B 必整个包含于某一个 C_i，例如 $B \subset C_1$，又每个 A_i 与 B 不隔离，故 $A_i \subset C_1$，从而 $C_2 = \varnothing$. 矛盾.

（证完）

推论 1　若$\{A_i : i \in I\}$是一族连通集，两两不隔离，则 $\bigcup \{A_i : i \in I\}$ 是连通集.

推论 2　若集 A 中的任意两点 x，y，存在连通集 A_{xy} 满足：

$$\{x, y\} \subset A_{x,y} \subset A,$$

则 A 是连通集.

用数学归纳法容易证明：

推论 3　若 A_1，A_2，…，A_n 是有限个连通集，而且 A_i 与 A_{i+1}（$i = 1, 2, \cdots, n-1$）不隔离，则 $\bigcup\limits_{i=1}^{n} A_i$ 便是连通集.

推论 4　若 A_1，A_2，…，A_n，… 是可列个连通集，A_n 与 A_{n+1} 不隔离（$n = 1, 2, \cdots$），则 $\bigcup\limits_{n=1}^{\infty} A_n$ 是连通集.

定理 2.37　连通集的连续象是连通的.

证明　设 $f : X \to Y$ 是连续的，$A \subset X$.

若 $f(A)$ 不是连通集，于是有非空隔离集 B_1 与 B_2 使 $f(A) = B_1 \cup B_2$.

不难证明 $f^{-1}(B_1)$ 与 $f^{-1}(B_2)$ 亦是相隔离的. 否则由 $x \in \overline{f^{-1}(\overline{B}_1)} \cap$

$f^{-1}(B_2)$，推出 $x \in f^{-1}(\overline{B}_1) \cap f^{-1}(B_2)$，于是 $f(x) \in \overline{B}_1 \cap B_2$，矛盾于 $\overline{B}_1 \cap B_2 = \varnothing$.

这样 A 就可以表示为非空隔离集 $f^{-1}(B_1) \cap A$ 与 $f^{-1}(B_2) \cap A$ 之并. 矛盾于 A 是连通集.

（证完）

由此定理可知，连通性是同胚不变性.

定理 2.38 （樊畿）拓扑空间 X 中的子集 A 是连通的，当且仅当下列条件成立：

对每一点 $Ax \in A$，取任一开邻域 V_x. 那么对 A 中任意两点 a、b，存在 A 中有限个点 $a_1 = a, a_2, \cdots, a_n = b$ 使

$$A \cap V_{ai} \cap V_{ai+1} \neq \varnothing \quad (1 \leqslant i \leqslant n-1)(*).$$

证明 首先证明条件的充分性. 用反证法. 若 A 不连通，则 $A = A_1 \cup A_2$，其中，$A_1 \neq \varnothing$，$A_2 \neq \varnothing$，且 $\overline{A}_1 \cap A_2 = \overline{A}_2 \cap A_1 = \varnothing$.

对每一个 $x \in A_1$，可取 $V_x = X - \overline{A}_2$.

对每一个 $x \in A_2$，可取 $V_x = X - \overline{A}_1$.

于 A_1、A_2 中分别取定 a、b，对 A 中任意有限个点：$a = a_1, a_2, \cdots, a_n = b$，必存在 i，使 $a_i \in A_i$，而 $a_{i+1} \in A_2$，那么有

$$\begin{aligned} A \cap V_{ai} \cap V_{ai+1} &= A \cap (X - \overline{A}_2) \cap (X - \overline{A}_1) \\ &= A \cup (X - \overline{A}_1 \cup \overline{A}_2) = \varnothing \end{aligned}$$

故不满足（$*$）.

其次证明必要性.

设 A 是连通的，当 $x \in A$，V_x 是任意确定的 x 的开邻域时，要证对 A 中任二点 a, b，有满足（$*$）的有限个点：$a_1 = a, a_2, \cdots, a_n = b$. 这样的点列称做连接 a, b 的一个链.

用反证法. 假若对 A 中两点 a, b，不存在这样的有限链. 先将 a 固定下来，并考虑一切与 a 能用有限链连接的点之集合 $E(\subset A)$，显然，$b \overline{\in} E$，从而 E 是 A 的非空真子集. 以下证明 E 是子空间 A 中既开且闭的集合.

(1)E 是 A 中的开集.

实际上,当 $x \in E$ 时,便存在一有限点列 $a_1 = a, a_2, \cdots, a_n = x$ 满足(*),此时,若 $y \in V_x \cap A$,则将 y 取作 a_{n+1},那么式(*)对 $i \leqslant n$ 也是成立的. 因此,$x \in E$ 时,$A \cap V_x \subset E$,从而 E 是 A 中开集.

(2)E 是 A 中闭集.

设 $y \in \bar{E}^A = \bar{E} \cap A$,则必存在 $x \in E$,使 $x \in V_y$,设 $a_1 = a, a_2, \cdots, a_n = x$ 是连接 a 与 x 的一个链,那么令 $a_{n+1} = y$ 时,式(*)对于 $i \leqslant n$ 仍然是成立的,即证明了 $y \in E$,故 $\bar{E}^A = E$.

综上所述,E 是 A 中既开且闭的非空真子集,从而 A 不是连通的,矛盾. 必要性得证.

(证完)

X 是拓扑空间,x 是 X 中任意一点,那么含点 x 的一切连通集之并仍是一个连通集,且是含有 x 的最大连通集,把它叫做 X 的一个连通分支. 容易看出,同一空间中的不同连通分支是互不相交的. 每个连通分支都一定是闭集,但不一定是开集. 若 C 是一个连通分支,那么对于每一点 $y \in C$,C 是含 y 的最大连通集.

例如,考虑 E^2 中的点集

$$E_i = \left\{(x, y): x = \frac{1}{i}, 0 \leqslant y \leqslant \frac{1}{i}\right\}.$$

令

$$X = \{(0,0)\} \cup \left(\bigcup_{i=1}^{\infty} E_i\right).$$

于 X 上取相对拓扑,则含 $(0,0)$ 的连通分支是 $\{(0,0)\}$,它不是 X 中的开集.

对于局部连通空间则有以下结果:

定理 2.39　局部连通空间 X 中的每一连通分支是既开且闭的.

证明留给读者完成.

局部连通空间不一定是连通的,反之,连通空间也不一定是局部连通的.

例如,在 E^2 中的两条平行线

$$l_1 = \{(x,y): x = 0\},$$

$$l_2 = \{(x,y): x = 1\}.$$

令 $X = l_1 \cup l_2$,取相对拓扑,则它是局部连通的,但不是连通的.

又如,在 E^2 中取直线

$$l_i = \left\{(x,y): x = \frac{1}{i}\right\} \quad (i = 1,2,\cdots),$$

$$l_o = \{(x,y): x = 0\},$$

$$l = \{(x,y): y = 0\}.$$

令 $X = (\bigcup_{i=0}^{\infty} l_i) \cup l$,并取相对拓扑,则 X 是连通的.但不是局部连通的.l_0 上除原点之外的每一点都不具备连通的邻域基.

第2章　习　题

1.试证:集 X 上任意多个拓扑的交是 X 上的拓扑.

2.举出一例,$\mathscr{T}_1$ 与 $\mathscr{T}_2$ 都是集 X 上的拓扑,但 $\mathscr{T}_1 \cup \mathscr{T}_2$ 不是 X 上的拓扑.

3.设 $(X,\mathscr{T})$ 是一个拓扑空间,$A \subset X$,试用邻域概念来证明

$$X = A^\circ \cup \overline{(X-A)}.$$

4.设 $(X,\mathscr{T})$ 是拓扑空间,$x \in U \subset X$,证明 U 是 x 的邻域当且仅当对于以 x 为聚点的集合 $A \subset X$ 恒有 $A \cap U - \{x\} \neq \varnothing$.

5.已知欧几里得平面的子集 $A = \{(x,0): 0 < x < 1\}$ 与 $B = \{(x, y): x$ 与 y 都是有理数$\}$,请指出 $\overline{A}, A^\circ, A^b, \overline{B}, B^\circ, B^b$ 以及 $(\overline{B})^\circ, (\overline{B^\circ})$.

6.设 $\mathscr{T}_1$ 与 $\mathscr{T}_2$ 是同一个集 X 上的两个拓扑,$\mathscr{T}_1 \subset \mathscr{T}_2$,我们把子集 A 在空间 $(X,\mathscr{T}_n)$ 中的闭包记为 A^{-n},内部记为 $A^{\circ n}$,其中 $n = 1,2,\cdots$ 试问

$$A^{-1} \text{ 与 } A^{-2};\quad A^{\circ 1} \text{ 与 } A^{\circ 2}$$

之间有怎样的包含关系?

7.设 $X = \{a,b\}$,试在 X 上引入拓扑 $\mathscr{T}_1$ 与 $\mathscr{T}_2$,使得单点集 $A = \{a\}$ 在

空间$(X,\mathscr{T}_1)$中的导集A'不是闭的，而在$(X,\mathscr{T}_2)$中A'是非空的闭集.

8. 设$\mathscr{B}_1$与$\mathscr{B}_2$是同一个拓扑空间$(X,\mathscr{T})$的不同的两个基底，试问$\mathscr{B}_1$与$\mathscr{B}_2$有什么关系？

9. 设空间$(X,\mathscr{T})$满足第二可数公理，证明X的每一个基底都包含着一个可数基底.

10. 设A在空间X中稠密，U是开集，证明$U \subset (A \cap U)^-$.

11. 在具有序拓扑的序数空间$[0,\omega_1)$中有可数稠密子集吗？

12. 对 Sorgenfrey 直线K回答下列问题：

(1) 除去$\varnothing$与K之外，K中有没有既开且闭的子集合？

(2) K满足第一可数公理吗？

(3) K有可数稠密子集吗？

13. 设X是T_1空间，$A \subset X$，证明导集A'是闭集.

14. 已知X是无限集，请给出$\mathscr{T}$，使$(X,\mathscr{T})$是T_1型拓扑空间，并且$\mathscr{T}$是此种拓扑的最小者.

15. 举例：A是实数空间R的一个子集，满足条件

$$A' \neq (A')' \neq ((A')')'.$$

16. 设$(X,\mathscr{T})$是拓扑空间，证明下列三条件彼此等价：

(1) $(X,\mathscr{T})$是T_2的；

(2) 对任意的$x,y \in X, x \neq y$，存在x的开邻域U使得$y \overline{\in} \overline{U}$；

(3) 对每一点$x \in X$，有$\bigcap \{\overline{U} : x \in U \in \mathscr{T}\} = \{x\}$成立.

17. 设f与g是空间X到T_2空间Y的连续映射，证明

(1) 集$\{x : f(x) = g(x)\}$在X中是闭的；

(2) 当A是X的稠密子集，并且$f|_A = g|_A$时，$f = g$.

18. 证明分离性T_i是可继承的，其中$i \leqslant 3\frac{1}{2}$.

19. 设映射$f: X \to Y$连续，如果我们按照下述情形改变X或Y的拓扑，试问f仍然连续吗？

(1) 将X上的拓扑加细；

(2) 将 X 上的拓扑变粗；

(3) 将 Y 上的拓扑加细；

(4) 将 Y 上的拓扑变粗.

20. 设 f 与 g 都是空间 X 到实数空间 R 的连续函数，试证

(1) af，$f+g$ 连续，其中 a 是给定的实数；

(2) $f\cdot g$，f/g 连续(式 f/g 中的 g 在 X 上恒不取零值)；

(3) $|f|$，$\max\{f,g\}$，$\min\{f,g\}$ 连续.

21. 设 X 是拓扑空间，$X=A\cup B$，并且 $A-B$ 与 $B-A$ 是相隔离的，映射 $f:X\to Y$ 在 A 上连续同时在 B 上连续. 证明 f 在 X 上连续.

22. 设 f 是空间 X 到空间 Y 上的连续映射，证明 $d(Y)\leqslant d(X)$，其中 $d(X)$ 表示空间 X 的密度.

23. 设 f 是空间 X 到空间 Y 上的连续映射，证明当 X 是 Lindelöf 空间时 Y 是 Lindelöf 空间.

24. 按下述要求各举一例：

(1) 映射 $f:X\to Y$ 上是开的、连续的，但不是闭的；

(2) 映射 $f:X\to Y$ 上是闭的、连续的，但不是开的；

(3) 映射 $f:X\to Y$ 上是既开且闭的、连续的，但不是同胚映射；

(4) 映射 $f:X\to Y$ 上是连续的、一对一的，但不是同胚映射.

25. 已知 X 是无限集，$\mathscr{T}=\{\varnothing$，有限集的余集$\}$，试问空间 $(X,\mathscr{T})$ 连通吗?

26. 设 $(X,\mathscr{T})$ 是连通的拓扑空间，若 $\mathscr{T}^*$ 也是 X 上的拓扑，并且 $\mathscr{T}^*\subset\mathscr{T}$，试问 $(X,\mathscr{T}^*)$ 连通吗?

27. 设 D 表示由两个点组成的散空间 $\{0,1\}$，X 是一个拓扑空间，证明 X 是连通的当且仅当不存在由 X 到 D 上的连续映射.

28. 设 $\mathbf{R}$ 是通常的实数空间，$\mathbf{Q}$ 与 $\mathbf{N}$ 分别表示有理数集与自然数集，作为子空间来看，空间 $\mathbf{Q}$ 与空间 $\mathbf{N}$ 各自的连通分支有多少?二者的连通分支有什么不同?这两个空间同胚吗?

29. 试证 Sorgenfrey 直线 K 是一个 Lindelöf 空间.

* 30. 试证 Neimytzki 平面 L 不是正规空间.

31. 试构造一例：$\mathscr{T}_1$ 与 $\mathscr{T}_2$ 是同一个集合 X 上的拓扑，$\mathscr{F}_1 \subsetneqq \mathscr{T}_2$，但 $W(X,\mathscr{T}_1) > W(X,\mathscr{T}_2)$，其中 $W(X,\mathscr{T})$ 表示拓扑空间 $(X,\mathscr{T})$ 的权.

第3章　积空间、商空间

§1　积空间

设$\{X_a:a\in A\}$是一族拓扑空间，考虑直积$X=\times\{x_a:a\in A\}$，令P_a表示从X到坐标空间X_a的投影，即对每一点$x=\{x_a\}\in X$，$P_a(x)=x_a$. 我们把映射族$\{P_a:a\in A\}$决定的拓扑$\mathscr{T}$叫做直积$X=\times\{X_a:a\in A\}$上的乘积拓扑，也叫Tychonoff拓扑. 把$(X,\mathscr{T})$叫做拓扑空间族$\{X_a:a\in A\}$的乘积空间，简称积空间. 由第二章§6知道，乘积拓扑$\mathscr{T}$是使所有$P_a:X\to X_a$连续的、X上的最小拓扑，所以

$$\mathscr{S}=\{P_a^{-1}[U_a]:U_a\text{ 是 }X_a\text{ 中的开集},a\in A\}$$

为子基底，其中$P_a^{-1}[U_a]$即是$U_a\times(\times\{X_b:b\in A,b\neq a\})$. 一切形如

$$\bigcap\{P_{a_i}^{-1}[U_{a_i}]:i=1,2,\cdots,n\}$$
$$=\times(\{U_{a_i}:i=1,2,\cdots,n\})\times(\times\{X_a:a\in A,a\neq a_1,\cdots,a_n\})$$

(其中U_{a_i}是X_{a_i}中的开集，n是自然数)的集合组成了$\mathscr{T}$的一个基底. 我们以后把这样的基底(子基底)叫做乘积拓扑的标准基底(子基底)，其中的元素叫基本开集.

定理3.1　积空间$X=\times\{X_a:a\in A\}$向其坐标空间X_a的投影P_a是开映射(所谓开映射是指把开集映成开集的映射).

证明　设G是X中任一开集，今证明$P_a[G]$是X_a中的开集，这只须

证明 $P_a[G]$ 的每一点都是 $P_a[G]$ 的内点. 设 $x_a \in F_a[G]$. 取 $x \in G$ 使之合于 $P_a(x) = x_a$. 因为 G 是开集,于是存在某个基本开集

$$B = (\times \{U_{a_i} : i = 1,2,\cdots,n\}) \times (\times \{X_a : a \in A, a \neq a_1,\cdots,a_n\})$$

使得

$$x \in B \subset G.$$

由此推出

$$x_a \in \left\{\begin{matrix} U_a, \text{当 } a = a_i, i = 1,2,\cdots,n \text{ 时} \\ X_a, \text{当 } a \in A \backslash \{a_1,\cdots,a_n\} \text{ 时} \end{matrix}\right\} \subset P_a[G]$$

说明 x_a 是 $P_a[G]$ 的内点.

（证完）

从乘积拓扑的定义知道,下述关于连续性的判别法是定理 2.17 的直接推论.

定理 3.2　设 f 是拓扑空间 X 到积空间 $Y = \times \{Y_a : a \in A\}$ 的映射,则 f 连续的充要条件是对每一个 $a \in A$, $P_a \circ f$ 连续,其中 P_a 是 Y 到 Y_a 的投影.

定理 3.3　设 $\{S_n : n \in D\}$ 是积空间 $X = \times \{X_a : a \in A\}$ 中的网, $x = \{x_a\} \in X$, 则 $\{S_n : n \in D\}$ 收敛于 x 的充要条件是对每一个 $a \in A$, $\{P_a(S_n) : n \in D\}$ 收敛于 $P_a(x)$.

证明　必要性. 当 U 是 x_a 的开邻域时, $P_a^{-1}[U]$ 就是 x 的开邻域,既然 $\{S_n : n \in D\}$ 收敛于 x, 就有 $d \in D$ 使得 $S_n \in P_a^{-1}[U]$ 对一切 $n \geqslant d$ 成立,从而 $P_a(S_n) \in U$ 对一切 $n \geqslant d$ 成立. 说明 $\{P_a(S_n) : n \in D\}$ 收敛于 $P_a(x) = x_a$.

充分性. 要证明 $\{S_n : n \in D\}$ 收敛于 x, 只须证明对 x 的每一个形如 $P_a^{-1}[U]$ 的邻域来说,网 $\{S_n : n \in D\}$ 终于在 $P_a^{-1}[U]$ 中,此处的 $P_a^{-1}[U]$ 是标准子基底中的元. 由于此时 U 是 x_a 的开邻域,那么由 $\{P_a(S_n) : n \in D\}$ 收敛于 x_a, 知道存在 $d \in D$ 使得当 $n \geqslant d$ 时 $P_a(S_n) \in U$, 从而 $S_n \in P_a^{-1}[U]$ 对一切 $n \geqslant d$ 成立.

（证完）

如果注意到直积 $X=\times\{X_a:a\in A\}$ 中的一个点 $x=\{x_a\}$ 就是以 A 为定义域,对每一个 $a\in A$ 取值于 X_a 的一个函数. 那么定理 3.3 正好告诉我们这个事实:乘积拓扑使得积空间中网的收敛反映了函数网的按点收敛. 特别当 A 是一个实数集合,每一个坐标空间 X_a 都取通常的实数空间时,一列以 A 为定义域的实值函数 $f_n,n=1,2,\cdots$ 就是 $\times\{X_a:a\in A\}$ 中的一列点,点列 $\{f_n\}$ 在积空间中收敛于一点 f,正好与函数列 $\{f_n\}$ 按点收敛相一致,即对每一个 $a\in A$,$\{f_n(a)\}$ 收敛于 $f(a)$.

下面转入关于积空间的分离性的讨论. 这里所要研究的问题是:当每个坐标空间都有某种分离性时,乘积空间是否也有同一分离性呢?一般说来,设 P 是某一拓扑性质,如果当每一坐标空间都有性质 P 时,便能保证乘积空间也有性质 P 的话,我们便称 P 是乘积性的. 可以证明 T_0、T_1、T_2 以及正则性、完全正则性都是乘积性的. 作为示例,我们只对 T_2 以及完全正则性给出证明.

定理 3.4 设每一个 X_a 均是 Hausdorff 空间,$a\in A$,则积空间 $X=\times\{X_a:a\in A\}$ 是 Hausdorff 空间.

证明 设 $x=\{x_a\}$ 与 $y=\{y_a\}$ 是 X 中不同的两点,于是存在某一标号 $a\in A$ 使得 $yx_a\neq a$. 因为 X_a 是 Hausdorff 空间,因此有开集 U 与 V 合于条件:$x_a\in U,y_a\in V,U\cap V=\varnothing$. 显然 $P_a^{-1}[U]$ 与 $P_a^{-1}[V]$ 便分别是 x 与 y 的开邻域并且不相交.

(证完)

定理 3.5 设每一个 X_a 均是完全正则的拓扑空间,$a\in A$,则积空间 $X=\times\{X_a:a\in A\}$ 是完全正则的.

证明 取 X 的标准子基底 $\mathscr{J}=\{P_a^{-1}[U_a]:U_a$ 是 X_a 中的开集,$a\in A\}$. 设 $x\in P_a^{-1}[U_a]$,于是 $x_a\in U_a$,因为 X_a 是完全正则的,所以有连续函数 $g:X_a\to[0,1]$,使得 $g(x_a)=0,g[X_a\backslash U_a]\subset\{1\}$. 从而 $f_a=g\circ P_a$ 是 X 到 $[0,1]$ 的连续函数. 使得 $f_a(x)=0,f_a[X\backslash P_a^{-1}[U_a]]\subset\{1\}$.

若 W 是 x 的任意一个邻域,那么就有某个基本开集

$$B=(\times\{U_{a_i}:i=1,2,\cdots,n\})\times(\times\{X_a:a\in A,a\neq a_1,\cdots,a_n\})$$

$$=\bigcap_{i=1}^{n} P_{a_i}^{-1}[U_{a_i}],$$

使得

$$x \in B \subset W.$$

对每一个 a_i 取上述的连续函数 $f_{a_i}: X \to [0,1]$，使得 $f_{a_i}(x) = 0$，而当 $y \in X \backslash P_{a_i}^{-1}[U_{a_i}]$ 时 $f_{a_i}(y) = 1$.

令

$$f(t) = \max\{f_{a_1}(t), f_{a_2}(t), \cdots, f_{a_n}(t)\}.$$

由此定义的函数 $f: X \to [0,1]$ 显然是连续的，并且使得 $f(x) = 0$，而当 $y \in X \backslash W$ 时 $f(y) = 1$. 说明 X 是完全正则的.

（证完）

正规空间的乘积是否是正规的?这个问题曾吸引了不少人，1947 年，Sorgenfrey 给出了反例：Sorgenfrey 直线 K 是正规的，但乘积空间 $K \times K$ 不是正规的. 其证明此处从略，读者可参阅 R. Engelking 的 "General Topology".

关于非乘积性的拓扑性质，我们再举出第一可数性作为一例. 从下述的定理将看出，当乘积因子个数较多（非可数）时，即使是每一因子空间均满足第一可数公理，但一般说来，它们的乘积却不满足这一公理. 由此也使我们了解到在研究函数列按点收敛问题时，度量空间是不够用的（例如 c 个实数空间的乘积空间就是不可度量化的. 见第五章）.

定理 3.6　积空间 $X = \times\{X_a : a \in A\}$ 满足第一可数公理的充要条件是每一个坐标空间 X_a 满足第一可数公理，并且除去可数个坐标空间外，其余 X_a 均是粘空间.

证明　（一）首先证明：若 f 是 X 到 Y 上的连续开映射，X 满足第一可数公理，则 Y 也满足第一可数公理.

对任意一点 $y \in Y$，取 $x \in X$ 使之合于 $f(x) = y$. 因为 X 满足第一可数公理，所以点 x 有可数邻域基，设为 $\{U_n : n = 1,2,\cdots\}$，不妨认为 U_n 都是开的. 令 $V_n = f[U_n]$，因为 f 是开映射，所以 V_n 是开的，并且是 $y =$

$f(x)$ 的开邻域.设 W 是 y 的任意一个邻域,由 f 的连续性知道,有某个 U_n 使得 $f[U_n] \subset W$,即 $V_n \subset W$.说明 $\{V:n = 1,2,\cdots\}$ 是 y 的邻域基.

由于投影 P_a 是 X 到 X_a 上的连续开映射,所以积空间 X 满足第一可数公理时,每一个坐标空间满足第一可数公理.

(二) 其次证明:若 B 是 A 的非可数子集,对每一个 $a \in B$,X_a 都不是粘空间,则积空间 $X = \times \{X_a : a \in A\}$ 不满足第一可数公理.

对每一个非粘的坐标空间 X_a 取一点 x'_a,使得 x'_a 有开邻域 $V_a \subsetneqq X_a$ 再取点 $x = \{x_a\} \in X$,使得当 $a \in B$ 时 $x_a = x'_a$.现在证明点 x 没有可数邻域基.

用反证法.假设 x 有可数邻域基,那么就有单调递减的可数邻域基

$$B_1 \supset B_2 \supset \cdots \supset B_k \supset \cdots,$$

并且每一个 B_k 都是形如门 $\bigcap_{i=1}^{n} P_{ai}^{-1}[U_{ai}]$ 的基本开集.由于每一个 B_k 只对有限多个 $a \in A$,$P_a[B_k] \subsetneqq X_a$,所以 $C = \{a : a \in A$ 并且存在 B_k 使 $P_a[B_k] \subsetneqq X_a, k = 1,2,\cdots\}$ 是个可数集.取 $b \in B \backslash C$,那么 $P_b^{-1}[V_b]$ 虽然是 x 的开邻域,却不存在 B_k 使得 $B_k \subset P_b^{-1}[V_b]$,与 $\{B_1, B_2, \cdots, B_k, \cdots\}$ 是 x 的邻域基之假设矛盾.

(三) 证明充分性.

设 $X_{a_i}, i = 1,2,\cdots$ 满足第一可数公理,其余 X_a 都是粘空间.

若 $x = \{x_a\} \in X$.对每一个 $i = 1,2,\cdots$ 取 x_{a_i} 的可数开邻域基 $\{V_n^{(i)} : n = 1,2,\cdots\}$,不难看出由可数族

$$\{P_{a_i}^{-1}[V_n^{(i)}] : i, n = 1,2,\cdots\}$$

中有限个元素做交所得的集族就是点 x 的可数邻域基.

(证完)

关于乘积空间的初步讨论就此暂告一段,在以后两章中还要继续这个讨论.乘积空间是由 Tychonoff 引入的,他同时证明了关于积空间的两个最重要的定理,一个是紧空间的乘积定理(见第四章 §3),另一个是嵌入定理(见第四章 §4).积空间在不少数学分支中都占有重要地位.

§2　商空间

在第二章 §5 曾研究过这样的问题：给定了由集 X 到集 Y 的映射 f，当 Y 是拓扑空间时，能否在集 X 上引入使 f 连续的最小拓扑？本节将从相反的方面考虑，引入商拓扑概念.

设 f 是由 X 到 Y 上的映射，当 X 是拓扑空间而 Y 是一般集合时，要在 Y 上引入使 f 连续的最大拓扑. 为了 f 连续，$V \subset Y$ 是开集就得使 $f^{-1}[V]$ 是 X 中的开集. 特别，我们应该注意到集族

$$\{V: V \subset Y \text{ 并且 } f^{-1}[V] \text{ 是 } X \text{ 的开集}\}$$

满足开集公理. 由此知道

$$\mathscr{T} = \{V: V \subset Y \text{ 并且 } f^{-1}[V] \text{ 是 } X \text{ 的开集}\}$$

就是使 f 连续的、Y 上的最大拓扑. 我们把这样的拓扑 $\mathscr{T}$ 叫作商拓扑. 把 $(Y, \mathscr{T})$ 叫作商空间. 同时称 f 是由空间 X 到空间 Y 的的商映射.

由商映射的定义容易知道，Y 的一个子集 F 是闭集当且仅当 $f^{-1}[F]$ 是 X 的闭集.

定理 3.7　设 f 是空间 X 到空间 Y 的商映射，g 是 Y 到空间 Z 的映射，则 g 是连续的当且仅当 $g \circ f$ 是连续的.

证明　当 g 连续时，显然 $g \circ f$ 连续. 反之，若 $g \circ f$ 连续，那么对于 Z 中任意开集 W 来说 $(g \circ f)^{-1}[W] = f^{-1}[g^{-1}[W]]$ 就是 X 中的开集，又因为 f 是 X 到 Y 的商映射，因此 $g^{-1}[W]$ 是 Y 的开集. 说明 g 是连续的.

（证完）

商映射是特殊的一种连续的满映射. 下面给出连续的满映射为商映射的充分条件.

定理 3.8　设 X 与 Y 是拓扑空间，f 是从 X 到 Y 上的连续映射，若 f 同时又是开映射，那么 f 就是商映射.

证明　要证明 f 是从空间 X 到空间 $(Y, \mathscr{T})$ 的商映射，即要证明由 f 决定的商拓扑就是 $\mathscr{T}$.

设 f 决定的商拓扑是 $\mathscr{T}'$. 既然 $\mathscr{T}'$ 是使 f 连续的最大拓扑当然有 $\mathscr{T}' \supset \mathscr{T}$ 成立. 另一方面,若 $V \in \mathscr{T}'$,那么 $f^{-1}[V]$ 就是 X 的开集,而 f 现在又是开映射,所以 $f[f^{-1}[V]] = V \in \mathscr{T}$. 由此推得 $\mathscr{T}' = \mathscr{T}$.

(证完)

将定理中"f 是开映射"换作"f 是闭映射"(所谓映射 $f:X \to Y$ 是闭映射,乃指 f 将 X 的闭集映成 Y 的闭集),结论仍然成立,证明也只需稍作改动即可.

作为定理 3.8 的一个直接应用,我们有推论:从积空间 $X = \times\{X_a : a \in A\}$ 到每一个坐标空间 X_a 的投影 P_a 是商映射. 换句话说,坐标空间是积空间的商空间.

现在我们要进一步指出,对给定的拓扑空间 X 来说,商空间 Y 的拓扑仅仅依赖于商映射,而与 Y 本身没有什么实质关系. 对 X 的每一个商空间 Y,我们都可以给出一个和 Y 同胚的、形式标准的"拷贝".

设 X 是给定的拓扑空间. 若 E 是 X 上的一个等价关系,那么 X 就被分解成一些等价类. 不妨把 $x \in X$ 所在的等价类记作 $\tilde{x}$. 以诸 $\tilde{x}$ 为元素组成新的集合,记作 X/E,叫商集. 用 p 表示把 $x \in X$ 映成 $\tilde{x} \in X/E$ 的映射,叫做从 X 到 X/E 的投影. 此时,以投影 p 为商映射所决定的商拓扑使 X/E 成为 X 的一个商空间. 这种商空间 X/E 完全由等价关系 E 所决定,形式标准而且自然,我们称之为自然商空间.

定理 3.9 设 X 是拓扑空间,则下列情形等价:

(1) 空间 Y 是 X 的一个商空间;

(2) 空间 Y 与某个自然商空间 X/E 同胚.

证明 (2)→(1) 由于同胚映射是商映射,而且商映射的复合也是商映射. 所以当 $h:Y \to X/E$ 是同胚映射时,$h^{-1} \circ p$ 就是 X 到 Y 的商映射.

(1)→(2) 设 Y 是由 $f:X \to Y$ 决定的商空间. 因为 $X = \bigcup\{f^{-1}(y) : y \in Y\}$,且当 $y_1 \neq y_2$ 时,$f^{-1}(y_1) \cap f^{-1}(y_2) = \varnothing$,所以 $\{f^{-1}(y) : y \in Y\}$ 是 X 的一个分解. 我们把以 $f^{-1}(y)$ 为等价类的等价关系记作 E,此时 x 所在的等价类 $\tilde{x} = f^{-1}(f(x))$.

对每一个 $y \in Y$，令 $h(y) = f^{-1}(y)$. 显见 h 是从 Y 到 X/E 上的一一映射.

一方面，由于 $p = h \circ f$，其中 f 是商映射，p 连续，根据定理 3.7，h 是连续的. 另一方面，由于 $f = h^{-1} \circ p$，其中 p 是商映射，f 连续，同理推知 h^{-1} 是连续的. 所以 h 是 Y 到 X/E 上的同胚映射.

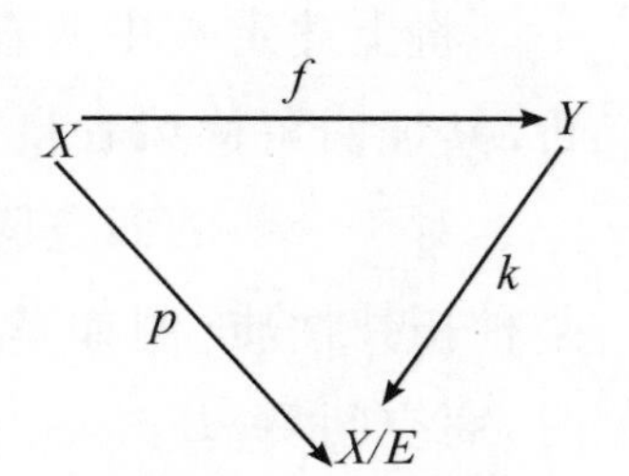

（证完）

该定理指出的任何一个商空间都和某个自然商空间同胚. 因此对商空间拓扑性质的研究只需对形如 X/E 的商空间进行. 这种空间的点 $\tilde{x}$ 可以直观地看做将同一等价类中的点全部等置在一起成一个点而得.

定理 3.10　设 X 是拓扑空间，X/E 是商空间，P 是从 X 到 X/E 的投影，则下列情形彼此等价：

(1) P 是开映射；

(2) 若 A 是 X 的开集，则 $E[A]$ 是 X 的开集；

(3) 若 B 是 X 的闭集，则

$$\bigcup \{P^{-1}(\tilde{x}) : P^{-1}(\tilde{x}) \subset B\}$$

是 X 的闭集.

证明　首先注意等式

$$E[A] = P^{-1}[P[A]]$$

对一切 $A \subset X$ 成立.

(1) → (2)　若 A 是开集，因为 P 是开映射，所以 $P[A]$ 是 X/E 的开集，又因为 P 是商映射，所以 $P^{-1}[P[A]]$ 是 X 的开集，即 $E[A]$ 是 X 的开集.

(2) → (1)　设 A 是 X 的任意一个开集，由 (2) 知道 $E[A] = P^{-1}[P[A]]$ 是 X 的开集，所以 $P[A]$ 是 X/E 的开集. 说明 P 是开映射.

其次，注意等式

$$E[X - B] = X - \bigcup \{P^{-1}(\tilde{x}) : P^{-1}(\tilde{x}) \subset B)$$

对一切 $B \subset X$ 成立. 由此直接推出(2) 与(3) 等价.

（证完）

将上述定理中所有的"开"与"闭"互换,相应的三种情形仍然彼此等价. 其证明留待读者自己练习.

对于一般的商空间难以展开更多、更深入的讨论,这是由于当 X 具备某种拓扑性质(例如 X 满足某种分离性或满足某个可数性公理,等等)时,商空间 X/E 并不一定具备相同的性质.

例1 把实数空间中差 $x-y$ 为有理数的点 x 和 y 视为同一等价类中的点予以等置,此时投影 P 虽然是开映射,但商空间却是粘的.

例2 把实数空间 X 中所有非负整数点看作一个等价类,记作 $\tilde{0}$,即 $\tilde{0} = \{0,1,2,\cdots,n,\cdots\}$;而对其余的点 x,令 $\tilde{x} = \{x\}$. 我们可以证明这样得到的商空间 X/E 在 $\tilde{0}$ 处没有可数邻域基.

用反证法. 假设 $\{B_k : k = 1,2,\cdots\}$ 是 $\tilde{0}$ 处的可数邻域基. 不失一般性,可以认为 $\{B_k : k = 1,2,\cdots\})$ 是单调递减的开邻域基,并且每一个 B_k 取如下形状:

$$B_k = U_0^k \cup (\bigcup \{U_n^k - \{n\} : n = 1,2,\cdots\}).$$

其中 U_0^k, U_n^k 各自代表实数空间中数 0 与自然数 n 的开邻域,并且 $U_0^1, U_1^1, \cdots, U_n^1, \cdots$ 两两互不相交.

今在实数空间中,对每一个非负整数 n 都取 n 的一个开邻域 V_n,使得 $V_n \subsetneqq U_n^n$,于是集合

$$V = V_0 \cup (\bigcup \{V_n - \{n\} : n = 1,2,\cdots\})$$

是空间 X/E 中点 $\tilde{0}$ 的一个开邻域,但却没有任何一个 B_k 满足条件 $B_k \subset V$,与 $\{B_k : k = 1,2,\cdots\}$ 是 $\tilde{0}$ 处的邻域基之假设矛盾.

为了商空间 X/E 具有较好的拓扑性质,往往需要附加某些特殊的、严格的限制条件. 我们只以下述定理做为一例.

定理3.11 若商空间 X/E 是 T_2 的,则 E 是积空间 $X \times X$ 中的闭集. 若 E 是积空间 $X \times X$ 中的闭集,并且从空间 X 到商空间 X/E 的投影 P 是开映射,则商空间 X/E 是 T_2 的.

证明　若商空间 X/E 是 T_2 的，要证明 E 是 $X \times X$ 中的闭集，只须证明对于任意的 x_1 与 $x_2 \in X$，当 $(x_1, x_2) \overline{\in} E$ 时，有 X 中的开集 G_1 与 G_2 使得 $(x_1, x_2) \in G_1 \times G_2$，同时 $(G_1 \times G_2) \cap E = \varnothing$ 即可.

事实上，由 $(x_1, x_2) \overline{\in} E$ 即知 $\tilde{x}_1 \neq \tilde{x}_2$，而已知 X/E 是 T_1 的，所以存在开集 V_1 与 V_2 使之合于条件：$\tilde{x}_1 \in V_1$，$\tilde{x}_2 \in V_2$，$V_1 \cap V_2 = \varnothing$.

由商拓扑的定义知道 $P^{-1}[V_1]$ 与 $P^{-1}[V_2]$ 就是 X 的开集，此外还满足条件：$x_1 \in P^{-1}[V_1]$，$x_2 \in P^{-1}[V_2]$，$P^{-1}[V_1] \cap P^{-1}[V_2] = \varnothing$. 注意到等式 $P^{-1}[V_1] \cap P^{-1}[V_2] = \varnothing$ 正说明了对于任意的 $y_1 \in P^{-1}[V_1]$ 与任意的 $y_2 \in P^{-1}[V_2]$ 恒有 $(y_1, y_2) \overline{\in} E$. 故 $G_1 = P^{-1}[V_1]$，$G_2 = P^{-1}[V_2]$ 即为所求.

若 E 是 $X \times X$ 中的闭集，P 是开映射，设 $\tilde{x}_1$，$\tilde{x}_2$ 是 X/E 中不同的任意两点，那么就有 $(x_1, x_2) \overline{\in} E$，因此存在 X 中的开集 G_1，G_2 使得 $(x_1, x_2) \in G_1 \times G_2$ 并且 $(G_1 \times G_2) \cap E = \varnothing$. 后一等式说明对于任意的 $y_1 \in G_2$ 与任意的 $y_2 \in G_2$ 恒有 $\tilde{y}_1 \neq \tilde{y}_2$，所以 $P[G_1] \cap P[G_1] = \varnothing$. 显然 $P[G_1]$，$P[G_2]$ 就是 $\tilde{x}_1$，$\tilde{x}_2$ 各自的开邻域并且不相交. 说明 X/E 是 T_2 的.

（证完）

第 3 章　习　题

1. 设 X 与 Y 是两个拓扑空间，$X \times Y$ 是积空间，$A \subset X$，$B \subset Y$，证明

(1) $(A \times B)^- = A^- \times B^-$；

(2) $(A \times B)^\circ = A^\circ \times B^\circ$.

并指出 $(A \times B)^e$ 与 $A^e \times B^e$ 满足怎样的包含关系？

2. 对每一个自然数 n，X_n 是一个拓扑空间 $\mathop{\times}\limits_{n=1}^{\infty}$ 是积空间 X_n，$\varnothing \subsetneqq A_n \subsetneqq X_n$，试问

(1) $(\mathop{\times}\limits_{n=1}^{\infty} A_n)^\circ = \mathop{\times}\limits_{n=1}^{\infty} A^\circ{}_n$ 成立吗？

(2)$(\mathop{\times}\limits_{n=1}^{\infty} A_n)^- = \mathop{\times}\limits_{n=1}^{\infty} A_n^-$ 成立吗?

3. 若 D 表示散空间$\{0,1\}$,A 是无限集,对每个 $a \in A, X_a = D$.

(1) 积空间 $\mathop{\times}\limits_{a\in A} X_a$ 是散空间吗?

(2) 令 $M = \{xe \mathop{\times}\limits_{a\in A} X_a$,且 x 至多有有限个坐标 $x_a = 1\}$,证明 M 是积空间 $\mathop{\times}\limits_{x\in A} X_a$ 的稠密子集.

(3) 若积空间 $\mathop{\times}\limits_{a\in A} X_a$ 是第一可数的,那么 A 的势是多大?此时积空间有可数稠密子集吗?

4. 试证:对于 $i \leqslant 3\frac{1}{2}$,T_i 空间的乘积空间是 T_i 的.

5. 举例说明正规空间的乘积空间可以不是正规的.

*6. 试证;对于 $i \leqslant 4$,当非气的乘积空间 $\times\{X_a : a \in A\}$ 是 T_i 空间时,每一个坐标空间 X_a 必是 T_i 的.

*7. 证明连通空间的积空间是连通的.

8. 设 $f:X \to Y$ 与 $g:Y \to Z$ 都是连续的满映射,证明:当 $g \circ f$ 是商映射时,g 一定是商映射,并举例说明 f 可以不是商映射.

*9. 设 X 是拓扑空间,在 X 上定义关系 E 如下:

$$xEy \text{ 当且仅当} \{x\}^- = \{y\}^-$$

证明 E 是等价关系,并且商空间 X/E 是 T_0 的.

10. 设 R 代表通常的实数空间,Z 代表整数集,令 $f:R \to Z$ 如下

$$\text{当 } n \leqslant x < n+1 \text{ 时}, f(x) = n$$

请指出由 R 与 f 所决定的、Z 上的商拓扑 $\mathscr{T}$.

11. 将上题中的 R 换成 Sorgenfrey 直线 K,请指出相应的商拓扑.

第 4 章　紧　性

对一般拓扑空间,我们已做过广泛的讨论,深入地研究应该是对于更具体一些的空间分门别类地进行. 在各类拓扑空间中,相比较而言,紧空间是相当重要的一类. 它是在 1923 年首先由 Alexandroff 和 Urysohn 提出来的. 在同一时期还有 Fietoris、Kuratowskis,四十年代以后有 Bourbaki、Mrowka、Arhangelskii 等数学家做了大量的工作与深入的研究. 追述起来,这类空间的最初的一例应该是我们非常熟知的实数直线上的有界闭集. 在数学分析中,有著名的 Heine-Borel-Lebesgue 定理:对于实数空间中的有界闭集来说,每一个开覆盖都有有限子覆盖. 将这一重要性质抽象出来,称之为紧性,赋予拓扑空间,就得到我们在本章要着重讨论的紧空间. 在这一章里,我们同时还要介绍与紧性有密切联系的几种性质,它们是可数紧、序列式紧、Bolzano-weierstrass 性质以及局部紧.

§1　紧空间

定义 1　一个拓扑空间$(X,\mathscr{T})$称作紧的(compact),是指 X 的每一个开覆盖都有有限子覆盖. 换句话说,只要 $\mathscr{A}$ 是 X 的一族开集,并且 $\bigcup\{A: A\in\mathscr{A}\}=X$,那么一定存在有限族 $\mathscr{B}\subset\mathscr{A}$,使得 $\bigcup\{A: A\in\mathscr{B}\}=X$ 成立.

拓扑空间$(X,\mathscr{T})$的一个子集 M 叫作紧的,是指就相对拓扑而言空间 M 是紧的. 根据相对拓扑的定义,空间 M 的开集形如 $M\cap U$,其中 $U\in\mathscr{T}$.

我们容易看出,M是紧集的充要条件是:如果集族$\mathscr{A}\subset\mathscr{T}$满足条件$\bigcup\{A:A\in\mathscr{A}\}\supset M$,那么一定存在某个有限子族$\mathscr{B}\subset\mathscr{A}$,也满足条件$\bigcup\{A:A\in\mathscr{B}\}\supset M$.

举几个例子.实数空间中的有界闭集,特别是有界闭区间$[a,b]$,是紧的.当X是有限个点组成的或X是无限集但$\mathscr{T}$是有限族时,$(X,\mathscr{T})$是紧的.只以有限集为闭的真子集时,空间也是紧的.$|X|\geqslant\aleph_0$的散空间X不是紧的.

下面我们分别采用闭集、网、基和子基等术语给出紧性的各种等价条件.

定理4.1 设$(X,\mathscr{T})$是拓扑空间,则X是紧空间的充要条件是任何具有有限交性质的闭集族一定有非空的交(一个集族具有有限交性质是指该族中任意有限个集的交都是非空的).

证明 先证必要性.设X是紧空间,$\mathscr{T}=\{F_i:i\in I\}$是具有有限交性质的一族闭集,我们要证明$\bigcap\{F_i:i\in I\}\neq\varnothing$.用反证法.

假设

$$\bigcap\{F_i:i\in l\}=\varnothing$$

那么根据De Morgan公式就有等式

$$\bigcup\{X-F_i:i\in I\}=X$$

成立,于是$\{X-E_i:i\in I\}$就应该有有限子覆盖,不妨设$\{X-F_i:i=1,2,\cdots,n\}$使得

$$\bigcup_{i=1}^{n}(X-F_i)=X.$$

这样就推出等式

$$\bigcap_{i=1}^{n}F_i=\varnothing$$

与$\mathscr{F}$的有限交性质相矛盾.

充分性的证明依然主要运用De Morgan公式,我们留给读者自己去完成.

推论 紧空间的闭子集是紧的.

定理 4.2　拓扑空间 X 是紧的，当且仅当 X 中每一个网有聚点.

证明　必要性. 设 $S=\{x_n:n\in D\}$ 是 X 中的网. 令

$$F_i=\overline{\{x_n:n\geqslant i\}}$$

得到一族闭集 $\{F_i:i\in D\}$，并且具有有限交性质，因此

$$\bigcap\{F_i:i\in D\}\neq\varnothing.$$

容易证明每一点 $x\in\bigcap\{F_i:i\in D\}$ 都是网 S 的聚点. 这是因为假若 x 不是 S 的聚点，那么 x 就有一个邻域 U 以及某个 $i_0\in D$，使得

$$U\cap\{x_n:n\geqslant i_0\}=\varnothing.$$

从而 $x\overline{\in}F_{i_0}$，更有 $x\overline{\in}\bigcap\{F_i:\in D\}$.

充分性. 设 $\mathscr{F}$ 是 X 中任意一族具有有限交性质的闭集. 取 $\mathscr{F}$ 中有限个元素之交，所有这种交组成的集族记作 $\mathscr{F}^*$. 显然 $\mathscr{F}^*$ 也是闭集族、具有有限交性质，并且 $\mathscr{F}^*\supset\mathscr{F}$.

由于 $\mathscr{F}^*$ 中任何二元素之交仍属于 $\mathscr{F}^*$，所以 $(\mathscr{F}^*,\subset)$ 是定向集. 对每一个 $F\in\mathscr{F}^*$ 取点 $x_F\in F$，就得到 X 中的一个网 $S=\{x_F:F\in\mathscr{F}^*\}$. 依据题设条件，$S$ 有聚点，设为 x，现在证明 $x\in\bigcap\mathscr{F}^*$. 这是因为对于每一个 $F\in\mathscr{F}^*$ 来说，网 S 终于在 F 中，而 F 又是闭集，所以 S 的聚点 $x\in F$. 既然 $\bigcap\mathscr{F}^*\neq\varnothing$，当然更有 $\bigcap\mathscr{F}\neq\varnothing$. 故 X 是紧的.

（证完）

注意到网 S 以 x 为聚点的充要条件是 S 有子网收敛于 x（参看定理 2.14），所以有等价命题：拓扑空间 X 是紧的，当且仅当 X 中每一个网都有收敛子网.

定理 4.3　拓扑空间 X 是紧的，当且仅当下述条件之一成立：

(1) X 的每一个无限子集都有完全聚点；

(2) 每一个递减的、非空闭集的超限序列都有非空的交，换言之，如果

$$F_0\supset F_1\cdots\supset F_\xi\supset\cdots\quad(\xi<\alpha),$$

其中每一个 $F_\xi\neq\varnothing$ 并 $\overline{F}_\xi=F_\xi$，则

$$\bigcap_{\xi<\alpha}F_\xi\neq\varnothing.$$

在证明之前,我们先介绍一下什么叫完全聚点.拓扑空间中一点 x_0 叫作某个子集 A 的完全聚点(complete accumulation point),是指 x_0 的每一个开邻域 U 都满足条件 $|U \cap A| = |A|$. 当 $|A| > 1$ 时,A 的完全聚点一定是 A 的聚点.反之,聚点却未必一定是完全聚点.

证明 (一)X 紧 → (1) 假设无限集 A 没有完全聚点,那么对于每一点 $x \in X$,就可以选取 x 的一个开邻域 U_x,使得 $|U_x \cap A| < |A|$. 集族 $\{U_x : x \in X\}$ 是紧空间 X 的开覆盖,因此存在某个有限子覆盖,设是 $\{U_i : i = 1, 2, \cdots, n\}$. 显然

$$\bigcup_{i=1}^{n} (U_i \cap A) = A.$$

所以,应该有等式

$$\sum_{i=1}^{n} |U_i \cap A| \geqslant |A|.$$

但这是不可能的,因为 $m = |A| \geqslant \aleph_0$,而每一个 $m_i = |U_i \cap A| < |A| = m$,从而

$$\sum_{i=1}^{n} m_i < m.$$

由此矛盾就能推知当 X 是紧空间时,其每一个无限子集 A 都有完全聚点.

(二)(1) → (2) 设 $\{F_\xi\}_{\xi<\alpha}$ 是一个由非空闭集组成的递减超限列.因为除去列中相等的重复项,使其成为严格递减的,同时再取其敛尾子列时,整个列的交并不改变,所以我们不妨认为 α 是某个满足条件 $cf\omega_\tau = \omega_\tau$ 的初始数 ω_τ,并且当 $\xi < \eta < \alpha$ 时,$F_\xi \supsetneqq F_\eta$. 现在来证明由非空闭集组成的、严格递减的超限列

$$F_0 \supset F_1 \supset \cdots \supset F_\xi \supset \cdots \quad (\xi < \omega_\tau)$$

的交是非空的,即要证明

$$\bigcap_{\xi<\omega_\tau} F_\xi \neq \varnothing.$$

为此,对每一个 $\xi < \omega_\eta$,任取一点 $x_\xi \in F_\xi - F_{\xi+1}$. 因为上述超限列是严格递减的,所以这样的点总是存在的,并且当 $\xi \neq \eta$ 时,必然是 $x_\xi \neq x_\eta$. 根据条件(1),集合 $E = \{x_\xi : \xi < \omega_\tau\}\xi$ 必有完全聚点 x^*,于是

$$x^* \in \bigcap_{\xi<\omega_\eta} F_\xi.$$

因为假若 $x^* \overline{\in} F_{\xi_0}$，则 $X - F_{\xi_0}$ 就是 x^* 的一个开邻域. 又因为 x^* 是 E、的完全聚点，就应存在着 $\xi > \xi_0$ 使得 $x_\xi \in X - F_{\xi_0}$. 亦即 $x_\xi \overline{\in} F_\xi$，但这与 $\{F_\xi\}_\xi < \omega_\tau$ 的递减性是矛盾的.

（三）(2) → X 紧　假设 X 不是紧的，那么就会存在具有有限交性质、但交是空集的闭集族. 今取势为最小而满足此条件的一个闭集族 F，把 F 良序化，并设其序型是初始数：

$$F_0, F_1, \cdots F_\xi, \cdots \quad (\xi < \omega_\tau).$$

对每一个 $\xi < \omega_\tau$，令

$$E_\xi = \bigcap_{\eta \leqslant \xi} F_\eta,$$

于是得到递减的、闭集的超限列

$$E_0 \supset E_1 \supset \cdots \supset E_\xi \cdots \quad (\xi < \omega_\tau).$$

其中每一项 $E_\xi \neq \varnothing$，但是

$$\bigcap_{\xi<\omega_\tau} E_\xi = E_\xi = \varnothing.$$

说明条件(2) 不成立. 故条件(2) 成立时，X 是紧的.

（证完）

定理 4.4　设$(X, \mathscr{T})$是拓扑空间，$\mathscr{B}$是$\mathscr{T}$的一个基底，则 X 是紧空间的充要条件是由 $\mathscr{B}$ 中元素组成的、X 的任何一个覆盖都有有限子覆盖.

证明　只需证明充分性.

设$\mathscr{C}$是 X 的任意一个开覆盖，为了寻求$\mathscr{C}$的有限子覆盖，我们考虑集族

$$\mathscr{A} = \{A : A \in \mathscr{B} \text{ 并且 } A \text{ 是某个 } C \in \mathscr{C} \text{ 的子集}\}.$$

由于$\mathscr{B}$是拓扑基，所以集族$\mathscr{A} \subset \mathscr{B}$一定覆盖了 X，根据题设条件，$\mathscr{A}$中必有有限多个元素 $A_1, A_2, \cdots, A_n$ 覆盖了 X. 再对每一个 $i = 1, 2, \cdots, n$ 取一个 $C_i \in \mathscr{C}$ 满足条件 $C_i \supset A_i$，这样得到的有限族$\{C_i : i = 1, 2, \cdots, n\}$ 就是 $\mathscr{C}$ 的有限子覆盖.

（证完）

这个定理说明拓扑空间的紧性取决于拓扑基的紧性. 下面我们进一步把拓扑空间的紧性归结成拓扑子基的紧性.

定理 4.5 (Alexander) 设(X,$\mathscr{T}$)是拓扑空间,$\mathscr{S}$是$\mathscr{T}$的一个子基,则X是紧空间的充要条件是由$\mathscr{S}$的元素组成的、X的任何一个覆盖都有有限子覆盖.

证明 同样只需证明充分性.

为了叙述方便起见,我们取下面的通俗说法:一个集族叫作"不够用的",是指整个集族盖不住 X;而集族叫作"有限不够用的",是指这个集族的任何有限子族都盖不住 X. 在此约定下,空间 X 是紧的就等价于凡是"有限不够用的" 开集族一定是"不够用的".

现在转入充分性的证明.

因为 $\mathscr{S}$是拓扑子基,那么

$$\mathscr{B} = \{B: B \text{ 是 } \mathscr{S} \text{ 中有限个元素的交}\}$$

便是拓扑基. 根据定理 4.4,只需证明 $\mathscr{B}$ 的任何一个"有限不够用的" 子族 $\mathscr{U}$ 是"不够用的" 就行了. 为此,将 $\mathscr{U}$ 扩大成"有限不够用的"、$\mathscr{B}$ 的极大子族 $\mathscr{V}$. 于是对任意的 $B \in \mathscr{B} - \mathscr{V}$,$\mathscr{V} \cup \{B\}$ 就不是"有限不够用的" 了. 以下证明这个扩大了的 $\mathscr{V}$还是"不够用的",由此就推知 $\mathscr{U}$ 是"不够用的". 分两步进行.

(1) 设 $B = \bigcap_{i=1}^{n} S_i$,其中 $S_i \in \mathscr{S}, i = 1,2,\cdots,n$,则当 $B \in \mathscr{V}$时,必存在着某个 S_i,使 $S_i \in \mathscr{V}$.

仅就 $n = 2$ 的情形用反证法证之. 设 $B = S_1 \cap S_2$,并且 $S_1 \in \mathscr{V}, S_2 \in \mathscr{V}$. 根据 $\mathscr{V}$的极大性,$\mathscr{V}$中必有有限个元 $B_1^{(1)} B_2^{(1)},\cdots,B_n^{(1)}$ 和 $B_1^{(2)},B_2^{(2)},\cdots,B_m^{(2)}$ 使之合于条件

$$S_1 \cup (\bigcup_{i=1}^{n} B_i^{(1)}) = X,$$

$$S_2 \cup (\bigcup_{i=1}^{m} B_i^{(2)}) = X.$$

从而

$$(S_1 \cap S_2) \cup (\bigcup_{i=1}^{n} B_i^{(1)}) \cup (\bigcup_{i=1}^{m} B_i^{(2)}) = X.$$

于是 $B = S_1 \cap S_2$ 就不得属于 $\mathscr{V}$(否则推出 $\mathscr{V}$中有限个元 $B, B_1^{(1)}, \cdots, B_n^{(1)}, B_1^{(2)}, \cdots, B_m^{(2)}$ 覆盖了 X).

(2) 由(1) 可见,对每一个 $B \in \mathscr{V}$,都存在$\mathscr{S}$中的元素 S_B,使得 $S_B \supset B$,$S_B \in \mathscr{V}$. 一方面,因为 $\mathscr{S}^* = \{S_B : B \in \mathscr{V}\}$ 是$\mathscr{V}$的子族,所以 $\mathscr{S}^*$ 是"有限不够用的";另一方面,因为 $\mathscr{S}^* \subset \mathscr{S}$,所以由题设推知 $\mathscr{S}^*$ 是"不够用的",即

$$\bigcup \{S_B : B \in \mathscr{V}\} \neq X.$$

这样就知道 $\mathscr{V}$更是盖不住 X.

(证完)

定理 4.6 设 A 是拓扑空间 X 的一个紧子集,y 是拓扑空间 Y 的一个点,如果 W 是积空间 $X \times Y$ 中集 $A \times \{y\} = \{(a, y) : a \in A\}$ 的一个邻域,则存在 X 的开集 U 与点 y 的开邻域 V,使得 $A \times \{y\} \subset U \times V \subset W$.

证明 按照积拓扑的意义,对于每一个 $a \in A$,存在 X 的开集 U_a 与 Y 的开集 V_a,使得$(a, y) \in U_a \times V_a \subset W$,于是 $A \times \{y\} \subset \bigcup_{a \in A} (U_a \times V_a) \subset W$. 因为 A 是紧的,而 $\bigcup_{a \in A} U_a \supset A$,应该存在有限多个 $U_{a_1}, \cdots, U_{a_n}$,其中 $a_i \in A, i = 1, 2, \cdots, n$,并且满足条件 $\bigcup_{i=1}^{n} U_{a_i} \supset A$. 令

$$U = \bigcup_{i=1}^{n} U_{a_i}, \quad V = \bigcap_{i=1}^{n} V_{a_i}$$

那么 U 与 V 即为所求.

(证完)

定理 4.7 (Kuratowski) 设 X 是拓扑空间,则下列条件相互等价:

(1) X 是紧的;

(2) 对于每一个拓扑空间 Y,投影 $P: X \times Y \to Y$ 是闭的(即当 F 是 $X \times Y$ 中闭集时,$P[F]$ 是 Y 中闭集);

(3) 对于每一个 T_1 型的正规空间 Y,投影 $P: X \times Y \to Y$ 是闭的.

证明 (1)→(2) 要证明 P 是闭的,应该证明对于积空间 $X \times Y$ 的任意一个闭集 F,$P[F]$ 是 Y 的闭集,而这只需证明 $Y - P[F]$ 是开集. 事

实上,若 $y \in Y - P[F]$,因 $(X \times Y) - F$ 是积空间中集 $X \times \{y\}$ 的开邻域,根据定理 4.6,存在 Y 的开集 V,使得 $X \times \{y\} \subset X \times V \subset (X \times Y) - F$. 由此容易推出 $y \in V \subset Y - P[F]$,这就证明了 $Y - P[F]$ 是 Y 的开集.

(2) → (3)　显然.

(3) → (1)　假设 X 非紧,$\{F_i : i \in I\}$ 是空间 X 中具有有限交性质的一个闭集族,并且满足条件

$$\bigcap \{F_i : i \in I\} = \varnothing.$$

首先,我们在集合 X 之外任取一点 y_0,考虑 $Y = X \cup \{y\}$,令 $\mathscr{S}$ 是由 X 中所有单点集以及所有形如 $\{y_0\} \cup F_i, i \in I$ 的集合组成的集族. 以 $\mathscr{S}$ 作子基定义 Y 上的一个拓扑 $\mathscr{V}$,这样得到的拓扑空间 $(Y, \mathscr{V})$ 一定是 T_1 型的正规空间. 事实上,首先,因为在空间 Y 中,一切不含 y_0 的集合都是开的,特别 X 是开的,所以单点集 $\{y_0\}$ 是闭的. 又因为 $\bigcap\limits_{i \in I} F_i = \varnothing$,所以对于任意给的一点 $x \in X$,一定存在某个 F_i,$x \in \overline{F}_i$,于是从开集 $X - \{x\}$ 与开集 $\{y_0\} \cup F_i$ 的并 $(X - \{x\}) \cup (\{y_0\} \cup F_i) = Y - \{x\}$ 是开集推知单点集 $\{x\}$ 是闭的. 故 Y 是 T_1 型的. 其次,设 A_1 与 A_2 是 Y 中不相交的两个闭集. 显然二者之中至少有一个不含点 y_0,不妨设 $y_0 \overline{\in} A_1$,于是 A_1 既开且闭,取 $V_1 = A_1, V_2 = Y - A_1$,那么 V_1 与 V_2 就分别是 A_1 与 A_2 的、不相交的开邻域,因此 Y 又是正规的.

在做了上述一些准备工作之后,下面证明由条件(3) 可以推出

$$\bigcap \{F_i : i \in I\} \neq \varnothing$$

与假设矛盾.

考虑空间 $X \times Y$ 中的闭集 $F = \overline{\{(x, x) : x \in X\}}$. 现在利用条件(3),知 $P[F]$ 是 Y 中的闭集,而且显见地有 $X \subset P[F]$. 另一方面 $\{F_i : i \in I\}$ 的有限交(非空) 性质保证了单点集 $\{y_0\}$ 不是空间 Y 中的开集,所以 $y_0 \in P[F]$(否则 $y_0 \overline{\in} P[F]$,则 $X = P[F]$,X 便是 Y 中的闭子集,$\{y_0\}$ 便是开集了). 这样,便有一个点 $x_0 \in X$ 使得 $(x_0, y_0) \in F$. 根据定义

$$F = \overline{\{(x, x) : x \in X\}},$$

对于 x_0 的每个开邻域 U 以及每个 $F_i (\in \{F_i : i \in I\})$ 都成立着关系式

$$[U \times (\{y_0\} \cup F_i)] \cap \{(x,x):x \in X\} \neq \varnothing$$

因此,便存在着(依赖于U及F_i的)点$x^* \in X$合于

$$(x^*,x^*) \in U \times (\{y_0\} \cup F_i).$$

注意到$y_0 \in X$,推知

$$x^* \in U \cap F_i.$$

至此证明了x_0的每一个开邻域U与F_i的交非空,又因F_i是闭集,故$x_0 \in F_i$,(对每一个$i \in I$),即$x_0 \in \cap \{F_i:i \in I\} \neq \varnothing$中.

(证完)

§2　紧性与分离性

对于 Hausdorff 空间,紧性会导致出许多很有价值的结果.先从下列定理开始.

定理4.8　设X是 Hausdorff 空间,如果A是一个紧子集,点$x \overline{\in} A$,则存在两个开集U与V使得$A \subset U$,$x \in V$且$U \cap V = \varnothing$.

证明　对于每一点$a \in A$,因为X是 Hausdorff 空间,所以存在a的与x的不相交的开邻域U_a与V_a.开集族$\{U_a:a \in A\}$覆盖了紧集A,它应该有某个有限子覆盖,不妨设为$\{U_{ai}:=1,2,\cdots,n\}$.相对应的有x的开邻域$V_{a1},V_{a2},\cdots,V_{an}$使得$U_{ai} \cap V_{ai} = \varnothing$,$i=1,2,\cdots,n$,令

$$U = \bigcup_{i=1}^{n} U_{ai}, V = \bigcap_{i=1}^{n} V_{ai},$$

那么U与V就是所要求的开集.

(证完)

推论　Hausdorff 空间中的紧子集都是闭集.

定理4.9　设X是 Hausdorff 空间,如果A与B是不相交的两个紧子集,则存在集A与集B的不相交的开邻域.

证明　根据定理4.8,对每一点$a \in A$有a的开邻域U_a与B的开邻域V_a,使得$U_a \cap V_a = \varnothing$.开集族$\{U_a:a \in A\}$是$A$的覆盖,应有某个有

限子族$\{U_{ai}:i=1,2,\cdots,n\}$,亦覆盖了$A$,由此得到

$$U=\bigcup_{i=1}^{n}U_{ai},V=\bigcap_{i=1}^{n}V_{ai}$$

分别是A与B的不相交的开邻域.

(证完)

推论 紧的T_2空间是正规的.

这是一个很强的结果.由此即知:一个紧空间,若是T_2分离的,则亦是T_4分离的.

在不假定T_2分离性的情形,下列类似的定理成立.

定理4.10 设X是正则空间,如果A是一个紧子集,U是A的一个邻域,则存在A的闭邻域V使得$V\subset U$.

证明 因为X是正则的,所以对每一点$a\in A$有a的开邻域W_a,使得$\overline{W}_a\subset U$.此时开集族$\{W_a:a\in A\}$覆盖了A,自然应该有有限子族$\{W_{ai}:i=1,2,\cdots,n\}$,也覆盖了$A$.显然

$$V=\bigcup_{i=1}^{n}\overline{W}_{ai}$$

就是要求的闭邻域.

(证完)

推论 紧的正则空间是正规的.

定理4.11 设X是完全正则空间,如果A是紧子集,U是A的一个邻域,则存在由X到闭区间$[0,1]$的一个连续函数f,满足条件

$$f(x)=\begin{cases}1, & 当 x\in A 时,\\ 0, & 当 x\in X-U 时.\end{cases}$$

证明 因为X是完全正则的,所以对于每一点$a\in A$,有连续函数$g_a:X\to[0,1]$,满足条件

$$g_a(x)=\begin{cases}1, & 当 x=a 时,\\ 0, & 当 x\in X-U 时.\end{cases}$$

令$W_a=\left\{x:g_a(x)>\dfrac{1}{2}\right\}$,显然$W_a$是点$a$的一个开邻域.若定义

$$h_a(x) = \min\{2g_a(x), 1\}.$$

于是,对每一个 $a \in A$,相应是 h_a 都是由 X 到$[0,1]$的连续函数,并满足条件

$$h_a(x) = \begin{cases} 1, & \text{当 } x \in W_a \text{ 时}, \\ 0, & \text{当 } x \in X - U \text{ 时}. \end{cases}$$

集族$\{W_a : a \in A\}$是紧集 A 的开覆盖,应有某个有限子覆盖$\{W_{ai} : i = 1,2,\cdots,n\}$,此时相应的 h_{ai},$i = 1,2,\cdots,n$,合于条件

$$h_{ai}(x) = \begin{cases} 1, & \text{当 } x \in W_{ai} \text{ 时}, \\ 0, & \text{当 } x \in X - U \text{ 时}. \end{cases}$$

最后,我们令

$$f(x) = \max\{h_{a1}(x), h_{a2}(x), \cdots, h_{an}(x)\}.$$

容易看出,f 就是要求的连续函数.

（证完）

借助定理 4.8 的推论,我们还有如下的结果.

定理 4.12　设 f 是由紧空间 X 到拓扑空间 Y 上的一个连续映射,则下列各命题成立:

(1) Y 是紧的;

(2) 当 Y 是 T_2 空间时,f 是闭映射;

(3) 当 Y 是 T_2 空间并且 f 是一对一的时候,f 是同胚映射.

证明　(1) 设 $\mathscr{A}$ 是 Y 的任意一个开覆盖,那么集族$\{f^{-1}[A] : A \in \mathscr{A}\}$就是 X 的一个开覆盖.又因为 X 是紧的,所以存在着有限族$\{f^{-1}[A] : i = 1,2,\cdots,n\} \subset \{f^{-1}[A] : A \in \mathscr{A}\}$覆盖了 X,由此可知集族$\{A_i : i = 1,2,\cdots,n\}$就是 $\mathscr{A}$ 的有限子族并覆盖了 Y.

(2) 要证明 f 是闭的,只需要证明对于 X 的任意一个闭集 A,$f[A]$是 Y 的闭集.事实上,因为 X 是紧的,而 A 是 X 的闭子集,所以 A 是紧的.根据(1),$f[A]$ 是紧的.又因为 Y 是 T_2 空间,所以紧集 $f[A]$ 就是 Y 的闭子集.

(3) 因为 f 是一对一的满映射,所以逆映射 $f^{-1} : Y \to X$ 存在,并且对

于 X 的闭集 A 来说 $(f^{-1})^{-1}[A]=f[A]$ 是 Y 的闭集，所以 f^{-1} 是连续的. 从而 f 是同胚映射.

（证完）

推论 设 $\mathscr{T}_1$ 与 $\mathscr{T}_2$ 是同一个集合 X 上的拓扑，$\mathscr{T}_1\supset\mathscr{T}_2$，如果已知 $(X,\mathscr{T}_1)$ 是紧的，$(X,\mathscr{T}_2)$ 是 T_2 的，那么必有等式 $\mathscr{T}_1=\mathscr{T}_2$ 成立.

为了证明这个推论，只需考虑空间 $(X,\mathscr{T}_1)$ 到 $(X,\mathscr{T}_2)$ 的恒同映射 f，$f(x)=x$，这是一个同胚映射. 推论本身指出，局限在 T_2 型拓扑来看，紧拓扑是极小的.

§3 紧空间的乘积

关于紧空间的乘积，有著名的 Tychonoff 定理，这是一个非常有用的定理. 本节讨论 Tychonoff 定理以及有关的推论，同时指出 Tychonoff 定理与选择公理是等价的.

定理 4.13 （Tychonoff）一族紧空间的乘积（就积拓扑而言）是紧的.

证明 设 $Y=\times\{X_a:a\in A\}$，其中每一个 X_a 是紧空间，Y 具有积拓扑 $\mathscr{T}$. 令 $\mathscr{S}$ 是由所有形如 $P_a^{-1}[U]$ 的集所组成的集族，此处 U 是 X_a 中的开集，P_a 表示由 Y 到 X_a 的投影，$a\in A$. 于是 $\mathscr{S}$ 就是 $\mathscr{T}$ 的标准子基底. 根据 Alexander 定理，为了要证明 Y 是紧的，只须证明：若 $\mathscr{A}$ 是由 $\mathscr{S}$ 的元素组成的，"有限不够用的"集族，则 $\mathscr{A}$ 就盖不住 Y.

对每一个 $a\in A$，令

$$\mathscr{D}_a=\{U:U\text{ 是 }X_a\text{ 中的开集并且使得 }P_a^{-1}[U]\in\mathscr{A}\}.$$

由于 $\mathscr{A}$ 对于 Y 是"有限不够用的"，决定了 $\mathscr{D}_a$ 对于 X_a 是"有限不够用"，又知道 X_a 是紧的，所以 $\mathscr{D}_a$ 盖不住 X_a. 我们对每一个 $a\in A$，取

$$x_a\in X_a-\bigcup\{U:U\in\mathscr{D}_a\},$$

得到以 x_a 为坐标的点 $x=\{x_a\}$，显然

$$x\in Y-\bigcup\mathscr{A},$$

即 $\mathscr{A}$ 盖不住 Y.

（证完）

定理 4.13 指出紧空间的乘积是紧的.反过来,如果 $Y=\times\{X_a:a\in A\}$ 是紧的,则由 $X_a=P_a[Y]$ 是 Y 的连续象,又能推出每一个坐标空间 X_a 都是紧的.从而得结论:乘积空间是紧空间的充要条件是它的每一个坐标空间都是紧的.

下面介绍几个有用的推论.

推论 1　设 $Y=\times\{X_a:a\in A\}$ 是积空间,如果有无限多个坐标空间 X_a 是非紧的,则 Y 的紧子集一定无内点.

证明　设 C 是 Y 的一个紧子集,要证明 C 没有内点,我们用反证法,假设 x 是 C 的一个内点,于是必有某个基本开集,

$$U=\bigcap\{P_a^{-1}[V_a]:a\in B\}$$

满足条件

$$x\in U\subset C.$$

其中 B 是 A 的有限子集,V_a 是 X_a 中的开集.

因为 C 是紧集,而当 $a\in A-B$ 时,

$$P_a[C]=X_a.$$

由定理 4.12 知,X_a 是紧的,其中 $a\in A-B$.与题设条件矛盾.

（证完）

推论指出,当非紧的坐标空间相当多($\geqslant\aleph_0$)时,积空间中的紧集就都是疏的了.

推论 2　(Heine-Borel-Lebesgue) 在 n 维欧几里得空间中,子集 A 是紧的当且仅当 A 是有界闭集.

证明　必要性.因为欧几里得空间 E^n 是 T_2 的,由 A 的紧性就推出 A 是闭的.另外,当 A 是紧集时,则由盖住 A 的开球族 $\{S(a,1):a\in A\}$ 中可以取有限个开球也盖住 A,从而得知 A 是有界的.

充分性.我们已经知道每一个实数闭区间 $[a,b]$ 是紧的.当 A 是有界闭集时,对于每一个 $i=1,2,\cdots,n$,集 $B_i=P_i[A]$ 总是有界的(B_i 的直径

$\leqslant A$ 的直径),从而可取闭区间$[a_i,b_i]\supset B_i$,由此推出

$$A\subset\mathop{\times}_{i=1}^{n}B_i\subset\mathop{\times}_{i=1}^{n}[a_i,b_i]$$

并且 A 是紧集 $\mathop{\times}\limits_{i=1}^{n}[a_i,b_i]$ 的闭子集,所以是紧的.

(证完)

最后我们指出,Tychonoff 乘积定理与选择公理实际是等价的. 事实上,定理 4.13 的证明本身已指出由选择公理能推出 Tychonoff 定理,现在反过来,我们要由 Tychonoff 定理推出选择公理. 简略回顾一下历史,早在 1933 年,S. Kakutani 就提出过由 Tychonoff 定理推出选择公理的问题,但他当时未能给出证明,只是一种猜想. 下面的证明是 J. L. Kelley 在 1959 年给出的(见 Fund. Math. 37 卷,75-76 页).

我们对选择公理取如下表达形式:若对于每一个 $a\in A$,X_a 都是非空集合,则直积

$$\times\{X_a:a\in A\}$$

也是非空集合.

证明 首先在一切集合 X_a 之外任取一元,不妨记之为 Λ,令 $Y_a=X_a\cup\{\Lambda\}$,今在 Y_a 上引入拓扑 $\mathscr{J}_a$,$\mathscr{J}_a$ 由空集 $\varnothing$、单点集$\{\Lambda\}$ 以及 Y_a 中有限集的余集构成. 这样一来,每个$(Y_a,\mathscr{J}_a)$ 就是一个 T_1 型的紧空间. 根据 Uychonoff 定理,乘积空间 $Q=\times\{Y_a:a\in A\}$ 也是紧的. 又因为$\{\Lambda\}$ 是 Y_a 中的开集,于是 X_a 便是 Y_a 中的闭集,从而 $Z_a=P_a^{-1}[X_a]$ 便是 Q 中的闭集. 最后,因为对于 A 的任何有限子集 B 来说,$\bigcap\{Z_a:a\in B\}$ 都是非空的(这是因为依据有限选择公理对每一个 $a\in B$,我们可以取 $x_a\in X_a$,另外对每一个 $a\in A-B$,令 $x_a=\Lambda$,这样得到的点 $x=\{x_a\}$ 就是 $\bigcap\{Z_a:a\in B\}$ 中的点),于是$\{Z_a:a\in A\}$ 就是紧空间 Q 中的、具有有限交性质的闭集族,应有非空的交,即

$$\bigcap\{Z_a:a\in A\}=\times\{X_a:a\in A\}\neq\varnothing$$

注 在朴素集合论中,所谓给定了一个集 M,乃指存在一个条件 ϕ,使得对于任意一个事物 x,依 x 是否满足 $\varnothing$,即依照 $\varnothing(x)$ 的真假来唯一

地决定 $x \in M$ 或 $x \overline{\in} M$. 若对每一个 $a \in A$, X_a 都是非空集合,并且两两不相交,那么当 A 是无限集时,是否存在着集 M 使得对于每一个 $a \in A$, $M \cap X_a$ 都是单点集呢?因为决定 M 的条件 ϕ 是否存在无法断定,所以集合 M 的存在性就成了问题. 但当 A 是有限集时却能通过有限步(按数学归纳法),在每一个 X_a 中取定一点 x_a,从而得到集合 M. 因此,承认有限选择公理乃是自然的. 我们不准备涉及公理集合论,只指出一点:在 ZF 公理系统中,利用数学归纳法可以证明有限选择公理一定成立. 但是当 X_a 的个数 A 无限时,即使每一个 X_a 都只含两个元素,也无法证明上述的 M 存在. 当然,这并不否定在一些特殊场合可以知道 M 存在. 例如 X_a 都是由一些非负整数组成的集合,那么取

$$x_a = X_a \text{ 中的最小整数}$$

就得到了一个 M.

本节关于 Tychonoff 定理的讨论使我们又增加了一条与选择公理等价的命题.

§4　吉洪诺夫方体

在拓扑学中,单位闭区间 $I = [0,1]$ 被作为一个基本的、十分重要的拓扑空间. 设 τ 是无限集 A 的势,我们把乘积空间

$$\times\{I_a : a \in A\}, \text{其中 } I_a = I$$

记作 I^τ,叫吉洪诺夫方体.

因为 I 是紧的 T_2 空间,所以对于任意的 τ,吉洪诺夫方体 I^τ 是紧的 T_2 空间,从而是 T_4 的,自然也是 $T^{3\frac{1}{2}}$ 的. 又因为 $T^{3\frac{1}{2}}$ 是继承性的,由此可知:吉洪诺夫方体 I^τ 的任意子空间及其同胚空间都是 $T^{3\frac{1}{2}}$ 的. 下面我们将证明其逆亦真.

定理 4.14　若拓扑空间 X 是 $T^{3\frac{1}{2}}$ 的,则 X 与某个 I^τ 中的一个子集同胚.

证明 因为 X 是 $T^{3\frac{1}{2}}$ 空间，所以对每一点 $x \in X$ 以及 x 的任意一个开邻域 U 都有连续函数 $f: X \to I$ 使得 $f(x) = 0$，而当 $y \in X \backslash U$ 时 $f(y) = 1$.

我们考虑一切由 X 到 I 的连续函数 f 构成的集合 F，设 $|F| = \tau$. 对每一个 $f \in F$ 取一个坐标空间 $I_f = I$，建立乘积空间

$$\times \{I_f : f \in F\}$$

即是吉洪诺夫方体 I^τ.

下面我们先建立由 X 到某个 $\widetilde{X} \subset I^\tau$ 上的一一映射 h，再证明这个 h 还是一个同胚.

(一) 对于 $x \in X$，我们令 $h(x)$ 是 I^τ 中这样的一点 $\widetilde{x} = (\widetilde{x}_f) X_f$ 其中 $\widetilde{x}_f = f(x)$.

因为当 $x \neq y$ 时，存在一个连续函数 $f_0: X \to I$ 使得 $f_0(x) = 0, f(y) = 1$，即 $\widetilde{x}_{f_0} \neq \widetilde{y}_{f_0}$，所以 $\widetilde{x} \neq \widetilde{y}$. 说明 h 是由 X 到 $\widetilde{X} = h[X] \subset I^\tau$ 上的一一映射.

(二) $h: X \to \widetilde{X}$ 是连续的.

这是由于对每一个 $f \in F$，$P_F \circ h = f$ 是连续的.

(三) $h^{-1}: \widetilde{X} \to X$ 是连续的.

设 $\widetilde{x}$ 是 $\widetilde{X}$ 中任意一点，记 $x = h^{-1}(\widetilde{x})$. 今证明对于 x 的每一个开邻域 U，存在 $\widetilde{x}$ 的一个开邻域 V 使得 $h^{-1}[V] \subset U$.

因为 X 是 $T^{3\frac{1}{2}}$ 的，对于 x 以及 x 的开邻域 U 有连续函数 $f_0: X \to I$ 使得 $f_0(x) = 0$，而当 $y \in X \backslash U$ 时 $f_0(y) = 1$. 由此推出

$$\begin{aligned} U \supset \{y: f_0(y) < 1\} &= (P_{f_0} \circ h)^{-1}[[0,1)] \\ &= h^{-1}[P_{f_0}^{-1}[[0,1)]]. \end{aligned}$$

取

$$V = P_0^{-1}[[0,1)],$$

则 V 就是 $\widetilde{x}$ 的一个开邻域，并且使得 $h^{-1}[V] \subset U$.

（证完）

归结上述讨论，得结论：拓扑空间 X 与某个吉洪诺夫方体 I^τ 中的一

个子空间同胚当且仅当 X 是 $T^{3\frac{1}{2}}$ 空间.

§5　可数紧、序列式紧

定义 2　拓扑空间 X 叫做可数紧的(Countebly compact) 或叫覆盖式列紧的，是指 X 的每一个可数开覆盖都有有限子覆盖.

由定义直接看出，紧空间一定是可数紧的；同时具有 Lindelöf 性质的可数紧空间一定是紧的.

定理 4.14　拓扑空间 X 是可数紧的充要条件是每一个具有有限交性质的、闭集的可数族都有非空的交.

定理 4.16　拓扑空间 X 是可数紧的充要条件是每一个非空闭集的递减列

$$F_1 \supset F_2 \supset \cdots \supset F_a \supset \cdots$$

一定有非空的交.

这两个定理的证明并不困难，可以仿照定理 4.1 与定理 4.3 进行. 留给读者自己练习.

定理 4.17　拓扑空间 X 是可数紧的充要条件是 X 的每一个无穷子集都有 ω 一聚点(空间 X 中一点 x 叫作某个子集 A 的 ω- 聚点是指 x 的每一个邻域都含有 A 的无穷多个点. ω- 聚点一定是聚点，反之未必. 但对 T_1 型空间来说，聚点与 ω- 聚点是一回事. 参看定理 2.21).

证明　必要性. 假设 X 的某个无穷子集没有 ω- 聚点，那么取该集的一个可数子集

$$A = \{a_1, a_2, \cdots, a_n, \cdots\},$$

A 同样地没有 ω- 聚点.

对于每一个 $x \in X$，有 x 的一个开邻域 U_x 使得 $U_x \cap A$ 是有限集，从而得到 X 的一个开覆盖

$$\mathscr{U} = \{U_x : x \in X\}.$$

当 $U_x \cap A = \{a_{n1}, a_{n2}, \cdots, a_{nk}\}$ 时，令

$$m = max\{n_1, n_2, \cdots, n_k\}$$

就叫作U_x的标数.特别当$U_x \cap A = \varnothing$时,U_*的标数取0.我们按照标数m对U_x进行分类,标数是m的那些U_x全体记为$\mathscr{U}_m$(注意,可能有些$\mathscr{U}_m$不含任何元素),于是

$$\mathscr{U} = \bigcup_{m=0}^{\infty} \mathscr{U}_m.$$

令

$$W_m = \bigcup \{U_x : U_x \in \mathscr{U}_m\},$$

得到可数个开集

$$W_0, W_1, W_2, \cdots, W_m, \cdots.$$

满足条件

$$\bigcup_{m=0}^{\infty} W_m = X,$$

并且有

$$W_0 \cap A = \varnothing, W_m \cap A \subset \{a_i : i \leqslant m\}, m\text{ 是自然数}.$$

显然X的这样一个可数开覆盖

$$\{W_m : m = 0, 1, 2, \cdots\}$$

不存在有限子覆盖.这就证明了:若X有某个无穷子集无ω-聚点,则X一定不是可数紧空间.

充分性.假设X不是可数紧的,那么就有某个可数开覆盖

$$\mathscr{U} = \{U_1, U_2, \cdots, U_n, \cdots\}$$

不存在有限子覆盖.

对每一个n,选取一点

$$x_n \in X - \bigcup_{i=1}^{n} U_i,$$

并且使各个x_n彼此不同,由此得到无穷子集

$$A = \{x_n : n = 1, 2, \cdots\},$$

容易证明A没有ω-聚点.这是因为对每一点$x \in X$,总有某个U_{n0}是x的开邻域,而U_{n_0}与A的交只是有限集.这就证明了:若空间X不是可数紧的,则一定有某个无穷子集无ω-聚点.

（证完）

定理 4.18　拓扑空间 X 是可数紧的充要条件是 X 的每一个点列 $\{x_n : n = 1,2,\cdots\}$ 都有极限点（空间 X 中一点 x 叫作某个点列 $\{x_n, n = 1, 2,\cdots\}$ 的极限点，也叫聚点，是指对于 x 的任何一个邻域 U 与任意一个正整数 N，存在某个 $n \geqslant N$ 使得 $x_n \in U$. 当 X 的每一个点列都有极限点时，称 X 具有 Bolzano-Weierstrass 性质）.

证明　必要性. 设 $\{x_n : n = 1,2,\cdots\}$ 是一个点列，那么只会有下列两种情形：

(1) 点列 $\{x_n : n = 1,2,\cdots\}$ 只有有限多个点，于是必有一点 x 对无穷多个自然数 n 保持 $x_n = x$，此时 x 就是已知点列的极限点.

(2) 点列 $\{x_n : n = 1,2,\cdots\}$ 含有无穷多个点，根据定理 4.17，无穷点集 $\{x_n : n = 1,2,\cdots\}$ 有 ω- 聚点 x，此 x 就是已知点列的极限点.

充分性. 要证明 X 是可数紧的，根据定理 4.17，只须证明 X 的任意一个无穷子集 A 都有 ω- 聚点. 这是容易办到的. 因为可以取 A 中可数无穷多个点排成序列 $\{x_n, n = 1,2,\cdots\}$，按照题设条件，它有极限点，这个极限点就是集 A 的 ω- 聚点.

（证完）

定义 3　拓扑空间 X 叫作序列式紧的(Sequentially compact)，是指 X 的每一个点列都有一个收敛子列.

因为点列有收敛子列时，子列的极限当然是已给点列的极限点，所以，序列式紧空间一定具有 Bolzano-Weierstrass 性质，从而一定是可数紧的.

定理 4.19　若 X 是可数紧的、满足第一可数公理的拓扑空间，则 X 是序列式紧的.

证明　设 $\{x_n : n = 1,2,\cdots\}$ 是 X 中的一个点列，要证明它有收敛子列.

因为 X 是可数紧的，所以 $\{x_n : n = 1,2,\cdots\}$ 有极限点，取其一个设为 x. 我们取 x 的一个可数邻域基，不妨认为它还是单调递减的，

$$V_1 \supset V_2 \supset \cdots \supset V_k \supset \cdots.$$

对每一个正整数 k，取点列 $\{x_n: n = 1,2,\cdots\}$ 中的一项

$$x_{n_k} \in V_k,$$

并保持 $n_1 < n_2 < \cdots < n_{k+1} < \cdots$，由此得到已知点列的一个收敛子列 $\{x_{n_k}, k = 1,2,\cdots\}$.

（证完）

推论　若 X 是序列式紧（或可数紧）的、满足第二可数公理的拓扑空间，则 X 是紧的.

定理 4.19 及其推论告诉我们，对于满足第一可数公理的拓扑空间来说，可数紧性与序列式紧性是等价的；对于满足第二可数公理的拓扑空间来说，可数紧、序列式紧、乃至紧性，三者是一回事. 但在一般情况下，序列式紧空间未必一定是紧的. 例如 $[0,\omega_1)$ 在序拓扑意义下是可数紧的而且满足第一可数公理，从而是序列式紧的，但 $[0,\omega_1)$ 不是紧空间. 也能举出反例，说明紧空间可以不是序列式紧的.

§6　局部紧空间

定义 4　拓扑空间 X 叫作局部紧的（locally compact），是指 X 的每一点都至少有一个邻域是紧的.

容易看出，紧空间是局部紧的；实数空间虽然不是紧的，但却是局部紧的；散空间是局部紧的；局部紧性质对闭子集是继承的，即局部紧空间的每一个闭的子空间是局部紧的，这是因为，若 A 是 X 中的闭集，当 U 是点 $x \in A$ 在空间 X 中的紧邻域时，$U \cap A$ 就是点 x 在子空间 A 中的紧邻域.

局部紧空间若同时满足某种分离性条件，也会有许多特殊的表现，这与紧空间颇为类似.

定理 4.20　设 X 是一个局部紧的正则（或局部紧的 T_2）空间，如果 $x \in X$，U 是 x 的一个邻域，则存在 x 的一个紧的闭邻域 V 使得 $V \subset U$.

证明　(1) 当 X 是局部紧的正则空间时，先取 x 的一个紧邻域 C，令

$$W=(C\cap U)^{\circ}.$$

显然 W 是 x 的一个开邻域. 因为 X 是正则的，存在 x 的闭邻域 V 使得

$$V\subset W\subset C,$$

从而 V 就是 x 的紧的闭邻域，且 $V\subset U$.

(2) 当 X 是局部紧的 T_2 空间时，同样先取 x 的一个紧邻域 C，于是

$$\overline{W}=(C\cap U)^{\circ},$$

是 x 的开邻域. 因为 X 是 T_2 的，紧集 C 必是闭集，所以

$$\overline{W}\subset C$$

并且 $\overline{W}$ 作为子空间来说还是正则的、紧的.

在空间 $\overline{W}$ 中，因为 W 是 x 的邻域，从(1) 知道，存在 x 的某个紧的闭邻域 V 使得 $V\subset W\subset U$，自然 V 也是 x 在空间 X 中的紧的闭邻域.

（证完）

上述定理说明，局部紧的、正则(或 T_2) 空间中的每一点都有一个由紧的闭邻域构成的邻域基.

推论 1　在 T_2 型(或正则) 空间中，局部紧性质对开子集也是继承的.

推论 2　局部紧的 T_2 型空间是 T_3 的.

定理 4.21　设 X 是局部紧的正则空间，如果 A 是一个紧子集，U 是 A 的一个邻域，则

(1) 存在 A 的、紧的闭邻域 V 使得 $V\subset U$.

(2) 当 A 是闭的紧子紧时，对于(1) 中的 V 存在由 X 到[0,1] 的连继函数 f，满足条件

$$f(x)=\begin{cases}1, & \text{当 } x\in A \text{ 时},\\ 0, & \text{当 } x\in X-V \text{ 时}.\end{cases}$$

证明　(1) 根据定理 4.20，对每一点 $a\in A$，存在 a 的紧的闭邻域 $V_a\subset U$，集族 $\{V_a:a\in A\}$ 中必有有限多个 V_{ai}，$i=1,2,\cdots,n$，使得

$$A\subset\bigcup_{i=1}^{n}V_{ai}^{\circ}.$$

令

$$V=\bigcup_{i=1}^{i} V_{ai}.$$

则 V 就是要求的紧的闭邻域.

(2) 由于此时子空间 V 是紧的正则的,从而是正规的,于是对于空间 V 中的闭集 A 和 A 的邻域 V°,存在 V 到 $[0,1]$ 的连续函数 g,使得

$$g(x)=\begin{cases}1, & \text{当 } x\in A \text{ 时},\\ 0, & \text{当 } x\in V-V^{\circ} \text{ 时}.\end{cases}$$

令

$$f(x)=\begin{cases}g(x), & \text{当 } x\in V \text{ 时},\\ 0, & \text{当 } x\in X-V \text{ 时},\end{cases}$$

则 f 就是要求的函数.事实上,因为 V 是闭集,于是 V° 与 $X-V$ 便是相隔离的,所以由 f 在 V 上连续以及在 $X-V^{\circ}$ 上连续就推出 f 在 X 上连续.

(证完)

推论 局部紧的正则空间是完全正则的.

值得注意的是,局部紧空间的连续象并不一定是局部紧的,例如 $(X,\mathscr{T}_1)$ 是散空间时,对任何一个拓扑 $\mathscr{T}_2$,恒同映射 $f(x)=x$ 总是 $(X,\mathscr{T}_1)$ 到 $(X,\mathscr{T}_2)$ 上的连续映射,此时当然可以取 $\mathscr{T}_2$ 使得 $(X,\mathscr{T}_2)$ 不是局部紧的.但如果加强条件要求 f 不但连续而且是开映射时,那么由 X 的局部紧性质,就可以决定 $f[X]$ 也是局部紧的,这是因为 f 把点 $x\in X$ 的紧邻域映成了 $f(x)$ 的紧邻域.

定理 4.22 设积空间 $Y=\times\{X_a: a\in A\}$ 是局部紧的,则每一个坐标空间 X_a 都是局部紧的,并且除去有限多个以外,其他坐标空间都是紧的.

证明 由于投影 P_a 是 Y 到 X_a 上的连续的开映射,这就由 Y 的局部紧性决定了 X_a 的局部紧性.此外 Y 中紧邻域的存在说明非紧的坐标空间至多有限个.

(证完)

§7　一点紧化

对非紧的拓扑空间 X 作研究时，常常去构造一个紧空间 X^*，使 X 是 X^* 的子空间并且又是 X^* 的稠密子集(或者使 X 与 X^* 的某个稠密子空间同胚). 通常把 X^* 叫 X 的紧化.

例如，对于实数空间 R 添上两个点，$-\infty$ 与 $+\infty$，便得到 $R^* = R \cup \{-\infty, +\infty\}$，规定 R^* 的子集 R 中的元素依然保持原有顺序，$+\infty$ 是 R^* 的最大元而 $-\infty$ 是 R^* 的最小元，这样定义的 R^*(关于序拓扑)就是一个紧空间，叫广义实数空间. 这是对实数空间的一种紧化.

又例如，给复数平面 $\widetilde{E}_2$ 添上无限远点 ∞ 便得到复变函数论中的广义复数平面，这是大家熟悉的.

紧化的形式很多，本节只介绍最简单的一种，叫一点紧化. 因为是 Alexandroff 提出来的，因此也叫 Alexandroff 一点紧化.

定义 5　设$(X, \mathscr{T})$是非紧的拓扑空间，令

$$X^* = X \cup \{\infty\},$$

$\mathscr{T}^* = \mathscr{T} \cup \{U : U \subset X^*$ 并且 $X^* - U$ 是 X 中的闭的紧子集$\}$，我们把$(X^*, \mathscr{T}^*)$叫作空间 X 的一点紧化.

要知道这个定义是合理的，自然应该解决下述三个问题：

(1) 验证 $\mathscr{T}^*$ 确实是 X^* 上的一个拓扑；

(2) $\mathscr{T}$ 是 $\mathscr{T}^*$ 在 X 上的相对拓扑，并且 X 在 X^* 中稠密；

(3) $(X^*, \mathscr{T}^*)$ 是紧的.

首先，我们注意到 $\mathscr{T}^*$ 是由两种类型的集合构成的. 第一种是 X 的开集；第二种是这样的 $U \subset X^*$，它含有点 ∞ 同时使得 $X^* - U$ 是 X 的紧的闭集. 显然 $\varnothing$ 与 X^* 都是 $\mathscr{T}^*$ 的元素. 为了证明 $\mathscr{T}^*$ 中二元素之交仍属于 $\mathscr{T}^*$，只需要验证两个第二种元素 U_1 与 U_2 的交 $U_1 \cap U_2 \in \mathscr{T}^*$，其他是明显的. 事实上，此时 $\infty \in U_1 \cap U_2$，并且由等式

$$X^* - (U_1 \cap U_2) = (X^* - U_1) \cup (X^* - U_2)$$

推出 $X^* - (U_1 \cap U_2)$ 是 X 的紧的闭集,从而 $U_1 \cap U_2 \in \mathscr{T}^*$. 再验证 $\mathscr{T}^*$ 满足拓扑的第三个条件. 设 $U_i \in \mathscr{T}^*, i \in I$,要证明 $\subset \{U_i : i \in I\} \in \mathscr{T}^*$. 事实上,当每一个 U_i 都不含 ∞ 时,显然 $\bigcup \{U_i : i \in I\}$ 就是 X 的开集. 当 ∞ 属于某个 U_{i0} 时,因为

$$\infty \in \bigcup \{U_i : i \in I\},$$

并且

$$\begin{aligned} X^* - \bigcup \{U_i : i \in I\} &= \bigcap \{X - U_i : i \in I\} \\ &\subset X^* - U_{i0}. \end{aligned}$$

由此推出 $X^* - \bigcup \{U_i : i \in I\}$ 是 X 的闭集,注意到 $X^* - U_{i0}$ 是紧的,所以 $X^* - \bigcup \{U_i : i \in I\}$ 是 X 的紧的闭集. 从而 $\bigcup \{U_i : i \in I\} \in \mathscr{T}^*$. 至此证明了$(X^*, \mathscr{T}^*)$ 确实是拓扑空间.

因为 X 是非紧的,所以单点集$\{\infty\}$不是开集,从而 X 在 $*$ 中稠密. 至于 $\mathscr{T}$ 是 $\mathscr{T}^*$ 在 X 上的相对拓扑则是明显的.

最后,设 $\mathscr{U}$ 是 X^* 的任意一个开覆盖,于是 ∞ 必属于某个 $X_0 \in \mathscr{U}$,因为 $X^* - U_0$ 是紧的,它应被 $\mathscr{U}$ 的某个有限子族 $\mathscr{V}$ 盖住,从而 $\mathscr{V} \bigcup \{U_0\}$ 就是 $\mathscr{U}$ 的一个有限子覆盖. $(X^*, \mathscr{T}^*)U$ 的紧性得证.

定理 4.23 非紧的拓扑空间$(X, \mathscr{T})$ 的一点紧化$(X, \mathscr{T}^*)$ 是 T_2 型空间的充要条件是$(X, \mathscr{T})$ 是局部紧的 T_2 型空间.

证明 必要性. X^* 是紧的 T_2 空间,当然是局部紧的 T_2 空间,而 X 是 X^* 的开子集,根据定理 4.20 推论 1,X 是局部紧的. X 的 T_2 型是显然的.

充分性. 若 $x, y \in X, x \neq y$,因 X 是 T_2 空间,所以存在 $U, V \in \mathscr{T} \subset \mathscr{T}^*$,使得

$$x \in U, y \in V, U \cap V = \varnothing.$$

若 $y = \infty, x \in X$,因 X 是局部紧的 T_2 空间,根据定理 4.20,x 在 X 中有一个紧的闭邻域 V,令 $U = X^* - V$,此时 V 与 U 就分别是 x 与 y 在 X^* 中的不相交的邻域. 无论哪种情况,X^* 中任何的两点总是 T_2 分离的.

(证完)

第4章　习　题

1. 回顾前几章中列举的各拓扑空间的例子,哪些是紧的?哪些是可数紧的?哪些是序列式紧的?

2. 试证:定义在紧空间 X 上的实值连续函数 f 是有界的并在 X 上取到它的最大值和最小值.

3. 证明 T_2 空间中两个紧子集的交仍是紧的.并对非 T_2 空间的情形,试举一反例.

4. 证明正则空间中紧子集的闭包是紧的.

5. U 是拓扑空间 X 中的开集,$\mathscr{C}$ 是一族闭的紧子集,证明:当 $\bigcap\{C:C\in\mathscr{C}\}\subset U$ 时,一定存在有限族 $\{C_1,C_2,\cdots,C_n\subset\mathscr{C}$ 满足条件 $\bigcap\{C_i:i=1,2,\cdots,n\}\subset U$.

6. 设 $\mathscr{C}$ 是 T_2 空间 X 中的一族紧子集,证明:当 $\mathscr{C}$ 中任意有限多个元的交都是连通集时,$\bigcap\{C:C\in\mathscr{C}\}$ 一定也是连通的.

*7. (闭图象定理) 设 f 是由拓扑空间 X 到紧的、T_2 空间 Y 的映射,试求:f 连续当且仅当 $\{(x,f(x)):x\in X\}$ 是积空间 $X\times Y$ 中的闭集.

8. 证明可数紧空间五连续象是可数紧五.

9. 证明序列式紧空间的连继象是序列式紧的.

第5章 度量空间、度量化

§1 度量空间

在第二章 §1 的最后部分，我们曾引入了度量空间的概念.

设 X 是一个集合，如果 $\rho: X \times X \to R$ 满足条件：

(1)$\rho(x,y) = 0 \leftrightarrow x = y$;

(2)$\rho(x,y) = \rho(y,x)$;

(3)$\rho(x,y) \leqslant \rho(x,z) + \rho(z,y)$.（三角形不等式）

则称二元函数 ρ 是集合 X 上的一个度量，(X,ρ) 叫做度量空间. 在不引起混淆时，简记为度量空间 X. 但当 X 上同时出现几个度量时，就应指明各自的度量.

条件(1) 中的"$\leftrightarrow$"换作"$\leftarrow$"，我们就得到伪度量空间的概念.

当集合 X 上给定一个伪度量 ρ 之后，我们把形如 $S(x;a) = \{y:\rho(x,y) < a\}(a > 0)$ 的集合叫做伪度量空间(X,ρ) 中的以 x 为中心，a 为半径的开球，同时把集合$\{y:\rho(x,y) \leqslant a\}$ 叫做闭球. 不难验证所有开球之族 $\mathscr{B} = \{S(x;a):x \in X, a > 0\}$ 可以作为集 X 上某个拓扑 $\mathscr{T}$ 的基底. 今后凡是说到伪度量空间(X,ρ) 的拓扑，总是指按这种自然方式由伪度量 ρ 决定的拓扑 $\mathscr{T}$. 容易看到，这种拓扑是满足第一可数公理的，这是因为开球族

$\{S\left(x;\dfrac{1}{n}\right):n=1,2,\cdots\}$ 构成了点 x 的一个邻域基. 同时我们可以证明，如果由伪度量 ρ 决定的拓扑 $\mathscr{T}$ 使 $(X,\mathscr{T})$ 是 T_0 空间，那么 ρ 必是度量，事实上，因为当 $x,y\in X$ 且 $x\neq y$ 时，x 和 y 两点之一必有一邻域不含另一点，不妨认为有开邻域 U 不含 y，于是就有正实数 a 使得 $y\overline{\in}S(x;a)$，所以 $\rho(x,y)\geqslant a>0$.

设 (X,ρ) 是伪度量空间，$x\in X,A\subset X$，我们把 $\rho(x,A)=\inf\{\rho(x,a):a\in A\}$ 叫做 x 到集合 A 的距离. 对于给定的 $A\subset X$，$\rho(x,A)$ 是 X 上的非负实值函数，而且是连续函数，这是因为 $\rho(x,z)\leqslant\rho(x,y)+\rho(y,z)$，对所有的 $z\in A$ 取 $\rho(x,z)$、$\rho(y,z)$ 的下确界，有 $\rho(x,A)\leqslant\rho(x,y)+\rho(y,A)$，即 $\rho(x,A)-\rho(y,A)\leqslant\rho(x,y)$，交换 x、y 的顺序有同样的不等式成立，所以，$|\rho(x,A)-\rho(y,A)|\leqslant\rho(x,y)$ 成立，说明对任意的 $r>0$，只要 $y\in S(x;r)$，就有 $|\rho(x,A)-\rho(y,A)|<$ 成立. 即 $\rho(x,A)$ 是连续的.

定理 5.1　设 (X,ρ) 是伪度量空间，$A\subset X$，则 $x\in\overline{A}$ 的充要条件是 $\rho(x,A)=0$.

证明　必要性. 若 $\rho(x,A)=r>0$，那么开球 $S(x;r)$ 就不含有 A 的点，所以 $x\overline{\in}\overline{A}$；充分性. 若 $\rho(x,A)=0$，于是 x 的每个开球 $S(x;r)$ 都有 A 的点，所以 $x\in A$.

（证完）

定理 5.2　伪度量空间是正规的；度量空间是 T_4 型的.

证明　设 A、B 是伪度量空间 (X,ρ) 中不相交的两个闭集，令 $U=\{x:\rho(x,A)-\rho(x,B)<0\}$，$V=\{x:\rho(x,A)-\rho(x,B)>0\}$. 因为 $\rho(x,A)-\rho(x,B)$ 是 x 的连续函数，所以 U,V 是开集，而 $A\subset U,B\subset V,U\cap V=\varnothing$，故 (X,ρ) 是正规的.

对度量空间来说，当 $x\neq y$ 时，$\rho(x,y)=r>0$，于是 $S\left(x;\dfrac{r}{2}\right)$ 与 $S\left(y;\dfrac{r}{2}\right)$ 就是 x 与 y 的不相交的邻域，所以 X 是 T_2 型的，T_2+ 正规 $=T_4$，故度量空间是 T_4 型的.

（证完）

定理5.3 设(X,ρ)是伪度量空间，$\{S_n:n\in D\}$是X中的网，$x\in X$，则$\lim\limits_{n\in D}S_n=x$当且仅当$\lim\limits_{n\in D}\rho(S_n,x)=0$.

证明 因为$\lim\limits_{n\in D}S_n=x$当且仅当对每一个正数$r$，网$S_n$终于在$S(x;r)$中，而$S_n\in(x;r)$就相当于$\rho(S_n,x)<r$，故$\lim S_n=x$当且仅当实数空间中的网$\{\rho(S_n,x),n\in D\}$终于在每一个$[0,r)$之中，即$\lim\limits_{n\in D}\rho(S_n,x)=0$.

（证完）

关于度量空间的例子，除去第二章 §1 中已列举的之外，现再列举几例.

例1 在XOY平面上，考虑由一点P_1出发到达另一点P所走的实际路程，行走的规则由下列条件决定.

(1) 沿OX轴可以东西行走；(见下图)

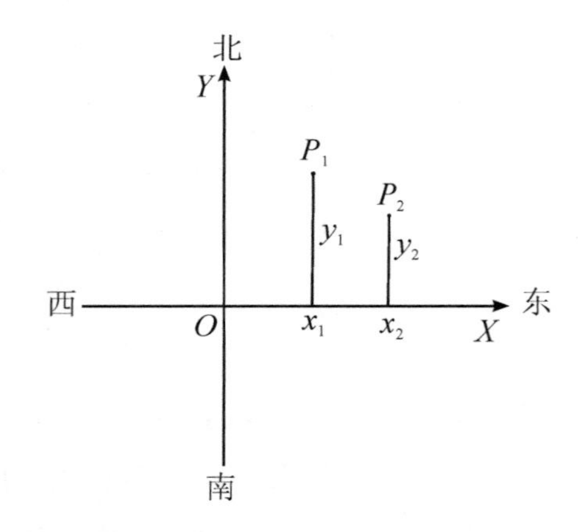

(2) 除OX轴外，只能沿南北方向行走.

那么任意两点$P_1(x_1,y_1)$与$P_2(x_2,y_2)$间的距离以“行程”计算的话，将由下式给出

$$\rho(P_1,P_2)=\begin{cases}|y_2-y_1|, & x_1=x_2,\\ |y_1|+|y_2|+|x_1-x_2|, & x_1\neq x_2.\end{cases}$$

为了证明ρ确实是一个度量，只须验证一下三角形不等式就行了. 因为其他两个条件显见的成立.

今设 $P_i = (x_i, y_i), i = 1,2,3$,是三个点.那么

(1) 若 $x_1 = x_2$,则 $\rho(P_1, P_2) = |y_1 - y_2|$,此时不论 x_3 取什么值恒有

$\rho(P_1, P_3) + \rho(P_3, P_2) \geqslant |y_1 - y_3| + |y_3 - y_2| \geqslant |y_1 - y_2| = \rho(P_1, P_2)$.

(2) 若 $x_1 \neq x_2$,则 $\rho(P_1, P_2) = |y_1| + |y_2| + |x_1 - x_2|$ 于是,当 $x_3 \neq x_1$,且 $x_3 \neq x_2$ 时

$\rho(P_1, P_3) + \rho(P_3, P_2) = |y_1| + |y_3| + |y_3| + |y_2| + |x_1 - x_3 + |x_3 - x_2| \geqslant |y_1| + |y_2| + |x_1 - x_2| = \rho(P_1, P_2)$.

当 x_3 与 x_1、x_2 中有一个相等,比如 $x_3 = x_1$,于是 $x_3 \neq x_2$,此时

$$\begin{aligned}\rho(P_1, P_3) + \rho(P_3, P_2) &= |y_1 - y_3| + |y_3| + |y_2| + |x_3 - x_2| \\ &\geqslant |y_1| + |y_2| + |x_3 - x_2| \\ &= |y_1| + |y_2| + |x_1 - x_2| \\ &= \rho(P_1, P_2).\end{aligned}$$

综合上述,可知三角形不等式成立.

上述的度量 ρ 与通常欧氏平面的度量是不同的.现实世界中区别于欧氏度量的例子很多.又如,光在不同介质中的传播将不走直线,因此为了研究光的干涉现象,在物理学中就必须引入“光程”等等,这里不多做介绍.

上述度量 ρ 不仅本身与通常的欧氏度量不同,而且它们各自决定的拓扑也是不同的.为了看到这一点,我们只须考查平面上的这样一些点 $P_n = (\frac{1}{n}, 1), n = 1,2,\cdots$,以及 $P_0 = (0,1)$,显见 $\rho(P_n, P_0) > 2$,所以在 ρ 决定的拓扑 $\mathscr{T}$ 意义上,点列 $\{P_n, n = 1,2,\cdots\}$ 不向 P_0 收敛,但是就通常拓扑(E^2)来说 $\lim P_n = P_0$.

例 2　设 S 是任意集合,对于每一个 $s \in S$,令 $I_s = I = [0,1]$ 叫做 I 的一个“拷贝”,将所有 I_s 的点 0 贴合成一个点,仍记作 0,于是得到集合 X.为了明确起见,对 I_s,中的点 x,以记号 $x(s)$ 表示它来自拷贝 I_s.我们于

$X = U\{I_s : s \in S\}$ 上定义度量如下：

$$\rho(x_1(s), x_2(s')) = \begin{cases} |x_1 - x_2|, & s = s', \\ x_1 + x_2, & s \neq s'. \end{cases}$$

建议读者自己去验证上述 ρ 确实是 X 上的一个度量，此度量下的 X 叫做星形空间(也叫刺猬空间).

例 3 (Baire 空间) 设 $x = (x_1, x_2, \cdots)$ 为任意实数列或以任意集合 A_n 的元素为项的序列($x_n \in A_n$)(其中$\{A_n\}$ 是给定的集列). 全体这样的序列形成集合 X. 设 $y \in X, y = (y_1, y_2, \cdots)$，当 $x \neq y$ 时，记 $m(x,y) = \min\{n : x_n \neq y_n\}$. 我们定义

$$\rho(x,y) = \begin{cases} 0, & x = y, \\ \dfrac{1}{m(x,y)}, & x \neq y. \end{cases}$$

则(X,ρ) 是度量空间.

为了验证 ρ 是度量，只须验证三角形不等式 $\rho(x,y) \leqslant \rho(x,z) + \rho(z,y)$ 就行了，因为其他两个条件是明显的.

设 $x = (x_1, x_2, \cdots, x_n, \cdots), y = (y_1, y_2, \cdots, y_n, \cdots), z(z_1, z_2, \cdots, z_n, \cdots)$ 是 X 中的任意三点，不妨设 $m(x,y)_0 > 0$(若 $x = y$，则三角形不等式显然成立)，于是，$x_{n0} \neq y_n, y_{n0} \neq z_{n0}$ 二式至少有一个成立，推出

$$m(x,y) \geqslant \min\{m(x,z), m(y,z)\}.$$

故

$$\rho(x,y) \leqslant \max\{\rho(x,z), \rho(z,y)\},$$

它显然比三角形不等式要强得多.

Baire 空间在理论研究中是一个非常重要的度量空间.

同一个集合 X 上的不同度量(伪度量)，有可能决定不同的拓扑，这种例子我们已有介绍. 使我们有兴趣的是：不同的度量也可能决定相同的拓扑.

定理 5.4 设 ρ 是集合 X 上的一个伪度量，那么

$$\widetilde{\rho}(x,y) = \min\{1, \rho(x,y)\}$$

也是 X 上的伪度量并且 ρ 与 $\widetilde{\rho}$ 决定了同一个拓扑.

证明　首先,只须验证三角形不等式.设 x、y、z 为 X 的任意三点,当 $\widetilde{\rho}(x,y)=\rho(x,y)$ 及 $\widetilde{\rho}(y,z)=\rho(y,z)$ 同时成立时,为因 $\widetilde{\rho}(x,z)\leqslant\rho(x,z)$ 故有 $\widetilde{\rho}(x,z)\leqslant\widetilde{\rho}(x,y)+\widetilde{\rho}(y,z)$,当 $\widetilde{\rho}(x,y)\neq\rho(x,y)$ 或 $\widetilde{\rho}(y,z)\neq\rho(y,z)$ 时,则由 $\widetilde{\rho}$ 的定义可知 $\widetilde{\rho}(x,y)+\widetilde{\rho}(y,z)\geqslant 1$,而 $\widetilde{\rho}(x,z)\leqslant 1$,故有 $\widetilde{\rho}(x,z)\leqslant\widetilde{\rho}(x,y)+\widetilde{\rho}(y,z)$.

其次,每一个半径 $a>1$ 的开球 $S(x;a)$ 都能表示为一些半径 <1 的开球之并,故 $\widetilde{\rho}$ 与 ρ 决定的拓扑是相同的.

（证完）

由此可见,当 $X=$ 实数集 R,而且定义 x_1,x_2 二点间的距离 $\rho(x_1,x_2)$ 为

$$\rho(x_1,x_2)=\min\{|x_1-x_2|,1\}$$

时,则由 ρ 亦导出实数直线的通常拓扑.

这就说明同一拓扑空间当其可度量化时,往往可由几个不同的度量诱导出来.

所谓拓扑空间$(X,\mathscr{T})$是可度量化的(metrizable),是指其拓扑结构 $\mathscr{T}$ 能由 X 上的某一度量决定.

§2　完备度量空间

为了方便,今后只讨论度量空间,但是多数结果对伪度量空间也是成立的.

定义 1　设(X,ρ)是度量空间,$\{x_n\}$ 是其中的点列.点列 $\{x_n\}$ 称作 Cauchy 序列,是指对于任意给定的 $\varepsilon>0$,存在 n_0,使 $m,n\geqslant n_0$ 时,有

$$\rho(x_m,x_n)<\varepsilon.$$

定义 2　若(X,ρ)是度量空间,而且每个 Cauchy 序列 $\{x_n\}$ 都是收敛序列,我们便称(X,ρ)是完备度量空间(complete metric space).

如果注意到实数完备性在数学分析中的作用(它是极限理论的基本

前提),那么完备性的重要意义也就非常清楚了.例如泛函分析中的压缩映象原理就是以完备度量空间为前提的,下面列举几个完备度量空间的例子.

例 4 n 维欧氏空间 E^n 是完备.

例 5 Hilbert 空间 E^ω 是完备的.

设 $P_1,P_2,\cdots,P_n,\cdots$ 是 E^ω 中的一个 Cauchy 序列,其中 $P_n=(x_1^{(n)},x_2^{(n)},\cdots,x_m^{(n)},\cdots)$. 于是对于任意的 $\varepsilon>0$,存在 n_0,使 $m,n\geqslant n_0$ 时,有

$$\left\{\sum_{k=1}^{\infty}(x_k^{(m)}-x_k^{(n)})^2\right\}^{\frac{1}{2}}<\varepsilon(*)$$

成立,从而

$$|\ x_k^{(m)}-x_k^{(n)}<\varepsilon$$

亦成立,这说明对每个 k 而言,$\{x_k^{(1)},x_k^{(2)},\cdots,x_k^{(n)},\cdots\}$ 是一个实数的 Cauchy 序列,根据实数的完备性,序列$\{x_k^{(n)}\}$ 存在极限,设 x_k^* 为$\{x_k^{(n)}\}$ 的极限. 令 $P^*=\{x_1^*,x_2^*,\cdots,x_k^*,\cdots\}$,我们现在证明$\{P_n\}$ 收敛于 P^*.

实际上由式($*$)可以推出对于任意自然数 k 下式成立

$$\left\{\sum_{t=1}^{k}(x_t^{(m)}-x_t^{(n)})^2\right\}^{\frac{1}{2}}<\varepsilon.$$

当 $m\to\infty$ 时,得到

$$\left\{\sum_{t=1}^{k}(x_t^*-x_t^{(n)})^2\right\}^{\frac{1}{2}}\leqslant\varepsilon.$$

再令 $k\to\infty$,于是有

$$\left\{\sum_{t=1}^{\infty}(x_t^*-x_t^{(n)})^2\right\}^{\frac{1}{2}}\leqslant\varepsilon.$$

这就证明了 $P_n\to P^*$.

(证完)

例 6 Baire 空间是完备的.

设 $P_1,P_2,\cdots,P_n,\cdots$ 是Baire空间中的Cauchy序列,其中 $P_n=(x_1^{(n)},\cdots,x_k^{(n)},\cdots)$. 于是任意给定 $\varepsilon>0$,$\left(\text{不妨考虑 }\varepsilon=\dfrac{1}{K}\right)$存在 n_0,当 $n,n'\geqslant n_0$

时，有

$$\frac{1}{m(P_n,P'_n)}<\varepsilon.$$

换个说法就是：对任意自然数 K，存在 n_0，使当 $n,n'\geqslant n_0$，时，

$$x_k^{(n)}=x_k^{(n')}.$$

对一切 $k\leqslant K$ 成立.

因此对每个自然数 k 而言，实数序列 $x_k^{(1)},x_k^{(2)},\cdots,x_k^{(n)},\cdots$ 除了有限项以外是常数序列，设它的极限是 x_k^*，于是显然地有 $P_n\to P^*$，其中 $P^*=(x_1^*,x_2^*,\cdots,x_k^*,\cdots)$.

例 7　例 1 中的度量空间是完备空间.

实际上，若 $P_1,P_2,\cdots,P_n,\cdots$ 是 Cauchy 序列，其中 $P_n=(x_n,y_n)$，则下列两种情况之一必成立.

(1) $y_1,y_2,\cdots,y_n,\cdots$ 是实数的 Cauchy 序列，而且从某项 n_0 开始恒有 $x_{n0}=x_{n0+1}=\cdots$.

(2) $x_1,x_2,\cdots,x_n,\cdots$ 是实数的 Cauchy 序列，而且 $y_n\to 0$.

由此可以确定出 $\{P_n\}$ 的收敛点，从而证明了空间的完备性. 详细证明建议读者补出.

下边的定理说明任意度量空间 X 都可以作为某一完备度量空间的稠密子空间. 证明思想则来源于把有理数完备化而得到实数的过程.

定理 5.5　设 (X,ρ) 是一度量空间，则存在完备度量空间 (X^*,ρ^*)，使得 X 与 X^* 的某一稠密子空间 $\widetilde{X}$ 是等距同构的，并且空间 X^* 在等距同构意义下是唯一的.

所谓两个度量空间 (X_1,ρ_1) 与 (X_2,ρ_2) 等距同构，是指存在着 1—1 对应 $h:X_1\to X_2$ 上，使得 $\rho_1(x,x')=\rho_2(h(x),h(x'))$. 显然，等距同构是度量空间类的一个等价关系.

定理的证明可以分成以下几步进行：

(一) 首先，定义集合 X^*；

(二) 在 X^* 上定义二元函数 ρ^*，并说明这种定义是合理的；

(三) 说明 ρ^* 是 X^* 上的度量;

(四) 在 X^* 中确定出一个与 X 等距同构的稠密子空间;

(五) 再说明(X^*,ρ^*)是完备度量空间;

(六) 最后,证明(X^*,ρ^*)在等距同构的意义下是唯一的.

下面详细地叙述一下证明的内容.

(一) 定义 X^*.

首先,令 Y 表示 X 中一切 Cauchy 序列组成的集合,那么,当 $x=(x_1,\cdots,x_n,\cdots)$ 及 $y=(y_1,y_2\cdots,y_n,\cdots)$ 为 Y 中任意两元素时,实数序列 $\rho(x_1,y_1),\rho(x_2,y_2),\cdots,\rho(x_n,y_n),\cdots$ 是一个收敛序列,我们将它的极限记作 $\rho(x,y)$.

为了说明它是收敛序列,只须说明这个实数序列是一个 Cauchy 序列就可以了.实际上,由三角形不等式即得

$$\rho(x_m,y_m)\leqslant\rho(x_m,x_n)+\rho(x_n,y_n)+\rho(y_n,y_m).$$

将式中的 m,n 对调一下,又有

$$\rho(x_n,y_n)\leqslant\rho(x_n,x_m)+\rho(x_m,y_m)+\rho(y_m,y_n).$$

由这两个不等式就得到

$$|\rho(x_m,y_m)-\rho(x_n,y_n)|\leqslant\rho(x_m,x_n)+\rho(y_m,y_n).$$

因为 $x_1,\cdots,x_n,\cdots$ 和 $y_1,\cdots,y_n,\cdots$ 都是 Caucy 序列,那么从上述不等式就能看出 $\rho(x_1,y_1),\cdots,\rho(x_n,y_n),\cdots$ 是 Cauchy 序列.

特别当 Y 中两个元素 x 与 y 满足 $\rho(x,y)=0$ 时,我们就说 x 与 y 是等价的,记作 $x\sim y$.显然 $\sim$ 是 Y 上的等价关系.我们把与 x 等价的元素组成的等价类记作 $\tilde{x}$,而所有等价类组成的集合记作 X^*.

我们不难证明(Y,ρ)是伪度量空间,实际上,前两条是显然的,只须验证三角形不等式,设 $x,y,z\in Y$,而 $x=(x_1,\cdots x_n,\cdots),y=(y_1,\cdots,y_n,\cdots),z=(z_1,\cdots,z_n,\cdots)$.

因为

$$\rho(x_n,z_n)\leqslant\rho(x_n,y_n)+\rho(y_n,z_n),$$

将上式两端取极限,即得

$$\rho(x,z)\leqslant\rho(x,y)+\rho(y,z).$$

（二）定义 X^* 上的二元函数 ρ^*

我们按下式定义 X^* 上的二元函数 ρ^*：

$$\rho^*(\tilde{x},\tilde{z})=\rho(x,y).$$

其中 x,y 是 $\tilde{x},\tilde{y}$ 的代表元素. 为了说明定义是合理的，只须说明定义不依赖于 $\tilde{x},\tilde{y}$ 中代表元素 x,y 的取法，即对 $x^{(1)},x^{(2)}\in\tilde{x},y^{(1)},y^{(2)}\in\tilde{y}$，恒有

$$\rho(x^{(1)},y^{(1)})=\rho(x^{(2)},y^{(2)}).$$

实际上，根据 (Y,ρ) 上的三角形不等式

$$\rho(x^{(1)},y^{(1)})\leqslant\rho(x^{(1)},x^{(2)})+\rho(x^{(2)},y^{(2)})+\rho(y^{(2)},y^{(1)}).$$

因为 $$\rho(x^{(1)},x^{(2)})=0=\rho(y^{(1)},y^{(2)}),$$

故 $$\rho(x^{(1)},y^{(1)})\leqslant\rho(x^{(2)},y^{(2)}).$$

同理 $$\rho(x^{(2)},y^{(2)})\leqslant\rho(x^{(1)},y^{(1)}),$$

从而 $$\rho(x^{(1)},y^{(1)})=Q(x^{(2)},y^{(2)}).$$

（三）ρ^* 是 X^* 上的度量

下列两条性质：

(1) $\rho^*(\tilde{x},\tilde{y})=0\leftrightarrow\tilde{x}=\tilde{y}$；

(2) $\rho^*(\tilde{x},\tilde{y})=\rho^*(\tilde{y},\tilde{x})\geqslant 0$.

都是显然的，这里只给出三角形不等式的证明.

设 $\tilde{x},\tilde{y},\tilde{z}\in X^*$，又 x,y,z 分别是 $\tilde{x},\tilde{y},\tilde{z}$ 的代表元素，由于 (Y,ρ) 是伪度量空间，故

$$\rho^*(x,z)\leqslant\rho^*(x,y)+\rho(y,z),$$

从而 $$\rho^*(\tilde{x},\tilde{z})\leqslant\rho^*(\tilde{x},\tilde{y})+\rho^*(\tilde{y},\tilde{z}).$$

（四）X 与 X^* 的稠密子空间 $\widetilde{X}$ 等距同构

对于 $x\in X$，常列 $(x_1,x_2,\cdots,x_n,\cdots)$ 显然属于 Y，相应的等价类记作 $\tilde{x}$，于是 $\tilde{x}\in X^*$. 定义映射 h：$h(x)=\tilde{x}$，不难看出 h 是 X 与 $\widetilde{X}=\{\tilde{x}:x\in X\}$ 之间的 1—1 对应，而且 h 还是 X 到 $\widetilde{X}$ 上的保距映射，说明 X 与 $\widetilde{X}$ 等距同构.

另外，设 $\tilde{x}\in X^*$，$x=(x_1,\cdots,x_n,\cdots)$ 为 $\tilde{x}$ 的代表，由于 x 是 Cauchy

序列，故对每一个$\varepsilon>0$，存在N，使当$n\geqslant N$时，$\rho(x_N,x_n)<\varepsilon$，于是由$x_N$决定的$X^*$的点$\tilde{x}_N=h(x_N)$满足$\rho(\tilde{x}_N,\tilde{x})<\varepsilon$. 说明$\widetilde{X}$在$X^*$中稠密.

（五）(X^*,ρ^*)是完备空间

设$\tilde{x}^{(1)},\tilde{x}^{(2)},\cdots,\tilde{x}^{(n)},\cdots$是$X^*$中的Cauchy序列，$x^{(n)}$是$\tilde{x}^{(n)}$的代表，而$x^{(n)}=(x_1^{(n)},\cdots,x_m^{(n)},\cdots)$. 因为$\widetilde{X}$在$X^*$中稠密，故对$\tilde{x}^{(n)}\in X^*$，可取$y_n\in X$，使得$\rho^*(\tilde{x}^{(n)},\tilde{y}_n)<\dfrac{1}{n}$. 容易证明$\tilde{y}_1,\cdots,\tilde{y}_n,\cdots$也是$X^*$中的Cauchy序列，又由于$y_n\in X$，而$\rho^*(\tilde{y}_n,\tilde{y}_m)=\rho(y_n,y_m)$，故$\{y_n\}$是$X$中的Cauchy序列，从而$y=(y_1,\cdots,y_n,\cdots)\in Y$. 我们还可以看到$\tilde{x}^{(n)}\to\tilde{y}$，这是因为对于$\varepsilon>0$，存在$N$，使$n,k\geqslant N$时，$\rho(y_n,y_k)<\varepsilon$，当$k\to\infty$时，有$\rho^*(\tilde{y}_n,\tilde{y})\leqslant\varepsilon,=p(y_n,y)$又因为$\rho^*(\tilde{y}_n,\tilde{x}^{(m)})<\dfrac{1}{n}$，所以，$\rho^*(\tilde{x}^{(n)},\tilde{y})\leqslant\varepsilon+\dfrac{1}{n}$，若取$n$充分大，则有$\rho^*(\tilde{x}^{(n)},\tilde{y})<2\varepsilon$. 说明$X^*$中的Cauchy序列$(\tilde{x}^{(1)},\tilde{x}^{(2)},\cdots,\tilde{x}^{(n)},\cdots)$收敛于点$\tilde{y}$，故$(X^*,\rho^*)$是完备的.

（六）(X^*,ρ^*)是满足条件的唯一完备度量空间

这也就是要证明，设(Y^*,d^*)是一完备度量空间，而且其中有一个与X等距同构的稠密子空间$\widetilde{Y}$，那么X^*便与Y^*是等距同构的.

实际上. 因$\widetilde{X}$与$\widetilde{Y}$都与X等距同构，故在$\widetilde{X}$与$\widetilde{Y}$之间就存在一个1—1的等距映射$f:\widetilde{X}\to\widetilde{Y}$，对于$X^*-\widetilde{X}$中任意一点$P$，由于$\widetilde{X}$是$X^*$的稠密子空间，故可在$\widetilde{X}$中选一个收敛于$P$的序列$(p_1,\cdots,p_n,\cdots)$，令$Q_n=f(P_n)$，那么$\{Q_n\}$便是$\widetilde{Y}$中的Cauchy序列，由于$\widetilde{Y}^*$是完备的，故$\{Q_n\}$收敛于$\widetilde{Y}^*$中一点$Q$，定义$f(P)=Q$，这样$f$便是$X^*$到$Y^*$的映射. 我们再指出$f$是映$X^*$到$Y^*$之上的. 这是由于$Y^*$中任意一点$Q$，都存在$\widetilde{Y}$中序列$\{Q_n\}$使$Q_n\to Q$，令$P_n=f^{-1}(Q_n)$，则$\{P_n\}$便是$\widetilde{X}$中的Cauchy序列，设$P_n\to P$于是便有$f(P)=Q$，故$f$是映$X^*$到$Y^*$上的映射. 另外$f$还是$X^*$与$Y^*$之间的保距映射，实际上，设$P_n\to P$，$P'_n\to P'$，那么由不等式

$$|\rho^*(P,P')-\rho^*(P_n,P'_n)\leqslant\rho^*(P,P_n)+\rho^*(P',P'_n).$$

不难看出

$$\rho^*(P,P') = \lim_{n\to\infty}\rho^*(P_n,P'_n) = \lim_{n\to\infty}d^*(f(P_n),f(P_n))$$
$$= d^*(Q,Q') = d^*(f(P),f(P')).$$

从而 f 是 X 与 Y^* 间的 1—1 保距映射，即 X^* 与 Y^* 等距同构.

（证完）

下边给出几个判断度量空间的完备性的定理.

定理 5.6　(Cantor) 一个度量空间是完备的当且仅当对于 X 中任意一个下降的非空闭集列 $F_1 \supset F_2 \supset \cdots \supset F_n \cdots$ 若 $\delta(F_n) \to 0$，则

$$\bigcap_{n=1}^{\infty} F_n \neq \varnothing.$$

其中 $\delta(F_n) = \sup\{\rho(x,y): x,y \in F_n\}$ 叫做 F_n 的直径.

证明　先证明必要性.

设 X 是完备度量空间，又设下降的非空闭集列 $F_1 \supset F_2 \supset \cdots \supset F_n \supset \cdots$ 满足 $\delta(F_n) \to 0$. 在每个 F_n 中取一点 x_n，那么 $\{x_n\}$ 便是 X 中的一个 Cauchy 序列设它收敛于 x_0，因为 $m > n$ 时 $x_m \in F_m \subset F_n$，且 F_n 又是闭集，故 $x_0 \in F_n$，这样就证明了 $\bigcap_{n=1}^{\infty} F_n \neq \varnothing$.

其次证明充分性.

用反证法. 设 $\{x_n\}$ 是 X 中不向任何点收敛的 Cauchy 序列，于是 $\{x_n\}$ 在 X 中无聚点，令 $F_n = \{x_k: k \geqslant n\}$，$F_n$ 便是闭集，且满足 $F_1 \supset F_2 \supset \cdots \supset F_n \supset \cdots$，$\delta(F_n) \to 0$（由于 $\{x_n\}$ 是 Cauchy 序列），但 $\bigcap_{n=1}^{\infty} F_n = \varnothing$.

（证完）

推论　设 (X,ρ) 是任意一个度量空间，$M \subset X$，而且 (M,ρ) 是完备的，那么 M 必是 X 中的闭集.

定理 5.7　度量空间 (X,ρ) 是完备的，当且仅当对于任意的闭集族 $\overline{\mathscr{A}}$，如果 $\mathscr{A}$ 中任意有限个元的交非空，而且对每一个 $\varepsilon > \varnothing$，存在 $A \in \mathscr{A}$，使得 $\delta(A) < \varepsilon$，则 $\bigcap\{A: A \in \overline{\mathscr{A}}\} \neq \varnothing$.

证明　充分性由前定理即可推出，我们证明必要性.

首先，对每一个 n，取 $A_n \in \overline{\mathscr{A}}$，使 $\delta(A_n) < \dfrac{1}{n}$，令 $F_n = \bigcap_{k=1}^{n} A_k$，由上面定

理5.6知道 $\bigcap_{n=1}^{\infty} F_n \neq \phi$，并且 $\bigcap_{n=1}^{\infty} F_n$ 只能是单点集，设为 $\{x_0\}$，那么对每一个 $A \in \overline{\mathscr{A}}$，都有 $x_0 \in A$（因为否则的话，若 $x_0 \overline{\in} A$，由 A 是闭集，知 $\rho(x_0, A) > 0$，取充分大的 n，则有 $d(x_0, A) > \frac{1}{n}$，而 $x_0 \in A_n$，$\delta(A_n) < \frac{1}{n}$ 故 $A \cap A_n = \phi$，这与条件矛盾）. 说明 $\mathscr{A}$ 的交非空.

（证完）

定理 5.8 完备度量空间 (X, ρ) 的子空间 (Y, ρ) 完备的充要条件是 Y 是 X 中的闭集.

请读者自己证明.

定义 3 度量空间是自密的(self-dense)是指它没有孤立点（x 叫孤立点，乃指 $\{x\}$ 是开集），也即 $X \subset X'$.

对于完备自密度量空间 (X, ρ) 来说，下面定理是重要的.

定理 5.9 若 (X, ρ) 是完备自密度量空间，则 $|X| \geqslant c$（连续势）.

证明 在 X 中任取二点，必存在分别包含这两点的、互不相交的闭邻域 F_1 和 F_2. 不妨设 $F_i = \overline{U}_i (i = 1, 2)$，其中 U_i 是开集，且 $\delta(F_i) < 1$.

由于 X 是自密的完备度量空间，故在每个开集 U_i 中，可以再取出两个非空的开集 U_{i1}, U_{i2}，使之合于条件：

$$\overline{U}_{i1} \cap \overline{U}_{i2} = \varnothing.$$

令 $F_{ij} = \overline{U}_{ij} \quad (i, j = 1, 2)$ 且

$$\delta(F_{ij}) < \frac{1}{2^2} \quad (i, j = 1, 2).$$

一般来说，设对自然数 $k \leqslant n$ 都已作出了非空开集

$$U_{i1, i2, \cdots, ik, \cdots}, i_k = 1, 2, (k \leqslant n)$$

合于下列条件：

ⅰ）当 $k < n$ 时 $U_{i1, i2, \cdots, ik, ik+1}, \subset U_{i1, i2, \cdots, ik, \cdots}$；

ⅱ）令 $F_{i1, i2, ik, \cdots} = \overline{U}_{i1, i2, \cdots, ik, \cdots}$，$\delta(F_{i1, i2, \cdots, ik, \cdots}) < \frac{1}{2^k}$；

ⅲ）当 $k < n$ 时，$F_{i1, i2, \cdots, ik, \cdots, 1} \cap F_{i1, i2, \cdots, ik, \cdots, 2} = \varnothing$.

那么又可以开集 $\cap F_{i1,i2,\cdots,ik,\cdots,2}$ 中再取出两个非空的开集，如此继续下去.

根据Cantor定理，对每一个由1、2组成的无限序列 $i_1,i_2,\cdots,i_n,\cdots$ 都确定了 X 中的一个点，即 $\bigcap_{n=1}^{\infty} F_{i1,i2,\cdots,in}$（是个单点集）. 由 iii）可知这个对应是（到 X 的某个子集 Y 上）的1—1对应，

因此

$$|X|\geqslant|Y|=c.$$

（证完）

下面的定理称作完备度量空间的Baire定理，它是一个非常重要而且十分有用的定理.

定理 5.10　设 $U_n, n=1,2,\cdots$ 是完备度量空间 X 的开稠密子集，则 $\bigcap_{n=1}^{\infty} U_n$ 在 X 中稠密.

证明　只须证明 X 的每个非空开集 G 中含有集 $\bigcap_{n=1}^{\infty} U_n$ 的点就行了，因为 U_1 是 X 的稠密的开集，因此 G 中便有一个非空开集 V_1，合于 $n=1$ 时的下列条件：

i）$\delta(V_n)\leqslant\frac{1}{2^n}$；

ii）$\bar{V}_n\subset U_n\cap V_{n-1}$，（其中 $V_0=G$）

又因为 U_2 是 X 的稠密的开集，因此便存在非空开集 V_2，使之满足 $n=2$ 时的条件 i），ii）. 这样用数学归纳法便得到了一个非空的开集序列

$$V_1\supset V_2\supset\cdots\supset V_n\supset\cdots.$$

其中每个 V_n，都满足相应条件 i），ii）. 在每个 V_n 中任意取一个点 x_n，那么由条件 i）可知

$$x_{1,2},\cdots,x_n,\cdots$$

是一个Cauchy序列，因为 X 是完备空间，设 $x_n\to x_0$，那么由 ii）即知

$$x_0\in(\bigcap_{n=1}^{\infty} U_n)\cap G.$$

（证完）

定义 4 设 X 是拓扑空间，F 是一闭集，当着 F 没有内点（即 $F^{\circ}=\phi$）时，我们便说 F 是无处稠密的. 一般地说，设 A 是 X 的子集，所谓 A 无处稠密，就是指 $\overline{A}$ 无处稠密，即 $(\overline{A})^{\circ}=\varnothing$.

显然，F 是拓扑空间 X 的闭集时，F 无处稠密当且仅当 $X-F$ 是到处稠密.

在这里 F 是闭集这一条件是不能去掉的，例如直线上有理点与无理点都是稠密的，但并非无处稠密.

定义 5 设 X 是度量空间，$A\subset X$. 如果 A 能分解成为可数多个无处稠密集之并，则称 A 是第一纲集，否则称 A 是第二纲集.

由定理 5.10 可知下列定理成立.

定理 5.11 完备度量空间 X 一定是第二纲的.

证明 用反证法. 设 $X=\bigcup\limits_{n=1}^{\infty}F_n$，其中每一 F_n 均是无处稠密的，那么不妨假设每一 F_n 都是闭集. 取 $U_n=X-F_n$，则 U_n 便是开的稠密子集，由定理 5.10 便知门 $\bigcap\limits_{n=1}^{\infty}U_n\neq\varnothing$，这与下式矛盾

$$\bigcap_{h=1}^{\infty}U_n=\bigcap_{n=1}^{\infty}(X-F_n)=X-\bigcap_{n=1}^{\infty}F_n=\varnothing$$

（证完）

§3 紧度量空间

我们从下列定理开始.

定理 5.12 设 (X,ρ) 是一紧度量空间（即 ρ 诱导出紧拓扑），则对任意给定的数 $\varepsilon>0$，空间 X 都存在着有限个点 $x_1,\cdots,x_n$，使得当 $x\in X$ 时，x 便与某个 $x_m(m\leqslant n)$ 的距离小于 ε.

证明 令 $S(x;\varepsilon)$ 是以 x 为中心、ε 为半径的开球，于是开覆盖 $\{S(x;\varepsilon):x\in X\}$ 应有有限子覆盖 $\{S(x_i;\varepsilon):i=1,2,\cdots,n\}$，显然 $x_1,\cdots,x_n$ 即为所求.

（证完）

此定理也可以用反证法证明如下：

设对于某个 $\varepsilon > 0$ 定理结论不真，先任取一点 $x_1 \in X$，于是就存在 $x_2 \in X$，使得 $\rho(x_1, x_2) \geqslant \varepsilon$. 当 x_1, x_2 选定后又能选出 $x_3 \in X$，使得

$$\rho(x_i, x_j) \geqslant \varepsilon \quad i, j \leqslant 3, i \neq j$$

成立. 一般说来，如果对某个自然数 n 已选定了 $x_1, \cdots, x_n$，使得当 $i, j \leqslant n$，$i \neq j$ 时上述距离不等式成立，那么又能选 x_{n+1} 使得当 $i, j \leqslant n+1, i \neq j$ 时仍有上述关系，这样，集 $M = \{x_n : n = 1, 2, \cdots\}$ 便是 X 中的闭集（因为其中任意两点距离大于一个定数，因此 M 在 X 中无聚点）. 因为 X 是紧的，从而闭子空间 M 也是紧的，但是 M 是势为无限的散空间，这是矛盾.

（证完）

推论　紧度量空间 (X, ρ) 一定是可分的（即 X 中存在一个可数稠密子集）.

读者自己证明.

可分度量空间 (X, ρ) 一定具有可数基，这是因为 $A = \{x_n : n = 1, 2, \cdots\}$ 是一个可数稠密子集时，那么开球族 $\{(x_n, \frac{1}{m}) : n, m$ 为自然数$\}$ 便是可数基底. 实际上，当 $a \in X$ 而且 $x \in U$，U 是开集时，将有某个 $S(x; \frac{1}{m}) \subset U$，由 A 的稠密性，$S(x; \frac{1}{2m})$ 中含有 A 中的某点 x_n，从而

$$x \in S\left(x_n; \frac{1}{2m}\right) \subset S(x; \frac{1}{m}) \subset U.$$

上述的讨论证明了：紧度量空间满足第二可数公理.

我们曾于第四章中介绍了可数紧的概念，不难证明可数紧空间的闭子集是可数紧的. 特别对可数紧的度量空间有下面的结果.

定理 5.13　设 (X, ρ) 是可数紧度量空间，那么对于任意给定的数 $\varepsilon > 0$，空间 X 中都存在着有限个点 $x_1, x_2, \cdots, x_n$，使得 X 中任意点 x 都与某一个 $x_m (m \leqslant n)$ 距离小于 ε.

定理证明留给读者.

推论 可数紧度量空间一定满足第二可数公理.

满足第二可数公理的空间一定是Lindelöf空间,而可数紧的Lindelöf空间又必是紧的,于是有结论:

可数紧的度量空间一定是紧的.

换言之,对于度量空间而言,紧性与可数紧性以及序列式紧性是等价的.但是对非度量空间这一结论未必成立(参看第四章).

我们于本节开始证明,任何一个紧度量空间都能表为有限个直径小于(予先给定的正数)ε 的集之并.反过来说不一定成立,例如实数直线上任何开区间都不是紧的,但却能表为有限个直径小于 ε 的集之并.以下将指出对于完备度量空间而言它的逆是成立的,让我们先引入全有界的概念.

定义 6 度量空间(X,ρ)是全有界的(totally bounded),是指对任意的 $\varepsilon>0$,X 可以表示为有限个直径小于 ε 的集之并.

全有界的自然是有界的,但反之不然,例如Hilbert空间 E^{∞} 中的闭单位球 S,其中点 $x_1=(1,0,\cdots,0,\cdots)$,$x_2=(0,1,0,\cdots)$,$\cdots$,$x_n=(0,0,\cdots,0,1,0,\cdots)$(其中1在第 n 个位置),$\cdots$ 对于任何 $m\neq n$,恒有 $\rho(x_n,x_m)=\sqrt{2}$,所以 S 不是全有界的.

下面提出的定理揭示了度量空间紧性与完备性之间的关系.

定理 5.14 度量空间(X,ρ)是紧的当且仅当它是全有界的,而且是完备.

证明 仅须证明条件的充分性就行了.我们来说明它是序列式紧的.

设 $x_1,x_2,\cdots,x_n,\cdots$ 是 X 中任一序列,因 X 是全有界的,所以存在子列

$$x_1^{(1)},x_2^{(1)},\cdots,x_n^{(1)},\cdots$$

使得任意两点 $x_i^{(1)},x_j^{(1)}$ 间的距离小于1;同理$\{x_i^{(1)}\}$中又有子列

$$x_1^{(2)},x_2^{(2)},\cdots,x_n^{(1)},\cdots$$

使得任意两点 $x_j^{(2)},x_n^{(2)}$ 间的距离小于$\frac{1}{2}$；如此继续下去便得一系列序列（位于下边的一行总是上边一行的子序列）：

$$x_1^{(1)},x_2^{(1)},\cdots,x_n^{(1)},\cdots \quad (\rho(x_i^{(1)},x_j^{(1)})<1)$$

$$x_1^{(2)},x_2^{(2)},\cdots,x_n^{(2)},\cdots \quad (\rho(x_i^{(2)},x_j^{(2)})<\frac{1}{2})$$

$$\cdots\cdots$$

$$x_1^{(n)},x_2^{(n)},\cdots,x_n^{(n)},\cdots \quad (\rho(x_i^{(n)},x_j^{(n)})<\frac{1}{n})$$

$$\cdots\cdots$$

如此得到的子序列 $x_1^{(1)},x_2^{(2)},\cdots,x_n^{(n)}\cdots$ 便是 Cauchy 序列，它必向完备空间 X 的某点 x 收敛，因此 X 是序列式紧的，从而也就是紧的.

（证完）

下边对紧度量空间引进拓扑学中非常有用的 Lebesgue 数概念.

定理 5.15　设(X,ρ) 是紧度量空间，而$\{G_a:a\in A\}$ 是 X 的开覆盖，则必存在一个正数$\lambda>0$（依赖于该覆盖）使得对于任意一点 $x\in X$，其开球 $S(x,\lambda)$ 整个包含于某个 G_a 之中. λ 叫做X 关于此覆盖的 Lebesgue 数.

证明　用反证法. 假设结论不成立，那么对于每一个自然数n都存在着开球$S\left(x_n,\frac{1}{n}\right)$，它不能整个地包含在任何一个$G_a$之中. 因为$X$是紧的，必有$\{x_n\}$ 的子序列 $x_{n_k}\}$ 收敛于空间 X 的某点x，取G_a，使 $x\in G_a$，于是就有一个开球 $S(x,a)$ 满足

$$S(x,a)\subset G_a.$$

因 x_{n_k} 收敛于x，所以存在 K_0，使 $k\geqslant K_0$ 时

$$x_{n_k}\in S\left(x,\frac{1}{2}a\right).$$

取满足$\frac{1}{n_k}<\frac{1}{2}a$ 和 $k\geqslant K_0$ 的 k，则有

$$S\left(x_{n_k},\frac{1}{n_k}\right)\subset S(x,a)\subset G_a.$$

这与 x_n 的取法矛盾.

（证完）

§4 映 射

这一节要讨论的是从度量空间 X 到度量空间 Y 的连续映射，首先看一个特殊情形，X 是紧度量空间，Y 是通常的实数空间，只须注意到紧空间的连续象是紧的，而实数空间的紧子集是有界闭集，明显可得下列定理.

定理 5.16 设 f 是从紧度量空间 X 到实数空间 R 的连续映射，则 f 在 X 上必能取到最大(最小) 值.

下边给出度量空间上映射的一致连续概念.

定义 7 设(X,ρ_1),(Y,ρ_2) 是度量空间，$f:X\to Y$ 是映射，所谓 f 是一致连续的，是指：对每一个 $\varepsilon>0$，存在 $\delta>0$，对 X 中任意点 x_1,x_2，若 $\rho_1(x_1,x_2)<\delta$，则有 $\rho_2(f(x_1),f(x_2))<\varepsilon$.

定理 5.17 设(X,ρ_1) 是紧度量空间，(Y,ρ_2) 是度量空间，又 $f:X\to Y$ 是连续映射，那么 f 必是一致连续的.

证明 用反证法. 设定理结论不成立，于是存在 $\varepsilon_0>0$，使对每个自然数 n，都存在点 $x_n^{(1)},x_n^{(2)}$，满足 $\rho_i(x_n^{(1)},x_n^{(2)}<\frac{1}{n}$，而

$$\rho_2(f(x_n^{(1)},f(x_n^{(2)}))\geqslant\varepsilon.$$

因 X 是紧的，故存在 $x_0\in X$ 及子序列$\{x_{n_k}^{(1)}\}$ 收敛于 x_0. 又因为 $\rho_1(x_n^{(1)},x_n^{(2)})<\frac{1}{n}$，因此必有$\{x_{n_k}^{(2)}\}$ 收敛于 x_0. 令 $y_0=f(x_0)$. 因 f 是连续的，故 $f(x_{n_k}^{(1)})$ 收敛于 y_0，$f(x_{n_k}^{(2)})$ 收敛于 y_0. 这样就存在 K_0，当 $k\geqslant K_0$ 时

$$\rho_2(f(x_{n_k}^{(1)}),f(x_{n_k}^{(2)})<\varepsilon.$$

这是矛盾，从而定理成立.

（证完）

其次，我们研究一个映射的扩张问题.

定理 5.18　设(X,ρ_1)是度量空间，(Y,ρ_2)是完备度量空间，若映射$f:A\to Y$是一致连续的，其中A是(X,ρ_1)某个稠密子空间，则存在一致连续映射$\widetilde{f}:X\to Y$满足条件$\widetilde{f}\mid_A=f$.

证明　设$x_0\in X$，因为A在X中稠密，所以存在A中的点列$\{a_n\}$以x_0为极限. $\{a_n\}$是Cauchy列，由f的一致连续性保证了$\{f(a_n)\}$是Y中的Cauchy列，而Y是完备的，故$\{f(a)\}$收敛于Y中唯一的一点，设为y_0.

我们定义$\widetilde{f}(x_0)=y_0$. 要说明定义是合理的，只须指出：若$\{a_n'\}$也是A中的点列，以x_0为极限，则$\{f(a_n')\}$也收敛于y_0. 实际上，我们由$\{a_n\}$与$\{a_n'\}$可构造一个新的点列

$$a_1,a_1',\cdots,a_n,a_n',\cdots,$$

它也收敛于x_0，也是Cauchy列，由此推得序列

$$f(a_1),f(a_1'),\cdots,f(a_n),f(a_n'),\cdots$$

是Y中的Cauchy列，由于此时y_0是序列的聚点、从而必是序列的极限，故y_0是$\{f(a_n')\}$的极限.

如上定义的$\widetilde{f}:X\to Y$显然满足条件$\widetilde{f}\Big|_A=f$，为了证明子$\widetilde{f}$的一致连续性，只须注意一个重要的事实：

若ε,δ是任意给定的两个正数，那么关于点$x\in X$，总有A中的点a，使得

$$\delta_1(x_0,a)<\delta\text{ 和 }\delta_2(\widetilde{f}(x_0),a)<\varepsilon$$

同时成立.

利用这一事实，推证$\widetilde{f}:X\to Y$一致连续，虽然比较繁琐，但并不困难. 事实上，假设是任意给定的，由于$f:A\to Y$一致连续，所以存在$\delta_1>0$，合于条件：

对A中任意两点a_1,a_2，若$\rho_1(a_1,a_2)<\delta_1$，则$\rho_2(f(a_1),f(a_2))<\dfrac{\varepsilon}{4}$，

令$\delta=\dfrac{\delta_1}{4}$，那么当$x_1,x_2\in X$且$\rho_1(x_1,x_2)<\delta$时，我们可以先取$A$中的

点 a_1 与 a_2 使得

$$\rho_1(x_1,a_1)<\delta \text{ 和 } \rho_2(\widetilde{f}(x_1),f(a_1))<\frac{\varepsilon}{4}$$

$$\rho_1(x_2,a_2)<\delta \text{ 和 } \rho_2(\widetilde{f}(x_2),f(a_2))<\frac{\varepsilon}{4}$$

同时成立.于是

$$\rho_1(a_1,a_2)\leqslant\rho_1(a_1,x_1)+\rho_1(x_1,x_2)+(x_2,a_2)<4\delta=\delta_1.$$

所以
$$\rho_2(f(a_1),f(a_2))<\frac{\varepsilon}{4},$$

进而推出

$$\rho_2(\widetilde{f}(x_1),\widetilde{f}(x_2))\leqslant\rho_2(\widetilde{f}(x_1),f(a_1))+\rho_2(f(a_1),f(a_2))+\rho_2(f(a_2),\widetilde{f}(x_2))<\varepsilon.$$

说明 $\widetilde{f}$ 是一致连续的.

（证完）

最后,讨论映射序列的一致收敛问题.

定义 8 设(X,ρ_1),(Y,ρ_2)都是度量空间,f 以及 f_n(n 是自然数)都是 X 到 Y 的映射,我们说映射序列 $f_1,f_2,\cdots,f_n,\cdots$ 一致收敛于 f,是指对每一个 $\varepsilon>0$,都存在 N,使 $n\geqslant N$ 时,$\rho_2(f_n(x),f(x))<\varepsilon$ 对一切 $x\in X$ 都成立.

下面的定理是数学分析中相应定理的推广.

定理 5.19 符号意义同上,如果每个 f_n 都是连续映射,而且$\{f_n\}$一致收敛于 f,那么 f 也是连续的.

证明与数学分析中相应定理的证明是类似的,留给读者作为练习.

§5 度量化问题

拓扑空间叫作可距离化的(metrizable)或可度量化的,是指它的拓扑结构能由某一度量诱导出来.这里再强调一下,度量空间的自然拓扑是被度量唯一确定了的,但是一个可度量化的拓扑空间却可由不同的度量诱导出它的拓扑.

本节将讨论拓扑空间可以度量化的内在条件问题，这就是度量化(metrization) 问题的内容. 度量化问题是拓扑空间理论的中心和灵魂. 从拓扑空间理论创立至今，几十年来，一直吸引着许多卓越的拓扑学家在这一课题中工作着，直到 1950—1951 年才算得到了解决. 苏联的 U. Smirnov 与日本的 J. Nagata 两位青年数学家独立得到了著名的 Naeata-Smirnov 度量化定理. 同时，美国的 R. H. Bing 也得到了 Bing 定理，这些定理都是在前人成就基础上自然地得到的，首先法国 J. Dieudonne充分注意到分析及拓扑的局部性质，从而提出了更为细致的仿紧(Paracompact) 概念(1944)，接着美国 A. H. stone 于 1948 年证明了度量空间是仿紧的，这些工作与 Urysohn 的思想结合起来使得度量化问题的解决成为非常自然的了. 50 年代之后，人们对度量化问题的研究仍在热烈进行着，又得到了许多度量化定理，成果是非常丰富的. 顺便提一下，Stone 的工作还为现代维度论的研究开辟了新道路，人们首先是在可分度量空间的维度论方面取得了系统的结果，直到 50 年代才将这些结果推广到一般的度量空间中去，从而取得突破性的进展，这是捷克的 Katetou 与日本的 Morita 各自独立完成的工作. 从此现代维度论便应运而生，Stone 的定理对于现代维度论的建立起着关键的作用. Naeata 在《现代维度论》一书中指出“A. H. Stone 定理不仅对现代维度论，而且对整个拓扑空间理论的新发展都具有划时代的意义”，这种说法并不过分.

首先提出一个很有用的定理.

定理 5.20　设$(X,\mathscr{T})$是拓扑空间，如果存在合于下列条件的可数个伪度量 $p=\{\rho_n:1,2,\cdots\}$

(1) 当 x_0 固定时，每一个 $\rho_n(x_0,x)$ 都是定义在 X 上、取值在 R 中的连续映射；

(2) 若两点 x,y 使得每个 ρ_n 都有 $\rho_n(x,y)=0$，则 $x=y$；

(3) 设 $x_0\in X$，U 是包含 x_0 的开集，那么存在 n 及正数 $\varepsilon>0$，使 $S_n(x_0,\varepsilon)\subset U$，其中 $S_n(x_0,\varepsilon)=\{x\in X:\rho_n(x_0,x)<\varepsilon\}$.

那么空间$(X,\mathscr{T})$就是可度量化的.

证明 首先,对每个ρ_n定义开球(叫ρ_n-开球)族$\{S_n(o,a):x_0\in X, a>0\}$,由它作基底生成拓扑$\mathscr{T}_n$,那么,因为$\rho_n$是连续函数,所以

$$S_n(x_0,a)=\{x:\rho_n(x_0,x)<a\}\in\mathscr{T}.$$

因此$\mathscr{T}_n\subset\mathscr{T}$.

其次,若取所有ρ_n-开球族

$$\mathscr{S}^*=\{S_n(x_0,a):x_0\in X,a>0,n\text{是自然数}\}$$

作子基生成拓扑$\mathscr{T}^*$,那么据上段所述,可知$\mathscr{T}^*\subset\mathscr{T}$.我们来证明相反的关系$\mathscr{S}\subset\mathscr{S}^*$,为此只须证明当$x\in X$,而$U$是$x$的开邻域时,存在开球$S_n(x_0,a)$合于$x\in S_n(x_0,a)\subset U$.根据条件(3)这是成立的.

不妨设$\sup\{\rho_n(x,y):x,y\in X\}\leqslant 1$($n$是自然数),我们要证明如下的二元函数$\rho$:

$$\rho(x,y)=\sum_{n=1}^{\infty}\frac{1}{2^n}\rho_n(x,y)$$

是X上的度量(这是显然的),而且使得度量空间(X,ρ)的拓扑结构$\mathscr{T}'$就是$\mathscr{T}^*=\mathscr{T}'$,就是定理的证明也就完成了.下边给出证明.

ⅰ)设$S(x_0,a)$是ρ-开球,则存在$B\in\mathscr{B}^*$,使得$x_0\in B\subset S(x_0,y)$.其中$\mathscr{B}^*$是$\mathscr{T}^*$决定的基底.

这是因为定义$\rho(x,y)$的级数是一致收敛级数,因此存在n_0使得合于条件

$$\sum_{n=n_0+1}^{\infty}\frac{1}{2^n}\rho_n(x_0,x)<\frac{1}{2}a.$$

其次,取$B\in\mathscr{B}^*$为

$$B=\bigcap_{n=1}S_n(x_0,\frac{a}{2n_0}).$$

于是$x_0\in B$,而且对B中任意一点χ都有

$$\rho_n(x_0,x)<\frac{a}{2n_0}\quad(n\leqslant n_0).$$

因此就有

$$\rho(x_0,x) = \sum_{n=1}^{n_0} \frac{1}{2^n}\rho_n(x_0,x) + \sum_{n=n_0+1}^{\infty} \frac{1}{2^n}\rho_n(x_0,x)$$

$$< n_0 \frac{a}{2n_0} + \frac{1}{2}a = a,$$

这说明 $\chi \in S(x_0,a)$. 故 $x_0 \in B \subset S(x_0,a)$.

ⅱ) 设有 ρ_n -开球 $S_n(\chi_0,a)$, 则存在 ρ -开球 $S(x_0,\varepsilon)$ 合于

$$x_0 \in S(x_0,\varepsilon) \subset S_n(x_0,a).$$

实际上, 注意到 $\rho(x,y) \geqslant \frac{1}{2^n}\rho_n(x,y)$, 故当取 $\varepsilon = \frac{1}{2^n}a$ 时, 便有

$$x_0 \in S(x_0,\varepsilon) \subset S_n(x_0,a).$$

ⅲ) 设 $U \in \mathscr{T}^*$, 那么对每一个 $x_0 \in U$, 由 ⅱ) 可知存在 $B \in \mathscr{B}^*$, 使得 $x_0 \in B \subset U$, 并且又存在 ρ -开球 $S(x_0,a) \subset B$, 这就证明了 $U \in \mathscr{T}'$ 从而 $\mathscr{T}^* \subset \mathscr{T}'$, 此外由 ⅰ) 可知 $\mathscr{T}' \subset \mathscr{T}^*$ 故 $\mathscr{T}' = \mathscr{T}^* = \mathscr{T}$.

（证完）

若一个空间的拓扑结构不是用可数个伪度量导出, 而是由基数为 m 的一族伪度量导出时, 称做 m -几乎度量空间.

定义 9　设 X 是一个集合, $P = \{\rho_a : a \in A\}$ 是一族由 $X \times X$ 到 R 中的函数, 即 $\rho_a : X \times X \to R$, 而且满足下列条件:

(1) 对任意的 $x \in X$, 对任意的 $a \in A$, $\rho_a(x,x) = 0$;

(2) 对任意的 $x,y \in X$, 对任意的 $a \in A$, $\rho_a(x,y) = \rho_a(y,x) \geqslant 0$;

(3) 对任意的 $x,y,z \in X$, 对任意的 $a \in A$, $\rho_a(x,z) \leqslant \rho_a(x,y) + \rho_a(y,z)$;

(4) 若 x,y 满足: 对每一个 $a \in A$, $\rho_a(x,y) = 0$, 则 $x = y$;

(5) 若 $a_1,a_2,\cdots,a_n \in A$,

$\rho(x,y) = \max\{\rho_{a1}(x,y),\rho_{a2}(x,y),\cdots,\rho_{an}(x,y)\}$, 则 $\rho \in p$.

设 $|A| = m$(此处 m 可以是有限, 也可以是无限基数), 则 (X,P) 叫作 m -几乎度量空间(m-almost metric space).

对于 m -几乎度量空间, 可以定义一系列开球, 将它们作为子基诱导

出 X 上的一个拓扑. 在这个拓扑空间中,子集合 M 的闭包满足条件

$$\overline{M} = \bigcap_{a \in A} \{x : \rho_a(x, M) = 0\}.$$

由条件(1)(2)(3) 可知 $\rho_a(x_0, x)$ 是以 $x \in X$ 为自变量的连续函数. 又设 F 是任意闭集,于是当 $x_0 \overline{\in} F$ 时,便存在 $\rho_a \in P$,使得

$$\rho_a(x_0, F) > 0.$$

这样就证明了 X 是 $T_{3\frac{1}{2}}$ 空间(根据(4),X 自然是 Hausdorff 空间). 由此归结出

定理 5.21 m -几乎度量空间是 $T_{3\frac{1}{2}}$ 空间.

下面进一步证明其逆定理.

定理 5.22 每个 $T_{3\frac{1}{2}}$ 空间都是(对于某个基数 m) 可以 m -几乎度量化的拓扑空间.

证明 设$(X, \mathscr{T})$ 是 $T_{3\frac{1}{2}}$ 空间,$\{f_a : a\} \in A$ 表示定义在 X 上、取值于 $[0,1]$ 的一切联系函数 $f_a : X \to [0,1]$ 的集,定义 $\rho_a : X \times X \leftarrow R$ 如下

$$\rho_a(\chi, y) = | f_a(\chi) - f_a(y) |.$$

容易证明 $P = \{\rho_a : a \in A\}$ 使得(X, P) 成为 m -几乎度量空间(其中 $|A| = m$). 例如条件(4) 可以这样证明,当 $x \neq y$,时,由于 X 是 $T_{3\frac{1}{2}}$ 空间,便存在连续函数 $f_a : X \to [6,1]$ 合于条件 $f_a(x) = 0, f_a(y) = 1$,因此,$\rho_a(x, y) = 1$.

设 m -几乎度量空间(X, P) 的拓扑是 $\mathscr{T}^*$,以下证明 $\mathscr{T}^* = \mathscr{T}$.

ⅰ) 设 $U \in \mathscr{T}, x_0 \in U$,由于 X 是 $T_{3\frac{1}{2}}$ 空间,因此存在连续函数 $f_a : X \to [0,1]$,使之合于条件

$$f_a(x_0) = 0, \text{而 } x \overline{\in} U \text{ 时}, f_a(x) = 1.$$

那么,由伪度量 ρ_a 决定的开球 $S_a(x_0, 1) \subset U$,由此即能推出 $U \in \mathscr{T}^*$,故 $\mathscr{T} \subset \mathscr{T}^*$.

ⅱ) 因为每个 ρ_a 均由连续函数 f_a 按以下公式构造出来

$$\rho_a(x, y) = | f_a(x) - f_a(y) |,$$

故集合 $S_a(x_0, \varepsilon)$ 为

$$S_a(x_0, \varepsilon) = \{x : \rho_a(x_0, x) < \varepsilon\} =$$

$$= \{x: |f_a(x) - f_a(x_0)| < \varepsilon\}$$

即是 $\mathscr{T}$ 中元素，这样又证明了 $\mathscr{T}^* \subset \mathscr{T}$.

（证完）

过去我们曾指出过，有例子说明 $T_{3\frac{1}{2}}$ 空间不必是正规空间，因此与度量空间不同的 m-几乎度量空间未必是正规空间（度量空间必是正规空间），但应注意在拓扑意义下 $\aleph_0$-几乎度量空间与度量空间相同.

下边从 Urysohn 定理开始介绍度量化定理.

定理 5.23　若 X 是 T_1 正则的且满足第二可数公理的拓扑空间，则 X 便是可以度量化的.

证明　前面曾证明了满足第二可数公理的正则空间一定是正规空间.

由第二可数公理，设 $B_1, B_2, \cdots, B_n, \cdots$ 组成可数基底，我们构造一个足够强的连续函数族如下，(B_i, B_j) 称做一个标准对，是指 $\overline{B}_i \subset B_j$，根据 Urysohn 引理对每一标准对都可以取一连续函数 $f: X \to [0,1]$，当 $x \in B_i$ 时，$f(x) = 0$，当 $x \in B_i$ 时，$f(x) = 1$. 这样取的连续函数充其量形成可数集 $\mathscr{F}$.

下面证明利用 $\mathscr{F}$ 中元素可以"函数分离"任意点 x 与不包含 x 的闭集. 实际上，设 F 是闭集，$x_0 \in F$，于是存在 B_i，使 $x_0 \in B_j \subset X - F$，再由 T_3 性，存在 B_i，使 $x_0 \in B_i \subset B_j$，于是 (B_i, B_j) 是标准对，那么由它所决定的 $f: X \to [0,1]$ 即满足将 x_0 与 F"函数分离"的条件. 这样一来，当 $\mathscr{F} = \{f_1, f_2, \cdots, f_n, \cdots\}$ 时，则伪度量

$$\rho_n(x, y) = |f_n(x) - f_n(y)| \quad (n = 1, 2, \cdots)$$

便满足定理 5.20 的条件，从而 X 是可度量化的.

（证完）

度量空间未必满足第二可数公理，我们只要取 X 是任意非可数集，并于 X 上引入散拓扑，而散拓扑空间可以度量化，只要取 ρ 如下：

$$\rho(x, y) = \begin{cases} 0, x = y, \\ 1, x \neq y, \end{cases}$$

就行了.显然(X,ρ)不满足第二可数公理.

然而,从我们对度量空间的讨论便能得到下面的 Urysohn 第二度量化定理.

定理 5.24 紧空间X可以度量化的充要条件是X是T_1正则的且满足第二可数公理的拓扑空间.

寻找使拓扑空间可度量化的充要条件,而且又能将 Urysohn 定理作为一个自然的推论,这是几十年来引人入胜的"度量化"问题.

我们从仿紧概念开始讨论这个问题.

定义 10 T_2空间X称作仿紧的(paracompact)是指X的任意开覆盖都存在局部有限(locallyfinite)的开加细(open-refinement)覆盖.

对定义中的几个术语解释如下:

集族$\mathscr{A}$是局部有限的:对每一点$x\in X$,存在x的一个邻域U,使得U仅与$\mathscr{A}$中有限个集相交,即$\{A:A\in\mathscr{A},A\cap U\neq\varnothing\}$是有限族.

集族$\mathscr{A}$是局部散的(locally discrete):对每一点$x\in X$,存在的一个邻域U,使得U至多与$\mathscr{A}$中一个集相交,即

$$\{A:A\in\mathscr{A},A\cap\mathscr{U}\neq\varnothing\}\leqslant 1.$$

集族$\mathscr{A}$是σ-局部有限(散)的:$\mathscr{A}$可以表示为$\mathscr{A}=\bigcup\limits_{n=1}^{\infty}\mathscr{A}_n$其中每个$\mathscr{A}_n$都是局部有限(散)的.

集族$\mathscr{B}$是$\mathscr{Q}$的加细:对每一个$A\in\mathscr{Q}$,存在$B\in\mathscr{B}$,使得$B\subset A$.

局部有限性是非常重要的性质,例如我们知道,A_1、A_2是拓扑空间X中的两个集合,那么

$$\overline{A_1\cup A_2}=\overline{A}_1\cup\overline{A}_2$$

成立.还可以将上式中集合个数扩充为任意有限个,但是不能扩充至无限个.例如R中全体有理数是一可数集$\{r_1,r_2,\cdots,r_n,\cdots\}=\bigcup\limits_{n=1}^{\infty}\{r_n\}$,在通常拓扑意义下有下列不等关系:

$$\overline{\bigcup_{n=1}^{\infty}\{r_n\}}=R\neq\bigcup_{n=1}^{\infty}\overline{\{r_n\}}=\bigcup_{n=1}^{\infty}\{r_n\}$$

若 $\mathscr{Q}$ 是局部有限的集族(不论其基数有多大!),则有以下性质:

定理 5.25　设 $\mathscr{A}$ 是拓扑空间$(X,\mathscr{T})$中的局部有限集族,则

$$\bigcup\overline{\{A:A\in\mathscr{A}\}}=\bigcup\{\overline{A}:A\in\mathscr{A}\}.$$

证明　首先,以下包含关系显然成立

$$\bigcup\{\overline{A}:A\in\mathscr{A}\}\subset\bigcup\overline{\{A:A\in\mathscr{A}\}}.$$

我们证明相反的包含关系.设$x\in\bigcup\overline{\{A:A\in\mathscr{A}\}}$,那么因为$\mathscr{A}$是局部有限的,故存在 χ 的邻域U,使U仅与 $\mathscr{A}$ 中有限个元素 $A_1,A_2,\cdots,A_n$ 相交,于是 $x\in\overline{\bigcup\limits_{k=1}^{n}A_k}$,从而必存在$A_k$,使 $x\in\overline{A}_k$,所以 $x\in U\{\overline{A}:A\in\mathscr{A}\}$,即有

$$\bigcup\overline{\{A:A\in\mathscr{A}\}}\subset\bigcup\{\overline{A}:A\in\mathscr{A}\}.$$

（证完）

再看一个对以后有用的性质:

定理 5.26　设$\mathscr{A}$是拓扑空间$(X,\mathscr{T})$中的局部有限集族,对每个$A\in\mathscr{A}$都存在连续函数 $f_A:X\to R$,当 $x\overline{\in}A$ 时,$f(x)=0$,那么函数

$$f(x)=\sum_{A\in\mathscr{A}}f_A(x)$$

是有意义的,而且 $f:X\to R$ 是连续函数.

证明　设 $x\in X$,由于$\mathscr{A}$是局部有限的,故存在 x 的一个邻域U,使得U仅与 $\mathscr{A}$ 中有限个元素 $A_1,\cdots,A_n$ 相交,因此当 $y\in U$ 时

$$f(y)=\sum_{k=1}^{n}f_k(y).$$

于是$f(x)$是有意义的,而且任意网$\{S_n,n\in D\}\to x$时,有$\{f(S_n),n\in D\}\to f(x)$.因此 f 是连续函数.

（证完）

现在让我们来介绍 A. H. Stone 的一些结果,下边定理的证明方法以“Stone'strick”而举世闻名.

定理 5.27　可(伪)度量化的拓扑空间$(X,\mathscr{T})$的任意开覆盖存在 ρ-局部散的开加细覆盖.

证明 任取一个诱导出拓扑$\mathscr{T}$的度量ρ，设$\mathscr{G}$是X的一个开覆盖，首先将$\mathscr{G}$良序化，即$\mathscr{G}=\{U_\alpha:\alpha<\omega_\mu\}$. 对每一个$U_\alpha$，令

$$U_\alpha(n)=\{x:\rho(x,X-U_\alpha)>2^{-n}\}$$

$$U_\alpha^*(n)=U_\alpha(n)-\bigcup\{U_\beta(n+1):\beta<\alpha\}$$

于是有以下结论：

ⅰ）每个$U_\alpha(n)$都是开集，而且$U(n)\subset U_\alpha(n+1)$，$U_\alpha=\bigcup\limits_{n=1}^{\infty}U_\alpha(n)$.

（读者自证）

ⅱ）$\alpha\neq\beta$时，$\rho(U_\alpha^*(n),U_\beta^*(n))\geqslant 2^{-(n+1)}$

实际上，若$\beta>\alpha$，并设$x\in U_\alpha^*(n)$，$y\in U_\beta^*(n)$则从$\rho(x,X-U_\alpha)>2^{-n}$，$\rho(y,X-U_\alpha)\leqslant 2^{-(n+1)}$，及三角形不等式推出$\rho(x,y)\geqslant|\rho(x,X-U_\alpha)-\rho(y,X-U_\alpha))=2^{-(n+1)}$，于是 ⅱ）成立.

ⅲ）$X=U\{U_\alpha^*(n):n$是自然数，$\alpha<\omega_\alpha\}$.

实际上，任取$x_0\in X$，存在$\alpha_0<\omega_u$，使$x_0\in U_{\alpha 0}$，而且α_0是满足此关系的最小序数，因为U_α是开集，故$X-U_{\alpha 0}$是闭集，而$x_0\in X-U_{\alpha 0}$，因此当n充分大时可使$x\in U_{\alpha 0}(n)$. 再由$U_\alpha(n)\subset U_\alpha$，及$U_\alpha^*(n)$的定义知$x_0\in U_{\alpha 0}^*(n)$，这就证明了 ⅲ）.

ⅳ）由 ⅱ）知，对同一个自然数n，$\alpha\neq\beta$时，$U_\alpha^*(n)$与$U_\beta^*(n)$之间保持着（不随α,β变化）超过某一个正数$2^{-(n+1)}$的距离，再将每一个$U_\alpha^*(n\rho)$加宽，即设$\widetilde{U}_\alpha(n)=\{x:\rho(x,U_\alpha^*(n))<2^{-(n+3)}\}$时，则$\widetilde{U}_\alpha(n)$便是开集.

ⅴ）对同一个n，当$\alpha\neq\beta$时，$\widetilde{U}_\beta(n)$与$\widetilde{U}_\alpha(n)$之间的距离$\geqslant 2^{-(n+2)}$.（读者自证）

这样，由 ⅳ）ⅴ）可知，对每一自然数n，$\{\widetilde{U}_\alpha(n):\alpha<\omega_\mu\}$都是局部散的开集族，由 ⅲ）知它们的总体是$X$的一个开覆盖，且$\widetilde{U}_\alpha(n)\subset U_\alpha$. 从而集族

$$\bigcup_{n=1}^{\infty}\{\widetilde{U}_\alpha(n):\alpha<\omega_\mu\}$$

便是$\mathscr{G}$的一个σ 局部散（有限）的开加细.

（证完）

定理 5.28　(A. H. Stone) 可度量化的拓扑空间$(X,\mathscr{T})$必是仿紧的.

证明　设ρ是于X上诱导出拓扑$\mathscr{T}$的任意一个度量,设$\mathscr{G}$是X的任意开覆盖.由前定理可知存在一个σ-局部散的加细开覆盖

$$\mathscr{G}'=\bigcup_{n=1}^{\infty}\mathscr{G}_n\quad(\text{其中 }\mathscr{G}_n\text{ 是局部散的})$$

不妨设$\mathscr{G}_n$中元素记作$U_{n,\alpha}$,其中α属于某一指标集A_n.定义开集

$$U_{n,\alpha}(m)=\{x:\rho(x,X-U_{n,\alpha})>2^{-m}\}.$$

于是$U_{n,\alpha}(m)$满足条件

$$U_{n,\alpha}(m)\subset\overline{U_{n,\alpha}(m)}\subset U_{n,\alpha}(m+1)$$

及$U_{n,\alpha}(m)\subset U_{n,\alpha}$,且$U_{n,\alpha}=\bigcup\limits_{m=1}^{\infty}U_{n,\alpha}(m)$.

我们现在对每个自然数n以及$\mathscr{G}_n$中每一个元素$U_{n,\alpha}$作如下改造:

$$\widetilde{U}_{n,\alpha}=U_{n,\alpha}-\bigcup\{U_{m,\beta}(n):\beta\in A_m,m<n\}.$$

于是下列结果成立:

i) $X=\bigcup\{\widetilde{U}_{n,\alpha}:n\text{ 是自然数},\alpha\in A_n\}$.

这是因为当$x\in X$且设$\mathscr{G}$中包含x而具有最小标号n的集是$U_{n0,\alpha}$时,显然$x\in\widetilde{U}_{n_0,\alpha}$,故 i) 成立.

ii) $\widetilde{U}_{n,\alpha}$是开集.

实际上,由于$\mathscr{G}_m$是局部散的,因此

$$\bigcup\{U_{m,\beta}(n):\beta\in A_m\}$$

是闭集,而$n-1$个闭集之并仍是闭的,从而$\widetilde{U}_{n,\alpha}$是开集.

iii) $\{\widetilde{U}_{n,\alpha}:\alpha\in A_n,n=1,2,\cdots\}$是$\mathscr{G}$的加细.这是显然的.

iv) $\{\widetilde{U}_{n,\alpha}:\alpha\in A_n,n=1,2,\cdots\}$是局部有限的.

设x是X中任意一点,在$\mathscr{G}'$中取包含x且具有最小标的集,设为$U_{n_0,\beta}$,于是存在自然数m_0,使$x\in U_{n_0,\beta}(m_0)$根据$\widetilde{U}_n,\alpha$的构造方法便知当$n>\max\{n_0,m_0\}$时,有

$$\widetilde{U}_{n,\alpha}\cap U_{n_0,\beta}(m_0)=\varnothing.$$

由于$\mathscr{G}_n$是局部散的集族便知有x的一个邻域U,使U与$\{\widetilde{U}_{n,\alpha}:\alpha\in A_n,n=1,2,\cdots\}$的有限个($\leqslant\max\{n_0,m_0\}$)个集相交.

（证完）

设 X 是拓扑空间，我们再引入一个术语如下：

$\mathscr{B}$ 是 σ- 局部有限基(σ- 散基)：$\mathscr{B}$ 是 X 的基底，而且 $\mathscr{B}$ 可表示为

$$\mathscr{B}=\bigcup_{n=1}^{\infty}B_n.$$

其中每一个 $\mathscr{B}_n$ 是局部有限(局部散)的.

显然，可数基一定是 σ- 散基.

定理 5.29 设正则拓扑空间$(X,\mathscr{T})$具有 σ- 局部有限基，则 X 必是正规的.

证明 设 $\mathscr{B}=\bigcup_{n=1}^{\infty}\mathscr{B}_n$ 是 X 的拓扑基，其中每个 $\mathscr{B}_n$ 都是局部有限的，F_1,F_2 是任意两个不相交的闭集. 下面证明 F_1、F_2 可用开集分离. 实际上，对 F_1 的每个点 x 存在 $B(x)\in\mathscr{B}$，使得

$$\overline{B(x)}\cap F_2=\varnothing$$

同理，对 F_2 的每个点 y，存在 $B(y)\in\mathscr{B}$，使得

$$\overline{B(y)}\cap F_1=\varnothing$$

令
$$U_n=U\{B(x):x\in F_1,B(x)\in\mathscr{B}_n\}$$
$$V_n=U\{B(y):y\in F_2,B(y)\in\mathscr{B}_n\}$$

由于 $\mathscr{B}_n$ 是局部有限的集族，故

$$U_n=\bigcup\{\overline{B(x)}:x\in F_1,B(x)\in\mathscr{B}_n\}$$
$$\overline{V}_n=\bigcup\{\overline{B(y)}:y\in F_2,B(y)\in B_n\}$$

且 $\overline{U}_n\cap F_2=\varnothing,\overline{V}_n\cap F_1=\varnothing$

令
$$\widetilde{U}_n=U_n-\bigcup_{m=1}^{n}\overline{V}_m$$
$$\widetilde{V}_n=V_n-\bigcup_{m=1}^{n}\overline{U}_m$$

那么 $\widetilde{U}_n$ 及 $\widetilde{V}_n$ 是开集，并且对任意自然数 m,n，恒有

$$\widetilde{U}_m\cap\widetilde{V}_n=\varnothing,$$

而且
$$F_1\subset\bigcup_{n=1}^{\infty}\overline{V}_n,F_2\subset\bigcup_{n=1}^{\infty}\widetilde{V}_n.$$

从而 $U=\bigcup\limits_{n=1}^{\infty}\widetilde{U}_n$ 与 $V=\bigcup\limits_{n=1}^{\infty}\widetilde{V}_n$ 便是分离 F_1、F_2 的开集.

（证完）

定理 5.30　(Nagata-Smirnov) 拓扑空间$(X,\mathscr{T})$可度量化当且仅且当是 T_3 的且存在 σ-局部有限基底.

证明　先证条件的必要性.

设$(X,\mathscr{T})$是可度量化的拓扑空间,ρ 是导出拓扑 $\mathscr{T}$ 的一个度量,此时 X 必是 T_4 空间,因为集族$\{S(x;\frac{1}{n}):x\in X\}$(对每个 n)是 X 的开覆盖,于是便存在 σ-局部有限的加细开覆盖 $\mathscr{G}_n$,注意 $\mathscr{G}_n$ 中每个集合 B 的直径 $\delta(B)\leqslant\frac{2}{n}$.

因为 $\mathscr{G}_n$ 是σ-局部有限的,所以 $\bigcup\limits_{n=1}^{\infty}\mathscr{G}_n$ 也是σ-局部有限的,这样只须证明它是基底,以下来证明 $\bigcup\limits_{n=1}^{\infty}\mathscr{G}_n$,是 X 的基底.

设 U 是 X 的任意一个开集,于是对于每一点 $x\in X$,必存在 n,使开球 $S(x;\frac{4}{n})\subset U$. 因为 $\mathscr{G}_n$ 是开覆盖,所以存在 $B\in\mathscr{G}_n$,使 $x\in B$. 又因为 $\delta(B)\leqslant\frac{2}{n}$,从而对于 B 中的每一点 y 恒有 $\rho(x,y)\leqslant\frac{2}{n}$,故

$$x\in B\subset S\left(x;\frac{4}{n}\right)\subset U.$$

这样就证明了 $\bigcup\limits_{n=1}^{\infty}\mathscr{G}_n$ 是基底.

其次证明充分性.

设 $\mathscr{B}=\bigcup\limits_{n=1}^{\infty}\mathscr{B}_n$ 是拓扑空间 X 的基底,其中 $\mathscr{B}_n$ 是局部有限的开集族. 因为空间是 T_3 的,由定理 5.29 可知空间是 T_4 的. 这样一来 Urysoln 定理的条件就得到满足. 于是,当 $F\subset U$,F 是闭集,U 是开集时,便存在连续函数 $f:X\to[0,1]$,使得 $x\in F$ 时,$f(x)=1$,当 $x\overline{\in}U$ 时,$f(x)=0$.

现在任意固定一对自然数 m,n,并设 U 是 $\mathscr{B}_n$ 中任意一个元素,我们

考虑 $\mathscr{B}_m$ 中一切满足 $V\subset U$ 的集 V，设 $F(U,m)=\bigcup\{V:V\in\mathscr{B}_m,\overline{V}\subset U\}$. 因为 $\mathscr{B}_m$ 是局部有限的，$F(V,m)$ 便是闭集. 而且 $F(U,m)\subset U$，因此存在一个连续函数 $f_{(U,m)}:X\to[0,1]$ 使得当 $x\in F(U,m)$ 时，$f_{(U,m)}(x)=1$，当 $x\overline{\in}U$ 时 $f_{(U,m)}(x)=0$. 又由于 $\mathscr{B}_n$ 是局部有限的，可知以下伪度量是有意义的

$$\rho_{m,n}(x,y)=\sum_{U\in\beta_n}|f_{(U,m)}(x)-f_{(U,m)}(y)|$$

而且当 x 固定时，$\rho_{m,n}(x,y)$ 还是关于自变量 $y\in X$ 的连续函数.

由于 X 是 T_4 的，所以定理 5.20 的 ⅱ）可由 ⅲ）推出，我们只须验证定理 5.20 的 ⅲ）. 设 $x_0\in X$，G 是 x_0 的开邻域，于是存在 U 及 $V\in\mathscr{B}$ 使得 $x_0\in V\subset\overline{V}\subset U\subset G$，不妨设 $U\in\mathscr{B}_n$、$V\in\mathscr{B}_m$，那么上面定义的 $f_{(U,m)}$ 就合于条件：

$$f_{(U,m)}(x_0)=1\text{，而当 }x\overline{\in}U\text{ 时，}f_{(U,m)}(x)=0.$$

于是 $\rho_{m,n}(x_0,X-G)\geqslant 1$，即由 $\rho_{m,n}$ 决定的开球 $S_{m,n}(x_0,1)\subset G$. 这样就得到定理 5.20 的 ⅲ）. 说明 X 是可度量化的.

（证完）

因为前面还证明了度量空间具有 σ- 散基，那么利用同样的方法就可以得到 R. H. Bing 的结果.

定理 5.31 （Bing）拓扑空间$(X,\mathscr{T})$是可以度量化的当且仅当它是 T_3 的，而且具有 σ- 散基.

若将上述 Nagata-Smirnov 定理以及 Bing 定理中的“可度量化”改为“可伪度量化”，与此相应地把“T_3”换作“正则”，则所得定理也是成立的.

由定理 5.20 可知，以下关于乘积空间的定理是成立的.

定理 5.32 设乘积空间 $X=\mathop{\times}\limits_{n=1}^{\infty}X_r$，若每一个 X_n 是可度量化的，那么 X 也是可度量化的.

证明 设 X_n 的拓扑由度量 ρ_n 导出，对任意的 $x,y\in X$.

令 $\rho_n^*(x,y)=\rho_n(P_n(x),P_n(y))$，其中 P_n 表示 X 向 X_a 的投影.

由所有形如

$$\rho^*(x,y) = \max\{\rho_{n_1}^*(x,y),\cdots,\rho_{n_k}^*(x,y)\}$$

的 ρ^* 组成可数族 P. 不难验证每一个 ρ^* 都是 X 上的伪度量,且满足定理 5.20 的条件,从而 X 是可度量化的.

（证完）

由此定理可知,空间 $I\aleph_0$ 是可度量化的,又因为 $I\aleph_0$ 有可数稠密子集 $\{(r_1,r_2,\cdots,r_n,0,\cdots):r_i$ 是 I 中有理数,n 是自然数$\}$. 所以 $I\aleph_0$ 是可分的,并且 $I\aleph_0$ 的每一个子空间也是可分度量空间. 实际上,可分度量空间必满足第二可数公理,而子空间也满足第二可数公理,所以子空间是可分的.

理定 5.33　拓扑空间$(X,\mathscr{T})$的拓扑 $\mathscr{T}$ 能由某一可分度量(即做为度量空间是可分的)导出,当且仅当 X 与 $I\aleph_0$ 中某子空间同胚.

请读者自己证明.

最后再提出一个关于一般乘积空间的可度量化的条件:

定理 5.34　设乘积空间 $X = \underset{a\in A}{\times} X_a$,则 X 可度量化的充要条件是每一个 X_a 都可度量化,而且除了可数多个因子外,其他的 X_a 是都单点集.

证明　首先注意到若有不可数个 X_a 是非单点集的话,那么 X 便不满足第一可数公理,从而 X 不可度量化.

其次,对于每一个 $a \in A$,我们不难构造一个 X_a^*,它是 X 的子空间,并与 X_a 同胚,从而当 X 可度量化时,就可推出 X_a^*,进而推出 X_a 可度量化.

至于充分性,则可看作定理 5.32 的直接推论.

（证完）

第5章　习　题

1. 设(X,ρ)是一个伪度量空间,在 X 上定义二元关系如下:

$$x \in y \text{ 当且仅当 } \rho(x,y) = 0,$$

试证：(1)E 是 X 上的等价关系；

(2) 对任意的 $\tilde{x},\tilde{y} \in X/E$，令

$$\tilde{\rho}(\tilde{x},\tilde{y}) = \inf\{\rho(x,y): x \in \tilde{x}, y \in \tilde{y}\},$$

则$(X/E,\tilde{\rho})$ 是度量空间；

(3)$\tilde{\rho}$ 所决定的拓扑就是 X/E 上的商拓扑，并且由 X 到 X/E 上的射影 P 是保距的.

2. 设(X,ρ) 是度量空间，令

$$\rho_1(x,y) = \frac{\rho(x,y)}{1+\rho(x,y)}.$$

试证：(1)(X,ρ_1) 是度量空间；

(2)(X,ρ_1) 与(X,ρ) 有相同的拓扑；

(3)(X,ρ_1) 与(X,ρ) 有相同的 Cauchy 序列.

3. 在实数集合 X 上引入度量

$\rho_1(x,y) = |x-y|$，

$\rho_2(x,y) = |\operatorname{arctg}x - \operatorname{arct}y|$.

试证：度量空间(X,ρ_1) 与(X,ρ_2) 的拓扑相同，但 Cauchy 序列却不同.

4. 设 f 是完备度量空间 X 到度量空间 Y 上的连续映射，试问 Y 一定完备吗？

5. 度量空间中的单点集一定是无处稠密的吗？

6. 设 X 是度量空间，若 X 有稠密子集 A，并且 A 中每一个 Cauchy 列都在 X 中收敛，证明 X 是完备的.

7. 设 X 是$[0,1]$ 上所有实值连续函数的集合 $C[0,1]$，对任意的 $x,y \in X$，令

$$\rho(x,y) = \max_{0\leqslant t\leqslant 1} |x(t)-y(t)|.$$

证明(X,ρ) 是完备的度量空间.

8. 设 $X = C[0,1]$，对任意的 $x,y \in X$，令

$$\rho(x,y) = \int_c^1 |x(t)-y(t)|\,dt.$$

证明(X,ρ)不是完备的度量空间.

9. 设(X,ρ_1)与(Y,ρ_2)都是度量空间,$f:X\to Y$,若存在实数$\alpha<1$,使得不等式

$$\rho_2(f(x),f(x'))\leqslant \alpha\cdot\rho_1(x,x').$$

对一切$x,x'\in X$恒成立,此时我们称f是由(X,ρ_1)到(Y,ρ_2)的压缩映射.

证明:(1) 压缩映射是连续映射;

(2)(压缩映射原理) 由完备度量空间到其自身的压缩映射有唯一的不动点(点$x\in X$叫作映射$f:X\to X$的不动点是指x满足方程$f(x)=x$).

10. 证明不存在由紧度量空间到其真子集上的保距映射.

11. Soagenfey 直线可否度量化?

后　记

窗外，车水马龙，熙熙攘攘。屋内，一张旧书桌，一盏旧台灯，一位精瘦的老先生正在全神贯注地用铅笔在纸上做推演。时而划掉刚写的公式，时而重新加粗标注。日复一日，年复一年，从未改变。

他自幼酷爱读书，经常拥书而睡。他深受中华优秀传统文化滋养，在读完《科学家奋斗史话》、受科学巨匠们感召后，便暗立酬国之志，决心献身西北、科学报国。他师从著名数学家杨永芳教授，既学知识，也学做人。他17岁就自学完大学里所有的专业课程。他31岁就凭着一个简单的推理而名震世界。他46岁发表《广义数及其应用》，创立了广义数域分析学。他退休后，坚持开设义务课堂十三年，被学生亲切地称为“西大新村里的大师”。2018年，85岁高龄的他坐在轮椅上为师生做题为《弘扬爱国奋斗精神、建功立业新时代》的追求科学真理和立德树人报告。2019年，他被九三学社中央授予全国“九三楷模”荣誉称号，为陕西省获此荣誉的第一人。2021年，他因病去世，享年88岁。

他就是新华社曾报道的“中国的骄傲”——以中国人姓氏命名的20项现代科技成果之一“王氏定理”的创立者、西北大学数学学院退休教授王戍堂先生。王戍堂教授还先后获得“国家级有突出贡献的科学技术专家”“五一劳动奖章”“陕西省有突出贡献专家”“陕西科技精英”“国务院政府特殊津贴专家”“首届陕西省教学名师”等荣誉称号。而在他本人眼里，他始终是西北大学一名爱读书、爱思考、爱上课、爱学生的普通教师。

在多年的科学研究和教学工作中，王成堂教授一直恪守“做人要透明，做学问要透明”“做学问首先是做人”“科学就是奉献”“对待科学事业，不仅要有爱心，还要有忠心”的为人治学理念，传承科学精神的使命感和提携后人的责任感促使他一直屹立在教书育人的前沿。他把学术研究当作最大乐趣，甚至将其视为超过自己的生命。他一生甘于坐冷板凳，严谨治学、潜心科研，执着于追求科学真理。他一生淡泊名利、甘为奉献，从而立之年至耄耋之际，大半个世纪如一日，甘为红烛、不辍耕耘。他退休之后仍然坚持为学生义务开设数学公益课堂十余载，“莫道桑榆晚，为霞尚满天”。王成堂先生这样率先垂范、身体力行，默默地在一方讲台上坚韧而持续地书写的治学故事和育人不辍、甘为人梯的感人事迹，堪为新时代知识分子爱国奋斗、建功立业、勇敢担当、甘于奉献的教书育人典范！

在学校百廿校庆之际，学校决定出版《王成堂文集》。在此，由衷地感谢《西北大学名师大家学术文库》编辑出版委员会，数学学院张瑞、杨喆、夏志明、李强等教师和学生，以及西北大学出版社所付出的诸多努力和支持。特别向王成堂教授的爱人张玲贤，儿子王兵，女儿王红、王卫等的全力协助表示致谢。感谢所有关注、帮助和支持西北大学数学学院事业发展的校友、老师、学生和社会各界朋友。殊为遗憾的是王成堂先生见不到此书的出版。

繁华喧闹继续，淡泊宁静永存。仰视星空，先生必是其中那颗最闪亮的星。希冀先生的名字不被忘记，也定不会被忘记。

李长宏

2022 年 10 月于西北大学长安校区